· 能源经济文库 ·

加快生态文明建设 推动能源发展转型

刘亦文 著

市场激励型环境政策工具的生态治理效应研究

U0309874

中国经济出版社
CHINA ECONOMIC PUBLISHING HOUSE

·北京·

图书在版编目（CIP）数据

市场激励型环境政策工具的生态治理效应研究／刘亦文著. -- 北京：中国经济出版社，2023.1（2023.7 重印）

ISBN 978 - 7 - 5136 - 7147 - 7

Ⅰ.①市… Ⅱ.①刘… Ⅲ.①环境政策 - 研究 - 中国

Ⅳ.①X - 012

中国版本图书馆 CIP 数据核字（2022）第 202999 号

责任编辑　孙晓霞　姜　莉
责任印制　马小宾

出版发行　中国经济出版社
印　刷　者　北京建宏印刷有限公司
经　销　者　各地新华书店
开　　　本　710mm×1000mm　1/16
印　　　张　29.25
字　　　数　434 千字
版　　　次　2023 年 1 月第 1 版
印　　　次　2023 年 7 月第 2 次
定　　　价　88.00 元

广告经营许可证　京西工商广字第 8179 号

中国经济出版社 网址 www.economyph.com 社址 北京市东城区安定门外大街 58 号 邮编 100011
本版图书如存在印装质量问题，请与本社销售中心联系调换（联系电话：010 - 57512564）

版权所有　盗版必究（举报电话：010 - 57512600）

国家版权局反盗版举报中心（举报电话：12390）　　服务热线：010 - 57512564

地球是全人类乃至所有地球生物物种的共同家园。地球生态环境是全体生命赖以生存的基础，保护生态环境就是保护生命（毛显强，2022）。但自第一次工业革命以来，伴随着机器的轰鸣声和经济的高速发展，人类创造了前所未有的财富，也带来了严峻的环境污染问题，气候变化、生物多样性下降、荒漠化加剧、极端气候事件频发给人类生存和发展带来了严峻挑战。环境问题已成为世界各国面临的最严重挑战，也是现阶段最敏感的政治问题和社会问题之一。

人与自然之间的相互关系自 20 世纪 60 年代左右才开始成为社会普遍关注的焦点，但将其纳入经济学研究视野从西方古典经济学的形成时期就开始了。古典经济学分析的对象主要集中在农业生产方面，围绕着土地等自然资源的产出率进行研究。如英国古典经济学的奠基者威廉·配第就认识到自然条件对财富的制约，在其 1662 年出版的《赋税论》中提出了著名的"土地为财富之母，劳动为财富之父"的论断，认为劳动创造财富的能力受自然条件的限制。因此，古典经济学家对自然环境的关注与自然环境对农业生产的影响是分不开的。威廉·配第之后，马尔萨斯、李嘉图、穆勒是较早对人类经济活动与自然生态环境之间的相互作用关系进行经济学思考的先驱者。

新古典经济学派的形成和发展早期正处于第二次工业革命发生的前后历史阶段，工业化进程对自然的影响主要集中在环境质量的恶化，尤其是大气污染和水体污染对城市居民生活的影响方面。因此，这一历史时期人与自然的矛盾主要表现为经济发展与环境污染不断加剧之间的矛盾。但从全球角度来看，这一历史发展阶段的环境污染总体尚处于初发阶段，具体呈现出污染源相对较少、污染范围不广、重大污染事件发生的频次有限等特点。在这样的发展背景下，由于经济发展水平还主要处于工业化发展的中早期阶段，人类经济活动对生态环境的影响从整体上看还没有对社会发展造成重大危害，所以早期的新古典经济学家对人与自然关系的研究并没有在宏观层面引起足够的重视，他们的关注重点是论证市场机制这只"看不见的手"如何引导资源的有效配置来达到全社会的最优均衡状态。当然，这并不意味着新古典经济学者完全放弃了对人与自然关系的研究；相反，正是新古典经济学在致力于对市场这只"看不见的手"的万能性研究中，发现了外部性这个可能导致市场失灵的重要现象，进而为经济发展过程中导致的环境污染问题找到了原因与解决之道，为后来的环境经济学科的诞生打下了坚实的基础。这方面研究的突出代表是庇古和科斯。1920年，庇古在其《福利经济学》一书中阐述的外部性理论不仅对生态环境问题产生的经济根源作出了合理解释，而且为其解决提供了明确的经济学分析思路。按照外部性理论，市场机制在环境资源配置问题上存在失灵，失灵的原因在于与环境资源配置有关的经济活动有着显著的外部性。所谓外部性，是指经济活动中的私人成本与社会成本或私人收益与社会收益的不一致现象，又有负外部性与正外部性之分。前者是指某一经济活动的私人成本小于社会成本的情况，而后者则是指私人收益小于社会收益的情况。由此，新古典经济学家提出了以下两条解决问题的途径。一是新古典主义的"庇古税"途径。其基本政策思路是用国家税收办法解决负外部性问题，即通过对排污企业征税来抵消私人成本与社会成本之间的差异使两者一致。显然，庇古主张通过政府主导的经济机制使外部成本内部化来解决环境资源配置上的市场失灵问题。二是新制度学派的产权途径。1960年，科斯在《社会成本问题》一文中对外部性、税收和补贴的传统观点提出了挑战。科斯认为，与某一特定活动相关的外部性存在并不必然要求政府以税收或补贴的方式进行干预,只要产权被明确界定,且交易成本为零,那么受到影响的有关各方就可以通过谈判实现帕累托最优结果,而且这一结果的性质是独立于最初的产权安排的。科斯代表的新制度学派为解决外部性问题提出的政策思路是用市场的方法来解决"市场失灵"的问题,强调政府没有必要对市场进行干预。

自20世纪初马歇尔和庇古用现代经济学方法从福利经济学视角系统地研究外部性问题以来,在相当长一段时期内,"市场失灵"理论一直是经济学者讨论生态环境治理的前提。尽管在解决"市场失灵"的途径上,政府被赋予了不同角色,却没有人对政府在解决这一问题上的作用提出疑问(即使是对纠正市场失灵的科斯途径而言,政府在产权界定、制定交易规则等方面的作为对于生态环境治理也是必不可少的)。换句话说,无论政府在干什么,政府总是正确的。然而,这一普遍的看法,受到20世纪70年代兴起的公共选择理论的挑战。以1986年诺贝尔经济学奖的获得者布坎南为代表的公共选择学派重新审视了政府的性质和作用,将"经济人"的概念进一步延伸到那些以投票人或国家代理人身份参与政策或公共选择的人的行为中,强调政府在对经济生活干预并制定公共政策的过程中也存在失灵的现象。按照公共选择学派的理论,公共决策失误或政策失败的主要原因是公共决策过程本身的复杂性以及现有公共决策体制的缺陷。公共选择理论的兴起为人们分析和解决人与自然的矛盾特别是在生态环境治理领域提供了新的经济学理论工具,进一步拓展与深化了相关研究。首先,"政府失灵"的理论观点表明,政府本身也是生态环境问题产生的根源之一,主要表现在政府制定的一些不利于有效利用生态环境资源的政策方面。其次,"政府失灵"的观点表明,政府在生态环境治理中的作用不是万能的,如果政府只是从自身利益最大化而不是从全社会利益最大化的角度出发来考虑问题,政府就不可能真正有动机去制定与执行好有关生态环境治理的政策,政策就起不到使环境负外部成本内部化的作用。

自 20 世纪 50 年代起，西方发达国家工业化和城市化进程加快，经济持续高速增长，与此同时，生态环境危机日益加剧，并迅速成为社会各界普遍关注的热点。1962 年，美国海洋生物学家蕾切尔·卡逊（Rachel Carson）出版了《寂静的春天》一书，将滥用滴滴涕等长效有机杀虫剂造成环境污染、生态破坏的大量触目惊心的事实揭示于公众面前，引起美国朝野震动，也引发了世界范围内对工业化带来的生态环境危机的深切关注。1968 年，来自 10 个国家的 30 位专家在意大利罗马成立了"罗马俱乐部"，专门研究人类的环境问题。1970 年 4 月 22 日，美国一些环境保护工作者和社会名流发起了一场声势浩大的"地球日"运动，成为人类历史上第一次规模宏大的群众性环保运动。1972 年，美国麻省理工学院教授梅多斯等发表了一份名为《增长的极限》的研究报告，得出了"如果世界人口、工业化、污染、粮食生产以及资源消耗按现在的增长趋势持续不变，这个星球上的经济增长就会在今后一百年内某个时候达到极限"的可怕结论。该报告的发表，在全球范围内引起了关于人类增长前景的大讨论。1987 年，世界环境与发展委员会在《我们共同的未来》报告中提出了可持续发展理念，引发了人们对经济发展过程中生态环境破坏后果的持久担忧。越来越严峻的生态环境形势自然也引发了当代西方主流经济学者的关注和重视。

严峻的大气、水和土壤污染等生态环境问题同样制约着我国社会经济的高质量发展。自 1978 年中国开启改革开放和社会主义现代化建设以来，谱写了新的历史篇章，不断在规模和内涵上改变着中国乃至世界的历史进程。中国经济经历了 40 余年的高速繁荣，成为世界上仅次于美国的第二大经济体，也是世界第一大工业国、第一大货物贸易国、第一大中等收入群体规模国家和世界金融服务最大的单一市场，对世界经济增长贡献超过 1/3（OECD，2020），创造了"人类经济史上从未有过的奇迹"。越来越多的中国老百姓共享经济增长"红利"，居民财富规模大幅扩大，居民人均财富达到 36.6 万元（李扬、张晓晶，2021）。然而，国人在享受现代化带来的甜蜜果实的同时，也品尝着环境恶化带来的苦涩后果。改革开放 40 多年来，中国经济高速发展伴随着资源高强度消耗、化石能源大量消费、污染物与碳排放迅速增长，中国经济增长过度依赖生产要素的投入而非技术效率的提高，资源环境承载力逼近极限，能源和环境问题在中国集中出现，国家的可持续发展受到严重挑战。

生态兴则文明兴，生态衰则文明衰，建设生态文明是关系中华民族永续发展的千年大计。生态环境保护是党百年辉煌历史中的重要篇章。"绿水青山就是金山银山"是中国共产党人解决这一困境的一把钥匙。中国政府坚持绝不走西方现代化的老路，坚定用生态文明理念指导发展，将生态文明建设融入中国经济社会发展各方面和全过程，为全球可持续发展贡献了中国智慧和中国方案。特别是，党的十八大以来，以习近平同志为核心的党中央全面加强对生态文明建设和生态环境保护的领导，将生态文明建设作为统筹推进"五位一体"总体布局和协调推进"四个全面"战略布局的重要内容，对生态文明建设和生态环境保护提出了一系列新思想新论断新要求，确立了习近平生态文明思想，推动生态文明建设的措施之实、力度之大、成效之显著前所未有，我国生态环境保护发生了历史性、转折性、全局性变化，取得了举世瞩目的绿色发展奇迹，人民群众生态环境获得感、幸福感、安全感显著增强，为全面建成小康社会增添了绿色底色和质量成色，实现了更高质量、更有效率、更加公平、更可持续、更为安全的发展。

生态环境治理政策工具的选择、设计与应用是关系生态环境治理和绿色发展效果、政策执行成败的关键性因素。长期以来，自然资源环境的经济价值是缺失的，而自然资源环境无价值观念又同马克思的劳动价值论互为表里（晏智杰，2004），其直接后果是，在很长一段时间内，人类对自然资源环境的认识仅仅停留在资源使用费用上，而忽视了资源环境的修复和可持续利用，忽视了自然资源环境拥有的巨大社会效益和生态效益。在实践中，必然造成对自然资源环境的枯竭式利用，从而危及人类社会的可持续发展，寻求环境问题根本解决之道迫在眉睫，这就是环境经济学倡导的综合运用市场、政策和技术等手段，共同作用，形成新的发展方式。由于缺乏明确的市场化政策，中国的环境治理政策很难促进地方政府和部门之间的合作。因此，行政措施依然盛行。然而，由于政策决策的随意性和信息的不对称，行政措施往往具有不可预测的政策效果。强有力的监管方式在很大程度上缓解了政策执行不力所带来的严重矛盾，取得了污染缓解方面的快速效果。由于合规成本较高，这种方式也存在经济大幅下滑的风险。因此，构建现代生态环境治理体系，要改变过去由政府主导的单中心格局，着重理顺政府与市场、社会的关系，向政府、市场、社会合作共治的多元格局转变的方向努力。党的十八大以来，环境问题得到了党和国家空前重视。党的十八大将生态文明建设纳入"五位一体"总体布局，党的十九大进一步将"坚持人与自然和谐共生"作为新时代坚持和发展中国特色社会主义的基本方略之一，强调"必须树立和践行绿水青山就是金山银山的理念，坚持节约资源和保护环境的基本国策"。在这一思想指导下，我国环境规制政策体系从以政府行政干预为主导向以市场激励、公众参与相结合的方向演进，生态系统服务价值得到广泛认可。

欧洲环境总署（EEA，2005）评价了基于市场导向的环境政策工具在欧洲环境政策中的运用，并建言进一步加强对市场化环境政策工具的成本效益分析，以促使管理层更好地了解该政策工具在生态环境治理中的优势。20 世纪 90 年代以来，学术界从成本－效益等角度论证市场激励型的环境政策工具比基于命令控制型的政策工具更具效率。Liu 和 Wang（2017）研究发现，市场化环境政策工具显示出更大的激励作用，促进企业技术创新与扩散，进而影响企业的长期战略规划或调整。Fila-tova（2014）通过对能源环境生态领域有影响力的国际期刊 2003—2013 年研究文献的查阅发现，基于市场的政策工具（Market－Based Instruments，MBIs）的研究受到了国际学者的重点关注，特别是近几年呈现逐年上升的趋势。中国情景也得到了很好的印证，如 Liu 等（2013）、王班班和齐绍洲（2016）、彭佳颖（2019）、胡珺等（2020）等的研究成果。市场导向型环境治理手段在市场经济框架下通过提供足够的激励措施而非灌输环境保护的道德规范来引导个体选择环境友好的行为（Fletcher，2010）。因此，市场导向型环境治理手段为我们提供了一个有用的视角，使我们得以近距离观察作为市场化环境治理应用的各种激励机制如何影响生态治理和环境保护利益相关者的行为。

有鉴于此，本书基于中国生态环境治理的现实制度背景，以中国绿色发展转型作为切入点，通过"公共政策与市场机制协调共建生态文明制度"的理论路径与研究视角，围绕"为什么要建立市场化机制、建立什么样的市场化机制，以及如何建立市场化机制"三大现实问题，从 MBIs 的选择、设计与应用着手，研究基于市场的政策工具理论内涵和外延，从理论上明确 MBIs 的政策内涵、影响因素、目标定位、绩效测评等体系框架，对单一的、组合的 MBIs 对经济主体行为、绿色技术激励、污染物和温室气体减排量、节能减排效果、宏观经济影响、社会福利影响等方面的影响，并通过对比分析，揭示不同的 MBIs 对能源 –经济 – 环境系统的影响机理；从静态和动态的研究视角，着力探讨 MBIs 的政策设计与优化，以及 MBIs 与其他生态环境治理政策工具（如基于命令控制型的政策工具、自愿协议型环境管理政策工具）的协调互动机制，进而提出有效的生态环境治理政策组合工具，以期实现中国经济社会发展与生态环境保护双赢的一种经济发展形态。

作为全世界最大的发展中国家和最大的转型国家，中国生态文明建设成为有史以来最大规模的绿色低碳发展与转型实践，无论从深度还是广度上来说，这次实践给高质量发展和人与自然和谐共生带来的影响都是空前的。中国生态文明建设理论与实践还处在检验和发展阶段，作为一项庞大的系统工程，本书系统地将 MBIs 纳入生态文明建设整体研究框架，从理论基础、运行机理及发展效应等方面对 MBIs 的生态治理效应展开了全面研究，在 MBIs 理论及其生态治理效应一系列重要问题的研究上取得了一些突破性进展，将进一步丰富绿色发展、可持续发展、能源环境政策和公共政策等理论与知识，同时也为企业实践和政府政策制定提供理论借鉴与指导，为新发展阶段我国经济高质量发展，实现国民经济中长期发展目标以及奠定国家生态安全基础等方面进行理论和经验分析并提供重要的决策、建议。

由于笔者的理论和学术水平有限，本书的理论与结构体系难免存在疏漏和需要完善之处，诸多工作亟须更深层次研究，但愿我们的工作能为深入研究中国生态文明建设和能源环境政策理论与实践起到抛砖引玉的作用。我们深知，对于中国这样一个发展中的大国，有待深入探讨的研究课题还有很多，书中的错误和不足，敬请学术界的同行和读者不吝赐教。

刘亦文

2021 年 5 月

第1章 绪论

1.1 选题背景及意义

改革开放以来，中国经济列车飞速前行，短短四十余载缔造了世界第二大经济体的"中国式奇迹"，中国经济总量从 1990 年占全球经济总量的 1.6% 提升到 2021 年的 18% 以上（国家统计局，2022）[①]。然而，在财富不断积累的同时，仍有一些"中国式难题"亟待解决。经济增长过度地依赖生产要素的投入而非技术效率的提高，资源环境承载力逼近极限，能源和环境问题在中国集中出现，国家的可持续发展受到严重挑战。

中国全方位的严重环境污染不但体现在污染源（工业污染、生活污染等）上，也体现在被污染对象（空气、地表水、地下水等）上，还体现在区域范围（城市、乡村、陆地、海洋等）上。根据耶鲁大学环境学院的相关测算，在 2022 年环境绩效指数的排名中，中国 EPI 得分仅为 28.40 分，在所有 180 个国家中排第 160 名，空气质量排在第 157 名。2014 年，世界卫生组织发布的全球城市空气质量调查报告显示，中国只有 9 个城市空气质量进入前 100 达标城市行列。中国城市地区空气中 SO_2 及粉尘含量是全世界最高的，PM10 含量是 60 微克/立方米（世界平均含量为 43 微克/立方米）。2014 年，中国的环境竞争力在全球 133 个国家中排在第 85 位，得分仅为 48.3 分，稍好于 2012 年。中国的 CO_2 排放已

---

① 国家统计局. 党的十八大以来经济社会发展成就系统报告之一：新理念引领新发展，新时代开创新局面[EB/OL]. [2022 - 10 - 11]. http://china - cer. com. cn/baogao/2022101121615. html.

1

跃居全球第 1 名，2021 年中国的 CO_2 排放量上升到 119 亿吨以上，占全球总量的 33%[①]。生态环境问题已经成为新常态下中国经济发展面临的最严峻挑战，也是现阶段中国最敏感的政治问题和社会问题之一。

不断恶化的环境污染形势向粗放的发展方式亮起了红灯，中国环境污染成本占 GDP 的比例高达 8% ~ 10%（杨继生等，2013），而且环境污染严重危害了居民尤其是妇女和儿童的健康，社会健康成本大幅增加，中国空气污染和水污染导致的健康损失高达 GDP 的 4.8%（世界银行，2007）。生态环境部发布的《中国经济生态生产总值核算发展报告 2018》指出，2015 年中国污染损失成本约 2 万亿元。吕铃钥和李洪远（2016）研究发现，京津冀地区 PM10 污染造成的健康经济损失总额为 1399.3（1237.1 ~ 1553.1）亿元，相当于 2013 年该地区生产总值的 2.26%（1.99% ~ 2.50%），PM2.5 污染引起的健康经济损失总额达 1342.9（1068.5 ~ 1598.2）亿元，占 2013 年该地区生产总值的 2.16%（1.72% ~ 2.58%）。此外，环境污染严重威胁居民健康，Kulmala（2015）估计每年中国有 250 万人死于室内和室外空气污染导致的健康危害。水质的下降导致中国消化系统癌症的发病率和死亡率急剧攀升，2000—2011 年，男性癌症发病率保持稳定（+0.2%，$P = 0.1$），女性癌症发病率显著增加（+2.2%，$P < 0.05$）（陈万青等，2016），癌症死亡人数在近年来也呈现出快速上升趋势（周脉耕等，2010），胃癌、肝癌已经分别为中国第 4、第 6 大致死原因（Ebenstein，2012）。环境污染导致的恶果，已经严重影响了居民的健康和日常活动。

促进环境质量改善是"十三五"时期我国实现绿色发展和最终全面建成小康社会的重要目标和任务。为了解决环境污染问题，党和国家不仅将生态文明和"美丽中国"建设提高到中国经济社会发展前所未有的战略高度，而且制定了世界上最大规模的节能减排计划，并提出"要像对贫困宣战一样，坚决向污染宣战"。在 2014 年修订的《中华人民共和国环境保护

---

① International Engrgy Agency. Global Energy Review: CO_2 Emissions in 2021—Global emissions rebound sharply to highest ever lever[R]. IEA, 2022.

法》（以下简称《环境保护法》）中，将保护环境作为"国家的基本国策"，并首次提出各级政府必须将环境保护纳入国民经济和社会发展规划。党的十八届五中全会把"绿色发展"确立为"十三五"时期的重要发展理念，不断推动国家环境政策革新，构建现代生态环境治理体系，提升国家绿色领导力。特别是，党的十九届四中全会站在"两个一百年"奋斗目标的历史交汇点上，将生态文明制度建设作为中国特色社会主义制度建设的重要内容和不可分割的有机组成部分，从实行最严格的生态环境保护制度、全面建立资源高效利用制度、健全生态保护和修复制度、严明生态环境保护责任制度等 4 个方面，对建立和完善生态文明制度体系，促进人与自然和谐共生作出安排部署，进一步明确了生态文明建设和生态环境保护最需要坚持与落实的制度、最需要建立与完善的制度，为加快健全以生态环境治理体系和治理能力现代化为保障的生态文明制度体系，提供了方向指引和根本遵循。而生态环境治理政策工具的选择、设计与应用是关系生态环境治理和绿色发展效果、政策执行成败的关键性因素。

环境治理体系和市场体系是生态文明制度"四梁八柱"的重要组成部分。作为追赶型经济体的典型代表，中国必须在节能减排和经济增长之间寻找合理的平衡，导致经济增长大幅下滑的激进减排措施在中国并不具备现实的可能性。党的十九届四中全会以及《中共中央　国务院关于加快推进生态文明建设的意见》《生态文明体制改革总体方案》《关于创新重点领域投融资机制鼓励社会投资的指导意见》均将建立健全生态环境保护的市场化机制上升到国家治理体系和治理能力现代化战略层面予以部署。研究中国环境治理与生态建设中 MBIs 的设计及选配，探析实现中国绿色发展的生态环境治理政策工具，对加快建设"两型社会"，全面建成小康社会，推进美丽中国建设以及全球生态安全具有重大而深远的战略意义。

目前，这一实践问题也充分体现在理论研究的热点中。

其一，MBIs 在生态环境治理中的应用价值日益凸显。王猛（2015）认为，构建现代生态环境治理体系，要改变过去由政府主导的单中心格局，着重理顺政府与市场、社会的关系，向政府、市场、社会合作共治的多元格局转变的方向努力。欧洲环境总署（EEA，2005）评价了 MBIs 在欧洲环境政策中的运用，并建言进一步加强对 MBIs 的成本效益进行分析，以促使管理层更好地了解该政策工具在生态环境治理中的优势。20 世纪 90 年代以来，学术界从"成本－效益"等角度论证 MBIs 比基于命令控制型（CAC）的政策工具更具效率（Tietenberg，1985，1992；Ackerman and Stewart，1985；Stavins，1988；Hahn，1991，2000；González－Eguino，2011；Qiang Wang and Xi Chen，2015；任玉珑等，2011；王班班、齐绍洲，2016）。Liu 和 Wang（2017）研究发现，MBIs 显示出更大的激励作用，促进企业技术创新与扩散，进而影响企业的长期战略规划或调整。Filatova（2014）通过对能源环境生态领域有影响力的国际期刊近 10 年研究文献的查阅发现，MBIs 的研究受到了国际学者的重点关注，特别是在近几年呈现逐年上升的趋势。中国情景也得到了很好的印证，如 Liu 等（2013）通过对中国钢铁、水泥和化工行业调查发现，受访公司对于 MBIs 的认知度和可接受性要远远高于其他监管政策，这对于中国工业节能政策的未来调整具有重要意义。王班班和齐绍洲（2016）基于中国工业行业专利数据对不同的节能减排政策工具执行情况进行了实证研究，发现市场导向型工具有助于实现"去产能"和工业生产方式绿色升级的"双赢"。市场化机制手段与命令控制型手段互为补充，是中国能源环境政策工具的重要组成部分，是践行中国绿色发展理念的关键要素。因此，在中国生态环境治理中，MBIs 研究能使能源环境政策工具研究得到深化，使能源环境政策工具选择、应用的知识更加系统化，改变长期以来以"末端治理"为主导的能源环境政策工具研究体系，从而形成解决中国能源环境"前端防治"问题的理论准备。

其二，MBIs 在生态环境治理中的应用还存在很多急需解决的空白和议题。尽管这一领域在 10 余年来受到越来越多的学者重视，但学术界过于强调 MBIs 在履约成本、技术激励等方面的优势，而忽视其政策形成、执行和监控成本以及对排放实体环境道德意识的影响（许士春，2012；王燕，2014）。Henderson 等（2008）认为，MBIs 需要综合经济因素和非经济因素，各国应根据本国具体情况采取相应措施。同时，国内外对于 MBIs 对经济的影响和效果的研究主要集中在整个社会与宏观经济方面，对微观的经济主体行为及其产生的经济影响研究较少（高扬，2014）。国内 MBIs 涌现的时间不长，研究范围主要集中在碳税（苏明等，2009；曹静，2009；娄峰，2014；刘宇、肖宏伟、吕郢康，2015）、能源税（袁永科、叶超、杨琴，2014；杨岚等，2009；张为付、潘颖，2007；韩凤芹，2006）、排放权交易（安崇义、唐跃军，2012；范进、赵定涛、洪进，2012；刘海英、谢建政，2016；齐绍洲，2016）和限额交易（何大义、陈小玲、许加强，2016）等领域。近年来，越来越多的学者加强了对两种或两种以上不同市场性政策工具的对比研究（王文军等，2016），但对不同的 MBIs 在生态环境治理中的应用仍存在诸多急需解决的空白和议题。本书从微观层面和宏观层面，短期视角和长期视角，均衡状态和非均衡状态，对中国绿色发展过程中不同的 MBIs 政策方案及其实施效果和动态效率进行系统科学的理论与应用研究，以期提出调整能源环境政策调控模式、政策目标和政策工具的时机与导向建议，从而在"总需求和总供给双重管理"、"局部快速发展和全局均衡发展相结合"、能源环境政策的"区间调控、定向调控和相机调控"的宏观管理框架下，为加快中国"十三五"时期生态文明体制改革进程、健全市场资源配置的优化功能提供理论指导，提升绿色转型的国家治理能力，坚持为创新发展、协调发展、绿色发展、开放发展和共享发展提供理论、实证、经验支持及方法论参考。

其三，MBIs 与生态环境治理的研究具有中国情景的管理特色。当前，关于 MBIs 在生态环境治理中应用的研究成果大多是在西方经济体制背景下得出的，中国生态环境治理政策一直以来以命令控制型的政策工具为主导，相关研究多集中在此领域展开，西方背景下的研究结论在中国情境下的适用性还有待商榷（王燕，2014）。因此，这一研究议题凸显了中国情景的应用特色和现实价值。

有鉴于此，本书将基于中国生态环境治理的现实制度背景，从 MBIs 的选择、设计与应用着手，研究基于市场的政策工具理论内涵和外延，从理论上明确 MBIs 的政策内涵、影响因素、目标定位、绩效测评等体系框架；构建一个"新常态"转型期特征的动态环境 MBIs - CGE 模型，仿真研究中国绿色发展过程中单一的、组合的 MBIs 对中国"能源 - 经济 - 环境"系统的影响效应；从静态和动态的研究视角，着力探讨 MBIs 的政策设计与优化，以及 MBIs 与其他生态环境治理政策工具（如基于命令控制型的政策工具、自愿协议型环境管理政策工具）的协调互动机制，进而提出有效的生态环境治理政策组合工具，以期实现中国经济社会发展与生态环境保护的双赢。我们相信，本书的研究成果不仅会进一步丰富绿色发展、可持续发展、能源环境政策和公共政策等理论与知识，也会为企业实践和政府政策制定提供理论借鉴与指导，为保持我国经济持续稳定增长，实现国民经济中长期发展目标，奠定国家生态安全基础等提供理论和经验分析以及重要的决策建议。

1.2　国内外研究现状及发展动态

1.2.1　生态环境问题的经济学研究学术脉络

近代以来的工业化进程使得人类的经济活动逐步逼近甚至超出环境承载极限，层出不穷的环境问题已经成为 21 世纪世界各国面临的最严重挑战，也是现阶段最敏感的政治问题和社会问题之一。绿水青山是最大的资源和资产。然而，长期以来，自然资源环境的经济价值是缺失的（罗丽艳，2003；蔡志坚，2017），而自然资源环境无价值观念又同马克思的劳动价值论互为表里（晏智杰，2004），其直接后果是，在很长一段时间内，人类对自然资源环境的认识仅仅停留在资源使用费用上，而忽视了资源环境的修复和可持续利用，以及自然资源环境拥有的巨大社会效益和生态效益。在实践中，必然造成对自然资源环境的枯竭式利用，从而危及人类社会的可持续发展（张志强等，2001），寻求环境问题的根本解决之道迫在眉睫，这就是环境经济学倡导的综合运用市场、政策和技术等手段，共同作用，形成新的发展方式（曹洪军，2018）。

生态环境问题纳入经济学家的视野由来已久，特别是自 20 世纪 60 年代以来，随着西方工业化程度较高的国家因经济快速发展引发的环境问题日益严重，生态环境治理的研究引起越来越多经济学者的重视，并随着人们对这一问题认识的不断深入而得以迅速发展。一是古典经济学先驱者关于生态环境问题的思考。英国古典经济学家的奠基者威廉·配第就认识到自然条件对财富的制约，提出了著名的"土地为财富之母，劳动为财富之父"的论断。马尔萨斯认为，对自然资源的需求是以人口和收入的指数增长为基础的，而资源的供给却只能以线性形式增长，甚至零增长。李嘉图也认识到了人口对生活资料的压力。二是新古典经济学框架内的"微观环境—经济分析"发展演化。生态环境治理的微观经济分析主要是在新古典框架内探讨问题产生的根源、治理的途径以及与治理措施相关的费用效益等内容。按照新古典经济学的观点，生态环境问题产生的经济根源在于环境资源配置上的"市场失灵"以及政府干预不当产生的"政府失灵"（Pigou，1920；Baumol，1970）。Coase（1960）、Turvey（1963）对外部性、税收和补贴的传统观点提出了挑战。科斯代表的新制度学派为解决外部性问题提出的政策思路是用市场的方法来解决"市场失灵"的问题，强调政府没有必要对市场进行干预。Kneese 等（1968）认为，既然市场在环境资源配置上是失灵的，政府就应该以非市场途径对环境资源利用进行直接干预，国家对生态环境问题的干预也是很有必要的。

生态环境治理的微观经济分析遵循新古典经济学传统，主要从资源配置效率的角度对其进行分析，使经济学在解释与解决这一问题上取得了突破性的进展。但随着全球整体生态环境形势的日趋严峻，一些学者开始意识到生态环境问题的恶化与经济规模迅速扩大是分不开的，很有必要从宏观角度探索环境系统与经济系统之间的关系，揭示其相互影响的内在规律，并提出协调环境与发展的战略措施。

1972 年，美国麻省理工学院教授梅多斯（Dennis L. Meadows）等发表了一份名为《增长的极限》的研究报告，得出了"如果世界人口、工业化、污染、粮食生产以及资源消耗按现在的增长趋势持续不变，这个星球上的经济增长就会在今后一百年内某个时候达到极限"的可怕结论。该报告的发表，在全球范围内引发了关于人类增长前景的大讨论，也标志着生态环境问题开始正式纳入宏观经济理论模型分析。1987 年，世界环境与发展委员会（World Commission on Environment and Development，WCED）在《我们共同的未来》报告中提出了可持续发展理念，引发了人们对经济发展过程中环境破坏后果的持久担忧，也激发了学者对宏观环境经济分析的研究热情。在上述背景下，宏观环境治理的学术研究自 20 世纪 90 年代迅速兴起并呈现出加速趋势，其标志性现象就是环境库兹涅茨曲线（EKC）的提出。Grossman 和 Krueger（1991，1995）、Shafik 和 Bandyo padhyay（1992）、Panayotou（1993）等通过借鉴 Kuznets（1955）研究收入分配提出的库兹涅茨曲线研究成果，提出了 EKC 假说。EKC 假说的提出，对人们从宏观层面理解经济发展与环境变化之间的关系并就如何实现经济发展与环境质量改善的"双赢"开拓了一片新天地，也将环境经济学的研究推向了一个新高度。此后，围绕着 EKC 的解释与验证开始成为国内外学者在宏观环境治理领域的研究主题并演化延续至今。国外的代表性研究成果如下。Abdul 和 Syed（2009）运用自回归分布滞后模型对 CO_2 排放与经济增长的关系作协整分析后认为，两者存在 EKC 长期关系；Shahbaz（2013）通过建立土耳其 CO_2 排放量与经济发展 VEC 模型认为，该国 CO_2 排放与经济发展不仅存在 EKC，还存在双向影响关系。当然，另一些研究却表明两者之间只是单调关系，如 Méndez（2014）将能源资源相对价格纳入经济学分析框架，发现能源相对价格变动的出现使 CO_2 与 GDP 间呈现单调递增的关系；还有学者认为两者之间并不存在长期关系，如 Yi – Chia Wang（2013）认为两者不存在长期 EKC 协整关系。国内学者早期相关研究主要集中在宏观层面验证 EKC 理论，如彭水军和包群（2006）较早通过实证方法检验了我国经济增长与包括水污染、大气污染与固体污染排放在内的6 类环境污染指标之间的关系。他们的实证结果发现，EKC 倒"U"型曲线关系在很大程度上取决于污染指标以及估计方法的选取。杨芳（2009）运用中国 1990—2006 年的时间序列数据，采用 Granger 因果关系检验和VAR 模型验证了中国经济增长与环境污染的关系，指出我国经济增长引起的污染加剧程度超过了经济增长速度，并不能实现环境污染水平的降低。随着研究的不断深入，我国学者也开始关注各地区的 EKC 形状及其所处位置差异的探讨，如王敏等（2015）研究发现，大气污染浓度指标与经济增长呈现"U"型关系，但在考虑了每个城市特定时间趋势变量后，高增长并不一定会导致高污染。臧传琴和吕杰（2016）实证检验经济增长与环境污染水平之间的关系后发现，在 EKC 曲线部分，东部地区拐点出现得较晚，但拐点位置较低，EKC 曲线较为扁平；中西部地区拐点出现得较早，但拐点位置较高，EKC 曲线较为陡峭。王勇等（2016）对人均收入水平与主要大气污染物排放的关系进行回归拟合后发现，虽然大部分东部省份已经越过 EKC 曲线的拐点，但环境质量改善仍然缓慢，而多数中部省份仍处于峰值阶段，西部省份则大都处于经济增长与环境质量恶化的矛盾阶段。谷国锋等（2018）发现，经济发展与生态环境整体呈"U"型特征的耦合度时序变动，表现出阶段性和波动性。

综上所述，迄今为止，国内外经济学者对生态环境治理问题的相关研究主要沿着两个方向交替向前推进：一是微观环境经济分析的不断充实和完善，二是宏观环境经济分析的迅速崛起与不断深化。尽管两个层面的研究有重叠交叉的情形，但是研究重心整体上经历了以微观为主逐步向以宏观为主的转变历程。显然，已有的这些丰硕研究成果对于我们理解生态环境问题产生的经济根源以及制定生态环境治理对策有着非常重要的启迪意义，也为本书进行深入研究奠定了很好的文献基础。但是，已有研究成果仍然存在以下方面的不足。（1）在微观框架内的外部性理论分析，主要侧重于从单个企业发展的外部效应来分析其造成的环境后果及其治理思路，而忽略了介于微观（以单一企业或家庭为主体）与宏观（以经济环境总量为主体）之间的区域主体（以一个国家范围内的各行政区划如省市为主体）经济发展的外部性对区域外生态环境质量的影响，从而无法解决局部地区的"理性"决策产生的全局性负环境外部效应问题。（2）在宏观层面对环境与经济关系演化规律的探究主要侧重于经济增长指标对环境质量的影响研究，忽略了经济发展差异、收入分配状况以及环境规制强度差异等因素对环境质量变化的影响，其研究结论主要建立在统计规律之上，对经济系统与生态环境系统相互作用的内在逻辑分析不够。（3）在生态环境治理对策的分析方面，虽然提出了通过明晰产权来解决外部性问题的思路，但是对如何坚持公平正义原则界定生态环境资源这一具有显著"公共属性"的产权方面基本没有涉及，而这个问题显然无法绕开处理跨界环境纠纷。此外，在外部问题内部化的政策机制设计中，更多的是侧重于对"污染"这类负外部性的"惩罚"性分析而相对忽视了对"生态建设"这类正外部性行为的"补偿"性分析。(4)总体来看,已有的生态环境经济分析框架忽略了空间因素在环境—经济演化进程中的影响,没有充分考虑一国生态环境的整体性与国内各行政区划的相对独立性之间的矛盾,而如果我们不能从具体的地理空间中去追寻环境—经济演化矛盾中涉及的各利益主体的位置、方向及范围,就会大大影响理论研究在解决实际问题方面的效果。上述不足,使长江流域跨域水资源生态保护整体性协作治理的研究无论在理论探讨还是在政策设计方面都有很大的拓展与深化空间,这也是本书重点关注并力求突破的主要内容。

1.2.2 我国生态建设和环境治理政策与主体演变

20世纪90年代,中国就开始陆续采取相关措施,积极引导居民的能源消费行为向节能减排的方向转变。如1998年开始施行的《中华人民共和国节约能源法》,2004年国务院开展资源节约活动并印发《公众节能指南》,2007年发布的《节能减排全民实施方案》,以及2016年发布的《"十三五"全民节能行动计划》等。然而,《中国能源统计年鉴》的数据显示:中国人均生活用能量呈现逐年上升的趋势,从1980年的112千克标准煤上升至2013年的335千克标准煤,而1997—2013年的涨幅竟然是前16年的23.8倍(中国能源统计年鉴,2014)。与此同时,中国在全球应对气候变化挑战的进程中担当了重要角色,也是世界上最大的温室气体排放国。因此,中国作为负责任的发展中大国,积极为《巴黎协定》的通过及生效作出了贡献。在《巴黎协定》的框架下,2015年6月,中国政府提交了应对气候变化国家自主贡献(NDC)文件,承诺中国将在2030年单位GDP CO_2 排放达到峰值,并比2005年下降60%~65%,且届时非化石能源占一次能源消费的比例提升到20%左右;同时,还提出了增加森林储蓄积量和增加碳汇的目标。这是中国政府第一次对自身碳排放总量提出了控制目标,这对推进全球应对气候变化具有十分重要的意义(莫建雷等,2018)。所以,在国家实施节能减排的绿色发展背景下,工业行业的能耗已经开始实现了负增长,但是仅次于工业部门的生活能源消耗在逐年攀升。因此，在国家大力推动能源供给侧结构性改革和产业结果升级的同时，如何从需求侧的角度促进居民生活领域的节能减排，也成为实现中国低碳发展目标的一个重要途径。居民作为生活能源消费的主体和耗能工业品的终端消费者，其能源消费行为向低碳节能的转变，可以通过政府的政策进行引导、促成和强化（芈凌云等，2016）。

党的十八大以来，习近平总书记反复强调环境保护的重要性，强调地方政府的重要职能之一是环境保护工作；也提出了在把生态文明建设放在突出地位的同时，希望能够协调好环境保护和经济增长之间的动态关系，并将生态文明建设不断融入经济建设、政治建设、文化建设、社会建设各方面和全过程，不断努力建设美丽中国，为实现中华民族永续发展作出贡献，进而提出"绿水青山就是金山银山"的绿色发展理念。因此，在相关政策的引领下，绿色发展已经成为我国未来经济转型和社会发展的方向。我国提出绿色发展的概念可以追溯到 20 世纪末期，在当时的情形下，经济的绿色发展和改革主要在于经济转型与生态农业的有机结合发展，不仅要发挥保护环境的作用，还要起到节约能源的作用，从而完成可持续发展的长远目标。绿色经济的不断创新与发展为我国的整体经济环境带来了可观的经济效益与生态效益，其中绿色金融发挥了举足轻重的促进和支持作用（董晓红、富勇，2018）。一方面，我国提出和建设生态文明的社会，是直接针对中国日趋严峻的环境状况而言的，强调坚持走绿色可持续发展的道路，坚持保护环境和节约资源是我国的基本国策，坚定走生产发展、生活富裕、生态良好的文明发展道路，加快建设资源节约型、环境友好型社会，形成保护环境和节约资源的空间格局、产业结构、生产方式、生活方式，从而达到人与自然和谐发展的现代化建设新格局。另一方面，生态文明就是中国共产党和中国政府在汲取人类文明优秀成果的同时，不断总结中外工业化、城市化进程的经验和教训，并着眼于人类未来可持续发展的基础上作出的自主的、科学的选择，这一发展方针代表了人类文明的发展方向。从历史方面来看，在中央持续、切实推进生态文明建设的条件下，中国环境治理正出现新趋势、新特点，并且已经迈入了复合型环境治理的新阶段。因此，基于环境认知的清晰度提升以及日益完善的环境政策设计，我国环境治理日趋彰显中国特色（洪大用，2016）。

党的十九大报告对区域协调发展进行了系统部署：突出各区域全方位发展，依托聚合性共同体谋求集体行动目标的达成，通过政策协调引领促进共同使命和整体性治理方略的实现；同时，也在报告中提到要"构建政府为主导、企业为主体、社会组织和公众共同参与的环境治理体系"①，并将多元环境治理体系作为一种新的制度选择和范式，突破了以往单一的政府主导的限制，将多治理主体与协同治理模式相结合，是政府在环境治理领域上展现其生态环境治理能力现代化的重要渠道。陈文斌和王晶（2018）考虑到多元主体共同参与环境治理过程，是保障社会主义生态文明建设的制度完善和公众环境权利的先决条件，同时也是政府提升治理能力的时代性要求。因此，技术的不断创新是实现我国社会主义经济长期绿色发展的关键驱动力。一方面，技术市场和金融市场的外部性虽然对缓解环境的技术创新活动缺乏市场激励的问题有帮助，但是难以达到满足社会需求的水平，因此凸显出政策干预的重要性。另一方面，相对于一般化的科技政策，环境政策对技术创新活动的激励更具有针对性。因此，在对环境政策效果进行研究和评估时，不仅要考虑其减排效果和经济影响，还要多关注政策的技术创新效应。另外，中国在未来的一段时期，不仅亟须协调经济发展空间和节能减排需求，技术创新可为绿色发展提供新动力，而且国内环境问题和国际气候谈判的压力仍将持续，因此中国开始采用更为多样化的环境政策工具对污染物排放、温室气体增多、化石能源消耗和可再生能源发展进行政策干预与调控（王班班，2017）。

伴随着我国经济快速发展，生态环境必然会受到一定程度的影响，也就是说，在经济发展过程中，环境问题的产生是难以避免的。著名学者爱尔维修（1963）认为："利益支配着我们对各种行为所下的判断，使我们根据这些行为对于公众有利、有害或者无所谓，把它们看成道德的、罪恶的或可以容许的；这个利益也同样支配着我们对于各种观念下的判断。"

---

① 习近平．决胜全面建成小康社会　夺取新时代中国特色社会主义伟大胜利：在中国共产党第十九次全国代表大会上的报告[N]．人民日报，2017－10－19(2)．

然而，治理环境的主要因素就是处理好经济利益与环境利益之间的关系，实现社会各相关主体间的协调、均衡与共容发展。因此，可持续发展理念就是要求人们利用有限的智慧，追求经济利益与环境利益的相互协调与融合，这样才能既满足环境保护的需要，又满足社会经济发展的需求。也就是说，过去主要依靠物质资源消耗实现的粗放型高速增长很难再继续发展下去，因此现阶段必须依靠创新驱动、绿色发展、对外开放等方式，降低生产劳动要素投入，提高资源配置效率，增加经济社会效益，全面推动经济发展进入高质量发展时代（金碚，2018；任保平、文丰安，2018）。

1.2.2.1 环境治理政策的理论变迁与绩效比较

政府治理环境问题十分依赖工具的恰当使用，政策工具的选择与有效协同是新型治理中区域政府间需要着重解决的问题，在区域生态文明建设过程中更是如此。基于类型化的视角，1996 年，经济合作与发展组织（Organization for Economic Co-operation and Development，OECD）采用三分法把我国环境政策工具主要分为 3 类：基于强制机制的命令控制型政策工具，基于市场机制的市场导向型政策工具，基于自愿机制的自愿协议型政策工具。这 3 类环境政策工具分别依据环境治理领域的国家干预主义理论、市场自由主义理论和社会中心主义理论进行划分。本书主要对这 3 种理论进行分析和比较，阐述这 3 种理论在环境治理领域的背景缘由、政策工具和适用范围，从历史的维度阐述我国环境治理理论变迁的轨迹和理论方法的支撑。

（1）国家干预主义理论。

环境治理领域的国家干预主义理论主要盛行于 20 世纪 50—70 年代，西方国家经历了日趋严重的生态环境危机，因此公民的环境诉求愈加高涨，强烈要求政府能够履行环境治理职能，所以当时的环境诉求具有强烈的政治色彩。正是在这样的时代背景下，西方发达国家采取政府干预手段，以命令控制型的方式来推进环境治理，通过立法、行政命令和政策的手段强化威慑型规制，从而提高环境违法者的违法成本和强化其法律责任意识。我国的命令控制型政策工具也主要以法律法规的形式出现，并且占据着我国环境政策工具的主导地位，其中，相关环境法律法规得到不断制定和修订，基本上覆盖了所有环境保护领域。

从我国环境管理的历史来看，刘超（2015）认为，命令控制型政策工具在对环境问题尤其是紧急事件的处理上功不可没。从规范层面来看，虽然管制型规范体系已经比较全面、完整，但是逐渐被学界所批判，主要原因除了其本身的灵活性差、成本较高及自身设计不尽合理外，还有现行的法律规范和相关规定未能执行到位等。一方面是"有法不施"，"当经济发展冲动、地方利益诉求、政绩考核标准和'以上压下'机制交织在一起时，环境污染执法中经常会出现执法者与污染者之间合谋形成的法律规避"。王灿发（2016）考虑到在环境保护过程中地方保护主义与环境行政可谓是"如影随形"，尽管省以下环保垂直管理制度改革已经展开，但监督不力的难题依然没有得到解决。另一方面是执法能力不足，根据中国政法大学环境资源法研究所公布的《新〈环境保护法〉实施情况报告》，目前环境执法机构的环境执法力量严重不足，执法能力不强。新修订的《环境保护法》中改进的环保制度和措施虽然进步很大，但不能全面、充分地执行和遵守，因环保执法力量、执法技术和手段、执法经费的"倒金字塔"现状使基层环保部门很难承担起繁重的执法任务。在基层环境当中，很多时候只有当环境事件引起社会公众和网络媒体强烈关注时地方官员才予以重视。环境政策工具理论上的设计合理并不能保证其在实践中被贯彻执行，还要受政治、经济、文化、法律、科技水平、行政能力等制度能力或者制度环境的影响，概括来说主要体现在体制、法律和市场三方面（周玉华等，2016）。并且，丰月和冯铁拴（2016）认为，命令控制型的行政手段对政府信息能力、决策者在风险社会下的决策能力、公职人员的廉洁程度、管制者与利益相关者的协商与谈判水平等都有很高的要求，几乎只有全知、全能的政府才能实现应然意义上的环境管制制度。而库拉（2007）认为，环境治理具有"公共品"的属性和特征，有较强的公共性、社会性和公益性，表现为"消费的非排他性"和"非竞争性"，导致环境治理的"集体行动困境""零和博弈""负和博弈"，增加环境治理的社会成本。由于环境治理的特性，造成价格、供求、竞争等市场机制的激励功能难以发挥；另外，环境治理具有的技术性、专业性和知识性，以及企业具有的环境信息优势，导致公众在维护环境权益时，面临着严重的"信息壁垒"和"成本压力"。并且，梁甜甜（2018）认为，在计划经济的发展模式下，政府长期扮演着"全能型"管理者的角色，不仅承担着社会资源配置的职责，而且运用相当严格的制度对社会进行"自上而下"的管理，导致企业仅是被动地接受管理。这种"全能型"政府模式不符合现代政府追求的高效性与服务性，导致环境治理的低效率甚至是失效，其主要原因是政府对自身的认识与定位存在一定程度的偏差，从而忽视了其他主体参与治理的积极主动性。因此，在多元环境治理体系中，政府应该重新定位其职责。

在传统的命令控制型模式下，政府是环境治理的"主角"，企业从事生产经营活动，是自然资源消耗和污染排放的重要主体。因此，政府在环境治理中制定的法规与政策主要是针对企业的，其把企业视作环境破坏的主要源头，企业也必须接受政府的管理监督。这种管理与被管理的关系是双方利益关系紧张，甚至发生冲突和扭曲的结构性原因（栗明，2017）。著名的法国政治学家托克维尔（1996）曾发表过这样一个观点："一个中央政府，不管它是如何精明能干，也不能够明察秋毫，不能凭借自己去了解一个大国生活的一切细节，它一定办不到这一点，因为这样的工作已经超过人力之所及。"长期以来，通过各种政策工具引导产业结构优化升级、实现环境保护是各国政府常用的手段。相比计划经济色彩较浓的传统命令控制型政策工具，基于市场机制的经济激励型政策工具有市场化、激励机制、灵活性等诸多优点，颇受政策制定者的青睐。在市场主体之间形成交易市场，从而对微观主体形成结构调整、技术创新的内在激励，最终驱动产业结构持续优化（魏庆坡，2015）。所以，政府需要采取多种治理方式进行角色转换，这样才能既保障整个社会环境利益，又促进企业成为同行者，而非利益对立的双方。

（2）市场自由主义理论。

20 世纪 70—80 年代，随着新制度经济学的发展，发达国家环境治理政策逐渐向以所有权为核心的市场主义转向，强调以市场机制为核心，通过价格信号、供求规律和税费机制影响环境企业的行为，降低环境的治理成本，激励企业创新环境治理技术。环境治理领域的市场自由主义的理论基础主要是"庇古税"（庇古，2007）和"科斯定理"（科斯，1994），其主要是通过市场方式来改变企业的行为，从而促进企业环境污染成本内部化。与此同时，如果在严格的环境规制中，企业就不得不将原本用于生产性活动的要素（如劳动、资本等），投入以减少污染排放的非生产性活动中（Gray and Shadbegian，1998；Ambec et al.，2013）。虽然，这一过程有助于企业绿色技术的创新和采用（Nesta et al.，2014），但由于环保设备的额外损耗以及生产资料与原有生产设备匹配度下降，最终会造成生产率损失（Hancevic，2016）。另外，从长远角度来看，在信息不对称的情况下，政府并不能确切地知道每个厂商施加的外部成本（Golusin et al.，2013），从而可能造成过高或过低的征税和补贴，非但不能有效消除外部性，反而可能会通过"税收转嫁机制"将"庇古税"传导给环境污染的最终受害者，造成"外部性扩散"，最终不利于工业部门的长远发展（Bovenberg and Heijdra，1998）。黄庆华等（2018）认为，首先，环境税费制度，通过引导企业采取先进的排污技术、设备和手段，达到降低污染排放总量以及减少环境污染的目标；其次，价格引导机制，利用排污权交易，不断激发企业的创新环境治理技术，从而采取新的生产工艺方式，不断降低环境污染的排放量，从而提高环境企业履行环境法律法规的自觉性；最后，生产者责任制度，应将环境责任延展至生产环节中，通过鼓励金制度与环境押金等方式，激励企业从本源上防控环境污染的可能性。"经济－激励"就是环境市场自由主义的理念，利用市场机制、价格信号、财税补贴、押金等方式，来激励企业环境治理的自主性、自觉性以及自治性，具有事前预防和过程规制的功效。

陈泉生和宋婧（2006）认为，现代政府对于塑造自身合法性和合目的性是非常重视的，以此来促进社会的公共利益和实现以社会服务为理念的基本价值追求。因此，政府通常用引导、激励的手段来激活缺乏利益驱动的公共产品市场和基础薄弱领域，以一个激励者的身份促进环境治理事业的长期有效发展。当今社会，传统意义上的强权命令型管制手段效力正在不断弱化，为了弥补传统管制手段造成的缺陷，政府环境制度发生了大的变革，其主要着力点则成为发现、探究并试用新的环境规制手段，因此，政府倡导的新的激励型环境规制方式在这种背景下应运而生。这一规制方式是指政府不仅仅以明确的污染控制水平和指标保证环境保护的下限，还通过政府实施的一系列激励企业的政策，使其尽力达到环境保护的上限。市场导向型政策工具与传统的命令控制型政策工具相比，更能激发企业自身的主观能动性，且更具有灵活性，在促使企业自身能发现最低污染控制成本策略的同时，也能保障企业最大限度地实现自身经济利益的发展，积极履行环保义务和其他社会责任。

政府采取的激励手段主要是实施"绿色"政策调控，不断激励企业进行"绿色"生产，从而提高企业在同行企业中的优势。例如，对主动承担环境责任的企业进行绿色补贴与绿色采购等方式。首先，绿色补贴是指政府通过激励出口企业环保技术创新以实现改善环境质量宗旨而提供的专项财政资助，它既能促进产业升级和节能降耗，又能应对各种绿色贸易壁垒并增强本国企业的竞争力。其研究类型可分为成本分摊补贴和一次性补贴，成本分摊补贴的例子见 Isik（2004）的研究，一次性补贴的例子见 Arguedas 和 Soest（2009）的研究。由于各贸易国的环境政策具有多样性且环境税、排污标准等政策工具的实施对本国产业的国际竞争力具有弱化作用（姚洪心、海闻，2012；Liu and Lu，2015；Choi et al.，2016），因此绿色补贴逐渐成为政府制定环境政策时的首选。通常，绿色补贴采用的形式主要为贷款、拨款和税收优惠，其目的可能是鼓励降低污染，也可能是提供资助给为降低污染必须采取的措施。绿色补贴能够激励企业采取环境友好型措施，既能在控制污染上激励企业，又能减轻政府监管对企业生产经营造成的压力，这样使企业的私人利益与社会利益达到一致，从而诱发社会所需而市场机制又无力提供的环境建设活动。一部分学者如姚洪心和吴伊婷（2018）在上述背景下，开始从事绿色补贴相对其他政策工具的优越性研究，并考虑了绿色补贴能有效促进其他环境政策意图。Krass 等（2013）研究发现，增加环境税对企业绿色技术的使用是先刺激后抑制的，而补贴绿色技术的固定成本则可以避免这种抑制。徐晓亮等（2017）在研究我国煤炭资源税收改革时发现，降低环境损失可以通过提高煤炭资源税来实现，而在税收基础上增加资源价值补贴则可提高环境福利。

其次，绿色采购是指政府通过自身庞大的采购力量，优先购买环境负面影响较小的环境标志性产品，促进企业改善影响环境的行为，对社会大众的绿色消费起到示范和推动作用。政府进行绿色采购可以激励供应商采取有力措施，建立有效的企业管理制度，节约资源和减少污染物的排放，降低其对环境和人体健康的负面影响。政府进行绿色采购还可以培养和扶植绿色产业，有效促进清洁技术的发展。Rosario 和 Núria（2018）讨论了绿色公共采购旨在将环境标准纳入公开招标，以发展和鼓励可持续产品与服务的生产及消费。他们为此提出了一种评估绿色公共采购过程中环境奖励标准的新方法，可方便有效地传达所购买产品和服务的环境效益。该方法的新颖之处主要在于，它能够使用简化的生命周期评估方法对绿色公共采购过程中各奖项标准的实现情况进行评估，并进行了实例分析。Cheng 等（2018）认为，绿色公共采购是一个日益受到争议的"需求方"环境政策工具。目前，关于绿色公共采购的讨论主要集中在绿色公共采购实施的具体影响上，而与其他环境政策工具相比，关于绿色公共采购在效率和创新方面的讨论还比较滞后。最后，通过将 17 年的研究过程分解为 4 个子阶段，并勾勒出研究趋势随时间的变化，Liu 等（2019）发现，其现有的研究主要集中在地方政府的绿色公共采购实践方面，但对地方政府的分类研究较少。他们主要利用生命周期模型对中国地方政府与绿色公共采购相关的问题进行分类，形成一个比较研究框架。对处于长期进行绿色公共采购的地方政府来说，绿色公共采购绩效的提高与官员对指导方针和清单的充分认识、绿色公共采购补贴政策的覆盖面广呈正相关关系，与低行政水平呈负相关关系。实证结果丰富了当前地方政府绿色公共采购实践知识，具有很强的现实意义。

政府从命令者向激励者的角色转换，使得政府在环境保护中的作用不再仅仅局限于管理环节，而是构建了完整的"绿色采购－绿色生产－绿色市场－绿色消费"这样一个国民经济可持续发展体系。在这一发展体系中，社会公众的利益与企业的利益具有了一致性和共融性，而不是走向割裂甚至无法调和的境地。制度是规范人们行为的规则，要用经济政策调动制度接受者遵守制度的积极性，政策应能极大体现制度接受者因为遵守制度能从中获得自己的最大利益，因此政策的制定与实施必须有经济激励创新性（韩宏华、陆建飞，2005）。其中，基于市场的环境政策工具主要是税费制度和排污权交易，二者对市场发展水平要求很高。以环境税费为例，目前我国与环境保护有关的税费除了排污费、环境税和资源税外，还有消费税、车辆购置税和车船使用税等。姚君（2005）认为，关于环境规制的传统范式受到以波特等为代表的经济学家的挑战，尤其是税收、污染排放许可等市场导向型环境政策，能够激励企业进行创新并部分甚至完全抵销遵循环境规制的成本，从而提高企业在国际市场上的竞争力。但是彭本利（2013）认为，市场激励手段对市场经济的发展水平、科学技术的成熟度要求很高，在一个运行不平稳、缺乏信任、消费水平不足的市场经济环境中，排污权交易制度的运行必然会遇到诸多阻碍。因此，虽然表面上都奉行"污染者付费"的原则，以节约能源资源、保护环境为征收目的，但实际上由于这些税费内部存在交叉重叠，征收目的反而模糊不清，对企业和公民行为的引导作用大打折扣。张雷宝和汪亿佳（2013）的研究表明，"企业税费负担越轻，企业的生态环保意愿会更强；政府规制水平越高（更强有力地执行相关的政策法规），那么企业的生态环保意愿也会随之提高"。在混乱的环境费用尚未清理整合完成时，这种盲目利用市场的税费思维，尤其是在我国市场经济制度尚不完善的时候，可能会偏离环境政策目标。另外，谭静和张建华（2018）研究认为，碳排放交易作为关键的市场导向型政策工具，对一个地区产业结构的影响是非线性、非单一性的，是多种因素综合作用的结果。碳交易机制还可能通过外商直接投资、对外贸易、需求等途径影响产业结构。

（3）社会中心主义理论。

20 世纪 80 年代以来，环境治理领域的社会中心主义理论通过民主协商、合作治理和社会参与等方式可以很好地解决环境治理带来的风险（Joshi et al.，2001），其中，以契约、自愿和自治等方式构建政府与企业之间的信任关系及合作格局，可以实现环境污染治理内在化、自觉化和习惯化。

针对环境污染具有的流动性、不确定性、不可知性、不可修复性等特征,萨沃德和何文辉(2006)认为,应该主要以治理理论为基础,强调多元主体的沟通、交往、互动,通过培养环境保护偏好、行为习惯和价值观念的方式引导环境企业的行为,从而提高环境企业、行业的自我规制能力,规避"政府失灵"、"市场失灵"及"有组织的不负责任"等方式带来的风险,实现环境治理的"交往理性"、"沟通理性"和"公共理性"。环境治理领域的社会中心主义理论的政策工具主要有3种。第一,信息披露制度,环境企业主动披露与环境相关的信息,接受政府、监管机构和公众的监督。第二,企业自愿协议,建立在政府和企业相互信任的前提下,自觉遵守环境法律、法规,履行环保社会责任。第三,环境标志与环境管理体系、技术条约、环境网络,环境企业加入政府、部门制定的环境标志与环境管理体系,配合政府履行环境污染治理技术条约,融入环境治理网络的行为。在环境治理的实践中,政府与企业的视角毕竟存在整体与局部、普遍与特殊等方面的差异。为了实现维护公共利益职能,政府必须对自身执法行为与企业自治行为进行真正合法有效的监督与管理,这也是监督型政府的要义所在。政府的监督任务主要有两个:一是对自身执法行为进行约束,防止出现侵害企业合法权益的环境行政不法行为;二是对企业的行为实施监督,防止发生企业损害公共利益的行为。政府进行自我监督和对企业进行监督都是为了实现环境治理的目的,是多元环境治理体系的组成部分。

李妍辉(2011)认为,政府在多元环境治理体系中成为"监督者"的原因有两方面:第一,政府进行自身的监督是依法治国、依法执政、依法行政的必然要求。环境行政公开制度的不健全,执行力的不足,环境行政机构内部监督机制缺乏,导致环境治理的速度赶不上环境污染的速度。在环境治理问题中,政府对环境监督责任的不履行以及环境监督责任的不到位,已经成为严重制约我国环保事业发展的障碍。所以,政府内部的自我监督有利于环境治理的实现。第二,政府对企业是否遵守环境法律法规进行监督,有利于规范企业行为,敦促企业开展环境治理。政府依法对企业进行检查、监督与评价,在必要时采取紧急措施,确保企业按照政府的要求从事合法的生产经营活动。政府可以通过依法行政处罚加强企业对环境法规政策的遵循。监督检查是一项较为普遍的政府社会性规制的政策工具，世界各国政府经常通过定期或不定期的检查、违例监管和处罚措施督促企业遵循政府规制政策（黄新华，2007）。

值得注意的是，政府对企业行为的监督不应该演变为对企业环境自治行为的破坏或不当干预。只有当企业的行为影响到环境治理的公共事务，并侵害更为普遍的公共利益，而靠企业自治力量无法解决时，政府才能利用适当手段实施约束与监督。针对秸秆焚烧问题，董战峰等（2010）考虑到需引入政府、企业、农户或村委基层组织，作为不同利益代言人共同参与协议拟定，这一协议要有明确禁烧目标，要以经济激励为主，以处罚措施为辅。国内外试点实践均表明，合理的激励政策选择和设计是环境自愿协议成功的关键，我国应该加大财政、税费、信贷、公众参与等相关政策资源的创新力度，积极为实施环境自愿协议提供支撑。同样地，马涛（2012）认为，应当积极引入"自愿性工具"来对传统环境管理政策进行补充；应通过多方面的努力，政府逐渐演化为"监督者"，引导秸秆处置走"资源化、再利用和减量化"的道路，从根本上杜绝大规模焚烧秸秆行为。臧传琴（2016）考虑到自愿协议等政策工具都对企业的经济状况、社会责任感有较高要求。中国各地区经济发展水平、产业类型、人口素质等都存在极大差异，各地区环保能力水平更是参差不齐，环境政策工具的设计与选择须与现阶段、各地区制度能力相匹配才能最大限度发挥其效用。因此，需要不断加强制度能力的建设，但大范围、全面的能力建设还有待展开，其中包括对企业的技术支持和提供符合企业需求的扶持。贾秀飞和叶鸿蔚（2016）认为，以往对于禁止秸秆焚烧问题政府及社会都有一定的宣传，然而在具体实施政策时则以命令与控制型政策工具为主导，经济激励型政策工具为辅。因此，在目前情境下，必须强调真正引入环境自愿协议型政策工具，主要有3个基本点：教育宣传、技术研发、创建环境自愿协议。教育宣传建立在自愿参与的基础上，目的主要在于政府向生产者免费提供信息，推动其使用更有利于环境的生产程序与工具，加强对农户的宣传与教育，宣传要具有针对性、全面性、途径多样性，要注意时效性与长久性。技术研发主要为充分发挥农村基层组织特点，建立农户、秸秆处理企业及当地政府三方参与的信息与技术服务平台，加大对秸秆综合利用的技术宣传与推广，政府也可以开展秸秆处理回收技术创新试点。创建环境自愿协议可概括为环境规制主体与被规制主体之间签订的遵循预期环境保护目标的自愿协议合同，协议中明确了各自的责任与权利。因此，针对具体解决农作物秸秆焚烧污染治理问题的政策工具选择应从以下 3 个方面出发：重视经济激励型政策工具，创新命令与控制型政策工具，引入环境自愿协议型政策工具，且在这 3 个方面中都融入秸秆的综合利用因素。

1.2.2.2 生态环境治理模式的发展趋势

随着我国政治、经济、社会、文化、生态体制改革的深入推进，未来我国关于环境治理模式的发展趋势会是建立一种新的"整合－优化"型环境治理模式，这种环境治理模式着重强调环境治理理念的包容性、治理主体的多元性、治理工具的综合性以及治理机制的协同性和治理制度的系统性，是一种复合型、多层次、多中心的环境协同治理模式。

吕志奎（2017）认为，第一，"整合－优化"型环境治理模式的理念为包容性环境治理。包容性治理理念体现在价值、结构和目标 3 个维度上。首先，从价值维度上进行分析，包容性环境治理兼顾"工具理性"与"价值理性"的统一、当前利益与未来利益的统一、经济发展与生态保护的统一、局部利益与整体利益的统一，促进多维价值的统一与多元文化的融通，体现可持续发展和绿色发展的价值追求。其次，从结构维度上进行分析，包容性环境治理着重强调治理过程中的平等性、参与性、自治性、协商性和合作性，促进环境治理结构中的政府监管机构、环境企业、环保社会组织、公众、媒体等多元主体的充分参与、深度协商和合作治理，最终提升环境治理结构的网络化、多元化、均衡化、体系化。最后，从目标维度上进行分析，包容性环境治理注重环境治理成果的共建、共治、共享，强调以公开、透明、公正为特征的治理逻辑，环境权力的配置、环境利益的分配、环境风险的防控、环境成本的分担、环境成果的分享以及环境责任的追究都体现兼容性、共容性和包容性，提升环境治理模式的整体性、协调性和系统性。

第二，"整合－优化"型环境治理模式的主体为多中心治理。根据环境治理的差异性、层次性和复杂性，构建政府、政府监管部门、环境企业、环保社会组织、公众、媒体等多元主体共治机制。首先，政府要强化环境立法、执法、司法以及环境公共政策的制定，保证环境执法的及时性、有效性和权威性，保障环境企业、公众、环保社会组织的环境诉讼权益，强化法律的权威性和威慑力。其次，市场主体要强化环境法律意识，自觉遵守环境法律法规和政策制度，主动配合政府开展环境治理，落实环境主体责任。借助环境税、排污费、碳交易、财政补贴、排污权交易制度及押金制度等，发挥环境企业在环保技术创新、应用，以及自我规制、风险控制等方面的优势。最后，环保社会组织、媒体、公众要积极参与环境治理，强化对政府和环境企业的监督。尤其是环保社会组织，要充分发挥自身的公益性、专业性等优势，积极参与环境治理公共领域的协商、合作和互动。发挥好政府监管部门、环境企业、公众、媒体之间的桥梁和纽带作用，实现命令控制型、市场导向型以及自愿协议型这 3 类政策工具之间的良性互动、功能互补和主体互构。

第三，"整合－优化"型环境治理模式的工具为综合性治理。注重政策工具的综合性，运用法律、标准、财政、税收、排污权交易、信息披露制度、自愿性协议、环境管理标志与环境管理体系，实现"整合－优化"型环境治理模式的制度目标。本书认为，上述 3 类政策工具，首先，在结构上，命令控制型政策工具是实施"整合－优化"型环境治理模式的前提和条件，市场导向型政策工具是推动"整合－优化"型环境治理模式的动力和推手，自愿协议型政策工具是实现"整合－优化"型环境治理模式的基础和保障，3 类政策工具具有结构性上的互补性（何香柏，2016）。其次，在趋势上，传统的环境治理主要集中采用命令控制型政策工具上，如运动式执法等；随着我国环境治理体制机制的调整优化，更多的环境治理工具将转向市场机制，强力发挥市场的激励功能和引导功能，如环境税、排污权交易以及环境押金制度等；自愿协议型工具是构建我国环境治理结构、治理网络和治理机制的关键制度，要提升 3 类政策工具的协调性、系统性和整体性。最后，从效果上分析，命令控制型政策工具是行政权的单向度实施，缺乏对行政相对人的考量，容易受到执法对象的抵制，运行成本巨大；市场导向型政策工具强调发挥价格信号、竞争机制和供求规律引导激励环境企业改善环境决策行为，是一种赋权式的实施路径，容易得到企业的认同，实施效果较好；自愿协议型政策工具强化信息披露制度、自愿性环境协议和环境标志及管理体系在环境治理中的作用，是一种自发性、自觉性、主动性、内涵性的环境治理，是在沟通、协商、合作、合意的前提下采取的环境决策行为。

第四，"整合－优化"型环境治理模式的机制为协同性治理。刘学侠（2009）认为，这需要建构政府、企业、社会组织、公众、媒体等多元主体的参与机制、协调机制和激励机制。首先，建构参与机制。"整合－优化"型环境治理模式以整体性治理理念、多中心治理结构、综合性治理工具为支撑，推动环境企业、环保社会组织、公众、媒体的多元参与，实现环境主体的利益诉求和利益表达，促进环境治理公共领域中的民主协商、理性沟通和合作治理，提高环境公共政策制定的科学性、民主性和合法性。其次，完善协调机制。"整合－优化"型环境治理模式的核心是政府、环境企业、环保社会组织、公众、社区等主体之间的利益协调，它包括环境公共利益与经济发展利益的协调、当代与未来之间利益的协调、环境生态与人类生存之间利益的协调，须构建完善的利益协调机制。最后，创新激励机制。环境治理具有公共物品属性，环境企业受成本收益的影响更多地考虑投资收益，公众受个体信息能力、信息成本的约束容易出现"搭便车"行为，造成"公地悲剧"，最终损害社会整体的环境利益。所以，必须建立激励机制，通过财政、税收、补贴以及排污权交易机制来激发环境企业的守法行为，以公益诉讼、集团诉讼等方式激励公众参与环境维权，形成对环境企业和政府的监督；通过对环保社会组织的培育，以政府购买服务的方式，参与对环境企业、政府监管部门的监督制衡，激励环保社会组织在环境治理中发挥社会性主体的功能。

第五，"整合－优化"型环境治理模式的制度为系统性治理。张锋（2018）认为，"整合－优化"型环境治理模式强化制度的系统性，根据我国环境治理领域存在的突出问题，应重点完善以下制度体系。首先，完善命令控制型政策工具。一方面要完善污染排放标准，提高我国环境标准的科学化、民主化和法治化水平，强化标准制定过程中利益主体的参与，避免因标准不科学导致基层执法无所适从，以及标准对环境企业的规制失灵（标准过高、过低、变化太快）；另一方面要强化对环境监管机构、环境企业责任惩罚制度的设计，尤其是关于环境规制者的责任惩罚设计，要充分体现党政同责、一岗双责、条块关系的国情和实际，充分挖掘体制内的资源，强化对规制者的监督问责。如环保督察、环保约谈等都是以强化地方政府、监管部门责任为重点的监督问题制度。构建针对环境企业、公众的差异化、多层次和个性化的责任体系，提高环境责任适用的针对性、实效性和可操作性。其次，强化市场导向型政策工具。不仅要完善以环境税、排污权交易、财政补贴等激励环境企业自觉守法的制度，而且要探索延伸生产者责任，以押金制度、保证金制度、环境治理基金、环境责任强制险等新型的激励性制度为主，充分发挥价格信号、供求规律和竞争机制在环境治理中的作用。最后，探索自愿协议型政策工具。一要落实环境信息强制性披露制度。环境信息具有较强的专业性，导致政府监管部门、环境企业、环保社会组织、公众、媒体之间环境信息的高度不对称。环境企业缺乏披露环境信息的动力，政府监管部门出于政绩的考量会选择性地披露环境信息，这已经成为制约环境信息公开、公众参与和环保协商治理的瓶颈，亟须完善环境企业、政府监管部门、环保社会组织的环境信息强制性披露制度。二要健全环保信用评价制度，由于环境治理的风险性、复杂性和系统性的特点，需要发挥社会信用体系的作用，促使环境企业遵守环境法律法规，事前防控环境风险（贾秀飞、叶鸿蔚，2016）。三要探索自愿性协议、环境认证、环境管理体制等新型的协商性制度，激发环境企业自发、自觉、自主地开展环境治理，将环境安全作为企业行为方式、价值观念和企业文化的核心内容，形成内生型、内涵型的环境治理制度。

1.2.3 环境政策工具选配研究学术脉络

在习近平生态文明思想指引下，我国迈入新时代生态文明建设新境界，不断推动国家环境政策革新，构建现代生态环境治理体系，提升国家绿色领导力。而生态环境治理政策工具的选择、设计与应用是关系生态环境治理和绿色发展效果、政策执行成败的关键性因素。想要更好地发挥政府环境治理作用，需加强环境政策评估与政策设计，提高政府精细化管理水平和驾驭生态文明建设的能力。因此，在生态文明建设过程中，环境政策工具选配及其政策效应评测问题，是学术界研究的重点之一。当前，学术界从不同的视角对环境政策工具选配及其政策效应评测问题进行了一些有益的探索。

一是生态环境治理与绿色发展研究脉络。有关绿色发展的研究始于对现代工业文明的批判（Carson，1962；Mishan，1967；Meadows，1972），"太空飞船经济理论"（Boulding，1966）、"稳态经济"（Daly，1974）、"可持续发展战略"（Brundtland，1987）和"绿色经济"（Pearce，1989）被陆续提出。进入 21 世纪，环境问题被广泛关注，"生态现代化"（Spaargaren，1997；Mol and Sonnenfeld，2000；Weidner，2002；郇庆治，2006；Martin，2007；洪大用，2012）、"生态足迹理论"（杨开忠等，2000；徐中民等，2001；Ferng，2002；诸大建，2012）、 "可持续发展的 B 模式"（Brown，2006）、"城市可持续发展评估"（Moussiopoulos，2010）等解决经济发展与环境保护的方案被陆续提出。

进入 21 世纪以后，我国进一步深化对可持续发展内涵的认识，陆续提出了以"以人为本、全面协调可持续发展"为核心内容的科学发展观，加快建设资源节约型、环境友好型社会的先进理念，把生态文明建设纳入中国特色社会主义事业"五位一体"的总体布局，以碳减排为核心的"双碳"目标。与此同时，退耕还林计划和生态公益林计划（淦振宇、踪家峰，2021）、"两型社会"试验区（侯蕊、李红波，2021）、低碳城市试点政策（曹翔、高瑀，2021）等环境治理手段被陆续实践，并取得一定的成效。在数字经济时代，新的数智融合技术被广泛应用于生态环境治理的过程中，碳捕集利用与封存 CCUS 技术（Lui，2014；张贤，2021；Jiang et al.，2022）、大数据技术（赵云辉等，2019）、数字经济（袁亮，2019）、智能制造（王龙，2021）等为绿色发展与生态环境治理带来新的路径，这对推动"互联网"与"绿色生态"的深度融合，实现中国经济高质量发展具有重大意义（李金林等，2021）。

　　二是生态环境治理与绿色发展政策工具选配及其效应评测研究。生态环境治理政策工具的选择、设计与应用是关系生态环境治理和绿色发展效果、政策执行成败的关键性因素（王红梅，2016；沈能等，2020；Zhao，2022），在 Weitzman（1974，2015）从理论上探讨了环境价格型政策和环境数量型政策的优劣后，环境政策受到了经济学界的极大关注。在命令型环境政策工具方面，诸多学者肯定了命令型环境规制的"创新补偿效应"在生态环境治理上的积极作用（Marconi，2012；Berrone et al.，2013；熊波、杨碧云，2019；李小胜、束云霞，2020；Zhang et al.，2020；Cheng and Kong，2022），新《环境保护法》的实施抑制了重污染企业的投资规模（段一群、徐赛兰，2021），《国务院关于印发大气污染防治行动计划的通知》（"大气十条"）是最严格的大气污染防治政策（周迪等，2022），以上政策的实施对生态环境治理有一定的效果。但也有部分学者指出，命令型环境规制政策也存在"遵循成本效应"，其有效性仍有待检验（Blackman and Kildegaard，2010；彭星、李斌，2016；Zheng and Shi，2017；吴磊等，2020；Tang et al.，2020；陶锋等，2021）。在市场导向型环境规制工具方面，市场导向型环境政策以市场措施为基础，其"创新补偿效应"显著，被认为是最精准有效的节能减排政策工具（许士春，2012；Tang et al.，2016；Cheng et al.，2017；蔡乌赶、周小亮，2017；王娟茹、张渝，2018；Guo and Yuan，2020；陆菁等，2021；董直庆、王辉，2021；Cheng and Kong，2022），市场导向型环境政策包括环境保护税、政府环保补贴、排污许可证制度、碳排放交易计划及绿色金融等。其中，环境保护税通过增加创新、环境责任绩效和环境惩罚成本抑制了非法排放（胡俊南、徐海婷，2021；Lu，2022）；政府环保补贴有益于提升企业环境绩效（金慧琴、陈丽丽，2018）；排污许可证制度能促进化工等行业的绿色发展（Ren et al.，2022）；碳排放交易计划是实现中国碳目标的重要政策工具，显著促进高耗能企业碳减排（张婕等，2022），如有效地减少了碳排放总量以及煤炭消费的排放（Yang et al.，2022）；绿色金融将环境治理理念融入金融业，对城市雾霾污染治理有显著的正面影响（Zeng et al.，2022），具有显著的减排作用（尤志婷等，2022），有利于经济可持续发展。但也有不少学者认为，由于市场导向型环境规制的执法不力，增加了环境成本和环境腐败（Lu，2022），导致政府管理程序标准化不力和监督方法创新不足，企业执法计划的审计不力、分类账系统的实施不力以及缺少污染数据的披露（Ren et al.，2022），造成企业寻找监管漏洞，降低治污投入，对生态治理没有起到促进作用（Rousseau，2009；申晨等，2017；Shen et al.，2019；Zhu et al.，2021）。在自愿协议型环境规制工具方面，部分学者认为自愿协议型环境规制比上述两种环境规制更灵活，对生态环境治理有更为显著的作用（任胜钢，2018；Zhang et al.，2020；阮敏、肖风，2022；Ren，2022），自愿协议型环境规制工具的 ISO14001 标准是传统环境规制手段的补充（任胜钢，2018），在命令控制型环境规制下，该标准能发挥更大的作用（王分棉等，2021）。但由于自愿协议型环境规制工具是没有强制性环境保护约束的工具（Blackman et al.，2010；Rezessy and Bertoldi，2011；徐圆，2014；Wang et al.，2017；方颖、郭俊杰，2018；张锋，2020），因此自愿协议型环境规制存在因监管不力而产生"搭便车"的问题或社会监管过多导致企业负担过重（Vidovic and Khanna，2007；张江雪等，2015；苏昕、周升师，2019；潘翻番等，2020），而不利于生态环境治理。此外，也有学者指出，环境规制的生态治理效应取决于规制强度（张成等，2011；李玲、陶锋，2012；沈能，2012；沈能、刘凤朝，2012；蒋伏心等，2013；Sanchez – Vargas et al.，2013；张华、魏晓平，2014；李斌等，2014；原毅军、谢荣辉，2016；Xie et al.，2017；Cheng et al.，2017；Hao et al.，2018；Yang et al.，2020；Zhao et al.，2022）。

三是数智融合创新在生态环境治理的场景运用。随着数字化手段的发展，大数据技术、生态智能技术等手段被运用至生态环境治理上，数字新技术在环保大数据的集成与共享、生态环境综合决策科学化与监管精准化、环境监测平台、能源环境等方面能产生有利的影响（陈晓红等，2018，2021；俞懿展，2019；Sankaran，2019；Bibri SE，2020；张景钢、项小娟，2020；Cao et al.，2021；Erol et al.，2022）。数智融合在生态治理上的应用主要聚焦在以下 3 个方面。（1）在生态环境监测方面，大数据技术通过监测、跟踪各类污染物的排放（Casazza et al.，2019；Jiang et al. ，2021；Zhang et al. ，2020），主要有水源涵养区热带森林生物量分布和多样性的监测与评价（Liu et al. ，2021）、水环境质量监测（Zhao et al. ，2020）等，提高环境信息的透明度（邓可祝，2019），从而降低规制成本，实现精准规制，推动经济与环境协同发展（许宪春等，2019；李金林，2021；刘潭等，2022）。（2）在生态环境预测方面，大数据技术可预测预警各类环境事故的发生率，完善污染治理体系，进行智慧决策，提升生态治理能效，实现资源的清洁利用与节能减排（孙荣、张旭，2017；欧阳康、郭永珍，2021）。（3）在生态环境治理方面，有学者指出利用绿色IT 治理，使用清洁技术，可改善碳足迹问题，提高能源效率，实现节能减排（王兵、刘光天，2015；Debbarma，2022）。此外，数字经济在智能矿山建设与开发（袁亮，2019）、钢铁工业的智能制造（王龙，2021）等方面的应用进一步助力中国生态环境保护（Liu et al. ，2021）。

1.2.4　能源环境经济分析建模理念与相关模型研究现状及发展动态

全球气候变化与能源环境问题是威胁人类长期可持续发展的重要问题，生态环境治理已成为各国政府的核心议题。近年来，国际社会围绕降低经济增长过程中的生态环境治理成本、促进经济向绿色发展模式转变已经采取了诸多举措，并定期对这些举措的效果进行评价以指导后一阶段的政策设计。

能源环境经济分析模型分为 3 类："自上而下"的能源与气候经济模型、"自下而上"的能源与气候经济模型以及两者结合的混合模型。这 3 类模型的具体特点及主要应用如下。"自上而下"的能源与气候经济模型以应用经济学模型为主，以市场、价格、价格弹性为纽带，集中刻画经济发展、能源消费、温室气体排放、气候变化之间的关系。这类模型中较具影响力的主要分为 2 种：一种涵盖气候变化模块的综合集成模型，如Dice/ Rice（Nordhaus，1993，2008，2011；Nordhaus and Yang，1996）、MERGE（Manne et al. ，1995）、PAGE（Hope，2006）、Fund（Tol，1997）等模型；另一种是不涵盖气候变化模块的多区域、多部门 CGE 模型，如

EPPA 模型（Paltsev et al.，2005）、DART 模型（Springer，1998）、GTAP - E 模型（Bumiaux and Truong，2002）、MONASH 模型（Dixon and Rimmer，2002）等。"自下而上"的能源与气候经济模型主要集中在工程技术模型领域，如 Markal/Times（Loulou and Labriet，2008；Loulou，2008）、MES-SAGE（Messner and Strubegger，1995；Riahi and Roehrl，2000）、LEAP（Heaps，2008）等。将两类建模思路进行结合，就产生了混合模型，如 NEMS 模型（Energy Information Administration，2003，2007）和 POLES 模型（European Commission，1996；Criqui，2001）模型。

能源环境经济 CGE 模型作为生态环境治理政策评估模型中的重要组成部分，在国际减排与区域低碳政策评价中具有广泛应用。利用能源环境经济 CGE 模型对环境政策做出评估主要具有以下优点。一是基于坚实的理论基础。能源环境经济 CGE 模型与新古典微观经济理论密切关联，这一优势使建模者更容易根据相关理论判断模型结果是否合理，并对政策的作用机制与影响结果做出基于经济规律的解释。二是能源、环境与经济系统整体协调一致的相互作用机制，能源环境经济 CGE 模型的政策评估结果更加综合、具体，不但可以观测宏观经济整体影响，也可以研究微观经济部门层次变化，从而使其计算结果能较好地解释现象发生的原因。但能源环境经济 CGE 模型也存在一系列争议性问题，如结果依赖大量参数且参数取值不稳定，使得模型结果的可信度大打折扣；模型假设过于理想且技术表达抽象，需要大量的数据支撑，通常很难实现。

1.2.5　生态环境治理政策工具的有效性及其影响效应研究现状及发展动态

不同的生态环境治理政策工具对环境治理与生态建设本身的效应有所差异，由其引致的产业结构或收入分配调整、就业格局变动、节能减排的实际效应等也不同。能源环境政策效果研究主要从两个方面出发，一是研究现有能源环境政策实施或外生冲击效果评价分析，二是利用 CGE 模型仿真研究一个能源环境政策的实施带来的可能效果。这里的能源环境政策实施或外生冲击评价与 CGE 模型存在本质区别，前者是对一个已经实行多年的政策实施或外生冲击的实际效果进行估算（前提是必须存在处理组和对照组），而后者则是作者根据当前的宏观经济动向以及自己的主观判断设置模型情景，以研究其对整个经济系统的影响。

首先，生态环境治理政策实施或外生冲击效果评价分析方面。目前，政策效果评价在环境政策领域运用十分广泛，其计量研究工具主要是采用双重差分（Difference – in – Difference Method，DID）模型估计和倾向得分估计。Fowlie 等（2012）估计了美国加利福利亚洲一项污染物排放交易计划的实行是否显著降低了 NO_x 的排放。Hanna 和 Oliva（2011）以墨西哥城一个大型的炼油厂为外生冲击，研究了污染物排放对劳动力供给的影响。Knittel 和 Miller（2011）以美国清洁空气行动法案的事实为外生冲击，研究了类似问题。Greenstone 和 Hanna（2011）以印度为研究样本，研究了环境规制政策的实施对污染物排放和婴儿死亡率的影响。在国内 DID 估计和倾向得分估计方法运用得并不多，直到近几年才有国内文献运用这些计量方法做研究。如邓国营等（2012）考察了成都市成华区电厂搬迁带来的环境改善对该区域住房市场的影响；李树和陈刚（2013）利用 DID 评估了《大气污染防治法》的修订对中国工业行业全要素生产率增长的影响；包群等（2013）采用 DID 研究了环保立法对环境的影响；杨友才等（2016）运用 DID 模型估计了合同能源税收改革对节能服务业的影响；丁屹红和姚顺波（2017）采用 DID 比较分析了退耕还林工程对黄河与长江流域农户福祉的影响；安祎玮等（2016）基于倾向得分匹配法分析了宁夏盐池"退牧还草"生态政策对农户收入的影响。

其次，能源环境政策对宏观经济影响的仿真研究方面。Dufournaud 等（1988）最先将污染排放和治理行为引入 CGE 模型构建了环境 CGE 模型。OECD（1994）利用全球环境与能源模型（GREEN）模拟 1985—2050 年全球［尤其是欧共体（欧盟）国家］经济增长中的能源使用，分析削减 CO_2 排放政策的成本。Hans W. Gottinger（1998）采用 Patriquin 模型分析比较了 7 种不同欧盟温室气体（GHGs）减排政策的"能源 – 经济 – 环境"效应。Patriquin 模型的特点在于：①在 SAM 中引进了环境账户和能源账户；②在不考虑行为模式的情况下，将环境成分——CO_2 等量排放和吸收，以及地区的游憩收益，纳入 CGE 模型。所谓"不考虑行为模式"，也就是假设环境和经济的关系是单向的。Allan 等（2007）利用"能源－环境－经济" CGE 模型研究了英国提高能源利用效率与能源力量反弹问题。Ramer（2011）采用 CGE 模型和内生增长理论模型分析了环境规制的动态效果和结构变化。Beckman 和 Hertel 等（2011）对 CGE 模型在能源领域应用的有效性进行了对比分析；Orlov 和 Grethe（2012）分别研究了在完全竞争市场和古诺寡头垄断市场条件下，碳税政策对俄罗斯宏观经济的影响；Maison-nave 和 Pycroft 等（2012）采用 CGE 模型研究了能源价格上涨、气候政策实行以及两者同时发生 3 个模拟场景对欧盟经济的影响，研究发现，气候政策和能源价格上涨均会对欧盟经济产生轻微的负向冲击作用；Thepkhun 等（2013）采用 AIM/CGE 模型分析排放权交易、CO_2 的捕获和储存（CCS）技术在泰国的温室气体减排效应。Mahmood 等（2014）采用了一个 20 部门 CGE 模型分别探讨了碳税征收、碳税征收与能源效率提高协调实施 2 种情景对巴基斯坦经济的影响。Alessandro 等（2015）、Delfin（2016）对环境 CGE 模型的能源替代弹性灵敏度进行了测试。Wei Li 和 Zhijie Jia（2016）构建了一个中国递推动态 CGE 模型，仿真研究了排放交易计划和免费分配配额比例的影响。Wei Li 等（2017）基于 CGE 模型分析了中国碳排放交易计划对电动车和 CCS 的影响。

能源与气候经济建模在中国的起步较晚，应用也非常有限。中国目前的能源与气候经济模型一部分以 CGE 模型为主，主要开发中国的 CGE 模型，用来分析中国能源、环境及气候政策模拟以及社会经济影响（Zhang，1996，1998；郑玉歆、樊明太，1999；李善同等，2000；武亚军、宣晓伟，2002；王灿，2003；魏巍贤，2006；Liang et al.，2007；王林秀等，2009；石敏俊等，2010，2012）。还有一部分"自下而上"的能源技术模型，主要引进国际上著名的 MARKAL/TIMES、LEAP、MESSAGE 等模型（Cai et al.，2009；王克等，2006；陈荣等，2008），在此基础上进行校验和改进，形成在一定程度上适合分析中国能源与气候问题的能源技术模型，并利用这些模型开展了相关能源发展战略、排放路径、减排成本及减排政策分析等方面的研究。也有很少的混合模型（胡秀莲、姜克隽，2001；Chen，

2005），利用这些模型对能源、环境、气候政策相关议题展开分析。此外，郭正权（2011）、邓祥征等（2012）、李钢等（2012）、牛玉静等（2012）、李猛（2011）、刘宇等（2015）、王克强等（2015）、张晓娣、刘学悦（2015）均采用 CGE 模型仿真研究了不同情景下的能源环境政策对"能源－经济－环境"系统协调发展的效应，取得了较好的研究效果。值得肯定的是，近年来，CGE 模型在 MBIs 政策效应评估中也取得了一系列成果。如刘婧宇等（2015）建立了一个加入金融系统的 CGE 模型，刻画绿色信贷政策的传导路径，定量测算政策在不同时期的系统性影响。周晟吕（2015）基于上海市"能源－经济－环境"CGE 模型，模拟了在不同的就业条件下，上海市碳排放交易机制对经济的影响和对传统污染物的协同减排效应。汤维祺等（2016）借助区域间 CGE 模型（IRD－CGE）对不同减排政策机制对排放主体的激励作用进行模拟和验证。刘宇等（2016）基于中国多区域一般均衡模型 TermCO$_2$ 对天津碳交易试点的经济环境影响进行了评估。徐晓亮（2015）、梁龙妮等（2016）基于 CGE 模型分析了能源资源税的改革效应，徐晓亮（2014）、时佳瑞等（2015）还具体分析了煤炭资源税改革的影响。原毅军等（2016）基于 CGE 模型分析了水污染税的开征对污染减排效果和宏观经济冲击的影响。

综上所述，不难发现中国绿色发展过程中，能源环境政策变动带来的宏观经济和节能减排效应迫切需要科学的计量模型进行预测分析，其中，采用数值模拟方法来评价不同政策工具的研究主要基于 CGE 模型。之所以应用 CGE 模型定量评估能源环境政策的影响，主要是因为它的几个重要特征。①CGE 模型提供了一个统一的框架，即有合理的微观经济基础，能够刻画政策变化对经济的直接影响和间接影响。②CGE 模型在分析各经济体之间的相互作用关系时，考虑了市场出清条件和经济约束，这样更符合现实情况。③致力于减少污染的环境政策对价格、数量和经济结构中的生产者行为及消费者福利会有显著影响。CGE 模型可以将经济理论和应用的环境政策联系起来，在一般均衡框架下分析环境政策，更好地理解政策工具对生产和福利的影响结果（Bergman，1990a，1990b）。④CGE 能够分析不同经济体和行业间的联系，因此可以更好地体现经济间的相互影响，这一点是局部均衡分析框架下的"成本 - 效益"分析不具备的（Conrad and Schroder，1993）。⑤动态 CGE 模型可以分析基于动态基线政策冲击的变化并且比较不同政策措施的优劣，这样能够更加准确地反映现实经济。

尽管在能源环境政策分析中应用了各种 CGE 模型，但是"能源 - 经济 - 环境"CGE 模型仍然处于初级阶段，主要存在 3 个方面的问题。①缺乏可将能源、经济和环境 3 个不同系统等值折算到一个统一系统内的方法。国内现有大多数研究缺少能源、经济和环境涉及各子系统的内在相互渗透、相互制约关系的综合研究，在界定能源、经济和环境之间相互作用时未能完整刻画 3 个不同系统的复杂关系。②缺乏金融模块的刻画。现有绝大多数 CGE 模型偏向对所谓的"实物经济部门"的描述，对金融市场没有进行明确的描述，甚至没有考虑金融部门，忽视了金融部门与其他实物部门之间的作用。随着绿色金融的兴起，对绿色金融政策的评估亟须构建一个完善的环境金融 CGE 模型。③中国自主开发的大型 CGE 模型仍然匮乏。尽管已经有一些 CGE 模型被应用于现实经济的能源环境问题，但是在发达国家成形的 CGE 模型基础上建造的，参数的设定和基线情景的各种假设通常不符合中国能源环境系统的现实状况，很少是中国根据自身经济社会特征尤其是"新常态"背景建立的能源环境 CGE 模型。本书着力针对以上 3 个方面的问题，在课题组前期开发的中国静态可计算一般均衡模型——CHINGE 模型和中国动态可计算一般均衡模型——MCHUGE 模型进行模型的应用扩展、环境反馈、函数扩展和结构衍生等方面，构建一个具有"新常态"转型期特征的动态环境 MBIs - CGE 模型，通过设置 MBIs 不同政策情景，仿真研究这些政策调适对各经济主体的冲击及其引发的反应相互间的作用程度。

1.3 本书结构安排

1.3.1 研究对象

本书以中国绿色发展转型作为切入点，聚焦"党中央治国理政生态文明制度建设思想"，通过"公共政策与市场机制协调共建生态文明制度"

的理论路径与研究视角，围绕"为什么要建立市场化机制、建立什么样的市场化机制，以及如何建立市场化机制"三大现实问题，对 MBIs 的内涵与外延、演变历程、运行机制，以及对"能源－经济－环境"系统的影响程度与影响机理、政策选配与动态最优调适机制等问题展开系统研究，构建"既契合中国国情又符合国际趋势"的生态文明制度建设理论、方法与政策。

1.3.2 总体框架

本书研究内容主要包括 6 个方面。

一是绿色发展过程中生态环境治理政策工具动态调适的统计考察。对当前中国资源消耗、环境污染、经济增长与生态环境治理现状进行统计考察，对中国生态环境治理的时空、产业和微观经济主体的典型特征进行统计测度，科学评价现有生态环境治理政策存在的问题，用数据和事实评价现有生态环境治理政策在制定、执行、评估以及监控等环节存在的"失灵"现象，探讨中国实施 MBIs 以实现"能源－经济－环境"系统协调发展和生态文明建设的紧迫性、必要性和特殊性，为动态修正、制定和实施政治上可行、经济上有效的市场化生态环境治理政策工具提供实践依据。

二是 MBIs 理论内涵和外延研究。①从可持续发展理论、庇古理论、科斯定理和包容性增长的角度阐述 MBIs 理念及其理论基础，从理论上明确 MBIs 的政策内涵、影响因素、目标定位、绩效测评及 MBIs 体系的框架，构建一套能被广泛接受的 MBIs 理论分析框架和研究方法体系。②回顾改革开放以来中国生态环境治理中命令控制型、市场导向型和自愿协议型生态环境治理政策工具的实践应用演进历程。比较分析命令控制型、市场导向型和自愿协议型生态环境治理政策工具的理论基础、特征及其相应的划分，对比分析 MBIs 不同类别政策工具的内容、形式、结构与功能。

三是 MBIs 对生态治理的传导机理。由于 MBIs 的实施会对生产成本、绿色技术激励、政府政策实施成本，以及社会福利等方面产生直接影响，进而影响"能源－经济－环境"系统，从供给侧（供给诱导）、需求侧（需求引致）、社会环境 3 个层面，以政府、企业、公众及社会组织四大行为主体为切入点，基于静态和动态视角，分别构建 MBIs 对微观经济主体行为的影响机理模型（"意识 – 情境 – 影响"模型）和 MBIs 对微观经济主体行为的干预路径模型（"信息 – 结构 – 干预"模型）。

四是 MBIs 对"能源 – 经济 – 环境"系统的效应研究。运用参数结构变化特征的空间计量理论和实证研究方法等现代计量经济的前沿理论方法，实证研究 MBIs 的宏观、中观和微观等 3 个层次的效应。其中，MBIs 的宏观效应主要考察其对推动经济增长、技术创新、能源节约和污染减排等方面的政策效应；MBIs 的中观效应主要是从产业或区域（省域和县域）角度考察其政策效应；MBIs 的微观效应主要考察其在改善绿色金融消费和支出、促进投资、缓减绿色信贷"融资难"等方面的问题。

五是基于动态环境 CGE 模型的市场导向型政策工具效应仿真评测研究。对前期开发的 CHINGE 模型和 MCHUGE 模型进行应用扩展、环境反馈、函数扩展和结构衍生，构建一个动态环境 CGE 模型。通过设置 MBIs 不同政策情景，运用动态环境 CGE 模型评估中国绿色发展过程中排放税、碳排放权交易、生态补偿对各经济主体的冲击以及这些反应相互间的作用程度，系统考察这些政策的政策归宿、宏观经济、产业结构和生态环境治理等多方面的影响效应。

六是生态环境治理中能源环境政策最优动态调适的政策设计与推进路径。结合实证研究与动态模拟结论，从 MBIs 的选择机制、MBIs 与其他生态环境治理政策工具的协调互动机制、生态环境治理区域化的协同治理机制和基于新型信息技术的生态环境监管机制探究符合中国国情的 MBIs 运行机制。

1.3.3　基本思路

本书采用诺斯提出的制度分析框架，即"现实"—理念—制度—组织—政策—结果—"改变了的现实"，遵循"事实归纳→理论分析→仿真研究→机制设计"的基本思路展开研究。研究路线如图 1.1 所示。

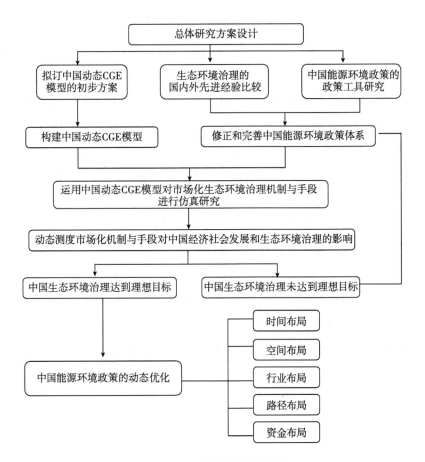

图 1.1 本书研究的技术路线

1.3.4 研究方法

本书将采用以数理经济学为基础的规范分析方法和以经济计量学为基础的实证分析方法，在研究过程中将定量分析与定性分析相结合，将理论分析和实际应用相结合，拟采用"文献梳理—现状分析—理论建模—政策模拟—机制优化"的基本分析路线，以证据收集、事实归纳、规律总结和决策建议为基本研究脉络。采用的具体研究方法主要包括以下 3 种。

（1）规范分析与系统分析相结合。

本书将利用数理模型和能源环境经济学理论，结合运用现代计量经济学和统计学的方法，探讨 MBIs 作用于中国绿色发展和生态环境治理的理论推导和动态计量问题，从而进行系统的证据分析、事实发现和规律获取。

（2）实证分析与仿真分析相结合。

本书综合运用参数结构变化特征的空间计量理论和实证研究方法等现代计量经济的前沿理论方法实证分析 MBIs 对经济增长、生态建设和环境治理等方面的影响，运用动态环境 MBIs－CGE 模型仿真研究中国绿色发展过程中 MBIs 对各经济主体的冲击以及这些反应相互间的作用程度，定量测度和刻画 MBIs 的作用机制与传导机理、有效性与稳健性以及 MBIs 调控模式与宏观经济波动态势之间的内在变化规律，从中归纳出重要的典型化事实，并以此作为规律发现和理论升华的基础。

（3）比较分析与个案研究相结合。

比较典型发达国家、发展中国家 MBIs 的政策、模式与实践，为中国能源环境政策选配与模式创新提供借鉴与参考。对国内生态环境治理先进省份和落后省份 MBIs 的应用现状进行实地调查分析，使本书在数据可靠性、资料翔实性等方面取得突破。

第2章 我国"能源－经济－环境"系统协调性统计测度研究

2.1 我国"能源－经济－环境"系统协调发展机理分析

每个国家或地区都可以看作一个整体的系统，而能源、环境以及经济是其中极其重要的3个子系统，这3个子系统相互影响，相互作用。如果其中1个系统出现问题，就会间接影响其他2个系统发展，也意味着整体系统将会出现巨大问题。为了更好地研究三者之间的作用关系，需要对它们的机理做出分析，大致分为以下4点。

2.1.1 能源对经济增长影响机理分析

能源对经济增长具有巨大的推动作用。根据能源经济理论，能源作为重要的生产要素，不能被其他要素完全替代；同时，能源也是重要的生活资料，不能被其他消费品完全替代。工业革命以来，世界能源消耗和经济的增长趋势具有一致性。

能源要素的投入是现代社会生产的必要环节。能源在人类发展过程中起到了巨大的推动作用，没有能源就不可能形成现实的生产能力。一般来说，在能源技术尚未突破前，经济发展越快，发展程度越高，能源的需求量就越大。

能源对经济增长具有巨大的推动作用，大致分为3点。第一，能源能够推动量的变化，在同等科技水平的前提下，消耗越多的能源投入生产，产出的经济成果越多。第二，能源方面的科技水平越高，消耗的能源越少，产出的经济成果越多，这意味着能源效率越高，经济发展效率越高。第三，经济发展对能源有反向推动作用，投入更多的经济能够促进能源技术的转型，进而实现能源与经济系统的良性发展。

2.1.2 环境对经济增长影响机理分析

环境保护会导致部分经济增长的牺牲。因为，经济增长需要依靠投入众多生产要素。其中，能源是不可或缺的生产要素，经济发展规模越大，能源的消耗程度越大。而大量的能源消耗，必然导致环境污染。因此，在实现环境保护的同时，要限制能源的消费，这可以视作经济增长作出的牺牲。

由此可知，推动环境治理政策的实施势在必行，要确保经济发展的同时，有良好的生态健康环境，并且积极努力改进能源科技水平，在投入能源要素进行生产的时候，造成更少的污染，高效发展经济，实现可持续发展。

2.1.3 能源对环境影响机理分析

能源大量消耗对环境造成严重影响。随着我国经济发展的需要，越来越多的能源被投入生产。但能源消耗的同时会产生巨量的污染物，这也是影响环境的最大因素，以碳为基本元素的燃料燃烧会导致 CO_2 的排放，进而产生温室气体。

此外，其他工业气体如 SO_2 等污染也较为严重。在能源技术水平相对较低的情况下，能源消费量越高，产生的污染物越多，对环境的影响就越大。因此，要努力推动能源技术的提升，只有将能源技术发展到一定水平，才能保证能源消耗对环境的影响较小。

2.1.4 能源、环境、经济增长机理分析

根据可持续发展理论，社会经济不能无限制地发展，总要受到能源或环境的限制，因为环境有一个最大承载力，资源也是有限的。如果由于经济发展而导致环境系统严重破坏或资源过度消耗，就会必然导致经济发展无法持续。只有保证三者合理协调，才能长远地进行发展，这就是我们所说的可持续发展。

根据低碳经济理论、环境经济理论，要做到"能源－经济－环境"系

统的可持续发展，在能源方面，应该积极推动清洁能源的使用，改进能源技术；在经济结构方面，进行结构调整，大力推动供给侧结构性改革，发展新兴产业，促进传统产业的转型；在环境治理方面，制定更优越的治理政策，积极推动节能减排的进行，对企业进行整改，同时对 3 个子系统进行调整。

2.2　我国"能源－经济－环境"系统现状分析

为了探究我国能源、经济、环境三者之间的协调度关系，必须对我国的能源状况有一个宏观了解，能源生产消费的总量能直观反映我国历年的能源消费规模。

2.2.1　能源生产总量与消费总量逐年递增

自 2003 年以来，我国能源消费总量逐年递增，由 2003 年的 197083 万吨标准煤增加到 2017 年的 449000 万吨标准煤。而能源生产总量在 2013 年之前处于递增趋势，但近年来全国各省积极进行能源结构调整，自 2014 年开始，能源生产总量有所下降。不同省份的情况各不相同，例如，山西是产煤大省，其能源生产总量持续高居我国中部地区前列。而吉林、湖北、江西等非煤炭产地省份能源生产总量则远远少于排名居前的省份，由此可见，各省份在能源生产方面具有较大差异，这与各省份的资源、地理条件、经济发展状况有一定关系，如图 2.1 所示。

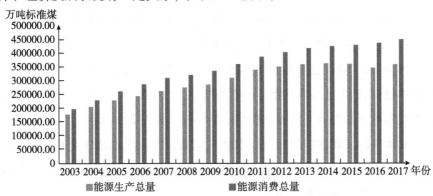

图 2.1　2003—2017 年我国能源生产总量与消费总量

资料来源：历年《中国统计年鉴》《中国能源统计年鉴》，以及 Wind 数据库。

2.2.2 能源利用效率不断提高

能源生产弹性系数是研究能源生产增长速度与国民经济增长速度之间关系的指标。

能源生产弹性系数＝能源生产总量年平均增长速度/国民经济年平均增长速度

自 2003 年以来，我国能源生产弹性系数从 1.41 下降到 2017 年的 0.52，这意味着生产很少的能源就可以促进更多的经济增长，能源经济效率不断提高，如图 2.2 所示。

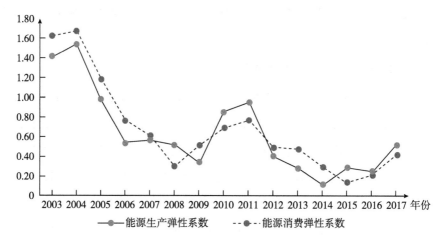

图 2.2 2003—2017 年我国能源生产弹性系数、能源消费弹性系数情况
资料来源：历年《中国统计年鉴》《中国能源统计年鉴》，以及 Wind 数据库。

由图 2.2 可知，能源生产弹性系数与能源消费弹性系数的变化趋势基本一致，这说明了我国的能源业发展愈加稳定。

单位 GDP 能耗也是反映能源利用效率的重要指标。自 2003 年以来，我国单位 GDP 能耗逐年下降，这主要得益于国家的方针政策，以及各省份能源技术的不断提升、能源结构的不断调整，如图 2.3 所示。

整体来说，我国能源利用效率越来越高，单位能源推动更多的经济增长。在未来的很长时间，对能源技术的研究、能源产业结构的调整将是促进我国经济增长的重要关注点。

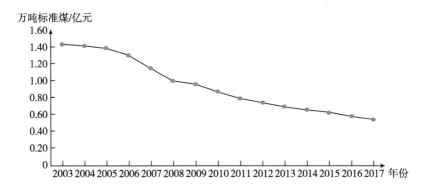

图 2.3　2003—2017 年我国单位 GDP 能耗变化趋势

资料来源：历年《中国统计年鉴》《中国能源统计年鉴》，以及 Wind 数据库。

2.2.3　清洁能源占比略微上升

为进一步探究我国的能源状况，不仅要从总量上进行分析，还需要对其生产结构进行分析。一般来说，能源生产包括原煤、原油、天然气、电力等。但由于各省份多种类的能源差异较大，所以我们选取其中最有代表性的 2 种能源进行结构分析，原煤生产占能源比重反映的是传统能源占该省份能源生产总体的比重；而水电、风电占能源生产比重则反映的是新型能源占该省份能源生产总体的比重。

在能源可持续发展过程中，水电、风电占有极为重要的地位，水电、风电在能源生产中的占比可以反映能源结构是否优良。近年来，我国风电、水电占能源生产比重在略微上升，这主要是因为国家政策对能源转型的推动，但我国以原煤为主要能源产品的生产方式尚未改变，如图 2.4 所示。

我国能源结构省际差异较大，作为能源生产大省的山西，其原煤生产几乎等价于其能源生产总量，虽然近年来其比例在下降，但相较于其他省份而言，几近于没有发生变化，山西进行能源生产转型的效果可以说是微乎其微，在较长时间内还会是以原煤生产为主要能源生产方式。也正是因为其过于依赖自身的资源，导致了其单一的能源生产模式，这也是山西能源生产转型困难的原因之一。山西除去自身发展所需能源外，其余部分能源都输出给了其他省份，是典型的能源输出大于消费省份。

能源转型最显著的吉林、江西和湖南等 7 个省份，其共同特点是从过

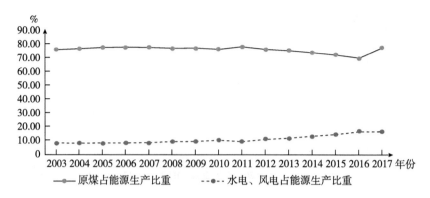

图 2.4　2003—2017 年我国原煤，风电、水电占能源生产比重情况

资料来源：历年《中国统计年鉴》《中国能源统计年鉴》，以及 Wind 数据库。

去的以原煤为主要能源产品转变为各种能源协调发展的模式。总体来说，我国各省份都在努力推动能源生产结构的转型，但由于各省份的省情不同，转型效果也有较大差异，因此还需继续努力，进一步优化各省份能源产品结构。

2.2.4　废气排放情况明显好转

前文对我国能源生产与消费情况进行了初步分析，但仍不能对我国能源、环境、经济增长三者之间的协调度关系进行全面刻画。因此，还需要对我国的环境情况进行了解，在我国经济高速发展阶段，有很长一段时间都是走的"先发展、后治理"的道路，经济水平虽然不断提高，但是生态环境在不断恶化。因此，我们需要知道各省份污染物的排放情况，以进一步探究各省份的环境污染情况。

在废气污染方面，SO_2 排放量最具代表性，通过分析历年的数据可知，我国 SO_2 排放量虽逐年递减，但仍有许多省份排放量较高，如工业大省的河南、产煤大省的山西，两者与其余省份差距较大，湖南、江西等省份尾随其后。纵观历年的 SO_2 排放数据，SO_2 排放量呈现波动性逐年递减的趋势，河南的变化是最显著的，从 2010 年的 114 万吨减少到了 2017 年的 25 万吨，可以说经过了数年发展，各省份的 SO_2 排放量都得到了较好的控制，节能减排措施起到了良好效果。

在废水排放量方面，随着历年经济规模的扩大，我国废水排放量基本维持在 500 亿吨上下的稳定状态，这也得益于政府对于废水排放的严管、严控，对大量高排放企业的关停，如图 2.5 所示。

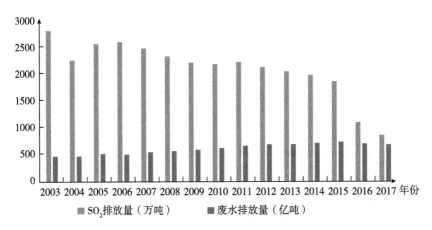

图 2.5　2003—2017 年我国 SO₂ 及废水排放量

资料来源：历年《中国统计年鉴》《中国能源统计年鉴》，以及 Wind 数据库。

河南、山西等能源消耗大省 SO₂ 排放量、废水排放量和固体废弃物产生量稳居前列，远高于其他省份。

由此可知，各省份在节能减排方面需要针对的问题是各不相同的，要结合省情来对工业进行整改，合理配置资源，尽可能在不影响环境的前提下发展经济，走可持续发展的康庄大道。

2.2.5　人民生活环境逐渐优化

环境的优劣，除了用宏观的污染物排放量进行反映外，还需要用微观指标进行反映。例如，生活垃圾清运量和生活垃圾处理率。生活垃圾清运量是指在生活垃圾产量中能够被清运至垃圾消纳场所或转运场所的量，受生活垃圾产生量、垃圾回收比率、清运率等影响；生活垃圾处理率是指经处理的生活垃圾量占全部生活垃圾总量的比重。

我国的城市处理垃圾能力在不断增强，生活垃圾清运量在不断提高，生活垃圾处理率稳定上升。到 2017 年，我国的生活垃圾处理率几乎达到 100%，如图 2.6 所示。

总的来说，2003—2017 年我国的污染物排放总量正在减少，人民的生

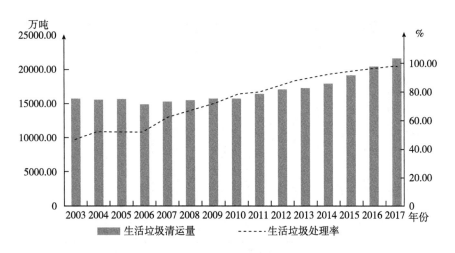

图 2.6　2003—2017 年我国城市生活垃圾清运量及生活垃圾处理率

资料来源：历年《中国统计年鉴》《中国能源统计年鉴》，以及 Wind 数据库。

活环境在不断优化，总体环境质量在不断提升。在未来的发展中，还应该继续走可持续发展的道路，既要金山银山，又要绿水青山，保障环境与经济共同稳步前行。

2.2.6　经济稳定增长，产业结构不断调整

在我国能源、环境、经济增长三者的关系中，经济是其核心部分，因此要了解我国的经济规模和结构状况。从规模来看，GDP 及其增速最具代表性，GDP 是指按照市场价格计算的一定时期一个国家（地区）常住单位生产活动的最终成果，是一定时期常住单位创造并分配给常住单位和非常住单位的初次收入之和。

我国 GDP 保持了稳定增长（如图 2.7 所示），但省份与省份之间的经济规模相差甚大。以中部八省①为例：GDP 较高的河南已到达 23092 亿元，而 GDP 较低的吉林还不到 9000 亿元，规模不足河南的 1/2。除此之外，排名前列的湖南、湖北、安徽这 3 个靠南的省份，经济规模也明显比山西、

---

　　①　参照王小鲁、樊纲(2004)关于东中西部地区划分的界定,东部地区包括北京、天津、河北、辽宁、山东、江苏、上海、浙江、福建、广东、海南 11 个省份;中部地区包括山西、吉林、黑龙江、安徽、江西、河南、湖北、湖南 8 个省份;西部地区包括内蒙古、广西、重庆、四川、贵州、云南、陕西、宁夏、甘肃、青海、新疆、西藏 12 个省份。

黑龙江等省份大不少。总体来看，经过数年的发展，各省份经济规模都在扩大，只是经济增长速度有快有慢。

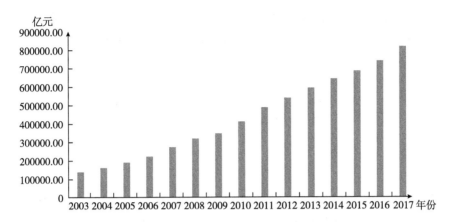

图 2.7　2003—2017 年我国 GDP 发展情况
资料来源：历年《中国统计年鉴》《中国能源统计年鉴》，以及 Wind 数据库。

分析各省份 GDP 增长率发现，我国 GDP 从高速增长转变为新常态下中低速增长，并且积极调整产业结构。除 2008—2009 年国际金融危机影响之外，2012 年以前的年增长率基本在 15% 到 20% 之间，2012 年以后年增长率降低到 10% 左右，如图 2.8 所示。

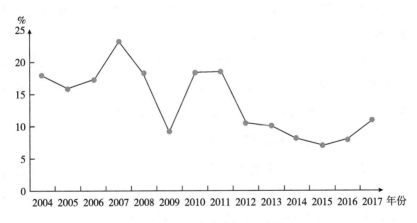

图 2.8　2003—2017 年我国 GDP 增长率
资料来源：历年《中国统计年鉴》《中国能源统计年鉴》，以及 Wind 数据库。

了解了我国的经济规模及增长率之后，需要更进一步了解我国的经济结构，了解第二产业、第三产业增加值在地区 GDP 中所占的比重，进而清晰地了解各省份的经济组成，是以第二产业为主，还是以第三产业为主。

从全国趋势来讲，我国的第二产业占 GDP 比重正在下降，而第三产业占 GDP 比重正在上升，变化幅度在 10% 左右，如图 2.9 所示。

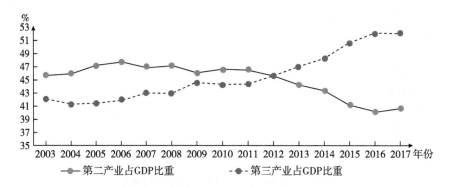

图 2.9　2003—2017 年我国第二、第三产业占 GDP 比重

资料来源：历年《中国统计年鉴》《中国能源统计年鉴》，以及 Wind 数据库。

不同省份的产业结构也有巨大差别，就第二产业占 GDP 比重来看，河南和山西的第二产业占 GDP 比重略高于其他省份。各省份都在积极进行经济转型，历年第二产业占 GDP 比重都呈下降趋势，以黑龙江的变化最为明显，由 2010 年的 48% 下降到 2017 年的 25%，第二产业已经成为黑龙江的非支柱性产业。

各省份第三产业占 GDP 比重也是在逐年递增的，如山西、黑龙江第三产业占比已经超过了 50%，诸多省份第三产业比重都接近了 50%，这意味着各省份经济产业转型卓有成效，已取得一定的成果。

2.2.7　人民收入与消费水平提高

从宏观角度来看，GDP 能够反映经济水平的提高，但需要具体指标对经济水平进行反映，例如，居民人均收入与居民人均消费，这两个指标不仅能够反映人民的经济状况，更能反映人民的生活水平。

自 2003 年以来，我国居民人均可支配收入逐年递增，这意味着居民的生活越来越好；居民人均消费也逐年递增，这意味着人民的购买力水平上升，物质生活水平也在不断提高，如图 2.10 所示。

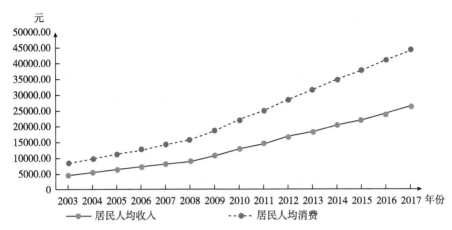

图 2.10　2003—2017 年我国居民人均收入与居民人均支出

资料来源：历年《中国统计年鉴》《中国能源统计年鉴》，以及 Wind 数据库。

2.3　我国能源、环境、经济增长协调度实证研究

本书首先选取我国 2017 年各省份能源、环境、经济增长指标，采用主成分分析法确定指标权重，计算出综合发展值；其次采用耦合协调度模型，进行协调度模型构建，计算两系统与三系统之间协调度，作为评价我国能源、环境与经济协调发展的依据；最后，选取 2003—2017 年时间序列数据，进行纵向协调度趋势分析。

2.3.1　方法介绍及模型推导

2.3.1.1　主成分分析法

主成分分析法是最常用的降维方法，能够将多个指标转化为几个少数综合指标，简化后的综合指标即主成分，若干主成分能反映原始信息的大部分信息且所含信息不重复。这一方法能够很好地将复杂的问题简单化，同时也能够得到科学有效的数据信息。其主要有六个步骤，详见图 2.11。

图 2.11　主成分分析法六步骤

具体的实施步骤在后文中将会详细介绍。

2.3.1.2 耦合协调度模型

数据耦合可以将不相关的系统数据联合在一起，系统的耦合度可用来度量能源、环境与经济增长相互耦合的关联程度，其具体计算步骤如下。

步骤一：确定耦合协调度模型。

运用多系统耦合协调度模型一般表达式为 $C_n = \{(u_1 \times u_2 \times \cdots \times u_n)/\Pi(u_i + u_j)\}^{\frac{1}{n}}$，按照具体的变量个数构造相应的耦合协调度模型。

步骤二：确定耦合度协调模型。

$$D = \sqrt{C \times T}$$

其中

$$T = \alpha u_1 + \beta u_2 \tag{2.1}$$

2.3.2 指标体系建立与数据预处理

"能源 – 经济 – 环境"（Energy – Economy – Environment，3E）系统的指标选择必须遵循指标构建的科学原则、客观性原则、可比性原则、完备性原则等，构建3E系统指标体系。我国3E系统指标体系借鉴了诸多学者已有的研究成果，包括9个二级指标，24个三级指标，具体内容如表2.1所示。

表 2.1　我国 3E 系统指标体系

一级指标	二级指标	三级指标	符号
能源	总量指标	能源生产量（万吨标准煤）	X_1
		能源消费量（万吨标准煤）	X_2
		能源工业投资（亿元）	X_3
	结构指标	原煤生产占能源生产比重（%）	X_4
		水电、风电生产占能源生产比重（%）	X_5
	增长指标	能源生产弹性系数	X_6
		能源消费弹性系数	X_7
	效率指标	单位 GDP 能耗（万吨标准煤/亿元）	X_8
经济	总量指标	GDP（亿元）	X_9
		社会固定资产投资总额	X_{10}
		社会消费品零售总额	X_{11}

一级指标	二级指标	三级指标	符号
经济	结构指标	第二产业占 GDP 比重（%）	X_{12}
		第三产业占 GDP 比重（%）	X_{13}
	效率指标	居民人均可支配收入（元）	X_{14}
		居民人均消费支出（元）	X_{15}
环境	总量指标	SO_2 排放量（万吨）	X_{16}
		废水排放总量（万吨）	X_{17}
		生活垃圾清运量（万吨）	X_{18}
		当年造林总面积（千公顷）	X_{19}
		林业投资（亿元）	X_{20}
		人工林面积（万公顷）	X_{21}
	效益指标	森林覆盖率（%）	X_{22}
		生活垃圾处理率（%）	X_{23}
		建成区绿化覆盖率（%）	X_{24}

由于 X_4、X_8、X_{16}、X_{17} 为逆指标，所以必须进行归一化处理。归一化又叫标准化处理，标准化处理之后的数据其值都处于［0, 1］区间。标准化处理过程如下。

原始数据用 X_i 表示，标准化后的值用 Z_i 表示，标准化后指标项最大值用 Z_{max} 表示，最小值用 Z_{min} 表示。

正向指标：Z_i（数值大则优），其标准化公式为：

$$Z_i = \frac{X_i - X_{min}}{X_{max} - X_{min}} \tag{2.2}$$

逆向指标：Z_i（数值小则优），其标准化公式为：

$$Z_i = \frac{X_{max} - X_i}{X_{max} - X_{min}} \tag{2.3}$$

通过计算得到一组可以直接比较、更直观反映数据间关系的标准化后的数据。以 2017 年截面指标数据为基础，利用标准化公式进行标准化处理。

2.3.3　KMO 检验与主成分运算

KMO 检验是主成分运算前的必需步骤之一，它能够表明变量间的相关性，如果相关性越强其结果系数越接近于 1，则越适合做主成分分析；只要

KMO 检验系数大于 0.5，数据就达到了做主成分分析的要求。

由于影响我国 3E 各子系统协调度水平的因素过多，故不能直接对 3E 系统进行分析，需要对我国 3E 各子系统变量指标分别进行主成分分析，对我国各子系统进行数据降维处理，先打开 SPSS 软件，在因子分析的描述选项中选择 KMO 检验和巴特利特（Bartlett）球形检验，默认提取特征值大于 1，包含 90% 以上信息的前 2~3 个主成分因子。

巴特利特球形检验也是主成分前的必要步骤，它能够判断相关矩阵是否是单位矩阵。当 $p < 0.05$ 时，拒绝原假设，说明相关矩阵不是单位矩阵，各变量间具有相关性，主成分分析的结果有效。

为了验证数据能否进行主成分分析，利用 SPSS 软件进行数据分析，验证各个子系统同时满足两个条件：第一，KMO 检验系数的值大于 0.5；第二，巴特利特球形检验 $p < 0.05$。可见，上述 3 个子系统的变量指标满足提取主成分要求，可以分别对其进行主成分分析，如表 2.2 所示。

表 2.2 3E 子系统指标 KMO 检验及巴特利特球形检验结果

检验类型	能源子系统	环境子系统	经济子系统
KMO 检验系数	0.615	0.692	0.525
巴特利特球形检验显著性	0.000	0.000	0.000

2.3.3.1 特征值、方差贡献率与累计贡献率计算

利用 SPSS 软件，选择因子分析中的主成分分析法分别对能源、环境、经济子系统进行主成分分析，其总方差解释见表 2.3。

表 2.3 3E 子系统总方差解释

子系统名称	成分	初始特征值			提取平方和载入		
		合计	方差贡献率（%）	累计方差贡献率（%）	合计	方差贡献率（%）	累计方差贡献率（%）
能源子系统	1	2.781	46.358	46.358	2.781	46.358	46.358
	2	1.335	32.247	78.605	1.335	32.247	78.605
	3	1.076	21.933	90.538	1.076	21.933	90.538
经济子系统	1	3.151	45.011	45.011	3.151	45.011	45.011
	2	2.992	45.740	90.752	2.992	45.740	90.752

子系统名称	成分	初始特征值			提取平方和载入		
		合计	方差贡献率（%）	累计方差贡献率（%）	合计	方差贡献率（%）	累计方差贡献率（%）
环境子系统	1	2.656	44.269	44.269	2.656	44.269	44.269
	2	1.530	25.496	69.765	1.530	25.496	69.765
	3	1.073	20.877	90.643	1.073	20.877	90.643

由表 2.3 可知，3 个子系统前 3 个组件的累计贡献率已经分别达到了 90.538%、90.752% 和 90.643%。因此，3 个子系统前 3 因子（经济子系统 2 个）中已经包含了基本信息，符合统计学标准。3E 子系统的特征值如表 2.4 所示。

表 2.4 3E 子系统特征值及贡献率表

子系统名称	λ_1	λ_2	λ_3	λ_1贡献率	λ_2贡献率	λ_3贡献率
能源子系统	2.781	1.335	1.076	0.536	0.257	0.207
经济子系统	3.151	2.992		0.513	0.487	
环境子系统	2.656	1.530	1.073	0.505	0.291	0.204

2.3.3.2 标准化指标转换主成分得分

主成分公式的一般形式为：

$$F_i = \alpha_1 x_1 + \alpha_2 x_2 + \cdots + \alpha_m x_m, \quad (i = 1, 2, \cdots, m) \qquad (2.4)$$

其中，F_1 称为第一主成分，F_2 称为第二主成分，F_p 称为第 p 个主成分，SPSS 分析的各系统结果如表 2.5 所示。

基于全国各省份各子系统标准化数据的主成分分析，由累计贡献率得到贡献率，作为因子的综合评分权重。

表 2.5 3E 子系统成分矩阵

指标	能源子系统成分			指标	经济子系统成分		指标	环境子系统成分		
	1	2	3		1	2		1	2	3
Z_1	0.768	0.033	0.398	Z_9	0.571	0.801	Z_{16}	-0.227	0.390	0.832
Z_2	0.643	0.655	-0.221	Z_{10}	0.197	0.936	Z_{17}	-0.824	0.511	-0.171
Z_3	0.824	0.492	0.002	Z_{11}	0.553	0.801	Z_{18}	0.766	-0.561	0.233
Z_4	-0.744	0.548	-0.047	Z_{12}	-0.461	0.685	Z_{20}	0.486	0.607	-0.380

指标	能源子系统成分			指标	经济子系统成分		指标	环境子系统成分		
	1	2	3		1	2		1	2	3
Z_5	-0.711	0.582	0.021	Z_{13}	0.811	-0.544	Z_{21}	0.858	0.364	-0.181
Z_7	-0.199	0.156	0.931	Z_{14}	0.92	-0.169	Z_{22}	0.605	0.549	0.346
				Z_{15}	0.874	-0.198				

能源子系统得分表达式即为：

$$F_{能源} = 0.536F_1 + 0.257F_2 + 0.207F_3 \qquad (2.5)$$

$$F_1 = 0.461X_1 + 0.386X_2 + 0.494X_3 - 0.446X_4 - 0.426X_5 - 0.119X_7 \qquad (2.6)$$

$$F_2 = 0.029X_1 + 0.567X_2 + 0.426X_3 + 0.474X_4 + 0.504X_5 + 0.135X_7 \qquad (2.7)$$

$$F_3 = 0.384X_1 - 0.213X_2 + 0.002X_3 - 0.045X_4 - 0.020X_5 + 0.898X_7 \qquad (2.8)$$

对各主成分进行命名：F_1—能源规模，F_2—能源结构，F_3—能源经济效益。

$$F_{经济} = 0.513F_1 + 0.487F_2 \qquad (2.9)$$

$$F_1 = 0.322X_9 + 0.111X_{10} + 0.312X_{11} - 0.260X_{12} + 0.457X_{13} +$$
$$0.518X_{14} + 0.492X_{15} \qquad (2.10)$$

$$F_2 = 0.463X_9 + 0.541X_{10} + 0.463X_{11} + 0.396X_{12} - 0.314X_{13} -$$
$$0.098X_{14} - 0.114X_{15} \qquad (2.11)$$

对各主成分进行命名：F_1—居民经济水平，F_2—国家经济规模。

$$F_{环境} = 0.505F_1 + 0.291F_2 + 0.204F_3 \qquad (2.12)$$

$$F_1 = -0.139X_{16} - 0.506X_{17} + 0.470X_{18} + 0.298X_{20} + 0.526X_{21} + 0.371X_{22} \qquad (2.13)$$

$$F_2 = 0.315X_{16} + 0.413X_{17} - 0.454X_{18} + 0.491X_{20} + 0.294X_{21} + 0.444X_{22} \qquad (2.14)$$

$$F_3 = 0.803X_{16} - 0.165X_{17} + 0.225X_{18} - 0.367X_{20} - 0.175X_{21} + 0.334X_{22} \qquad (2.15)$$

对各主成分进行命名：F_1—自然环境水平，F_2—环境治理投入，F_3—污染排放总量。（注：$X_1 \sim X_{22}$ 对应表 2.5 中的 $Z_1 \sim Z_{22}$）

通过各子系统得分表达式计算可以得出 2017 年我国各省份与全国平均 3E 子系统水平值，如表 2.6 所示。

表 2.6　2017 年我国各省份及全国平均 3E 子系统水平值

省份	能源水平值	经济水平值	环境水平值	省份	能源水平值	经济水平值	环境水平值
北京	0.10	0.72	0.34	河南	0.52	0.72	0.31
天津	0.23	0.46	0.08	湖北	0.19	0.62	0.41
河北	0.58	0.59	0.20	湖南	0.22	0.59	0.62
山西	0.99	0.23	0.09	广东	0.31	1.23	0.85
内蒙古	0.79	0.34	0.21	广西	0.04	0.32	0.89
辽宁	0.24	0.42	0.38	海南	0.02	0.11	0.41
吉林	0.16	0.30	0.34	重庆	0.22	0.38	0.28
黑龙江	0.22	0.28	0.39	四川	0.44	0.60	0.51
上海	0.05	0.76	0.13	贵州	0.29	0.21	0.23
江苏	0.40	1.24	0.30	云南	0.22	0.27	0.49
浙江	0.26	0.94	0.62	陕西	0.68	0.39	0.37
安徽	0.31	0.48	0.30	甘肃	0.17	0.12	0.08
福建	0.19	0.60	0.69	青海	0.06	0.10	0.01
江西	0.16	0.36	0.56	宁夏	0.13	0.11	0.02
山东	0.81	1.13	0.27	新疆	0.53	0.20	0.01
全国（均）	0.36	0.60	0.24				

2.3.4　3E 系统耦合度模型构建与测度

2.3.4.1　建立 3E 系统增长耦合评价模型

设 $f(x)$ 为包含 x_1, x_2, $\cdots$, x_p 各指标的能源系统评价方程，$g(y)$ 为经济系统评价方程，$h(x)$ 为环境系统评价方程。

由此："能源－经济"耦合度计算模型为：

$$C_1 = \left\{ [f(x)g(y)] / [f(x) + g(y)]^2 \right\}^{\frac{1}{2}} \qquad (2.16)$$

"经济－环境"耦合度计算模型为：

$$C_2 = \left\{ [g(y)h(z)] / [g(y) + h(z)]^2 \right\}^{\frac{1}{2}} \qquad (2.17)$$

"能源－环境"耦合度计算模型为：

$$C_3 = \left\{ [f(x)h(z)]/[f(x) + h(z)]^2 \right\}^{\frac{1}{2}} \tag{2.18}$$

又由前文中定义的耦合协调发展系统：

$$D = \sqrt{C \times T}$$

其中

$$T = \alpha C_i + \beta C_j \tag{2.19}$$

设其中 $\alpha = 0.5$，$\beta = 0.5$，计算结果如表 2.7 所示。

表 2.7　30 个省份各 2E 耦合度 C 和协调度 D

省份	能源－经济		经济－环境		能源－环境	
	C_1	D_1	C_2	D_2	C_3	D_3
北京	0.33	0.37	0.47	0.50	0.42	0.30
天津	0.47	0.41	0.35	0.31	0.43	0.26
河北	0.50	0.54	0.43	0.41	0.44	0.41
山西	0.39	0.49	0.45	0.27	0.28	0.38
内蒙古	0.46	0.51	0.49	0.37	0.41	0.45
辽宁	0.48	0.40	0.50	0.45	0.49	0.39
吉林	0.48	0.33	0.50	0.40	0.46	0.34
黑龙江	0.50	0.35	0.49	0.41	0.48	0.38
上海	0.24	0.31	0.36	0.40	0.45	0.20
江苏	0.43	0.59	0.39	0.55	0.49	0.41
浙江	0.41	0.50	0.49	0.62	0.46	0.45
安徽	0.49	0.44	0.49	0.44	0.50	0.39
福建	0.43	0.41	0.50	0.57	0.41	0.43
江西	0.46	0.34	0.49	0.48	0.41	0.39
山东	0.49	0.69	0.40	0.53	0.43	0.49
河南	0.49	0.55	0.46	0.49	0.48	0.45
湖北	0.42	0.41	0.49	0.50	0.46	0.37
湖南	0.44	0.42	0.50	0.55	0.44	0.43
广东	0.40	0.56	0.49	0.72	0.44	0.51
广西	0.32	0.24	0.44	0.52	0.21	0.31
海南	0.34	0.15	0.41	0.32	0.20	0.20

省份	能源－经济		经济－环境		能源－环境	
	C_1	D_1	C_2	D_2	C_3	D_3
重庆	0.48	0.38	0.49	0.40	0.50	0.35
四川	0.49	0.51	0.50	0.53	0.50	0.49
贵州	0.49	0.35	0.50	0.33	0.50	0.36
云南	0.50	0.35	0.48	0.43	0.46	0.40
陕西	0.48	0.51	0.50	0.43	0.48	0.50
甘肃	0.49	0.27	0.49	0.22	0.47	0.25
青海	0.48	0.19	0.31	0.13	0.38	0.11
宁夏	0.50	0.24	0.39	0.16	0.36	0.17
新疆	0.45	0.40	0.23	0.15	0.14	0.20
全国（均）	0.49	0.48	0.45	0.43	0.49	0.38

运用 $D_{总} = 3\sqrt[3]{\prod_{i=1}^{3} D_i}$ 计算综合协调度，D_1、D_2、D_3 分别为各省份的"能源－经济""经济－环境""能源－环境"耦合协调发展系数。最终结果如表 2.8 所示。

表 2.8 我国各省份"能源－环境－经济"耦合协调度及排名

省份	综合协调度	排名	协调状态	省份	综合协调度	排名	协调状态
广东	0.61	1	初级协调	云南	0.39	17	轻度失调
山东	0.60	2	初级协调	北京	0.38	18	轻度失调
浙江	0.52	3	勉强协调	重庆	0.38	18	轻度失调
江苏	0.51	4	勉强协调	黑龙江	0.38	18	轻度失调
四川	0.51	4	勉强协调	山西	0.37	21	轻度失调
河南	0.49	6	濒临失调	吉林	0.35	22	轻度失调
陕西	0.48	7	濒临失调	贵州	0.35	22	轻度失调
福建	0.46	8	濒临失调	广西	0.34	24	轻度失调
湖南	0.46	8	濒临失调	天津	0.32	25	轻度失调
河北	0.45	10	濒临失调	上海	0.29	26	中度失调
内蒙古	0.44	11	濒临失调	甘肃	0.25	27	中度失调
湖北	0.43	12	濒临失调	新疆	0.23	28	中度失调
安徽	0.42	14	濒临失调	海南	0.21	29	中度失调
辽宁	0.41	15	濒临失调	宁夏	0.19	30	严重失调
江西	0.40	16	濒临失调				

对我国 2003—2017 年 3E 系统时间序列数据进行主成分分析，可以

观测出我国历年来的耦合协调度变化趋势。其主要部分结果如表 2.9 至表 2.11 所示。

表 2.9 3E 子系统指标 KMO 及巴特利特球形检验结果

检验类型	能源子系统	环境子系统	经济子系统
KMO 检验系数	0.741	0.697	0.833
巴特利特球形检验显著性	0.000	0.000	0.000

注：KMO 检验与巴特利特球形检验效果较好，可以进行主成分分析。

表 2.10 3E 子系统特征值及贡献率

子系统名称	λ_1	λ_2	λ_3	λ_1贡献率	λ_2贡献率	λ_3贡献率
能源子系统	6.452	0.831	0.588	0.886	0.114	0.089
经济子系统	6.772			1.000		
环境子系统	7.189	0.826		0.897	0.103	

再根据各自的成分矩阵计算得出各子系统协调度得分的表达式，代入标准化数值后求得全国历年 3E 子系统耦合协调度水平。

表 2.11 2003—2017 年全国 3E 子系统耦合协调度水平

年份	能源－经济 D_1	经济－环境 D_2	能源－环境 D_3	耦合协调度 D
2003	0.03	0.00	0.22	0.08
2004	0.11	0.08	0.28	0.15
2005	0.18	0.17	0.34	0.22
2006	0.25	0.25	0.40	0.29
2007	0.26	0.16	0.27	0.23
2008	0.39	0.38	0.54	0.43
2009	0.52	0.59	0.68	0.59
2010	0.56	0.64	0.70	0.63
2011	0.61	0.71	0.73	0.68
2012	0.72	0.78	0.81	0.77
2013	0.80	0.85	0.86	0.84
2014	0.88	0.91	0.92	0.90
2015	0.94	0.98	0.96	0.96

年份	能源－经济	经济－环境	能源－环境	耦合协调度
	D_1	D_2	D_3	D
2016	1.00	1.00	1.00	1.00
2017	0.97	0.99	0.96	0.98

2.3.4.2　各子系统协调度变化趋势

分析我国 2003—2017 年各子系统协调度变化趋势，除 2007 年各系统协调水平有所下降外，其余年份都呈现逐年增长的趋势，如图 2.12 所示。

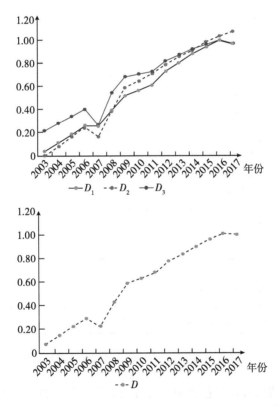

图 2.12　2003—2017 年全国 3E 子系统协调度变化趋势

根据 30 个省份的能源、环境、经济水平值以及耦合协调度 4 个指标进行聚类。通过聚类分析各省份的特征，以便找出各省份存在的问题，结果如图 2.13 所示。

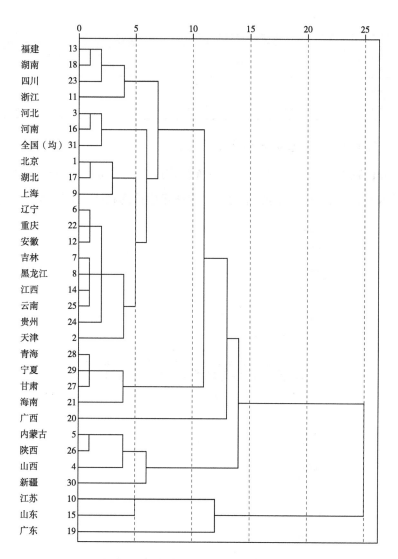

图 2.13　各省份与全国平均 3E 及其耦合协调度聚类分析

根据聚类结果可以将各省份大致分为 7 类，其具体特征见表 2.12。

表 2.12　我国省份分类及特点

类别	省份	特点
第一类	江苏、广东、山东	经济水平值极高，并且远高于能源、环境水平值

类别	省份	特点
第二类	浙江、四川、福建、湖南	经济与环境水平值接近,且经济水平值较高,但能源水平值较低
第三类	上海、北京、天津、湖北、河南、河北	经济水平值较高,但环境或能源水平值较低
第四类	安徽、辽宁、重庆、吉林、黑龙江、云南、贵州	能源、环境、经济水平值相近但较低
第五类	广西、江西	环境水平值较高,但经济和能源水平值较低
第六类	山西、陕西、新疆、内蒙古	能源水平较值高,但经济和环境水平值较低
第七类	甘肃、宁夏、海南、青海	能源、环境、经济水平值极低

2.3.5 实证结果分析

根据聚类分析的结果,将各省份分为 7 类。

第一类是江苏、广东和山东,它们经济水平值和综合协调度都非常高,并且远远高于能源、环境水平值。这类省份应当注重提高能源和环境的水平,在发展经济的同时反哺环境,发展清洁能源。

第二类是浙江、四川、福建和湖南,其特点是经济与环境水平值接近,且经济水平值较高,但能源水平值较低,总体综合协调度排名较靠前。这类省份应该大力发展清洁能源,并保持经济与环境的协调发展。

第三类是上海、北京、天津、湖北、河南、河北,这类省份经济水平值较高,但环境或能源水平值较低,综合协调度排名一般。其中,上海、北京、天津的能源主要依赖从其他省份输入,因此,能源发展潜力较小,要大力推动经济与环境的协调发展。河南、河北应该大力改善环境,使得三系统协调度上升。

第四类是安徽、辽宁、重庆、吉林、黑龙江、云南、贵州,它们能源、环境、经济水平值相近但较低。因此,协调度排名也不算靠前,需要各方面共同努力,协调发展。只有三系统同时作出突破与改变,才能提升各自水平与协调度水平。

第五类是广西、江西，其特点是环境水平值较高，但经济和能源水平值与总体协调度低，但由于广西的能源发展水平值潜力有限，因此可以通过大力发展旅游业，推动经济发展。

第六类是山西、陕西、新疆、内蒙古，这类省份普遍分布在我国的西北地区，它们的共同特点是能源水平值较高，但经济和环境水平值较低，总体协调度排名靠后。这类省份拥有丰富的能源资源，因此能源水平值较高，但由于地理位置的原因，经济发展水平不高，在开发能源的过程中，也造成了巨大的污染。因此，这类省份是进行改革的重点地区，需要转变能源结构，大力提高能源技术水平，减少排放量，提高能效。

第七类是甘肃、宁夏、海南、青海，它们都位于边远地区。能源、环境、经济水平值极低，且综合协调度水平极低。由于地域原因，其在历史上长期处于地广人稀的状态，经济发展水平不高，此类省份需要政策的扶持，并依靠国家的大力支持，因地制宜地发展。

将能源子系统水平值与全国水平作比较，全国普遍水平不高，个别省份水平值明显偏低，如吉林、黑龙江、安徽、湖北等7省份。究其原因，吉林是因为能源的生产量与消费量水平不高，且能源生产量逐年下降，能源产业发展缓慢；黑龙江也存在着能源生产和消费水平不断下降的情况；安徽则是能源需求不断上升而供给不断下降导致了能源系统不平衡；湖北的能源产业规模较小，发展需求大。

将经济子系统水平值与全国水平作比较，最明显的特点就是各省份之间差距较大，经济协调度相对较好的省份有广东、湖南、河南等。经济协调度相对较差的省份是山西、吉林、江西和黑龙江等。其中，山西经济结构单一，社会固定投资总额和社会零售商品总额偏低；吉林则是人均收入水平较低，民生问题制约了社会经济发展。且吉林、黑龙江两省份近年GDP增长率不高，已进入低增长率阶段。

相较于经济协调度而言，我国的总体环境协调度高于全国平均水平。例如，山西、河南等省份环境协调度水平远远低于全国平均水平。山西作为产煤大省，在能源生产与消耗的过程中产生了大量污染是主要原因。其污染处理率水平也较低，虽然近年来减排措施已见成效，但仍需要长久努力。河南则是因为是一个工业大省，工业排放总量较大，在减排方面和提高工业效率方面还需要作出突破。

2.3.6　问题及影响因素分析

测度出我国 2017 年各省份能源、环境、经济发展协调度后，得出了各省的系统发展水平值以及综合协调度，从中不难发现一些问题及其影响因素，有以下 3 点。

（1）总体能源发展水平低，能源结构单一。

实证结果显示，我国的总体能源发展水平较低。从全国各省份能源发展水平值的情况来看，全国平均能源水平值为 0.36，处于较低水平，仅有 8 个省份位于平均值之上。除个别省份外，我国大多数省份能源发展程度较小，一部分原因是当地的能源资源稀缺，另一部分原因则是新型能源发展较慢。

当前，我国主要能源生产形式还是原煤生产，单一化的能源结构使得较多省份能源发展水平停滞不前。山西等能源生产大省过度依赖原煤生产这一形式，能源结构调整较慢。而新兴能源产业的发展才刚刚开始，还未形成较大规模。总之，传统能源大省面临的问题是能源结构单一且转型困难，而其他省份面临的问题则是能源资源稀缺，能源规模难以扩大。

（2）各省份环境发展水平差异较大，环境治理投入较少。

与我国能源发展水平两极分化严重的情况相比，我国各省份的环境发展水平差异也较大：东部地区的浙江、福建、广东，中部地区的湖南、江西以及西部地区的广西环境发展水平较高，这些地区自然条件较好，经济与环境双系统的发展协调程度也较大，政府重视环境治理与保护。

但大多数省份的环境发展仍处于偏低的水平。而像山西、天津这样的省份由于前期的工业及能源业发展，造成了巨大的环境污染，环境发展水平极低。新疆、青海等偏远地区环境发展水平也较低，一方面是因为本身的自然条件较差；另一方面是因为这些省份经济实力较差，优先考虑的是怎样改善经济状况，在环境治理方面的投入较少。

（3）区域经济发展不平衡，产业结构不合理。

就经济发展而言，我国不同省份呈现出明显的区域差异，即东部地区的省份高于中部地区的省份，中部地区的省份高于西部地区的省份。总体而言，我国平均经济发展水平较高，浙江、山东等12个省份的经济发展水平超过或接近全国平均水平。与此同时，也有许多省份经济发展水平较低，集中在西部地区的偏远省份以及中部地区的个别省份，这也就意味着我国区域经济发展的极度不平衡。

目前，我国经济发展存在的问题主要是结构，特别是中、西部地区产业结构不合理：第一，工业结构内部重工业发展速度快，重工业所占比重也很大，主要在重工业领域加快推动产能过剩行业调整；第二，服务业发展速度较慢，部分省份服务业比重偏低。简言之，就是第二产业发展不平衡，第三产业发展不优质。

第3章　我国生态文明建设水平统计测度研究

为全方位对我国生态文明建设水平进行测度，本书选用 2017 年相关数据了解我国生态文明在经济、环境、资源以及民生等层面的发展情况，以期发现我国生态文明在发展过程中存在的问题。

3.1　我国生态文明建设水平特征分析

3.1.1　东部地区生态经济基础优于西部地区

生态经济建设作为生态文明建设的物质基础，可以为生态文明建设提供经济支持与技术支持；反之，生态文明建设通过对生态经济建设的科学指导作用，可以促进经济发展方式的转变，实现经济可持续发展。

分析地区人均 GDP 与第三产业占 GDP 比重情况，发现东部地区，如上海、北京、江苏、广东等地区生态经济发展水平较高；西部地区，如西藏、新疆、甘肃等地区生态经济发展水平较低；中部地区处于东部地区与西部地区之间，如图 3.1 所示。

江苏、山东、广东、重庆等地区工业 R&D 经费支出远高于西藏、吉林、黑龙江等地区。其中，西藏该指标情况为全国最低水平，仅有0.02%，江苏该指标情况处于全国最高水平，为 2.15%。从地域分布特点来看，东部沿海地区对高新技术的投入远高于中、西部地区，表明东部沿海城市对于高新技术的注重程度远高于中、西部地区，为经济的可持续发展打下良好的基础。2017 年，我国部分地区工业 R&D 支出占 GDP 的比重情况如图 3.2 所示。

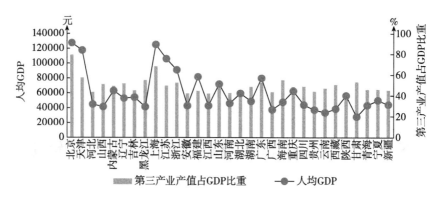

图 3.1　2017 年我国 31 个省份人均 GDP 与第三产业占 GDP 比重

资料来源：2004—2018 年《中国统计年鉴》《中国能源统计年鉴》，以及 Wind 数据库。

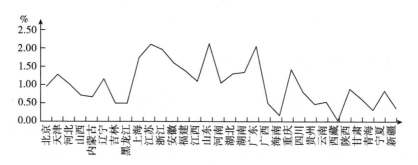

图 3.2　2017 年我国 31 个省份工业 R&D 支出占 GDP 的比重

资料来源：2004—2018 年《中国统计年鉴》《中国能源统计年鉴》，以及 Wind 数据库。

3.1.2　环境污染严重，环境治理有待加强

生态环境状况能够直观反映人与自然的协调度，直接体现生态文明程度。本书在环境污染与环境治理两个层面对我国各地区生态环境发展状况进行了解，发现我国生态环境情况还可进一步改善。

在我国，广州、江苏经济水平较高的地区废水排放量远大于其他地区，其中，西藏废水排放量为 7175.65 万吨，而广州废水排放量高达 882020.48 万吨，几乎是西藏地区废水排放量的 123 倍。由此可见，广州、江苏等地虽然经济发展水平较高，但造成的水污染严重。整体而言，东部地区水污染情况比中、西部地区严峻。

山东、贵州以及河北的 SO$_2$ 排放量位列全国前三，表明这些地区空气污染严重，急需改善。西藏、海南、上海、北京四地，SO$_2$ 排放量居全国末位，表明这些地区空气环境质量好或者治理效果显著。SO$_2$ 是衡量空气质量的重要指标，空气污染严重的地区需要对其引起重视，着重治理空气污染，如图 3.3 所示。

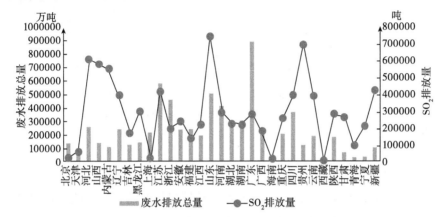

图 3.3　2017 年我国 31 个省份废水排放量与 SO$_2$ 排放量

资料来源：2004—2018 年《中国统计年鉴》《中国能源统计年鉴》，以及 Wind 数据库。

广东、江苏虽然废水排放量远高于其他地区，但城市污水日处理能力也达到最高水平。其中，广东城市污水日处理能力为 2179.6 万立方米，江苏城市污水日处理能力为 1773.6 万立方米，西藏、青海城市污水日处理能力分别为 26.2 万立方米、44.4 万立方米。从城市污水日处理能力指标来看，西部地区虽然水污染情况并不严峻，但治理水污染的能力有待提高。

天津、上海等地区工业固体废物综合利用水平较高。其中，天津工业固体废物综合利用率高达 98.93%，上海、浙江、北京三地工业固体废物综合利用率均突破 90%，中部地区工业固体废物综合利用率基本处于 60%~70% 水平上。西部地区以及东北地区急需提高工业固体废物利用能力。例如，西藏工业固体废物综合利用率仅有 0.93%，辽宁工业固体废物综合利用率仅为 27.69%，这些地区对于固体废物的利用能力还有很大的上升空间。2017 年我国部分地区城市污水日处理能力、工业固体废物综合利用率情况，如图 3.4 所示。

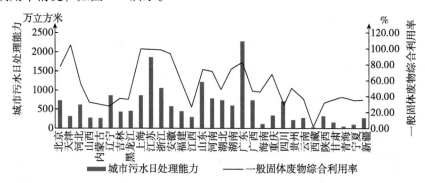

图 3.4　2017 年我国 31 个省份城市污水日处理能力与一般固体废物综合利用率

资料来源：2004—2018 年《中国统计年鉴》《中国能源统计年鉴》，以及 Wind 数据库。

3.1.3　西部地区生态资源丰富

生态资源情况对于地区生态文明的持续发展有着重要影响，是促进各地区生态文明持续发展的潜在因素和支撑力量。

西部地区人均水资源量占全国人均水资源量的 84%，东部地区、中部地区人均水资源量分别仅占全国人均水资源量的 6%、10%。西部地区 12 个省份，人均水资源量为 15063.70 立方米。其中，西藏、青海人均水资源量分别达到 142311.30 立方米、13188.86 立方米；中部地区 8 个省份人均水资源量为 1746.00 立方米。其中，江西人均水资源量最多，达到 3592.47 立方米，山西人均水资源量仅为 352.65 立方米。东部地区虽处于沿海地带，但由于人口密度大，导致人均水资源量偏少，为 1069.96 立方米。其中，海南、福建人均水资源量最多，分别为 4165.74 立方米、2711.88 立方米，而天津、北京人均水资源量分别仅为 83.36 立方米、137.21 立方米。

我国人均能源储量为 288.65 吨，但东部地区人均能源储量仅占全国人均能源储量的 3%，西部地区、中部地区人均能源储量分别占全国人均能源储量的 52%、45%。东、中、西部地区人均能源储量分别为 30.52 吨、396.11 吨、453.63 吨。在东部地区，上海和广东两地人均能源储量均未达到 1 吨，辽宁人均能源储量达到 89.59 吨；在中部地区，山西作为煤炭资源大省，人均能源储量高达 2627.39 吨，湖北人均能源储量仅有 5.30 吨；

西部 12 个省份中 8 个省份人均能源储量超过 100 吨，其中，内蒙古人均能源储量最多，达 2513.29 吨。2017 年我国各地区人均水资源量（外圈）与人均能源储量（内圈）占比情况如图 3.5 所示。

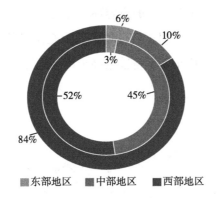

　　■东部地区　　■中部地区　　■西部地区

图 3.5　2017 年我国各地区人均水资源储量（外圈）与人均能源储量（内圈）占比情况

3.1.4　生态民生服务有待改善

　　通过分析生态民生状况，可以在一定程度上得知各地区人民对于生态文明的了解情况，侧面反映生态文明发展程度；反之，生态文明的发展也可以推动生态民生不断向前发展。

　　内蒙古、宁夏等地区人均公园绿地面积情况较为乐观，西藏、上海等地人均公园绿地面积有待提升。其中，由于西藏有较多地区尚未开发，导致人均公园绿地面积仅有 5.85 平方米，而上海则由于人口密度大，人均公园绿地面积仅有 8.19 平方米，如图 3.6 所示。

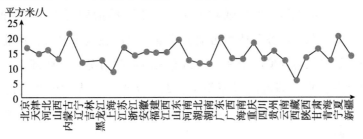

图 3.6　2017 年我国 31 个省份人均公园绿地面积

　　资料来源：2004—2018 年《中国统计年鉴》《中国能源统计年鉴》，以及 Wind 数据库。

北京人均拥有的公共交通车辆设备最多，反映出北京交通绿色发展程度较高，其他地区，万人拥有公共交通车辆设备 10 ~ 15 台，各地区应当不断完善公共交通体系，为人们的绿色出行尽可能提供便利，促进生态文明发展。广东、山东、江苏 3 个地区的市容环卫专用车辆设备数为全国最高，西藏、青海、宁夏市容环卫专用车辆设备台数为全国最低。整体而言，东部、中部地区市容环卫专用车辆设备数量高于西部地区，如图 3.7 所示。

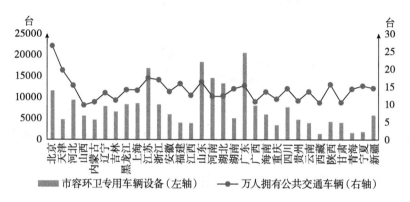

图 3.7　2017 年我国部分地区万人拥有公共交通车辆与市容环卫专用车辆设备情况

资料来源：2004—2018 年《中国统计年鉴》《中国能源统计年鉴》，以及 Wind 数据库。

3.2　我国生态文明建设水平问题分析

3.2.1　注重东部地区环境保护、资源节约

东部地区经济发展水平优于中、西部地区，其造成的环境污染问题也比较严重，东部地区需要增强对工业"三废"的治理能力。从数据来看，东部地区如广东、江苏等地水污染虽严重，但治理效果显著，河北、辽宁等地则需要加强对环境的治理。东部地区的资源情况相比西部地区明显不足，如上海、北京等地区域面积小、人口密度大，人均资源情况不容乐观，需要合理开发利用资源，并在相关政策的帮助下，保证生态文明的可持续性发展。

3.2.2　促进中部地区生态文明协调发展

中部地区生态文明各个层面没有特殊表现，生态文明整体发展情况处

于全国平均水平，为促进中部地区生态文明各方面的发展，需要协调生态经济、生态环境、生态资源以及生态民生等各个层面的关系，各地区利用本区域具有的优势，协调带动各个方面均衡发展，促进生态文明发展水平整体提升。

3.2.3　加大对西部地区投资力度

从各地区人均 GDP 与第三产业产值占 GDP 的比重这两项主要用于衡量经济发展水平的指标情况来看，东部地区经济基础雄厚，对于促进生态文明发展有坚实的物质、技术基础，并且对高新技术的投入远比中、西部地区多，为东部地区未来生态经济的可持续发展打下基础；西部地区由于受到地理位置、环境条件等因素的限制，经济水平落后于全国平均水平，因此，在未来的经济发展过程中，需要自身努力以及东部地区的扶持，为生态文明的发展奠定坚实的物质、技术基础。

3.3　我国生态文明建设水平测度

为全面测度我国生态文明建设水平，构建我国生态文明建设水平测度指标体系，本书在采用主成分分析法确定各指标权重后，构建动态综合评价函数，综合评价我国生态文明建设水平，发现不同区域在生态文明建设过程中存在的问题，为促进我国生态文明建设相关建议的提出提供实证基础。

3.3.1　指标体系构建

3.3.1.1　指标体系构建原则

指标体系构建得是否科学、系统，内容是否具有权威代表性、可操作性，各类指标是否具有独立性，以及最终的指标体系是否具有前瞻性，决定着生态文明建设水平测度评估质量。因此，在构建生态文明建设水平测度评价指标体系时，主要根据科学性、代表性、可操作性、前瞻性的原则，使指标体系能够科学度量我国各地区生态文明建设水平的现状以及未来趋向。

3.3.1.2　指标选取

本书在参考国内外相关研究成果基础上，从指标体系构建原则出发，将生态文明建设水平测度作为一级指标层，生态经济、生态环境、生态资源以及生态民生作为二级指标层，各二级指标层分别选取 4~5 个具有代表性的三级指标，构成我国生态文明建设水平测度指标体系，如表 3.1 所示。

表 3.1　生态文明建设水平测度指标体系

一级	二级	三级	属性	符号
生态文明建设水平测度	生态经济 V_1	人均 GDP（元）	正指标	W_1
		第三产业占 GDP 比重（%）	正指标	W_2
		工业 R&D 支出占 GDP 的比重（%）	正指标	W_3
		单位 GDP 电耗（千瓦时/万元）	逆指标	W_4
	生态环境 V_2	农药使用量（万吨）	逆指标	W_5
		废水排放总量（万吨）	逆指标	W_6
		SO_2 排放量（吨）	逆指标	W_7
		城市污水日处理能力（万立方米）	正指标	W_8
		工业固体废物综合利用率（%）	正指标	W_9
	生态资源 V_3	人均能源储量（吨）	正指标	W_{10}
		人均水资源量（立方米）	正指标	W_{11}
		建成区绿化覆盖率（%）	正指标	W_{12}
		森林覆盖率（%）	正指标	W_{13}
		造林总面积（千公顷）	正指标	W_{14}
	生态民生 V_4	人均公园绿地面积（平方米）	正指标	W_{15}
		市容环卫专用车辆设备（台）	正指标	W_{16}
		生活垃圾清运量（万吨）	正指标	W_{17}
		万人拥有公共交通车辆设备（标台）	正指标	W_{18}

以上所有指标数据均来源于《中国统计年鉴》，部分缺失数值采用线性插值法进行弥补。

3.3.1.3　数据预处理

（1）数据平稳化。

本文通过主成分分析法确认 30 个地区 2003—2017 年的 18 项指标数据权重，需要对动态数据进行平稳性检验。将非平稳性数据序列进行差分，转换为平稳时间序列，其计算公式为：

$$\Delta Y_i = Y_{i+1} - Y_i \tag{3.1}$$

$$\Delta^2 Y_i = Y_{i+2} - 2 Y_{i+1} + Y_i \tag{3.2}$$

$$\cdots$$

$$\Delta^n = \Delta(\Delta^{n-1} Y_i) = \Delta^{n-1} Y_{i+1} - \Delta^{n-1} Y_i \tag{3.3}$$

（2）数据标准化。

由于选取的指标不仅包含正指标，还包含负指标，因此采用 Min - max 标准化法对平稳化后的数据进行标准化处理。其计算公式为：

$$正指标: Y_{ij} = \frac{X_{ij} - \min X_j}{\max X_j - \min X_j} \tag{3.4}$$

$$逆指标: Y_{ij} = \frac{\max X_j - X_{ij}}{\max X_j - \min X_j} \tag{3.5}$$

其中，X_{ij}、Y_{ij} 分别表示第 i 个地区、第 j 个指标的初始数据和标准化后的数据，$\min X_j$、$\max X_j$ 分别是第 j 个指标下 30 个省份在该指标的最小值和最大值。

（3）权重的确定。

对标准化数据进行主成分分析，得到各指标方差贡献率，方差贡献率的大小直接反映该指标重要程度，因此，可以通过各指标所提供的方差贡献率来确定其权重。数据进行主成分分析前需要通过 KMO 检验和巴特利特球形检验确定该数据是否适合采用此种研究方法。本书通过对预处理过的数据进行 KMO 检验和巴特利特球形检验得到表 3.2。根据表 3.2 结果可知，数据均通过检验，可以用于主成分分析。在通过 KMO 检验和巴特利特球形检验的基础上，计算主成分因子载荷数和每个主成分因子的方程贡献率，求出指标权重并进行归一化处理，得到最终各指标权重。

表 3.2　2003—2017 年 KMO 检验与 Bartlett 检验

检验方法	2003 年	2004 年	2005 年	2006 年	2007 年	2008 年	2009 年	2010 年
KMO 检验系数	0.661	0.701	0.602	0.625	0.638	0.664	0.627	0.512
巴特利特球形检验显著性水平	0.000	0.000	0.000	0.000	0.000	0.000	0.000	0.000
检验方法	2011 年	2012 年	2013 年	2014 年	2015 年	2016 年	2017 年	
KMO 检验系数	0.502	0.502	0.583	0.663	0.590	0.638	0.642	
巴特利特球形检验显著性水平	0.000	0.000	0.000	0.000	0.000	0.000	0.000	

3.3.2 我国生态文明建设水平测度研究

3.3.2.1 我国生态文明建设水平总体测度

（1）我国生态文明建设水平呈东高西低态势。

利用各指标权重，构建动态综合评价函数，计算我国2003—2017年各地区生态文明建设水平。将三级标准化数据以及指标对应权重分别代入动态综合评价函数，可以得到每年各地区生态文明综合评价得分。

$$Y_i = \sum X_{ij} \times W_j \qquad (3.6)$$

其中，Y_i代表动态综合评价函数，X_{ij}代表标准化数据，W_j代表指标权重。$i = 1，2，\cdots，31$，表示地区；$j = 1，2，\cdots，18$，表示指标。

计算2003—2017年各地区生态文明建设水平，发现北京作为我国首都，生态文明建设水平达到71.76%，领先全国其他地区；广东、江苏、上海三地生态文明建设水平处于全国较高水平，分别达到62.80%、60.47%以及59.60%；西藏、贵州、甘肃、青海等地生态文明建设水平均未超过30%，处于全国最低水平。2003—2017年，全国平均生态文明建设水平为39.66%，我国31个地区中仅有10个地区生态文明建设水平超过全国平均水平，其中有9个地区属于东部地区，还有1个——湖北位于长江经济带流域的中部地区。生态文明建设水平处于全国后10位的地区包含8个西部地区，2个中部地区。西部地区包括青海、甘肃、贵州等地；2个中部地区分别是江西、河南，其生态文明建设水平分别为33.82%、32.60%。2003—2017年，全国及各地区生态文明平均建设水平情况，如表3.3所示。

表3.3 2003—2017年全国及各地区生态文明平均建设水平 单位：%

地区	平均建设水平	地区	平均建设水平
北京	71.76	海南	35.85
广东	62.80	河北	35.63
江苏	60.47	四川	35.06
上海	59.60	内蒙古	34.88
浙江	54.78	吉林	34.85

续表

地区	平均建设水平	地区	平均建设水平
天津	52.18	山西	33.92
山东	50.35	江西	33.82
福建	45.27	广西	32.71
辽宁	42.86	河南	32.60
湖北	40.58	新疆	30.41
全国	39.66	宁夏	30.11
黑龙江	39.05	云南	30.03
重庆	38.77	西藏	27.36
陕西	37.25	贵州	25.45
湖南	37.12	甘肃	23.55
安徽	36.88	青海	23.40

　　整体而言，西部地区生态文明建设水平落后于东部地区，2003—2017年，东部地区生态文明建设水平为 51.96%，中部地区生态文明建设水平为 36.10%，西部地区生态文明建设水平为 30.75%，生态文明建设水平整体呈现东高西低态势，如图 3.8 所示。

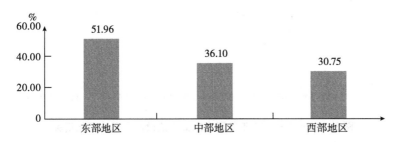

图 3.8　2003—2017 年我国东、中、西部地区生态文明建设水平

　　（2）我国生态文明建设水平整体处于上升态势。

　　从 2003 年到 2017 年，我国生态文明建设水平整体呈现上升趋势。在 2006 年，我国生态文明建设水平有大幅度下降。同年，我国实施"十一五"规划，发现各地区在生态环境与生态治理情况方面存在较大问题，全国 31 个地区仅有 6 个地区生态文明建设水平略有上升，因此整体水平相对前期有所下降，表明各地区生态文明建设情况需要进一步改善。其中，东

部地区——浙江、福建、天津等地下降幅度最大，分别下降 7.23%、
5.77%、5.50%；西部地区——贵州、四川分别下降 4.25%、3.53%；中
部地区平均下降幅度为 2.14%。随着"十一五"规划的深入，5 年间，我
国生态文明建设水平从 37.33% 上升到 41.45%，经历这段上升小高潮后，
2011 年，我国进入"十二五"规划阶段，初期我国生态文明建设水平略有
下降，但整体波动较小，生态文明建设水平基本处于 40% ~ 41% 这一区
间。进入"十三五"规划阶段后，2016 年我国生态文明建设水平达到历史
最高点，2017 年我国生态文明平均建设水平有所下降。其中，陕西、内蒙
古生态文明建设水平下降幅度最大，分别达到 6.40%、4.90%，相比 2016
年，这两个地区在生态环境治理与保护两个层面的建设水平均有所下降，
导致生态文明平均建设水平整体下滑，如图 3.9 所示。

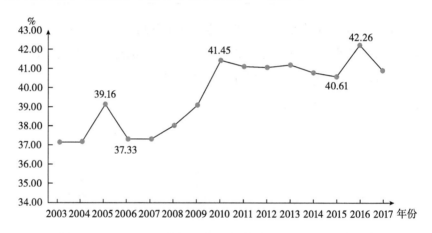

图 3.9　2003—2017 年我国生态文明建设水平平均变化情况

3.3.2.2　我国生态文明建设水平区域研究

为分区域了解各地区生态文明建设现状，根据 2003—2017 年各地区生
态文明建设水平情况，本书采用 K 均值聚类分析法对我国各地区进行分
类。显著性检验结果显示，该分类结果具有显著性，分类结果可以采用，
如表 3.4 所示。

表 3.4　2003—2017 年我国各地区生态文明建设水平分类显著性水平

年份	F	显著性	年份	F	显著性
2003	38.432	0.00	2011	80.819	0.00
2004	47.221	0.00	2012	80.929	0.00
2005	57.011	0.00	2013	75.536	0.00
2006	71.240	0.00	2014	76.716	0.00
2007	66.290	0.00	2015	69.722	0.00
2008	66.058	0.00	2016	58.316	0.00
2009	69.536	0.00	2017	54.225	0.00
2010	61.902	0.00			

本书对通过显著性检验的分类结果进行整理，可以将各地区分为 4 类区域，第一类为生态文明高建设水平区域，仅含北京 1 个地区；第二类为生态文明建设水平较高区域，包含天津、上海、江苏、浙江、山东、广东 6 个地区；第三类为生态文明建设水平较低区域，包含河北、山西、内蒙古等 15 个地区；第四类为区域生态文明建设水平极低区域，包含河南、广西、云南等 9 个地区。2003—2017 年我国各地区生态文明建设水平分类情况如表 3.5 所示。

表 3.5　2003—2017 年我国各地区生态文明建设水平分类情况

类别	成员
第一类	北京
第二类	天津、上海、江苏、浙江、山东、广东
第三类	河北、山西、内蒙古、辽宁、吉林、黑龙江、安徽、福建、江西、湖北、湖南、海南、重庆、四川、陕西
第四类	河南、广西、云南、贵州、西藏、甘肃、青海、宁夏、新疆

分析各区域在生态经济、生态环境、生态资源以及生态民生的得分情况，发现 4 类区域在生态经济与生态民生层面的建设情况优于生态环境以及生态资源层面的建设情况。其中，生态经济与生态民生的平均得分分别为 14.87 分、13.78 分，分别占总得分的 30.62% 和 28.37%；生态环境、生态资源得分情况占总得分的 23.42% 与 17.59%。2003—2017 年我国各类区域生态文明建设水平二级指标层的得分情况如表 3.6 所示。

表 3.6 2003—2017 年我国各类区域生态文明建设水平二级指标层综合得分情况

单位：分

类别	生态经济	生态环境	生态资源	生态民生	总得分
第一类区域	21.97	16.80	12.61	20.37	71.76
第二类区域	17.35	13.27	9.97	16.08	56.67
第三类区域	11.46	8.77	6.60	10.62	37.46
第四类区域	8.69	6.66	5.00	8.06	28.41
平均得分	14.87	11.38	8.55	13.78	48.57

第一类区域在生态经济、生态环境、生态资源、生态民生 4 个方面的建设水平都处于较高水平。由于第一类区域仅含北京 1 个地区，表明北京作为我国经济政治中心，生态文明建设水平遥遥领先，达到 71.76 分。

第二类区域在生态经济、生态环境、生态资源、生态民生 4 个层面的建设水平均落后于北京，但整体而言，由于其所处地带优势较大，在各层面的建设情况还是领先于全国综合水平。其中，广东、江苏生态文明建设水平分别为 62.77 分、60.44 分，分别位列全国第二、第三，整体生态文明建设水平达到 56.67 分。

第三类区域基本处于我国中部地区，这类区域在 4 个层面的建设情况均处于中等偏低水平，生态文明建设水平达到 37.46 分，基本代表我国生态文明整体建设水平。个别地区如山西，在生态资源层面领先于其他地区，可以利用自身的区域优势来带动其他层面的发展，提高生态文明平均建设水平。

第四类区域是在生态文明建设过程中需要重点发展的对象，该类区域生态经济、生态环境、生态资源、生态民生 4 个层面的建设平均水平均比较落后，生态文明建设水平为 28.41 分，与 48.57 分的全国生态文明建设平均水平有一定的差距。根据地域分布特点来看，该类区域基本位于西部地区。部分区域如宁夏、新疆，生态资源较为丰富，但从开发利用的角度来看，还有待加强。整体而言，该类区域需要得到生态文明建设水平较高区域的扶持。

从整体分析来看，我国生态文明建设水平较高的地区基本处于东部沿海地带且经济较为发达，内陆部分地区包括西部地区生态文明建设水平较为落后，全国生态文明建设水平基本呈现东高西低的态势。

3.3.2.3　我国东部地区生态文明建设情况良好

从 2017 年各地区在生态文明各个层面的建设情况来看，东部地区生态文明建设水平整体高于中、西部地区。

根据 2003—2017 年各地区综合建设水平的分类结果，第一、第二类区域中的地区，经济基础较为雄厚，为生态文明其他方面的建设提供了物质基础和技术支持。北京、浙江、江苏等地注重经济、环境、资源以及民生 4 个方面的协调建设，从而生态文明总体建设水平较高；天津和上海 2 个地区，整体经济水平较高，环境治理情况良好，但由于在资源条件以及民生状况方面的建设尚有欠缺，导致整体生态文明建设水平落后于第一类区域。

3.3.2.4　我国中、西部地区生态文明建设缓慢

从 2017 年各地区在生态文明各个层面的建设现状来看，中、西部地区在生态文明各个层面的建设还有待加强。

根据 2003—2017 年各地区综合建设水平的分类结果，在第三类区域中，虽然各方面的建设情况并不特别突出，但整体代表了我国生态文明建设的平均水平，个别地区在某一类建设方面有较为突出的表现，如江西在生态资源条件建设水平上居全国第一位，但由于其他方面的建设没有跟上，导致整体生态文明建设水平较为落后，大多数地区在 4 个层面的建设情况大致相同且无突出表现。

第四类区域则是在生态经济、生态环境、生态资源以及生态民生 4 个层面的建设水平都较为落后的地区，根据其地域分布特征来看，该类区域都是西部地区与东北部地区，是生态文明建设中重点观察、重点发展的对象，不仅需要在经济上给予扶持，还需要国家和各级政府相关政策制度刺激其生态文明的建设。

3.3.2.5　我国生态文明建设水平整体平缓上升

综上所述，中、西部地区生态文明建设水平虽然没有东部地区生态文

明建设水平高，但是追随东部地区生态文明建设的脚步在不断加速。全国生态文明建设水平在北京、广东、江苏等地的带领下，逐步提升，青海、甘肃等地的生态文明建设水平虽远远落后于全国平均水平，但基本呈现逐年递增的趋势。整体而言，2003—2017 年，我国生态文明平均建设水平整体呈现缓慢上升趋势，但近几年生态文明建设水平上升幅度较小，北京、天津等地生态文明建设速度有所放缓，需要在新的社会环境、经济条件下进一步促进生态文明新建设。

第4章　新时代生态治理创新抓手及其效应研究

　　良好生态环境是全面建成小康社会的底色，打赢打好污染防治攻坚战直接关系全面建成小康社会的成色。习近平总书记强调："小康全面不全面，生态环境质量很关键。""只有实行最严格的制度、最严密的法治，才能为生态文明建设提供可靠保障。"党的十八届三中全会要求加快建立系统完整的生态文明制度体系。党的十八届四中全会提出用最严格的法律制度保护生态环境。党的十八届五中全会确立了包括绿色在内的新发展理念，提出完善生态文明制度体系。党的十九大报告指出，加快生态文明体制改革，建设美丽中国。党的十九届四中全会对将生态文明制度建设作为中国特色社会主义制度建设的重要内容和不可分割的有机组成部分作出重要部署，为我们加快健全以生态环境治理体系和治理能力现代化为保障的生态文明制度体系提供了方向指引和基本遵循。

　　党的十八大以来，我国生态环境政策取得显著进展，生态环境政策加速改革，初步形成了党政领导、质量管理、监管落责、市场参与、多元治理的生态环境政策体系，为顺利完成生态环境规划目标和打赢打好污染防治攻坚战提供了充分支撑与保障，为深入推进生态文明和美丽中国建设提供了重要动力机制（董战峰等，2019）。党和国家坚持依靠制度保护生态环境，从"32字"环保工作方针（全面规划、合理布局，综合利用、化害为利，依靠群众、大家动手，保护环境、造福人民），到8项环境管理制度（环境影响评价、"三同时"、排污收费、环境保护目标责任制、城市环境综合整治定量考核、排污许可、污染集中控制、限期治理），再到生态环境指标成为经济社会发展的约束性指标。特别是，党的十八大以来，加快推进生态文明顶层设计和制度体系建设，生态环境损害责任追究、排污许可、河（湖）长制、禁止洋垃圾入境等制度出台实施，我国生态环境治理水平有效提升。在这期间，我国环境保护立法力度之大、执法尺度之严、守法程度之好前所未有。我国先后制修订 9 部生态环境法律和 20 余部行政法规，"史上最严"的新环境保护法自 2015 年开始实施。第一轮中央生态环境保护督察及"回头看"累计解决群众身边的生态环境问题 15 万多个，第二轮第一批督察共交办群众举报问题约 1.89 万个，有力推动落实"党政同责""一岗双责"。

党的十八大以来，党和国家探索和积累了许多被实践证明是行之有效的好做法、好经验。其中，"河长制"是我国自 2016 年起在河湖管理保护中全面推行的制度，是落实地方党政领导河湖管理保护主体责任的制度创新。"河长制"在解决跨地区、跨部门和多利益主体的复杂涉水问题方面具有明显的制度优势，能够实现跨部门协同，促进流域水环境综合管理的各项措施得到落实。

环保约谈和环保督察也是党的十八大以来党中央、国务院推进生态文明建设和生态环境保护工作的重大制度创新。2014 年 5 月，环境保护部出台《环境保护部约谈暂行办法》，明确环保约谈是指环境保护部或环境保护部与组织、监察等部门依法对环保职责"未履行或履行不到位"的有关负责人进行"告诫谈话、指出问题、提出整改要求并督促整改"的行为。2015 年 7 月，中央全面深化改革领导小组第十四次会议通过《环境保护督察方案（试行）》，2016 年 1 月中央环保督察组正式亮相，首站选择河北开展督察试点，随后分四批实现对 31 个省份督察全覆盖。到 2018 年，我国已经实现了 31 个省份＋新疆生产建设兵团的例行督察全覆盖，对 20 个省份开展了"回头看"以及专项督察。从 2019 年开始，环保督察工作进入第二轮，对 6 个省份和 2 家央企进行了环保督察。

本章重点对河长制、环保督察的政策效应进行实证研究。

4.1　河长制对流域生态环境改善的效果评估——基于湘江流域数据的实证分析

我国最早推行河长制的是浙江省湖州市长兴县。2003 年以前，长兴县河道湖泊受到严重污染，当年 10 月，浙江省启动"千村示范、万村整治"工程，长兴县建立了河长制。2007 年 5 月，无锡市太湖蓝藻大面积暴发，水源恶化，无锡市民抢购纯净水。与此同时，无锡市的河道长期没有清淤，企业违法向河湖排污，农业面源污染十分严重。2007 年 8 月，无锡市印发《无锡市河（湖、库、荡、氿）断面水质控制目标及考核办法（试行）》，将河（湖、库、荡、氿）断面水质检测结果纳入无锡市各市县区党政主要负责人政绩考核内容，未按期报告或拒报、谎报水质检测结果的，将按照有关规定追责。2008 年，江苏省在太湖流域全面推行河长制。2008年 6 月，包括江苏省省长罗志军在内的 15 位省级、厅级干部担任太湖入湖河流"河长"，与河流所在地政府官员形成了"双河长制"，一起负责 15 条河流的水污染防治工作。自江苏省之后，北京市、天津市、浙江省、安徽省、福建省、江西省、海南省也相继开始在全境推行河长制，另有至少有 16 个省、自治区、直辖市部分实行河长制。

2016 年 10 月 11 日，中共中央总书记、国家主席、中央军委主席、中央全面深化改革领导小组组长习近平主持召开中央全面深化改革领导小组第二十八次会议，审议通过了《关于全面推行河长制的意见》。2016 年 11月 28 日，中共中央办公厅、国务院办公厅印发了《关于全面推行河长制的意见》，其中提出全面推行河长制的基本原则是"坚持生态优先、绿色发展；坚持党政领导、部门联动；坚持问题导向、因地制宜；坚持强化监督、严格考核"，组织形式是"全面建立省、市、县、乡四级河长体系。各省（自治区、直辖市）设立总河长，由党委或政府主要负责同志担任；各省（自治区、直辖市）行政区域内主要河湖设立河长，由省级负责同志担任；各河湖所在市、县、乡均分级分段设立河长，由同级负责同志担任。县级及以上河长设置相应的河长制办公室，具体组成由各地根据实际确定"。全面推行河长制的主要任务是"加强水资源保护；加强河湖水域岸线管理保护；加强水污染防治；加强水环境治理；加强水生态修复；加强执法监管"。2016 年 12 月 13 日，水利部、环境保护部、国家发展改革委、财政部、国土资源部、住房城乡建设部、交通运输部、农业部、国家卫生和计划生育委员会、国家林业局联合召开贯彻落实《关于全面推行河长制的意见》视频会议，动员部署全面推行河长制工作。2016 年 12 月 10 日，水利部、环境保护部关于印发《贯彻落实〈关于全面推行河长制的意见〉实施方案》的函发出。2017 年 5 月 19 日，《水利部办公厅关于加强全面推行河长制工作制度建设的通知》发出。2017 年 6 月 27 日，河长制被写入新修改的《中华人民共和国水污染防治法》。

自 2017 年 8 月起，水利部建立全国河长制工作月推进会制度。2017 年 8 月 25 日，水利部召开 2017 年第一次月推进视频会议，水利部副部长周学文主持并讲话。会后，各省、自治区、直辖市按照会议确定的任务，对照"四个到位"的总体要求，全面加快推进河长制工作进度。截至 2017 年 9 月第二次全国河长制工作月推进会时，全国 95% 的市级、89% 的县级、81% 的乡级工作方案已印发实施，较 8 月分别提升 8%、7%、14%，14 个省份全部出台省、市、县、乡四级工作方案；全国新增省、市、县、乡四级河长约 5 万名，河长数量已接近 25 万名；全国 78% 的市、县已设置河长制办公室，较 8 月均增加 3%，23 个省份市、县级河长制办公室已全部设立；中央要求出台的 6 项配套制度，已经有 10 个省份全部出台，另有 10 个省份出台了 5 项；全国 313 名省级河长中已有 424 人次巡河，其中，省级主要领导有 173 人次巡河。2017 年 9 月 25 日，水利部召开第二次全国河长制工作月推进会，水利部副部长周学文主持并讲话。2018 年 6 月底，全国 31 个省、自治区、直辖市全面建立河长制。

本节在梳理国内河长制演进历程的基础上，采用 DID 模型对湖南省四大河流湘江、资水、沅江和醴水 2014—2018 年的流域数据进行实证分析。为确保模型和实证的有效性，采用了选择问题处理、合成控制、安慰剂检验等方法对模型进行了识别假定检验，并通过增加控制变量、考虑政策滞后或时间跨度因素的稳健性检验方法进一步证实了实证结果，最后运用分位数回归模型研究了在不同污染程度下河长制发挥效用的异质性。实证证明：河长制政策在一定程度上改善了湘江流域的生态环境，具体表现为对酸性物质、生活污水和农业污水方面的抑制作用，但对工业污水的管控力度不够。同时，本节还发现，河长制更倾向于重点治理污染严重的河流。

4.1.1　引言

党的十九大指出"建设生态文明是中华民族永续发展的千年大计"，加强生态文明建设，可以为人民群众提供优质的生活条件和美好的居住环境，更能够为中国走可持续发展、在国际舞台上继续独立自主建立坚实的战略保障。"宁要绿水青山，不要金山银山"，"绿水青山就是金山银山"等新观点、新理念足以表达我国整治环境污染的决心，体现出生态安全在我国发展过程中的重要地位。其中，河湖淡水资源作为人类赖以生存的必需品，其保护和清洁工作受到了国内持久而广泛的关注。近年来，我国针对水资源保护问题，顺应绿色生态发展理念推行了一系列环境保护、环境管制的法律法规，如《中华人民共和国水法》《中华人民共和国水土保持法》《中华人民共和国水污染防治法》等。这些环保法律法规在一定程度上弥补了原有制度的空缺，使中国在建设美丽中国的道路上更进一步。

值得一提的是，长期以来，我国实行的环境保护、环境管制政策都是"自上而下"的，主要由中央政府制定和颁布环境政策，地方政府负责执行。而近年来在水资源保护方面，新兴的环保政策——河长制则是通过地方自主实行逐渐推广的。在 2007 年，由于有机物污染严重而导致江苏太湖湖水富营养化，湖中蓝藻大面积暴发，溶解氧含量骤降，水质急剧恶化，从而衍生出一系列的生态恶性事件，如自来水污染、生态多样性遭受毁灭性打击等。同年 8 月，无锡市政府印发《无锡市河（湖、库、荡、氿）断面水质控制目标及考核办法（试行）》，将河流污染整治纳入官员绩效评估，谎报或不达标的地方官员，将按规定追究相关责任。2008 年 6 月，太湖流域开始推行河长制，"河长"是该条河流的管理负责第一人。此政策一出，太湖流域的生态环境得到了极大改善。据此，中共中央办公厅、国务院办公厅于 2016 年 12 月 11 日推行了《关于全面推进河长制的意见》，在各地流域建立起省、市、县、乡四级河长体系，旨在加强河湖流域生态环境保护工作，保障国家水质安全。

可以说，河长制是地方实际运作并得到实践验证的产物，该项公共政策做到了充分调动中央和地方政府的积极性。至此，河长制开始在全国范围内推行。作为中央针对河湖管理最新推行的公共性政策，河长制政策成效的检验，即河长制究竟是否改善了流域生态环境，对于我国水资源保护、建设美丽中国、实现可持续发展等战略均具有重要的现实意义。

本节第二部分是对由环境管制到河长制转变的文献梳理。第三部分是DID 模型的设计过程，包括模型构建方法、模型选取变量和指标以及模型事前检验。第四部分是 DID 模型的实证分析，包括基准回归得出的初步实证结果，对模型的识别假定检验和对实证结果的稳健性检验以及采用分位数回归模型进行的应用拓展。第五部分是通过总结前文思路和结论尝试给予的政策建议。

4.1.2 文献综述

近年来，生态文明建设被提到了国家重大战略的高度，围绕其颁布和推行的环境保护政策逐渐填补了国内关于保护环境、资源和抑制污染物方面的制度空缺，而环境立法和执法也逐渐步入正轨，那么河长制作为国内新兴的、针对水资源保护的、源于地方实践的制度创新产物，是否对河流流域生态环境起到了显著的改善作用？

从环境管制的宏观角度出发，本节首先梳理了国内学者就环保政策执行效果和存在问题发表的看法，主流看法为中央政府颁布并推行的环保政策能够抑制污染物的排放，但其依托的方式和发挥的作用都十分有限，主要问题在于针对"自上而下"的权威依托型纵向政策，地方政府由于缺乏积极性等原因在执行政策时存在力度不够和冲绩效指标的问题。李永友和沈坤荣（2008）基于对省际工业污染数据的实证分析，认为我国的环境管制政策对污染物的排放起到了显著的抑制作用，但这种效用主要是通过排污收费制度实现的，同时中央政府控制污染排放的决心并没有在地方政府的环境执法中得到充分体现。无独有偶，包群、邵敏和杨大利（2013）运用倍差法估计了我国环保立法监管的有效性，认为环境管制对环境保护和抑制污染起到了重要作用，但难点在于如何客观评价地方政府政策的实际效果，以及如何提高地方政府的执行能力和力度。进一步地，马小明和赵月炜（2005）从博弈论的角度进行分析，认为环境保护政策的效率有待提高，究其原因，我国环保政策以"自上而下"的行政直控为主，具有强烈的行政色彩，中央和地方政府之间、政府和企业之间缺乏积极性的调动，自愿性环保政策乃大势所趋。

河长制在不考虑本身为一种对策的情况下具有一定程度的自愿性，表现在其是由地方政府自主提出并实践的。而关于河长制的政策效应，国内学者的看法大多是辩证的，从河长制的本身执行预期效果来看，任敏（2015）认为，河长制通过政府在纵向层面和横向层面的交叉联系可以实现较强的协调性与有效性，但其始终是一种权威依托的等级制协同模式，而这种纵向协同下的政策会缺乏力度。从河长制对应的宏观环保政策背景来看，刘超和吴加明（2012）认为，河长制是对既有环保问责制度的延伸和细化，契合了我国水质污染需要统一管理的需求，但这种应急式的制度创新存在一定的逻辑混乱，只能在短期内产生一定影响，难以形成长久的机制，并且会影响水资源保护的正规和常态化建设。

就河长制的具体问题来说，王书明和蔡萌萌（2011）认为，河长制来源于地方经验，富有中国特色，具有简单易行、容易形成扩散效应的优点，但河长制本身始终存在以下缺陷：有"委托—代理"的问题，信息不对称并缺乏透明的监督机制，面临着高度依赖河长个人与考核制度的隐忧，如何调动社会公众力量参与到河长制，是一个值得深入研究的话题。基于对全国河长制的水资源数据的计量分析，沈坤荣和金刚（2018）采用DID 模型的政策评估方法，发现河长制未显著减少流域内的深度污染物，揭示了地方政府在实施河长制时可能存在治标不治本的粉饰性治污行为。基于此，两位学者认为，河长制应当设立健全可行的问责制度，同时引入第三方水质监测机构对地方政府的行为进行监督。

在上述文献整理和政策演进过程中，本书发现目前对河长制政策效应评测以定性研究为主，缺乏基于流域数据对河长制成效评估的实证研究，及基于数据的对实际情况的实证分析。基于此，本节运用湖南省四大河流湘江、资水、沅江、醴水 2014—2018 年的宏观数据，并选取了 DID 模型实证分析河长制政策的实施对河流流域生态环境治理与保护的作用程度和作用机制。本节的创新之处在于：①通过对 DID 模型进行的 3 种识别假定检验和对实证结果进行的 3 种稳健性检验提升了本节实证步骤的严谨性和实证结果的可信度；②跳出国内传统最小二乘法（OLS）回归模型的框架，通过分位数回归模型的拓展进一步验证了前文实证结果，发现了河长制政策在实际推行中存在的现象和问题。

4.1.3　模型设计

在湖南省进行的河长制政策是一项自然试验，本节采取 DID 模型评估河长制对湘江流域生态环境发展绩效的影响。在满足共同趋势的前提下，DID 模型可以评估实验组和对照组在河长制政策实施前后的流域生态环境改善程度是否有显著差别。据悉，在湖南省四大河流中，湘江流域是湖南省最早建立和完善河长制的河流，而其他 3 条河流资水、沅江、醴水直到 2018 年才开始逐渐完善河长制，从理论上来说在 2018 年前受到河长制政策的影响应该较小。因此，在湖南省四大河流中，将湘江列为实验组，将资水、沅江、醴水列为对照组，根据中共中央办公厅和国务院办公厅于 2016 年底颁布的《关于全面推行河长制的意见》以及查询湖南省政府关于河长制的政策《湖南省实施河长制行动方案（2017—2020 年）》中的信息，本节将湖南省河长制政策实行时间确定为 2017 年，进一步以河长制的实施年份 2017 年为界将整体数据细分为 4 个子数据集，分别为 2014—2017 年未实施河长制政策的湘江流域实验组，2017—2018 年实施了河长制政策的湘江流域实验组，2014—2017 年未实施河长制政策的其他河流流域对照组，2017—2018 年实施了河长制政策的其他河流流域对照组。在明确样本分类和时间节点后，设置时间 t 和地区 u 两个虚拟变量，其中，2017—2018 年的 $\mathrm{d}t$ 均为 1，2014—2017 年的 $\mathrm{d}t$ 均为零；湘江流域的 $\mathrm{d}u$ 为 1，其他选取的河流流域的 $\mathrm{d}u$ 均为零。由此，设立 DID 基准回归模型如下：

$$Y = \beta_0 + \beta_1 \mathrm{d}u_{it} + \beta_2 \mathrm{d}t_{it} + \beta_3 \mathrm{d}u_{it}\mathrm{d}t_{it} + \beta_4 control_{it} + \eta_c + \gamma_t + \varepsilon_{ct}$$

$$(4.1)$$

其中，i 和 t 分别代表第 i 个河流和第 t 年。Y 代表核心被解释变量流域生态环境，du 代表地区带来的影响，dt 代表时间带来的影响，$du \times dt$ 代表地区和时间的交互影响，$control_{it}$ 代表一系列对因变量 Y 有影响的控制变量，η_c 代表影响因变量 Y 但不受时间因素影响的个体固定效应，γ_t 代表影响因变量 Y 的所有时间因素的时期效应，ε_{ct} 代表误差项，β_0、β_1、β_2、β_3、β_4 分别代表各个变量与因变量之间的回归系数。

建立 DID 基准回归模型后，经过第一步差分过程，可以得知当样本为湘江流域（$du=1$）时，实施河长制政策前后（$dt=0$，1）的流域生态环境改善差额为 $\beta_2 + \beta_3$；当样本取自其他河流流域控制组（$du=0$）时，实施河长制政策前后（$dt=0$，1）的环境改善差额为 β_2。进行 DID 后得到河长制政策的净效应为 β_3，如果该系数显著且为正数时，即认为河长制政策对湘江流域生态环境改善具有明显的促进作用。具体 DID 模型结构见表4.1。

表 4.1　DID 模型差分过程表

项目	河长制前（$dt=0$）	河长制后（$dt=1$）	*Difference*
实验组河流（$du=1$）	$\beta_0 + \beta_1$	$\beta_0 + \beta_1 + \beta_2 + \beta_3$	$\Delta Y_T = \beta_2 + \beta_3$
控制组河流（$du=0$）	β_0	$\beta_0 + \beta_2$	$\Delta Y_0 = \beta_2$
DID			$\Delta\Delta Y = \beta_3$

（1）数据来源和变量解释。

本节采用多指标因变量体系构建了河流污染物综合指标，作为河流流域生态环境的测度，评价因子包括 PH* （无量纲的酸碱度衡量指数）、DO（溶解氧）、COD_{Mn}（高锰酸盐指数，其中，自来水、地表水、地下水水质检测通常采用高锰酸盐试剂，只有污染指标较高的水样才采用重铬酸钾试剂）、$NH_3 - N$（氨氮），共采集了湖南省四大河流（湘江、资水、沅江、醴水）2014—2018 年的河流污染物数据，河流污染物的数据来源于中国环境监测总站。四大河流的流域长度、流域面积、年径流量数据均来源于百度百科。城市常住人口、城市户籍人口、城市生产总值、城市实际利用外商直接投资、地方财政一般预算内支出、城市当年固定资产投资额、城市第三产业产值、城市第二产业产值、城市人均邮电业务总量、城市社会福利收养性单位床位数的数据均来自历年《中国城市统计年鉴》，部分缺失数据采用插值法进行补充。

①因变量。本节的核心被解释变量为河流流域生态环境质量，由于河流流域生态环境质量涉及综合环境评价，因此选取多指标体系测度河流流域生态环境，旨在客观且准确地评价河流流域生态环境。评价因子包括 PH^*、DO、COD_{Mn}、$NH_3 - N$。选择这 4 个污染物作为指标的原因有 4 个。一是这些均为我国水质污染的主要指标，具有较高的代表性且能够从不同方面、不同途径对水质产生影响。其中，我国河流污染以有机污染为主，主要污染物包括 $NH_3 - N$、COD_{Mn}、生物需氧量（BOD）等，而我国湖泊污染以富营养化为特征，主要污染物包括化学需氧量（COD）等，酸碱度则由于近年来工业化进程的加快而日益受到重视。二是多指标因变量体系比单指标因变量体系具有更强的稳健性，核心解释变量的显著性能够从多个方面得到验证。这不仅能够降低因变量单个指标的失误风险，并且在数据方面弥补了 OLS 回归模型的缺陷。三是在这四者中，水中 DO 含量越高，水质越好，该项指标与河流流域生态环境呈正相关关系；而水中 PH^*、COD_{Mn}、$NH_3 - N$ 含量越高，则水质越差，这 3 项指标与河流流域生态环境呈负相关关系，基准回归系数的得出和验证可以更准确地反映河流流域生态环境与河长制政策的关系。四是河长制政策对不同污染物指标的影响程度能够从基准回归结果上得到体现，本节可以借此分析河长制政策是否显著改善了河流流域的生态环境。

②核心解释变量。本节采用虚拟变量（0，1）对河长制政策进行量化。本节的核心解释变量分别为地区组别虚拟变量 du、时间虚拟变量 dt 以及两个虚拟变量的交互作用即河长制政策效应 $du \times dt$。其中，湘江流域作为实验组河流 $du = 1$，其他选取的控制组河流（资水、沅江、醴水）$du = 0$；当年份大于 2017 年时，$dt = 1$，否则 $dt = 0$。$du \times dt$ 代表此双重差分法中河长制政策的净效应，若该系数显著且为正，则可以以该模型证实河长制政策对环境改善的促进作用。由于本节采用多指标因变量体系，还能够辨明河长制对不同污染物指标的显著性和作用程度。

③控制变量。本节从自然地理因素和人文发展因素两个方面考虑控制

变量的选择。在自然地理因素方面，包括河流的总长度（*Length*）、河流的总流域面积（*Area*）、河流的年径流量（*Water*）；在人文发展因素方面，由于以河流为样本的数据很少囊括人文地理因素，因此本节选取了河流沿岸城市加权（湘江流经永州市、衡阳市、株洲市、湘潭市、长沙市、岳阳市；资水流经了邵阳市、益阳市、娄底市；沅江流经常德市、怀化市；澧水流经张家界市）的经济发展水平、政府规模、外商直接投资水平、固定资产投资水平、产业结构水平、工业化水平、信息化水平和社会福利水平。其中，经济发展水平、信息化水平和社会福利水平与河流沿岸城市的自身发展及内在联系程度相关；政府规模、外商直接投资水平、固定资产投资水平则与河流沿岸城市的对外开放程度相关，产业结构水平和工业化水平重在直接体现河流沿岸城市的绿色发展和工业污染程度。

在指标选取方面，用河流沿岸城市的人均生产总值 *Pgdp* 代表经济发展水平；以河流沿岸城市的政府财政预算内支出与 GDP 之比代表政府规模（*Gov*）；选取河流沿岸城市的实际利用外商直接投资额与 GDP 之比描述外商直接投资水平（*Fdi*）；选取河流沿岸城市的当年固定资产投资额与 GDP 之比表示固定资产投资水平（*Far*）；选取河流沿岸城市的第三产业产值与 GDP 之比代表产业结构水平（*Thirdindustry*）；选取河流沿岸城市的第二产业产值与 GDP 之比代表工业化水平（*Industry*）；用河流沿岸城市的人均邮电业务总量与人均 GDP 比值代表信息化水平（*Inform*）；选取河流沿岸城市的社会福利收养性单位床位数代表社会福利水平（*Welfare*）。其中，指标单位为百分比的数据均乘以 100 后录入数据，河流总长度、流域面积、年径流量、人均生产总值和社会福利收养性单位床位数由于数值过大采用了对数化处理。各变量的名称及计算方法见表4.2。

表4.2 各变量的名称及计算方法

变量类别	变量名称	指标名称或计算方法
因变量	河流流域生态环境	PH^*（无量纲的酸碱度衡量指数）
		DO（溶解氧）
		COD_{Mn}（高锰酸盐指数）
		NH_3-N（氨氮）

变量类别	变量名称	指标名称或计算方法
核心解释变量	河长制政策	$Policy$（0,1）（$du \times dt$）虚拟变量
控制变量	河流长度	$Length$（测量结果）
	流域面积	$Area$（测量结果）
	年径流量	$Water$（总径流量＝流量×时间）
	经济发展水平	$Pgdp$（人均城市生产总值）
	政府规模	Gov（政府财政预算内支出与城市 GDP 之比）
	外商直接投资水平	Fdi（城市实际利用外商直接投资额与城市 GDP 之比）
	固定资产投资水平	Far（城市当年固定资产投资额与城市 GDP 之比）
	产业结构水平	$Thirdindustry$（城市第三产业产值与城市 GDP 之比）
	工业化水平	$Industry$（城市第二产业产值与城市 GDP 之比）
	信息化水平	$Inform$（城市人均邮电业务总量与人均 GDP 比值）
	社会福利水平	$Welfare$（城市社会福利收养性单位床位数）

现对各变量进行描述性统计（见表 4.3），可以看出，尽管样本量较小，个别变量如 PH^*、COD_{Mn}、$NH_3 - N$ 和河流水文指标以及一些人文地理指标的数值范围仍存在一定的差距。对此，本节设计了相关稳健性检验（分为增加控制变量法、政策滞后检验和时间跨度检验）来对基准回归结果进行多次验证以保证实证结果的可靠性和有效性。

表 4.3　各变量描述性统计

变量名称	观测值	平均值	标准差	最小值	最大值
$PH *$	20	10.5	5.91608	1	20
DO	20	9.994	2.478751	7.03	15.3
COD_{Mn}	20	8.15	4.648429	1	16
$NH_3 - N$	20	9.45	4.839258	1	17
$Policy$	20	0.15	0.3663475	0	1
$Length$	20	760.25	254.3985	407	1033
$Area$	20	57630.5	35433.72	18496	94721
$Water$	20	434.55	269.7346	131.2	722
$Pgdp$	20	40546.42	13770.19	25867.67	70073.83
Gov	20	0.254053	0.07835	0.1486069	0.4346297

变量名称	观测值	平均值	标准差	最小值	最大值
Fdi	20	0.002622	0.0010806	0.0016678	0.0046874
Far	20	0.8276672	0.2013436	0.5316935	1.209823
Thirdindustry	20	37.63333	10.41561	18.11	51.45833
Industry	20	0.0026633	0.0006368	0.0018774	0.0038775
Inform	20	48.62375	11.4906	36.60667	70.37
Welfare	20	24258.75	10585.89	6966	38133.83

（2）双重差分假设事前检验。

进行 DID 的基本前提之一是研究对象符合自然实验条件，即样本既存在时间的跨度，也有其本身的多样性，并且实验是分阶段、分步骤进行的。

在本节的样本中，在自变量中存在可观测变量（相关控制变量，包括自然地理指标河流长度、流域面积、年径流量和人文地理指标经济发展水平、政府规模、外商直接投资水平、固定资产投资水平、产业结构水平、工业化水平、信息化水平和社会福利水平）和不可观测变量（河长制政策）。其中，核心解释变量河长制政策为虚拟变量，属不可具体测量的指标。满足基本的政策模型识别假设，以此为基础可选择的模型方法有工具变量法、模型选择法、断点回归法和 DID。进一步地，本节样本河流有湘江、资水、沅江、醴水 4 个节点，而时间上有 2014—2018 年的跨度，因此符合面板数据的基本要求，而其他 3 种方法更倾向于研究横截面数据或者存在断点的数据，因此选择 DID 模型是合理且正确的。而河长制作为一项长期的公共政策，并非一蹴而就的。在具体方案中，地方政府分别在地市级地区、县级市地区甚至乡镇都设立了河长来共同改善河流流域生态环境，可见该项准自然实验是分阶段、分步骤实施的。

进行 DID 的基本前提之二是公共政策必须为外生性的，不能与误差项有关联。实验是医学、心理学等领域最常用、最普遍的因果效应估计方法。在理想实验中，实验组和控制组样本的选择应当是完全随机的，例如，心理学的实验都必须尽量保证实验组和控制组的非研究对象以外的可观测变量基本一致，而难以控制的变量必须处于随机的状态，参与实验者究竟被划分到实验组还是控制组必须经过对应的事前处理，都必须与个体特征或者其他潜在影响实验结果的因素完全独立。故此，在以公共政策为外生性冲击的准自然实验中，有核心解释变量随机误差扰动项不相关的假设。

从现实角度出发，为满足该假设，湖南省应当为河长制政策的完全被接受者，即并不是湖南省主动提出河长制政策并上传中央政府请求实行该项政策，而是纯粹接受并推行中央政府下达的公共政策。在时间尺度上，根据政府官网河长制政策的提出和颁布时间来看，中共中央办公厅和国务院办公厅是于 2016 年底颁布的《关于全面推行河长制的意见》；在湖南省地方政府方面，查询湖南省政府关于河长制的政策《湖南省实施河长制行动方案（2017—2020 年）》中的信息，发现最早关于河长制的新闻发布在 2017 年 11 月 16 日。因此，本节认为湖南省的河长制公共政策为完全外生性的，与随机扰动项不相关。

进行 DID 的基本前提之三是必须满足平行趋势假设，即如果没有外生性（如公共政策等）的冲击，实验组和控制组的核心被解释变量的变化趋势就不应该随着时间的推移而产生系统性差异。因此，建立 DID 模型前的重要步骤就是检验实验组和控制组的平行趋势。虽然无法从推定的反事实发展趋势中直接观察政策是否产生了作用，但可以根据政策提出和颁布的时间节点之前的发展趋势判断公共政策冲击前实验组和控制组是否满足同趋势假设。

如图 4.1 所示实验组和控制组在 2016 年以前满足平行趋势假设，即两者的河流流域生态环境质量变化趋势基本一致，呈增长的态势。而在经过 2017 年河长制政策的外生性冲击后，控制组的 PH^* 污染物指标变化趋势发生了改变，其指标数值明显下降，而实验组的 PH^* 污染物指标仍保持增长趋势。据此，本节初步认为，实行河长制政策的湘江流域生态环境质量对比其他 3 条河流资水、沅江、醴水有明显的提高（如图 4.1）。值得注意的是，该推理还有待考证。

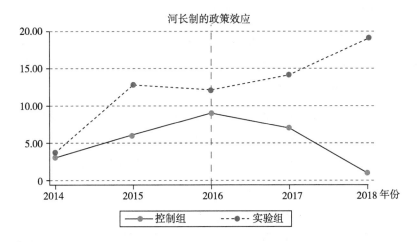

图4.1　2014—2018年湖南省关于PH*污染物指标的趋势变化

4.1.4　实证分析

对DID的假设予以理论和计量支撑后，下面开始进行实证分析。实证分析的行文结构分为如下几个部分：一是对2014—2018年湖南省四大河流湘江、资水、沅江、醴水的面板数据进行平稳性检验，若不平稳则进行差分计算，避免出现伪回归的现象；二是基于DID模型对引入虚拟变量面板数据进行OLS多元回归分析；三是针对模型选取和操作步骤进行的3个识别假设检验，即选择问题处理、合成控制检验和安慰剂检验；四是针对实证结果进行的3个稳健性检验，即增加控制变量法、政策滞后检验、时间跨度检验；五是利用分位数回归模型对尾部和平均污染水平背景下的河流进行异质性分析，同时也是对前文实证结果的进一步检验。

（1）平稳性检验。

对面板数据进行处理的前提是检验其平稳性，避免基准回归结果出现伪回归的现象，这不仅会大大降低实证结果的可信度，而且会在回归分析中造成干扰。在控制变量中的自然地理指标方面，河流长度和流域面积处于在5年内基本不变的态势，而年径流量并没有出现稳定上升或下降的趋势，具体根据当年的季风、极端天气等因素而变化。在人文地理指标方面，根据笔者对历年城市统计年鉴的整理，2014—2018年，经济发展水

95

平、产业结构水平、信息化水平和社会福利水平总体上呈逐年递增的趋势，而工业化水平总体上呈逐年递减的趋势，因此这些变量均具有明显的时间趋势。除此之外，政府规模、外商直接投资水平、固定资产投资水平并没有出现明显的变化趋势。

基于此，下面采用单位根检验方法中的 Harris – Tzavalis 检验对各变量进行平稳性检验。若变量的检测结果是非平稳的，则再进行一阶差分检验或根据重要程度直接予以剔除，在此列举多指标体系因变量和核心解释变量的平稳性检验结果，如表 4.4 所示。

表 4.4　主要变量的平稳性检验结果

变量名称	统计量	z 值或 t 值	P 值	平稳性
PH^*	− 0.5859	− 1.8676	0.0309	平稳 **
DO	− 0.6702	− 2.1738	0.0149	平稳 **
COD_{Mn}	− 0.6234	− 2.0040	0.0225	平稳 **
$NH_3 – N$	− 0.6472	− 2.0903	0.0183	平稳 **
$Policy$	− 0.5000	− 1.5558	0.0599	平稳 *

注：*、** 表示在 10%、5% 的水平上显著。

根据表 4.4 的结果，多指标体系因变量和核心解释变量的面板数据单位根检验结果均为平稳，可以直接进行回归分析。

（2）基准回归分析。

各变量均确定了一阶平稳性，下文则进行面板数据的多元回归模型分析，本节用其来进行系数以及各变量显著性的计算与检验。

表 4.5　河长制政策对污染物指标的基准回归结果

变量名称	PH^*	DO	COD_{Mn}	$NH_3 – N$
$Policy$	− 5.90 **	− 3.536492 *	− 1.328449	− 7.283531 ***
	(2.512279)	(1.604217)	(2.883217)	(2.372679)
$Area$	0.0001893 ***	0.0000447	0.0001159 **	0.0000111
	(0.0000473)	(0.0000302)	(0.0001159)	(0.0000447)
$Thirdindustry$	− 0.2319287 *	0.0790603	− 0.2404022	− 0.2875275 **
	(0.1213805)	(0.0775076)	(0.1393023)	(0.1146357)

变量名称	PH^*	DO	COD_{Mn}	NH_3-N
Industry	1.06023 ***	0.2450112	-0.053488	-0.1122258
	(0.2541359)	(0.1622786)	(0.2916591)	(0.2400143)
R^2	0.7141	0.3360	0.3901	0.6189

注：＊、＊＊、＊＊＊表示在 10%、5%、1% 的水平上显著，括号内为标准误。

　　表 4.5 分别汇报了河长制政策和其他选取的一些控制变量对河流污染物指标的基准回归结果。通过豪斯曼检验和对比调整后的 R^2 分析后，我们可以发现多元回归模型对 PH^* 和 NH_3-N 的拟合效果较佳，两者的关系均达到了中等相关程度以上。

　　从 4.5 表结果可以看出，在多元回归模型中，河长制政策对 COD_{Mn} 的基准回归系数没能通过至少 10% 的显著性水平检验，说明河长制对因化学生产（与 COD_{Mn} 和 DO 含量有关）而导致的有机物污染改善并不十分有效。而在通过显著性检验的 3 项指标中，河长制政策对 PH^*、NH_3-N 的基准回归系数均为负值且分别在 5%、1% 的显著性水平上通过检验，说明河长制政策对河流的酸碱度过高起到了一定的缓和作用并能够减少河流和湖泊的有机物污染，其中，对有机物污染的减少作用主要体现在减少了生活污水和农药残留导致的氨氮量；此外，河长制政策对 DO 的基准回归系数为负值且在 10% 的显著性水平上通过了检验，说明河长制政策会在一定程度上减少水中溶解氧的含量，不过显著性不够明显，因此本节对该指标持保留意见。总之，河长制政策对至少 2 项污染物指标均具有显著的抑制作用，据此推定，河长制政策能够在一定程度上改善河流流域生态环境。进一步地，河长制政策对河流酸碱度和生活、农业用水的改善效果较佳，而对工业污染的改善效果并不显著。

　　在此之外，本节发现有 2 项污染物指标（PH^* 和 COD_{Mn}）与河流流域面积呈正相关关系且分别在 1% 和 5% 的显著性水平上通过了检验，这说明河流流域面积越大，流域生态受到污染的可能性越大，从而使污染物指标有上升的趋势；有 2 项污染物指标（PH^* 和 NH_3-N 含量）与河流沿岸城市的产业结构水平呈负相关关系且分别在 10% 和 5% 的显著性水平上通过检验，这说明河流沿岸城市的产业结构得到优化升级（第三产业比重上升、第二产业比重下降）后，排放到河流的工业污水会减少，一些污染物指标随之降低，从而使河流流域生态环境得到改善；PH*与工业化水平呈负相关关系且在 1% 的显著性水平上通过检验，这说明工业污水排放与河流的酸碱度具有紧密联系，河流中的酸性物质很大程度上是由重工业工厂排放的工业污水带来的。

至此，本节已经初步挖掘湖南省河长制政策对河流流域生态环境的治理效应，即对河流中酸性物质的抑制作用较明显，且对生活污水和农业污水（包括农药残留）排放的管控作用较佳，但对工业生产和工业污水排放导致的水质污染监督效果不佳。

（3）识别假定检验。

尽管上文实证分析揭示了湖南省河长制政策的治理成效，但该结果仍然可能受到遗漏变量造成的回归干扰或者存在自选择引起的不客观等问题。因此，为证实上文 DID 识别湖南省河长制公共政策的可靠性，仍然需要对回归步骤和操作进行相关检验，识别假设检验与稳健性检验的不同之处主要在于，识别假设检验侧重于对模型的识别是否恰当以及对回归准备和过程的检验，从而避免主观因素上造成的操作风险；而稳健性检验侧重于对回归结果的检验，目的是进一步证实结果的有效性。基于此，本节采用了如下措施识别假定检验。

①选择问题处理。DID 存在的一个问题是：当分组不当和政策时间划分不当时，容易产生"选择性偏误"（selection bias），从而导致样本选择非随机，背离自然实验的原则。基于此，本节为进一步检验河长制政策的推行时间是否与样本初期的河流流域生态环境状况相关，建立了具体估计方程。

$$Policy\_Year_i = \beta_1 DO_i^{2014} + \beta_2 control_i^{2014} + \eta \qquad (4.2)$$

其中，$Policy\_Year_i$ 代表 i 河流开始受到河长制政策影响的年度，DO_i^{2014} 代表 i 河流 2014 年的水中溶解氧含量，$control_i^{2014}$ 代表 i 河流在 2014 年的相关控制变量合集，η 代表误差项，β_1、β_2、β_3 分别代表其各自的回归系数。

表 4.6　PH* 对年份的选择偏误检验结果

名称	河长制推行的年份			
	(1)	(2)	(3)	(4)
DO	190.5865 ***	184.3585 ***	0.127634	0.1463746
	(10.56681)	(10.2655)	(0.0936154)	(0.0904651)
控制变量	无	有	无	有
地区固定效应	无	无	河流	河流
R^2	0.9448	0.9551	0.0093	0.1281

注：＊＊＊表示在 1% 的水平上显著，括号内为标准误。

由表 4.6 可知，在未控制地区固定效应时，DO 对年份的基准回归系数为正数且在 1% 的显著性水平上通过检验，说明水中溶解氧含量越高，即河流流域生态环境越好，河长制政策推行的年份就越晚。但是，一旦控制了地区固定效应（河流），DO 与河长制政策推行年份之间的关系就不显著了。该检验结果充分说明了本节选择 DID 进行的基准回归不存在明显的选择性偏误问题，样本选择的随机性得到了保证。

②合成控制检验。由于自然地理中存在深度（具体细化指标）与广度（总样本容量）的异质性，世界上任意两条河流的水文地貌不可能出现完全一致的情况，因此尽管本节选用了河流的自然地理指标和人文地理指标对基准回归模型进行了控制和拟合，但湘江与其他河流的比较分析仍然存在不可避免的缺漏，主要包括不可观测因素和遗漏变量缺失造成的干扰。鉴于此，本节利用其他 3 条河流进行合成控制，生成一条"反事实"的湘江，即未受到外生性公共政策河长制冲击的湘江，通过检验"反事实"湘江与现实湘江的拟合程度是否较高以及两者的平行趋势来证明本节实验组和控制组的可比较性。在此，本节主要使用河流的自然地理指标与污染物指标作为拟合的工具变量。当以湘江为拟合对象时，其他河流在合成控制构成的"反事实"河流中所占的权重和总误差如表 4.7 所示，以 PH* 指标为基准的"反事实"湘江和现实湘江平行趋势如图 4.2 所示。

表4.7 4项污染物指标合成控制检验结果

项目名称	PH^*	DO	COD_{Mn}	$NH_3 - N$
资水	1	0	0.197	0.716
沅江	0	0	0.803	0.077
醴水	0	1	0	0.207
RMSPE （均方根预测误差）	1.581139	5	6.598151	2.650527

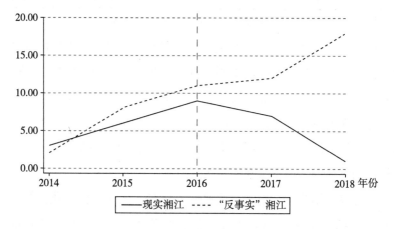

图4.2 2014—2018年以 PH* 指标为基准的"反事实"湘江与现实湘江的平行趋势

由表4.7可知，4项污染物的合成控制均有迹可循，其中PH*在4项污染物中的合成控制效果最好，均方根预测误差处于最低档，这说明资水与湘江的自然地理指标和污染程度相近，资水与湘江的可对比性较强，在仔细查询两者的自然地理特征时，发现两者确实在河流总长度、流域面积等因素方面有着近乎成比例的关系。而PH*的"反事实"河流与现实河流的平行趋势进一步证实了本节选取河流的可比较性。在图4.2中，"反事实"湘江与现实湘江2015—2016年的PH*处于基本一致的上升趋势中，但在此之后，未受到外生性公共政策河长制影响的"反事实"湘江的PH*指标呈现继续增长的态势，其河流流域生态环境进一步恶化；而在推行河长制政策的现实湘江的PH*指标转而下降，说明其流域生态环境得到改善。至此，本节样本河流的可比较性得到了证实。

③安慰剂检验。为避免本节的 DID 模型中出现河长制政策治理效应受到遗漏变量干扰的情况，本节下面进行安慰剂检验，安慰剂检验是医学上的理念，在应用到计量经济学领域时，并不存在具体、特定的操作方法，在识别假设检验中的安慰剂检验指为验证回归模型是否遗漏变量而对基于随机选择的样本进行重复 N 次的基准回归。本节将安慰剂重复基准回归的次数定为 500 次，得到 PH^* 系数绝对值的概率密度图。

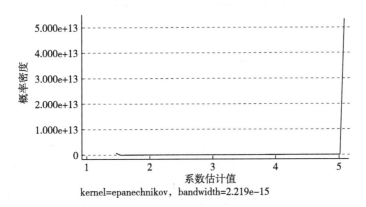

图 4.3　PH^* 安慰剂检验结果

从图 4.3 可以看出，PH^* 的系数绝对值分布在 5 附近，而基准回归系数（5.90）则完全独立于该密度分布之外。这表明，本节使用 DID 研究河长制政策对河流流域生态环境的影响并未受到遗漏变量的干扰。

（4）稳健性检验。

由于 DID 默认使用 OLS 进行基准回归，因此难以解决极端值和异常值的情形，考虑到前文进行的描述性统计中，有多项变量的标准差值较大，表示数值的波动幅度较大，因此基准回归结果的稳健性受到了威胁，下文为进一步证实 DID 基准回归结果的稳健性，设计了增加控制变量法、政策滞后检验、时间跨度检验 3 种稳健性检验方法。

①增加控制变量法。为进一步证实基准回归结果的真实性和可信度，本节首先采用增加控制变量的方法进行稳健性检验。若 *Policy* 基准回归结果仍为显著且系数符合预期，则通过该项检验。如表 4.8 所示，*Inform* 代表河流沿岸城市的信息化水平，其指标用城市人均邮电业务总量与人均

GDP 比值来衡量，能够体现河流沿岸城市的内部联系程度，信息化水平越高，则城市之间以及城市内部的联系程度越紧密，河长制政策实施有畅通高效的传导渠道，对河流流域生态环境的改善效果就更加明显。基于此，本节将 *Inform* 作为代表人文地理指标之一加入控制变量组中，进行基准回归。

表 4.8 增加控制法基准回归结果

变量名称	PH^*	DO	COD_{Mn}	$NH_3 - N$
Policy	− 4.91577 *	− 2.317631	− 1.370126	− 7.954428 ***
	(2.613852)	(1.419597)	(3.147249)	(2.527869)
Area	0.0002295 ***	0.0000944 ***	0.0001142	− 0.0000163
	(0.0000577)	(0.0000313)	(0.0000694)	(0.0000558)
Thirdindustry	− 1.276906	− 1.211764 **	− 0.1962643	0.4229802
	(0.8874765)	(0.4819933)	(1.06858)	(0.8582826)
Industry	0.828243 **	− 0.0415541	− 0.0436893	0.8582826
	(0.3177556)	(0.1725748)	(0.3825985)	(0.3073029)
Inform	− 0.7771108	− 0.9599383 **	0.0328237	0.5283783
	(0.653948)	(0.3551627)	(0.7873961)	(0.6324361)
R^2	0.7403	0.5637	0.3902	0.6370

注：＊、＊＊、＊＊＊表示在 10% 、5% 、1% 的水平上显著，括号内为标准误。

基准回归结果分别揭示了河长制政策对 4 项河流污染物指标 PH^*、DO、COD_{Mn}、$NH_3 - N$ 的作用。从豪斯曼检验和调整后的 R^2 中可以发现，PH^*、DO、$NH_3 - N$ 在多元回归模型中的拟合程度均较佳，与河长制政策的相关程度达到了中等以上。

其中，河长制政策对 PH^* 和 $NH_3 - N$ 的回归系数均为负数且分别在 10% 和 1% 的显著性水平上通过了检验，这与前文未加入 *Inform* 控制变量的基准回归结果基本一致，说明河长制政策确实对 PH^* 和 $NH_3 - N$ 具有显著的抑制作用，即河长制政策能够缓和河流的酸性程度并且能够减少农业用水（包括农药残留等）造成的超标氨氮污染，从而在一定程度上改善河流流域生态环境。

同样地，本节对控制变量也进行一定的剖析。在本次稳健性检验中，本节发现有 2 项污染物指标（PH^* 和 DO）与河流流域面积呈正相关关系且均在 1% 的显著性水平上通过了检验，这进一步说明了河流的流域面积越大，受到污染的可能性越大，从而使污染物指标呈上升的趋势。值得一提的是，在本次稳健性检验结果和上文未加入新控制变量时的基准回归结果中，流域面积的数值尽管做了对数化处理，但是其回归系数仍然处于较小的水平，这说明流域面积对河流流域生态面积有显著的影响，但作用甚微；溶解氧与信息化水平呈负相关关系且在 5% 的显著性水平上通过检验，这说明河流沿岸的内部联系程度与河流水质具有紧密的联系，当河流沿岸信息交流频繁，政策传达效果较佳时，有关部门和人民群众对于保护河流流域生态环境也会更加重视，河流中的溶解氧含量会因为相关应对措施而得到提高，从而使河流水质得到改善。此外，本次稳健性结果进一步证实了河流沿岸产业结构水平和工业化水平对河流流域生态环境的显著作用，在此不做过多赘述。

从该次增加控制变量法的稳健性检验结果来看，河长制政策对 PH^* 和 NH_3-N 确实具有显著的抑制作用，从这两项污染物源头来分析，河长制政策能够在生活用水和农业用水方面减少污染物（酸性物质和有机物质）的生产及扩散，从而改善河流流域生态环境。

②政策滞后检验。一般而言，公共政策的实施效果具有滞后性，即政策往往要延伸到一两年后才有明显成效。这时，河流的自然地理因素和人文地理因素与污染物指标的对应可能会衔接不上，造成对基准回归分析的干扰。基于这种考虑，本节对河长制政策再次进行政策滞后的稳健性检验，具体操作方法是将模型中的选取控制变量（包括自然地理指标和人文地理指标）均滞后一期再次进行基准回归，具体结果见表 4.9。

表 4.9　控制变量滞后一期后的基准回归结果

变量名称	PH^*	DO	COD_{Mn}	NH_3-N
Policy	-5.85**	-3.4731962*	-1.428489	-7.41***
	(2.500765)	(1.594038)	(2.883105)	(2.367776)
Area	0.0002206***	0.0000526	0.0001146*	0.000076
	(0.000052)	(0.0000332)	(0.00006)	(0.0000493)

变量名称	PH^*	DO	COD_{Mn}	$NH_3 - N$
Thirdindustry	− 0. 24576777 *	0. 0837117	− 0. 2501347	− 0. 2998378 **
	(0. 124672)	(0. 0794685)	(0. 143733)	(0. 118042)
Industry	1. 054583 ***	0. 2538666	− 0. 0594498	− 0. 1229711
	(0. 2513754)	(0. 1602318)	(0. 2898079)	(0. 2380074)
R^2	0. 7171	0. 3453	0. 3910	0. 6210

注：*、**、***表示在 10% 、5% 、1% 的水平上显著，括号内为标准误。

表 4.9 分别揭示了当控制变量的面板数据均滞后一期后的河长制政策对 4 项污染物指标 PH^*、DO、COD_{Mn}、$NH_3 - N$ 的作用。通过豪斯曼检验和调整后的 R^2 比较，PH^* 与 $NH_3 - N$ 在多元回归模型中的拟合程度均较佳，与河长制政策的相关程度达到了中等以上。

进一步地，将控制变量滞后一期后的河长制政策对 PH^* 和 $NH_3 - N$ 的回归系数绝对值与控制变量未进行滞后处理的回归系数绝对值进行比较：5. 85 < 5. 90，7. 41 > 7. 28。从中可以发现，当考虑政策滞后因素时，河长制政策对 PH^* 的作用比不做滞后处理的作用（系数）要小，而河长制政策对 $NH_3 - N$ 的作用比不做滞后处理的作用（系数）要大。这说明，河长制政策实际上对河流酸性物质有细微的抑制作用，而对生活用水和农业用水的管控具有更好的效果。总而言之，在考虑政策滞后因素后，河长制政策仍然对河流流域生态环境具有一定程度的改善作用。

③时间跨度检验。由于河长制政策在湖南省实行的时间点为 2016 年底至 2017 年初，而本节样本在时间截取上存在前后跨度不一致的情况（政策实施前多 1 年的跨度），因此在基准回归时可能出现由时间因素造成的偏误。因此，本节设计了时间平均法作为稳健性检验之一，具体做法是将政策实施前后的时间跨度截取至相等，在本节样本处理中去除了 2014 年的截面数据，见表 4. 10。

表 4.10　2015—2018 年时间平均后的基准回归结果

变量名称	PH^*	DO	COD_{Mn}	$NH_3 - N$
Policy	− 0.7053452 **	− 3.629803 *	− 1.788096 *	− 0.4004743
	(0.3117427)	(1.651778)	(0.8899158)	(0.2412376)
Area	0.0000221 **	0.000012	0.0000271	− 0.0000108
	(0.000763)	(0.0000404)	(0.0000218)	(0.000056)
Thirdindustry	− 0.0229635	0.1182414	− 0.044137	− 0.0133404
	(0.0162649)	(0.0861801)	(0.0464306)	(0.0125864)
Industry	0.1097822 **	0.1087059	− 0.0594498	− 0.0241739
	(0.0408239)	(0.2163068)	(− 0.0881024)	(0.031591)
R^2	0.6427	0.3826	0.5157	0.2856

注：*、**、***表示在10%、5%的水平上显著，括号内为标准误。

表 4.10 分别揭示了当政策实施前后时间截取一致时的河长制政策对 4 项污染物指标（PH^*、DO、COD_{Mn}、$NH_3 - N$）的作用。通过豪斯曼检验和调整后的 R^2 比较，PH^* 在多元回归模型中的拟合程度均较佳，与河长制政策的相关程度达到了中等以上。

由表 4.10 可知，当控制政策实施前后时间截取一致时，河长制对 PH^* 的回归系数仍然为负值并且在 5% 的显著性水平上通过了检验，这进一步证实了河长制政策能够显著减少水中酸性物质的含量，从而达到改善河流流域生态环境的效果；而河长制对 COD_{Mn} 的回归系数在截取相等时间后同样显示为负值且在 10% 的显著性水平上通过了检验，说明河长制政策对工业污水排放导致的河流有机物污染具有一定程度的抑制作用，不过效果不够明显。总而言之，在考虑时间跨度一致性后，河长制政策仍然在一定程度上改善了河流流域生态环境。

综合以上初始基准回归结果和 3 种稳健性检验结果，本节推定：河长制政策始终对 PH^* 具有显著的负向作用，这说明河长制政策对减少水中酸性物质含量的效果颇佳；而在河长制对 $NH_3 - N$ 的相关回归结果中，仅在控制时间跨度一致后未通过显著性检验，其他情况均在 1% 的显著性水平上通过了检验，因此本节认为河长制政策对生活用水和农业用水的清洁管控同样取得了较好的效果；而河长制政策对 COD_{Mn} 和 DO 基准回归中系数的显著性均需提到 10% 的水平上才能通过检验，因此本节认为河长制政策对化学废水、工业污水排放的管控力度不够。

（5）拓展性讨论。

至此，本节脱离基于 OLS 的 DID 框架，采用分位数回归模型估计河长制政策对 4 项污染物指标的作用，这也是对上文实证结果的进一步检验。

对比 OLS 模型，分位数回归模型不仅在应用条件方面比较容易满足，对随机误差项（不做正态分布假设，同时减少了对残差分布的限制）放宽了条件，减小了极端值和异常值的影响，而且在一定程度上反映了所有数据的信息，特别是特定区域的数据，如极端位置的数据。另外，分位数回归模型更加稳健，对异常值和强影响点不敏感，建立的模型可靠性高，因此在应用上具有独特的优势。值得一提的是，分位数回归并不是简单地针对因变量的不同区间进行基准回归，而是在给定自变量情况下的分区间条件回归。利用分位数回归模型，本节得以从不同程度的 4 项污染物指标出发，研究河长制政策对四者的具体影响。

在给定核心解释变量和相关控制变量情况下，利用分位数回归模型分别对 4 项污染物指标四分位数进行基准回归，结果如表 4.11 所示。在此只列举核心解释变量 Policy 的基准回归系数、标准差和显著性水平，其他控制变量的选取与本节初始的 OLS 回归模型保持一致。

表 4.11　4 项污染物指标在不同分位数水平下的基准回归结果

分位数水平	PH^*	DO	COD_{Mn}	$NH_3 - N$
0.25	− 3.026651	− 0.5772995	2.817655	− 5.384254 **
	(3.077432)	(1.702651)	(3.103462)	(2.311567)
0.50	− 8.88 ***	− 4.332633	− 3.48413	− 7.640867 **
	(1.48231)	(2.495333)	(3.396569)	(2.643524)
0.75	− 5.40 *	− 5.424813 ***	− 4.01018 *	− 8.201873 ***
	(3.040641)	(1.417575)	(2.123735)	(2.363858)

注：*、**、***表示在 10%、5%、1% 的水平上显著，括号内为标准误。

由表 4.11 可知，4 项污染物指标在处于不同的分位数水平下的时候（分别为 0.25、0.50 和 0.75），虚拟变量 Policy 对其的影响也有是否起作用以及作用大小的差异。其中，与 OLS 回归模型一样，是否有作用主要看河长制政策在分位数回归结果中的显著水平,而作用的大小同样是对回归系数绝对值大小的比较。表4.11分位数回归结果的信息,具体可分为部分和总体2种尺度进行分析。

首先针对4项污染物指标进行横向比较。

当 PH* 处于较低水平时,河长制政策对其的影响并不显著;而当 PH* 处于中等水平时,河长制政策对其的影响(系数绝对值,即8.88)超过了 OLS 回归模型中总体的估计(5.90);而当 PH* 处于较高水平时,河长制政策对其的影响(5.40)则低于总体估计(5.90)。这说明河长制政策在针对 PH* 污染物指标时,对中等污染水平的河流治理效果甚佳,而对处于高度污染水平的河流治理效果一般。

当水中 DO 含量处于中等以下水平时,河长制政策对其的影响不显著;当水中 DO 含量处于较高水平时,河长制政策会显著降低 DO 含量,这意味着河流流域生态环境恶化。在经过思考和查询相关资料后,本节认为并不是河长制政策引起了 DO 含量的降低,而是水源质量尚佳的工厂在生产时有着"恃宠而骄"的理念,即仗着自身水质尚佳(DO 含量高)过量生产化学工业品从而过多消耗了水中 DO 含量。

当 COD_{Mn} 处于中等以下水平时,河长制政策对其的影响不显著,即使该指标处于高水平,抑制作用也仅能在10%的显著水平上通过检验,这说明河长制政策对于工业污水(与 COD_{Mn} 相关)排放的管控力度不够。

当 NH_3-N 处于低、中、高3种水平时,河长制政策对其的抑制作用分别在5%、5%、1%的显著性水平上通过了检验,这说明河长制政策在生活污水、农业污水(包括农药残留等)的清洁和污水排放管控方面达到了积极明显的成效。其中,当河流的 NH_3-N 含量处于低水平时,河长制政策对其的影响(5.38)小于总体水平(7.28);而当河流的 NH_3-N 含量处于中等以上水平时,河长制政策对其的影响(7.64、8.20)都要大于总体水平(7.28),这也说明河长制政策在处理生活污水和农业污水上做到了兼顾全面和重点。

而就4项污染物指标基准回归结果总体而言,本节还发现当污染物指标处于低水平时,河长制政策对至少3项指标作用不显著,这说明河长制政策对流域生态环境尚佳的河流保护力度一般；而当污染物指标均处于高水平时，河长制政策对至少3项指标的作用显著，说明其对高度污染的河流做到了重点管控。

总而言之，分位数回归模型证实了河长制政策的实施，在对象（河流）方面，做到了针对高度污染河流的重点应对和保护；在源头方面，做到了显著改善生活污水和农业污水的管控，但对工业污水的监管力度不够。这进一步证实了河长制政策对河流流域生态环境确实具有改善作用，但仍需继续推广和深化。

4.1.5 研究结论与政策启示

本节采用 DID 模型证实了湖南省的河长制政策在某些方面显著改善了湘江流域生态环境，主要包括对水中酸性物质含量、对生活污水和农业污水（包括农药残留等）排放的抑制作用，但在化学生产消耗和工业污水废水排放方面的管控力度不够。进一步地，通过分位数回归模型发现湖南省的河长制政策做到了重点治理高度污染河流。基于此，本节认为政府一方面应当继续推广河长制政策，使更多河流得到政策支持和保护；另一方面应当反思河长制政策在实施过程中的不足和缺陷，做到尽善尽美。

第一，对所有河流一视同仁，避免"先污染，再治理"的情况发生。在治理水污染时，一方面，政府应当制定多种污染物指标标准，以应对不同污染源种类的水污染。并且，对于污染物应当尽量细化，以便查寻其主要源头，一旦有超标的趋势，则即时采取相应方法进行遏制。另一方面，政府应当针对不同污染程度的河流采取不同的考核标准和治理措施。尤其是对于流域生态环境较佳的河流，应当把握生活污水、农业污水和工业污水的排放动向，做到竭力保护区域内流域生态环境并谨防因其他因素溢出效应导致的水污染，同时应当树立生态经济的观念，管控第二产业发展过程中的排污量，加快向以服务业和绿色产业为主的产业结构转变，避免重蹈"先污染，再治理"的传统经济发展方式覆辙，切忌以牺牲河流流域生态环境来换取经济利益，切忌忽视流域生态系统承载力而超额排污，"绿水青山就是金山银山"。

第二，重点管控高度污染河流，严防只顾冲单指标成绩的行为。现如今，我国河流污染的形式多种多样，水质污染在很多省份已经相当普遍，高度污染的河流需要及时和有效的治理，否则继续恶化会造成水资源的流失和生活环境的恶化以及生态系统的崩溃。对此，政府应当高度关注抓主要矛盾的重要性，集中力量着重整治高度污染的河流，同时应当考虑河流污染源的多样性和交叉感染性。在源头方面，管控甚至切断非法的污染传导路径；在处理方面，注意对原始流域生态环境的保护和应对方式对生态系统中其他元素的影响，在整治高度污染河流时，秉承长远而睿智的理念并采取全面而有效的措施，切忌只为单指标达标冲政绩。

第三，加强对工业污水、废水的管控和对化学工厂生产消耗排放的监督。当前，在我国河流和湖泊的污染源中，由化工业生产、消耗和排放而导致的有机物污染越来越占据主导地位。其中，有机物污染种类多种多样，数量计以万千，主要分为有机化学毒物和需氧有机物。这些污染物不仅会深入自来水、地表水和地下水，对人畜饮用水安全产生巨大威胁，更会使流域生态环境变得脆弱不堪，极易富营养化，让生态系统多样性遭受极大损害。对此，政府应当协助企业减少生产消耗的污染物，加强对污染废水的管控、监督和综合利用，通过清洁处理将其变废为宝，降低或消除有毒有害物质，对生活、生产活动进行全方位的绿色生态改造。同时，应当坚持绿色发展观，大力发展绿色经济和低碳经济以及循环经济，从而真正做到走可持续化发展道路。

第四，建立合理的政策绩效评估体系，完善基础激励机制。河长制政策的绩效评估需要建立更加全面并合乎实际的体系，如对于污染较轻的河流，政府应当敦促相关负责人在竭力维持较佳流域生态环境的基础上，开创新型生态产品和服务；而对于污染较严重的河流，河长应当投入更多精力管控其污染源头并改善河流流域生态环境。在以上过程中，应当建立完善信息共享机制以实现河长上下级和平级之间的良好频繁互动。此外，要坚持开源节流的河流污染治理理念，既要通过加强生态补偿等机制为河流流域生态环境提供公共性生态产品和服务，开生态共享之源；又要对污水、废水排放进行全程管理，截流水质污染之源环节。在完善机制方面，就纵向角度而言，应当集中力量健全问责机制、激励机制和规制机制；就横向角度而言，完善内容应当涵盖信息共享机制、参与机制和协作机制。

第五，引入第三方水质检测机构，提升公众环保参与度。河长制摆脱了传统权威依托型纵向行政直控环保政策的一些弊端，倾向于横纵向政府机构交错协作联系，但并未充分调动社会各界的积极性。环境作为一项公共产品，相关工作自然应当以政府为主导，但与此同时应当引入人民间企业充当水质检测的第三方，这一方面可以督促政府有效、高速地执行相关政策，另一方面可以提升社会主义民主化进程。在人民群众方面，我国作为人民民主专政的社会主义国家，在谨防政绩腐败的同时也切勿舍本逐末，政府更应当集中于公众对环境利益的需求，通过政务公开等途径提升民众环保参与度。

4.2　中央环保督察对中国城市空气质量改善的效果评估

4.2.1　问题提出

改革开放以来，中国的经济实现了前所未有的高速增长，但随之产生的环保问题也值得人们商榷。其中，应该引起注意的是经济增长产生的大气污染问题，大气污染的成因主要有两个方面：一是由自然因素产生的污染物扩散到大气中，主要代表有火山爆发产生的火山灰、森林火灾产生的烟尘、岩石风化产生的颗粒等；二是由于人类活动产生的污染物进入大气，其中最突出的代表是化石燃料燃烧。在第一次工业革命之前，人类对化石燃料的需求量维持在较低水平，碳排放和碳循环维持在同一个水平线上。在第一次工业革命之后，蒸汽机和内燃机的出现扩大了人类对化石燃料的需求，化石燃料的不充分利用及大规模使用大大增加了碳排放量，打破了自然界的大气平衡，这是造成全球大气污染的一大原因。20世纪50年代的伦敦烟雾事件和60年代的洛杉矶光化学烟雾揭露了大气污染的可怕后果，引发了全球对大气污染问题的思考。在此类事件之后，大气污染问题成了全球环保问题的一大难题。大气污染问题也困扰着中国，根据《2018中国生态环境公报》中空气质量的数据，全国338个观测城市空气质量达到优等级的比率为 25.7%，达到轻度污染等级以上的比率为 20.7%，其中以 PM2.5 为首要污染物的天数占重度及以上污染天数的 60%，以 PM10 为首要污染物的天数占重度及以上污染天数的 37.2%，以臭氧（O_3）为首要污染物的天数占重度及以上污染天数的 3.6%。其中，值得引起注意的污染物为 O_3 和 PM10，相比 2017 年，2018 年这 2 种污染物的浓度和超标天数比率均上升。针对日益严峻的大气污染问题，2017 年，在第十二届全国人民代表大会第五次会议上，李克强总理在政府工作报告中首次提出了"蓝天保卫战"这一词语，这是对 2013 年"大气十条"的进一步补充，对各地区确定了减排目标，提倡工业减排和能源转化以减少 PM2.5 浓度。空气污染会在一定程度上抑制经济增长（胡宗义、杨振寰，2019），进而影响城乡间、地区间的实际经济不平衡性和污染的亲贫性（祁毓、卢洪友，2015），提高了居民的健康风险，导致居民的生活成本增加，进而给人民的幸福感带来一定的损失（曹彩虹、韩立岩，2015），最终影响我国的经济转型和高质量发展（邵帅等，2015）。学者对大气污染的影响因素和有效控制研究，体现在污染物排放的驱动机制（文扬等，2018）、政企联动（石庆玲、陈诗一，2017）、在任官员政绩评估（周黎安，2007）、区域协同（胡志高、李光勤，2019）、产业结构转移与升级（程中华等，2019）以及城市化与环境规制（高明等，2016）等方面。

中国现行的环保管理体系分为 2 个大的系统，分别为生态环境部和部门环境管理体系。生态环境部为中国政府管理环境的行政机关，以行政单位划分为县、市（自治州）、省（自治区）、国家层面 4 个等级，其管理模式主要为垂直管理和地方管理 2 种。中国空气污染管理由生态环境部制定计划指标，地方单位负责指标的达成，因此空气污染管理的具体执行还是由地方环保部门决定。中央政府对于环境保护的管制主要分 2 个阶段。第一个阶段是以"督企"为特点的环保督察阶段，此阶段中央通过环保政策的出台和环保法律法规的不断完善来强化企业的环境主体责任，逐渐提高企业的环境违法成本，旨在改变以往对企业环保违法责任惩治疲软无力的状态。第二个阶段是在"督企"基础上强调"督政"的中央环保督察阶段，此阶段不但加大了"督企"的力度，还强调了政府在环境保护中的地位，政府在社会治理中处于主导地位，必须在社会治理中承担起相应的责任，对于关系到社会民生的环保问题，对政府加大环保懈怠、不作为甚至逃避等行为的直接问责力度，单单对企业追究而不加强对政府等执法者的责任划分会使得环保工作形同虚设，因此在"督企"的同时有必要加大"督政"的力度，二者的有机结合为生态文明的建设贡献强劲动力。基于中央环保督察的特性，学界对此制度的可行性进行了相应研究。罗三保等（2019）针对中央环保督察制度的整体框架和政策思路进行了探讨，卢瑶（2019）则研究了中央环保督察中环保督察机构与地方政府的动态博弈行为，王岭（2019）研究了以"督政"为特点的中央环保督察的特征以及政策效应，为是否继续推进中央环保督察机制建设提供了参考性建议，但对大气污染中的污染源只研究了空气质量指数（AQI）和可吸入颗粒物，缺乏对相应大气化学污染物的检验，且只考虑了地级城市，对与地级城市平级的自治州、盟等行政单位缺乏考量。

本节在参考相应文献的基础上，加强了对大气污染中的主要化学污染源研究。使用中国 311 个地级市日度空气面板数据中的 AQI、PM2.5、PM10、NO_2、SO_2、O_3 为被解释变量，从物理污染源和化学污染源两个方面探讨中央环保督察政策的有效性。相比于其他文献资料，本章的创新之处在于以下几点。①将大气污染源划分为物理污染源（PM2.5、PM10）和化学污染源（SO_2、NO_2、O_3），研究"首轮督察"和"回头看"对哪一类污染源的减少更为显著。②实证结果检验了中央环保督察对大气质量改善的显著性。首先，现有研究关注中央环保督察的制度和整体框架的合理性，没有对具体政策实施之后的有效性进行评估；其次，现有研究对政策有效性评估得不充分。针对此现象，本节分别从"首轮督察"和"回头看"两个阶段对前后的空气质量进行了评估，分析了能否对空气质量的改善产生效应，以及此种效应是否只是短期效应，为此类政策的进一步开展提供理论依据。③在实证结果的基础上进行倾向得分匹配，采用近邻匹配、半径匹配和核心匹配 3 种匹配方法使实验组和控制组尽可能地在中央环保督察小组进驻之前没有显著差异，以减少中央环保督察小组进驻之前给城市空气质量的自选性问题带来的内生性问题。④分析了异质性因素对中央环保督察改善空气质量的影响作用。中央环保督察的影响作用可能因空气质量的好坏、各地方政府的空气质量考核指标和评估城市的地理性区位等异质性因素而出现不同，本节主要从以上 3 个异质性因素出发探讨中央环保督察对大气环境的影响作用。

接下来的章节安排如下：第二部分是对政策背景和研究主题的介绍；第三部分是模型选取、变量选择和数据介绍；第四部分是对基本实证结果的展示；第五部分是对实证结果的稳健性进行讨论；第六部分是对本节研究结论的展示和政策建议。

4.2.2　政策背景和研究主题

（1）中央环保督察的政策背景。

改革开放 40 多年来，中国经济取得了前所未有的瞩目成绩，但随之而来的大气污染问题仍然没有得到很好的解决。改革开放之前，中国的大气污染范围以城市为主，主要的大气污染物为悬浮颗粒物（TSP），大气污染工作的重点以改造锅炉、消除粉尘、管控污染工业为主。改革开放后，经济的增长导致化石燃料的大规模使用，这一阶段主要使用的化石燃料为煤炭，化石燃料大规模使用的重心在城市，导致了华南、西南、东北、华北、华东等地区出现了区域性的酸雨，主要污染源为煤炭燃烧产生的 SO_2。进入 21 世纪以来，中国的工业化、城市化进程不断加快，加之中国能源结构的不合理性，大量的机动车尾气排放和燃料废气排放共同构成了中国大气复合污染问题。为了缓解日益严重的大气污染问题，中央政府相继出台了各项政策，2013 年 6 月颁布的《大气污染防治十条措施》确定了防治工作 10 条有效措施，接着在 2014 年相继出台了《能源行业加强大气污染防治工作方案》《大气污染防治行动计划实施情况考核办法（试行）实施细则》《煤电节能减排升级与改造计划（2014—2020 年）》等相关政策，不仅明确了大气污染防治 10 条措施的详细考核情况，也考虑到了中国能源结构的不合理性，要求减少煤炭等不可再生能源在能源结构中的占比，减少大气污染物的排放量。2015 年 12 月，环境保护部负责人指出，中国频繁的大气污染问题给人们的生产、生活带来了巨大影响，也给人们的身心健康造成了严重危害，大气污染防治工作虽然已经推行多年，但最终的工作成效并不显著，因此环境保护部表示将于2016年改变以往对环保工作的管理模式，将对地方相关环境保护部门开展督查工作。这是在2014年和2015年出台的《环境保护部约谈暂行办法》和《环境保护督察方案（试行）》基础上的具体实施。相比之前的环保督察工作模式，中央环保督察不只是加强相关环保法律法规的完善，提高企业的污染成本，同时也强调了地方政府在环境保护工作中的主导地位，提倡能源结构的进一步转型，从而提高了环保督察的威慑力，进而有效地促使地方政府加大环境保护的工作力度。2016年，在环境保护部内成立了国家环保督察办公室，2017年环境保护部根据地域性将全国划分为六大区域，分别将六大区域内的地方性事业督察单位转为由中央外派到地方的派出性中央下属机构，给原来的区域性督察单位提高了执法的权威性和合理性，同时也加快了环保督察由"督企"向"督政"特点的转化。

根据中共中央办公厅、国务院办公厅印发的《中央环境保护督察工作规定》，中央生态环境保护督察工作领导小组（以下简称"中央环保督察小组"）中央环保监督小组的组成部门包括中共中央办公厅、中共中央组织部、中共中央宣传部、国务院办公厅、司法部、生态环境部、审计署和最高人民检察院等，督察小组的办公室设在生态环境部，主要的职责为推动中央环保督察工作的实施。主要负责的组长和副组长由党中央、国务院研究决定，组长常由现任或者近期将退出领导岗位的省部级干部担任，副组长由生态环境部现任副部级官员担任。中央环保督察覆盖大气、水、土地、固体废弃物等多个领域，督察的主要特征如下。①督察对象为省、区、市党委和政府相关部门，但并不局限于省、区、市部门，而是对下属的地市级行政单位的相关部门进行督察，强调"党政同责""一岗双责"，地方政府和党委共同接受督察，督察结果作为领导干部任内的考核标准。②督察时间为1个月，督察期间各地进驻的督察组设立值班室和来访信箱，专门负责接收被督察省份关于环保决策部署情况以及环保责任主体的落实情况来电和信息举报，不属于督察环保范围内的相关问题交被督察省份的相关单位进行受理。③督察原则为"综合督察、重点督察、分析汇总"，分总部组和机动组对被督察省份核实梳理前期问题的重要线索，详细核查有关单位的环境保护工作情况和存在的问题，责任落实到有关单位的具体负责人，并且对有关负责人进行谈话取证。④督察结果经过中央环保督察小组办公室和国务院相关部门审核通过后，由中央环保督察小组组长向各省级党委、政府通报结果，省级党委在接到通报结果后于 30 个工作日内将处理结果和整改措施上报至国务院进行审核，对相关责任人依法处理，并且将处理结果和整改措施向社会大众公开，积极听取大众意见。

中央环保督察小组首先于 2016 年 1 月 4 日起对河北省进行环保督察，到 2017 年 9 月 11 日完成对全国 31 个省、区、市的首轮环保督察。针对首轮环保督察结果，根据中华人民共和国中央人民政府网（http：//www. gov. cn/）公布的环保督察相关数据，截至 2018 年 10 月，中央环保督察小组受理的 37640 件群众生态问题举报已经基本办理完毕，共责令整改污染企业 28047 家，立案侦查 7375 家，罚款 7.1 亿元，行政和刑事拘留相关责任人 610 人；约谈有关政府责任人 3695 人，问责 6219 人。2019 年，中央基本完成对 31 个省、区、市的第二轮环保督察。自 2018 年 5 月 31 日在河北省首次进行的第二轮环保督察起，中央环保督察小组紧盯首轮督察整改，把第一轮环保督察指出的整改情况作为重点，中央环保督察小组共受理和专办群众举报案件 18868 件，其中已办结案件 8385 件，阶段性办结 5403 件；结案处理污染企业 2362 家，罚款 13659.6 万元；立案处理 79 件，拘留 57 人；约谈相关单位党政领导 1556 人，问责 298 人。从以上数据可以看到，中央环保督察取得了优异成绩，不仅提升了政府、企业双方对环境保护的责任意识，而且解决了一大批环境污染难题。根据本节研究，关于中央环保督察，笔者收集了截至 2018 年 12 月 31 日各省份中央环保督察小组进驻时间，见表 4.12。

表4.12　截至2018年12月31日各省份中央环保督察小组进驻时间

环保督察省份	第一次中央环保督察		第二次中央环保督察	
	到达时间	离开时间	到达时间	离开时间
安徽	2017年4月27日	2017年5月27日	2018年10月31日	2018年11月30日
北京	2016年11月29日	2016年12月29日		
福建	2017年4月24日	2017年5月24日		
甘肃	2016年11月30日	2016年12月30日		
广东	2016年11月28日	2016年12月28日	2018年6月5日	2018年7月5日
广西	2016年7月14日	2016年8月14日	2018年6月7日	2018年7月7日
贵州	2017年4月26日	2017年5月26日	2018年11月4日	2018年12月4日
海南	2017年8月10日	2017年9月10日		
河北	2016年1月4日	2016年2月4日	2018年5月31日	2018年6月30日
河南	2016年7月16日	2016年8月16日	2018年6月1日	2018年7月1日
黑龙江	2017年7月19日	2017年8月19日	2018年5月30日	2018年6月30日
湖北	2016年11月26日	2016年12月26日	2018年10月30日	2018年11月30日
湖南	2017年4月24日	2017年5月24日	2018年10月30日	2018年11月30日
吉林	2017年8月11日	2017年9月11日	2018年11月5日	2018年12月5日
江苏	2017年7月15日	2017年8月15日	2018年6月5日	2018年7月5日
江西	2016年7月14日	2016年8月14日	2018年6月1日	2018年7月1日
辽宁	2016年4月25日	2016年5月25日	2018年11月4日	2018年12月4日
内蒙古	2016年7月14日	2017年8月14日	2018年6月6日	2018年7月6日
宁夏	2017年8月8日	2017年9月8日	2018年6月1日	2018年6月1日
青海	2016年7月12日	2016年8月12日		
山东	2017年8月10日	2017年9月10日	2018年11月1日	2018年12月1日
山西	2017年4月28日	2017年5月28日	2018年11月6日	2018年12月6日
陕西	2016年11月28日	2016年12月28日	2018年11月3日	2018年12月3日
上海	2016年11月28日	2016年12月28日		
四川	2017年8月7日	2017年9月7日	2018年11月3日	2018年12月3日
天津	2017年4月28日	2017年5月28日		
西藏	2017年8月15日	2017年9月15日		
新疆	2017年8月11日	2017年9月11日		
云南	2016年7月15日	2016年8月15日	2018年6月5日	2018年7月5日
浙江	2017年8月11日	2017年9月11日		
重庆	2016年11月24日	2016年12月24日		

（2）文献综述与研究主题。

大气污染的严重性日益成为世界性难题，学者对于大气污染的研究分以下几个方面。①大气污染对人类健康与相关疾病的影响研究（Pope C. Arden，2002；Guojun He，2016），这是学界对大气污染较早的研究方向。②大气污染与经济发展水平之间的关系研究（O'Neill Marie，2003），探寻大气污染是否对经济的发展造成了影响以及影响机制是什么，关于此方向的研究也较为成熟。③关于大气污染防治的措施以及政策的有效性研究（Yangjun Wang，2016），此方向与本节所述相符。关于大气污染的防治，不仅国外学者针对全球各地的情况进行了分析研究并提出了相应的见解，国内学者针对国内情况也有自己的见解。在环保问题的政策提出与贯彻方面，由于政府在社会治理中的独特位置，往往享有绝对的执行权，随着政府环保机构的分层，环保机构的权力以及执行力在逐级递减，加之缺乏对政府环保机构的有效监督，导致环保政策的执行成为难题（周庆智，2006）。为了提高政府在执行公共政策时的有效性，必须在公共政策执行时对执行者和接受者进行双向监督，设立合理的监督机制，将政策执行的每一个环节透明化，及时对政策执行中存在的不合理性和偏误进行校正，提高政策目标实现的精准度与力度（郭汉丁等，2015）。随着环保问题的日益严重，中央出台了环保监察、环保责任人约谈等相关环保监督政策，对地方政府的环保政策执行过程进行监察，通过对政策执行者的监督促使地方政府落实相关责任并提高地方政府相关的执行力。

督察是根据某项事件，由高级管理机构授意成立的工作小组，在下属机构之间运用科层治理和运动化治理 2 种模式，实质上协调机构纵向与横向之间的决策关系，集合相应的行政资源实现对组织的运动化治理（陈家建，2015）。研究中央环保督察的政策性质对于确立政策的法律地位以及改进方向具有重大意义，关于中央环保督察的性质，学界有着不同的观点。中央环保督察整合了横向环境督察机构，在政策的推行机构上不再单纯地通过科层式政府机构开展工作，对整合的横向环保督察机构赋予更具权威性的环境督察权力和有效性，凭借中央的强大权威直接推动政策的实施，也被认为属于运动化的治理模式（戚建刚、余海洋，2018）。本节认为，中央环保督察既具备常规环境治理的科层化性质，也具有运动化的治理模式。首先，从中央环保督察的持续时间来看，中央环保督察自 2017 年结束首轮督察后，针对首轮督察发现的整改问题立即启动了第二轮环保督察，在持续时间上具有常态化发展趋势，与运动化环境治理机制的时效特点不相符。同时，环境保护部在 2017 年底将六大区域环境保护督察中心变更为环境保护部外派到六大区域的中央外派区域性环保督察局，赋予了外派环保督察局更大的权力和责任，增加了区域环保督察局承担相关中央环保督察的工作职能，在一定程度上将区域性环保督察局变更为中央外派单位，使其具有传统科层式特点。其次，从环保督察的执行手段来看，中央环保督察发动了政治性动员确保环保督察的时序性。运动化治理最明显的特征为开展广泛的政治动员，政治动员具有时效性，一旦"运动结束"，政治动员就随之结束。中央环保督察紧紧依靠人民群众，对督察结果公开听证广泛听取群众意见，这种动员不会因为督察行动的结束而终止，相反地，会使监察过程和监察结果处理透明化，促使群众长期参与到中央环保督察行动中。作为一项具有中国特色的新型环保政策，中央环保督察不是以停止一切对环保造成影响的经济活动来换取短时间的"政治性蓝天"（He et al. , 2016；石庆玲等，2016），而是在强调"督企"的同时注重"督政"，通过对政府的"党政同责"来解决地方长期存在的"政企合谋"，迫使企业进行产业升级和能源结构调整，同时还有效遏制了地方政府对于环保问题的"形式化"和"一刀切"现象，实现绿色和谐发展（谌仁俊等，2019）。

以上文献基于理论分析了中央环保督察在环境治理方面的作用机制和政策的有效性，但缺乏从实证角度验证中央环保督察是否能够改善大气污染。针对上述文献中的缺陷，本节使用 DID 对中央环保督察的政策效应进行评估，评估对象为中国 311 个地级市，并试图从以下几个主题进行研究。①中央环保督察的 2 个阶段"首轮督察"和"回头看"能否有效抑制大气污染。②究竟是对物理污染源的减少更有效，还是对化学污染源的减少更有效。③究竟是"首轮督察"更能抑制大气污染，还是"回头看"对大气污染治理更有效，以及中央环保督察是否具有溢出效

应。④中央环保督察对空气质量的改善在督察期结束后是否具有短期持
续性。⑤中央环保督察对空气质量的改善是否与大气污染的程度、中央
下派到地方政府的考核指标、城市的地理位置等异质性因素相关。本节
希望通过对以上主题的研究，发现中央环保督察的"首轮督察"和"回
头看"对大气污染管控的有效性，发现中央环保督察到底是只能在短期
内发挥作用还是具有政策的持续性，以及相关异质性是否对中央环保督
察造成干扰，为打赢蓝天保卫战，实现生态文明的相关政策提供效果评
估模板和意见。

4.2.3　模型设定、变量以及数据

（1）模型设定。

将中央环保督察看作一次准自然实验，为了探究中央环保督察对治理
大气质量的影响作用，本节使用 DID 估计中央环保督察对大气污染的作
用。选取全国 311 个地级市为观测对象，针对是否经历了中央环保督察将
全国地级市划分为实验组和控制组，在控制其他影响因素不变的情况下，
DID 可以检验环保督察实施前后实验组和控制组之间是否存在显著差异。
基于此思想，设定以下计量经济模型：

$$y_{c,t} = \beta_0 + \beta_1 DID_{c,t} + \alpha\theta_t + \eta control_{c,t} + \lambda_c + \varepsilon_{c,t} \tag{4.3}$$

其中，$y_{c,t}$ 为在时期 t 城市 c 的大气污染度量，此处使用 AQI、PM2.5、
PM10、NO_2、SO_2、O_3、CO 来对大气污染进行度量。$DID_{c,t}$ 为核心解释变
量，是用来衡量中央环保督察的变量，针对首轮中央环保督察定义解释变
量为 $DIDone_{c,t}$，针对中央环保督察回头看定义为 $DIDtwo_{c,t}$。当时期 t 城市 c
首次进驻了中央环保督察组时，$DIDone_{c,t} = 1$，相反 $DIDone_{c,t} = 0$；相似地，
时期 t 中央环保督察小组对城市 c 进行"回头看"时，$DIDtwo_{c,t} = 1$，否则
$DIDtwo_{c,t} = 0$。θ_t 表示时期效应，考虑了时间变量（年度、月份、星期、节
假日和双休日）等季节性因素是否对大气污染造成影响，在一定程度上降
低了时间变量对空气污染度量的干扰。$control_{c,t}$ 为模型中的控制变量，考虑
到气温的高低以及雨雪和风力对大气污染的影响，选取了日气温的极值、
降雨降雪和风力等级因素。λ_c 是城市固定变量，控制了随时间变化的个体

效应。$\varepsilon_{c,t}$ 表示误差项。

（2）数据来源。

空气污染指数和大气中的主要污染化合物浓度是社会公众和国家相关部门一直都在关注的主要空气指标。本节选取了 AQI、PM 2.5、PM 10、NO_2、SO_2、O_3、CO 作为空气质量的度量，其中 AQI 是国家 2012 年 3 月发布的全新的空气质量指数，是对监测的大气污染源标准化处理后合成的指数，反映了国家对空气质量的综合评价。针对 AQI 指数值的大小，参考美国对 AQI 指数的评价，生态环境部将空气质量划分为 6 个等级，分别为优、良、轻度污染、中度污染、重度污染和严重污染，对应的 AQI 指数值分别为（0～50）、（51～100）、（101～150）、（151～200）、（201～300）和（301～500）。其中 AQI 可监测的上限为 500，超过 500 同样视为严重污染。关于大气污染，国家出台了一系列相关政策，2013 年国务院印发了"大气十条"，针对大气污染作出了相应的政策回应。《大气污染防治行动计划》重点关注了空气质量中的可吸入颗粒物浓度，针对国家经济发展中心京津冀、长三角、珠三角等区域制定了可吸入颗粒物的具体下降指标，响应了绿色经济发展的思想。考虑到国家关于大气污染方面的一系列政策，本节对可吸入颗粒物 PM 2.5、PM 10、AQI 和大气中的主要污染物进行重点关注，分别对污染物进行回归分析。其中，AQI 和可吸入颗粒物及主要的大气污染物浓度数据来源于中国环境监测总站的全国城市空气质量实时发布平台（http：//106.37.208.233：20035/）的每小时数据，综合考虑到人类活动对空气质量的影响，选择每小时数据中的 12 时数据作为当天的日度数据。因为气象因素会对空气质量造成影响，针对控制变量中可能存在对空气质量造成影响的数据，控制变量选取的温度、风力、降雨、降雪等数据来源于美国国家气候数据中心（NCDC）（https：//www.ncdc.noaa.gov/），由于此数据为每年更新一次，控制变量等历史数据截止时间选取到 2018 年。基于上文所述的中央环保督察时间，数据源的时间跨度为 2015 年 9 月 1 日到 2018 年 8 月 31 日，共 3 年。选择 2015 年 9 月 1 日作为时间起点，不仅考虑了首轮中央环保督察的时间，还考虑了全国空气质量实时发布平台数据的可取性和完整性，此平台于 2014 年 1 月 1 日开始公布数据，加上 2015 年有些城市的数据缺失。为了消除外生性因素和人为因素对实证结果的干扰，选择此跨度时间既包含了初次中央环保督察之前的一段时间，也包含了初次中央环保督察和再次中央环保督察的全部时间段，截止日期也包含了再次中央环保督察时间结束后的一段时间。针对极个别的数据缺失问题，采用移动平均法对缺失数据进行填充处理。时间变量中的数据来源于在线万年历（https：//wannianrili. 51240. com/）。关于 2015—2018 年的国家法定节假日和工作日调休时间安排，参考了国务院办公厅发布的节假日安排通知进行整理。对时间变量数据的选取，目的在于控制假期以及工作日对空气质量的异质性检验。此外，根据国家环保部门和各地相关环保部门的中央环保督察时间安排，查阅相关资料后整理出各省份中央环保督察首轮和第二轮起止时间表格，见表 4.12。

（3）描述性统计。

由表 4.13 可知，作为评价大气质量指数的 AQI 平均值约为 73.76，最小值为 0，最大值为 500，标准差约为 51.28，从统计意义上来讲可能存在较大差异。为了印证此猜想，根据上文提到的生态环境部关于 AQI 等级的划分，对空气质量进行等级评价，探究中国地级市的总体空气质量情况。从划分结果来看，33.48% 的天数内空气质量为优，49.28% 的天数内空气质量为良，达到空气污染的天数为 17.6%，其中，轻度污染为 10.98%、中度污染为 3.11%、重度污染为 2.74%、严重污染为 0.77%。通过对 AQI 等级的划分，可以看出中国地级市全年空气质量总体达到优良等级，但也有近 1/5 的天数处于污染状态，值得引起关注，且城市之间存在较大的差异，这是中国的地理环境造成的，关于地理环境能否对空气质量造成影响，在后文的异质性检验中会进行阐述。

表 4.13　描述性统计

variable	mean	sd	min	max	N
AQI	73. 7621	51. 2777	0	500	338000
PM2. 5	44. 5835	36. 8038	0	710	338000
PM10	79. 1942	61. 9210	0	4397	338000
NO_2	29. 4976	16. 8709	0	489	338000

variable	mean	sd	min	max	N
O_3	65. 6480	35. 5383	0	300	338000
SO_2	19. 3776	20. 7883	0	776	338000
CO	0. 9788	0. 5525	0	19	338000
temph	19. 9526	11. 0390	-42	48	338000
templ	10. 7658	11. 4314	-41	36	338000
windh 1	2. 3710	1. 0991	1	10	338000
windl 1	1. 7642	0. 9598	1	10	338000
snow	0. 0185	0. 1348	0	1	338000
rain	0. 2996	0. 4581	0	1	338000

注：表中污染源的计量单位除 CO 的单位为毫克/立方米，其余为微克/立方米。

（4）实验组和对照组在政策上是否具有平行趋势。

双重差分的前提要求为实验组与控制组具有相同的趋势走向。为了验证中央环保督察下的实验组和控制组具有相同的趋势，本节对实验组和控制组在中央环保督察前后的空气质量走势进行集中展示，选取综合空气指数 AQI 作为评价指标。分别选取了湖南、青海、山西、吉林作为实验组进行展示，其周边的省份为控制组。选取的 4 个实验组及其对照的控制组涵盖中国大陆的南部、西部、北部和东北部四大区域，选取的实验组具有一定的代表性。查询实验组的首轮中央环保督察时间可知，排除与实验组进行环保督察时间一致的控制组省份，排除控制组中因接受中央环保督察而对平行趋势结果造成的干扰，湖南首次接受中央环保督察的时间为 2017 年，相邻的贵州接受中央环保督察时间也为 2017 年，故排除掉。同理，排除青海、山西、吉林实验组周边的甘肃、内蒙古、黑龙江等控制组，画出实验组与控制组的月平均 AQI 走势，如图 4.4 至图 4.7 所示。

图 4.4 至图 4.7 说明了在开始进行中央环保督察之前，实验组和控制组出现了类似的趋势，即两者在接受中央环保督察之前具有相同的变化趋势，可以认为实验组和控制组具有相同的趋势，可以使用 DID 对政策进行评估。在接受中央环保督察后，实验组与控制组的趋势出现了差异，可以看到实验组 AQI 增长趋势要慢于控制组，AQI 下降的趋势要快于控制组，

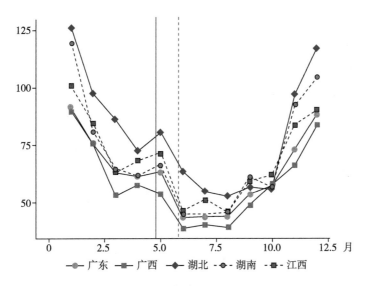

图 4.4　湖南地区平行趋势

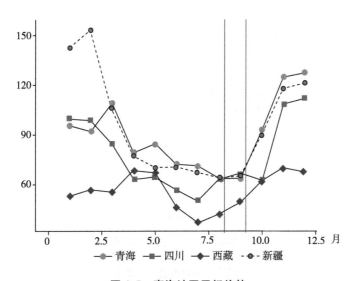

图 4.5　青海地区平行趋势

考虑到实验组和控制组在地理位置上相邻，可能存在溢出效应，从而使二者在实验前后具有相同的趋势。针对此种可能存在的情况，实证部分进行了相应的研究。此处画图的目的在于从直观上进行平行趋势的判断。

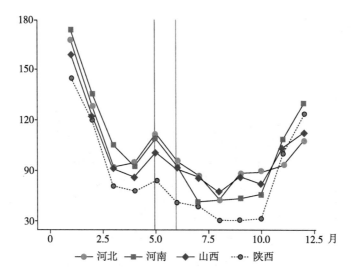

图4.6 山西地区平行趋势

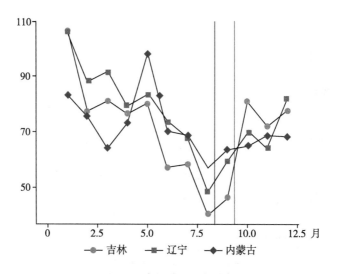

图4.7 吉林地区平行趋势

4.2.4 实证结果

（1）基准回归分析。

①检验首轮中央环保督察能否对空气质量有显著的改善作用。针对首轮中央环保督察能否对空气质量的改善起到显著作用，本节选择首轮中央环保督察之前、中央环保督察期间和中央环保督察之后的样本进行分析。

为控制城市之间的差异，同时解决潜在的异方差问题和序列相关，本节对样本城市进行聚类，报告城市聚类后的稳健性标准误差。由表 4.14 中设定的模型（2）可知，在控制了天气因素和时间效应后，首轮中央环保督察使 AQI 的数值显著降低了 2.64 个单位，且通过 1% 置信水平检验，空气质量指数的综合下降水平相当于全样本观测时间的 3.58%。为了进一步检验首轮中央环保督察是否对空气污染中污染源的减少有显著效应，由表 4.14 中的模型（4）~（9）可以看出，在控制了城市差异、天气因素和时间效应之后，首轮中央环保督察使大气污染源中的 PM2.5、PM10、NO_2、SO_2、O_3 分别降低了 1.43 微克、2.36 微克、0.92 微克、0.67 微克、5.31 微克，分别占全样本平均数的 3.20%、3.0%、3.12%、3.47%、8.10%，而 CO 却出现了预期之外的增长态势，可能由于变量之间存在多重共线性导致预期结果的相反。首轮中央环保督察对大气污染源的降低效应都通过了显著性检验，可以得出首轮中央环保督察对大气污染的降低效用显著，并且对减少大气中的物理污染源和化学污染源也存在显著效应。

②检验第二轮中央环保督察对空气污染的降低作用。本节在检验首轮中央环保督察的基础上针对第二轮中央环保督察（"回头看"）对空气质量的改善进行了研究。参考首轮中央环保督察的检验方法，对开展第二轮中央环保督察的城市进行控制，同时也对模型中的时期效应和天气效应进行控制，探讨中央环保督察"回头看"对空气质量的改善作用。由表 4.15 中的模型（2）可知，控制了时间因素和天气效应，中央环保督察"回头看"对综合空气指数降低了 6.48 个单位，相当于全样本平均数的 8.79%，并且在 1% 的置信水平上显著，同时在控制了城市差异、天气效应和时间因素后，由模型（3）~（9）可以看出，第二轮中央环保督察对于 AQI、PM2.5、PM10、NO_2、CO 等空气质量评价指标和大气污染源的改善有着显著效用，而第二轮中央环保督察对大气中 SO_2、O_3 的含量却有着增长的作用，但未能通过显著性检验，结果不可信。从第二轮中央环保督察对空气指数以及各类污染源的系数来看，第二轮中央环保督察对空气质量改善的作用要强于首轮中央环保督察，在下文检验两轮中央环保督察对空气质量的改善以及大气污染源的作用，综合首轮中央环保督察和第二轮中央环保督察进行比较。

表 4.14　首轮中央环保督察基准回归结果

变量	(1) AQI	(2) AQI	(3) AQI	(4) PM2.5	(5) PM10	(6) NO_2	(7) SO_2	(8) O_3	(9) CO
DID1	-2.6497***	-2.6497**	-1.8006***	-1.4302***	-2.3586***	-0.9219*	-0.6722***	-5.3075***	0.0135***
	(0.4516)	(1.1436)	(0.4500)	(0.3039)	(0.5203)	(0.4939)	(0.1407)	(0.9904)	(0.0049)
temph	0.5210***	0.5210***	0.6502***	-0.5288***	0.7227***	-0.0117	0.4122***	2.0951***	-0.0055***
	(0.0278)	(0.1726)	(0.0279)	(0.0208)	(0.0329)	(0.0970)	(0.0121)	(0.1998)	(0.0003)
templ	-1.6328***	-1.6328***	-1.7016***	-0.3977***	-2.0141***	-0.4025***	-1.0513***	-0.9086***	-0.0080***
	(0.0270)	(0.1914)	(0.0271)	(0.0194)	(0.0317)	(0.1110)	(0.0133)	(0.1958)	(0.0003)
windl	-2.6390***	-2.6390***	1.5082***	0.8534***	1.6564***	-0.3495	0.6481***	-5.2435***	-0.0124***
	(0.1220)	(0.6067)	(0.1669)	(0.1197)	(0.1952)	(0.4621)	(0.0681)	(0.7370)	(0.0019)
windh	0.8834***	0.8834**	-3.7251***	-3.3668***	-2.3892***	-1.0345***	-1.2107***	11.6966***	-0.0377***
	(0.1115)	(0.3539)	(0.1636)	(0.1209)	(0.1893)	(0.3466)	(0.0730)	(0.7289)	(0.0019)
rain	-12.1293***	-12.1293***	-11.8322***	-7.9884***	-13.5706***	-3.9644***	-3.2634***	-3.5291***	-0.0703***
	(0.2017)	(0.8003)	(0.2021)	(0.1496)	(0.2354)	(0.4409)	(0.0721)	(0.8330)	(0.0023)
snow	0.4162	0.4162	0.3579	1.1649	-1.7602	-2.5666***	2.3132***	3.8173***	0.0030
	(1.0885)	(1.9034)	(1.0843)	(0.8319)	(1.2025)	(0.5941)	(0.5137)	(0.7879)	(0.0126)
R^2	0.0931	0.0931	0.1001	0.1086	0.1023	0.1035	0.1633	0.2695	0.0947
N	254663	254663	254663	254663	254663	254663	254663	254663	254663

注：*、**、*** 表示在 5%、1% 水平上显著，括号内为标准误。

表4.15　第二轮中央环保督察基准回归结果

变量	(1) AQI	(2) AQI	(3) AQI	(4) PM2.5	(5) PM10	(6) NO_2	(7) SO_2	(8) O_3	(9) CO
DID2	-6.4870***	-6.4870***	-4.0403***	-6.0464***	-9.7330***	-2.3020***	0.1349	7.0850	-0.0491***
	(0.4257)	(1.3269)	(1.1286)	(0.6946)	(1.3746)	(0.1713)	(0.8165)	(6.1071)	(0.0047)
temph	0.9834***	0.9834***	1.8943***	0.2340	2.3909***	0.4797***	0.4817**	0.9376***	0.0048***
	(0.0532)	(0.2060)	(0.2205)	(0.1564)	(0.3356)	(0.0168)	(0.2082)	(0.1865)	(0.0005)
templ	-1.7768***	-1.7768***	-1.6103***	0.0145	-2.2671***	-0.2822***	-0.7709***	-0.7372***	-0.0048***
	(0.0511)	(0.2113)	(0.2113)	(0.1579)	(0.3389)	(0.0156)	(0.2400)	(0.1864)	(0.0004)
windll	6.1613***	6.1613**	0.9995	-0.7902	-0.3636	-0.6658**	5.6425***	-3.4808**	0.1193***
	(1.2053)	(2.6727)	(1.5566)	(2.5358)	(2.1814)	(0.2912)	(1.3894)	(1.6422)	(0.0063)
windh	-6.9491***	-6.9491***	-1.5453	-0.5815	1.0375	-0.6288**	-5.9880***	7.1691***	-0.1495***
	(1.1988)	(2.5634)	(1.3955)	(2.5179)	(1.9898)	(0.2877)	(1.3387)	(1.5881)	(0.0062)
rain	-15.6818***	-15.6818***	-10.3037***	-5.1655***	-11.2772***	-2.0623***	-1.3859**	-9.0001***	-0.0048
	(0.3296)	(0.8420)	(0.8467)	(0.6132)	(1.3541)	(0.1104)	(0.6004)	(1.7373)	(0.0030)
snow	0.4515	0.4515	5.2457**	2.6769	-0.1355	-1.0468***	1.5161	4.0319**	0.0303**
	(1.4882)	(2.2876)	(2.1593)	(1.6418)	(2.6194)	(0.3752)	(1.6150)	(1.6402)	(0.0137)
R^2	0.1037	0.1037	0.1478	0.2173	0.1433	0.2481	0.1960	0.1952	0.1617
N	83474	83474	83474	83474	83474	83474	83474	83474	83474

注：*、**、***表示在5%、1%水平上显著，括号内为标准误。

③检验中央环保督察的督察阶段对大气污染的有效性以及中央环保督察对哪一类大气污染源的降低起到显著作用。从模型（1）和模型（2）的结果来看，首轮中央环保督察和中央环保督察"回头看"都会对空气质量的改善起到显著作用，无论是从空气质量的综合评价指数 AQI，还是对各类污染源的减少作用来看，都能验证此说法。从模型（1）和模型（2）的系数结果来看，貌似第二轮中央环保督察的作用要优于首轮中央环保督察。为了验证此说法，选取 2015—2018 年的地级市日度面板数据，此时间跨度同时覆盖了首轮中央环保督察和中央环保督察"回头看"，将中央环保督察的 2 个阶段同时纳入模型进行对比，探究每个阶段对 AQI 以及污染源的改善作用。由表 4.16 可知，首轮中央环保督察相比于中央环保督察"回头看"对 AQI 的降低有着更加显著的作用；首轮中央环保督察对于物理污染源的降低效应强于第二轮中央环保督察；首轮中央环保督察对化学污染源的降低效应弱于第二轮中央环保督察。出现这种情况的原因如下。首先，首轮中央环保督察相比之前的环保督察最大的特征为"督政"，督察的结果将作为官员的政绩考核指标之一，因此在首轮中央环保督察开展时地方官员为了政绩和晋升空间，对空气污染的治理更有动力。其次，大气污染源中的 PM2.5 和 PM10 最主要的来源为化石燃料的大量使用，化石燃料在使用时直接排放出颗粒物，同时释放的气体污染物在大气中能直接转化为颗粒污染物，而可吸入颗粒物是大气污染的主要来源，也是直接影响空气质量的因素之一，因此在首轮中央环保督察期间地方政府对于可吸入颗粒物的治理投入力度较大。再次，由于中央环保督察"边督边改"的特点，在首轮中央环保督察期间，针对相关的污染型企业责令停业整改，虽然减少了可吸入颗粒物的排放，但此类企业的能源结构并没有改变或者能源结构是处在升级中，而第二轮中央环保督察是重点关注首轮中央环保督察的整改情况，第二轮中央环保督察的时间与第一轮中央环保督察之间的时间差使得相关企业完成了产业转型和能源升级，对于化学污染物排放的控制情况优于首轮中央环保督察期间。最后，在中央政府下定决心治理空气污染后，地方政府在经过了首轮中央环保督察后，更加注重空气污染的治理问题。综合来看，首轮中央环保督察的情况要优于第二轮中央环保

督察，一是因为两轮环保督察之间的时间差使地方政府有足够的时间对污染问题进行整改，二是大气污染以可吸入颗粒物等物理污染源为主，化学气体污染源为辅，作用综合评价的 AQI 是基于两类污染源的标准化计算而来。因此，首轮中央环保督察对于空气质量的改善具有更好的效应。两轮中央环保督察关于两类污染源的降低效应不同，首轮中央环保督察对物理污染源的降低效应要优于第二轮中央环保督察，而首轮中央环保督察对化学污染源的降低效应要弱于第二轮中央环保督察（见表 4.16）。

表 4.16　首轮中央环保督察和第二轮中央环保督察综合回归结果

变量	(1)	(2)	(3)	(4)	(5)	(6)	(7)
	AQI	$PM2.5$	$PM10$	SO_2	NO_2	O_3	CO
DID_1	−9.9296 ***	−6.4277 ***	−13.0537 ***	−0.7808 ***	−2.6609 ***	−17.0952 ***	−0.0290 ***
	(1.4733)	(1.2046)	(1.9448)	(0.2662)	(0.8702)	(1.4054)	(0.0088)
DID_2	−2.5234 **	−6.6084 ***	−11.3065 ***	−1.1514 ***	−3.5932 ***	13.3559 ***	−0.0536 ***
	(1.0331)	(0.7837)	(1.4066)	(0.1282)	(0.5188)	(1.0972)	(0.0053)
R^2	0.0857	0.0973	0.0986	0.1785	0.0972	0.2453	0.0778
N	138946	138946	138946	138946	138946	138946	138946

注：＊＊、＊＊＊表示在 5%、1% 水平上显著，括号内为标准误。

④检验中央环保督察在短期内是否对空气质量的改善具有持续性。综合上述实证结果可以看出，无论是首轮中央环保督察还是中央环保督察"回头看"，在督察期间都对空气质量的改善具有显著效用，那么中央环保督察之前和之后是否也具有同中央环保督察期间相同的效应？相关新闻媒体报道指出，某些地方政府为了迎合中央环保督察，在中央环保督察期间对辖区内的污染企业进行关停处理，在中央环保督察小组结束督察离开辖区后，此类污染企业又继续进行生产。为了探究此类情况，本节在模型中加入在中央环保督察前后的虚拟变量，构建以下模型：

$$y_{c,t} = \beta_0 + \beta_1 DID_{c,t} + \beta_2 prior + \beta_3 later + \alpha\theta_t + \eta control_{c,t} + \lambda_c + \varepsilon_{c,t}$$

$$(4.4)$$

相比于模型，本节增加了中央环保督察时期之前的虚拟变量 $prior$ 和之后的虚拟变量 $later$，对虚拟变量设定前后 1～15 天、16～30 天，以便研究中央环保督察期间前后半个月、1 个月内被督察省份空气质量的变化。中央环督察小组会提前一段时间将督察区域公布给各级政府和社会大众，各级政府为了迎合中央环保督察会在正式环保督察之前通过倒计时等形式来提醒辖区内各级部门对中央环保督察工作的重视。如果以短短一两天或者几天的时间来研究中央环保督察的持续性特点，可能会受到人为因素干扰从而使得研究结果有偏误。为了尽可能消除各级政府提前做好准备造成的对中央环保督察时续性特点的干扰，本节选择中央环保督察前后半个月、1 个月为研究时段，时间单位为 15 天，划分两轮中央环保督察开始前 1 ~ 15 天和 16 ~ 30 天两个阶段（包括"首轮督察"和"回头看"），在督察时期之前设置 $prior_{15}$ 和 $prior_{30}$，督察时期结束之后设置 $later_{15}$ 和 $later_{30}$ 的虚拟变量。基准组的研究时段为中央环保督察小组进驻开始前 1 个月和中央环保督察小组离开后 1 个月。

在首轮中央环保督察进驻被督察省份期间，可以看到，无论是对 AQI 改善还是对大气中的各类污染源的减少而言，都有着显著的效果，而在首轮中央环保督察之前 16 ~ 30 天，AQI 中 PM2.5、PM10、SO_2、NO_2 等污染源的浓度在增加，到了临近中央环保督察的 1 ~ 15 天，AQI 中 PM2.5、PM10、SO_2、NO_2 等污染源的排放浓度上升幅度更加显著（见表 4.17）。出现以上情况的原因为，被督察企业为了挽回在督察期间可能存在的潜在损失，在临近中央环保督察时略微地提高生产，使空气质量逐渐变得恶化，越是临近中央环保督察期空气质量恶化的情况越是明显。作为化学污染源之一的 O_3 是光化学烟雾的组成成分之一，对人体的危害性极大，国家针对臭氧污染管控政策严格，因此在中央环保督察小组进驻之前半个月 O_3 的排放已经得到了严格的管控。在中央环保督察小组离开后的 15 天、30 天，对 AQI 和各类污染源的改善都起到了非常重要的作用，说明首轮中央环保督察结束后，空气质量的改善存在持续性，督察省份经过了中央环保督察后，地方政府认识到了环保督察对于政绩考核的重要性，同时中央环保督察留下的群众举报机制促使地方政府重视对大气污染的防治，从而使得空气质量在中央环保督察小组离开后继续改善。

表 4.17　首轮中央环保督察对空气污染的短期回归结果

变量	(1)	(2)	(3)	(4)	(5)	(6)	(7)
	AQI	PM2.5	PM10	SO_2	NO_2	O_3	CO
DID_1	-1.6961 ***	-1.3573 ***	-2.2100 ***	-0.6105 ***	-0.9122 ***	-5.2686 ***	0.0173 ***
	(0.4511)	(0.3051)	(0.5216)	(0.1414)	(0.1608)	(0.3334)	(0.0050)
$prior_{15}$	4.3341 ***	2.7371 ***	6.7292 ***	1.3721 ***	0.3224	-1.3061 ***	0.0863 ***
	(0.7470)	(0.6082)	(0.9246)	(0.2288)	(0.2612)	(0.4971)	(0.0104)
$prior_{30}$	0.8982	1.1647 **	1.0496	1.2104 ***	0.3297	3.5176 ***	0.0420 ***
	(0.6846)	(0.5327)	(0.8480)	(0.2381)	(0.2395)	(0.5222)	(0.0090)
$later_{15}$	-2.3366 ***	-1.4220 ***	-4.9612 ***	-0.3558 *	0.0093	-0.9491 **	0.0533 ***
	(0.6421)	(0.5129)	(0.6807)	(0.1869)	(0.2332)	(0.4611)	(0.0071)
$later_{30}$	-2.4322 ***	-2.8325 ***	-2.9357 ***	-0.2770	-1.1410 ***	-0.7266	0.0033
	(0.6786)	(0.4778)	(1.0262)	(0.2073)	(0.2088)	(0.4673)	(0.0066)
R^2	0.1003	0.1088	0.1027	0.1634	0.1036	0.2697	0.0953
N	254663	254663	254663	254663	254663	254663	254663

　　从中央环保督察"回头看"的结果来看（见表 4.18），中央环保督察"回头看"在环保督察开始前 15 天、30 天对于空气质量的改善和大气污染物浓度的降低具有显著作用，这是与首轮中央环保督察结果不同的地方，可能是因为第二轮中央环保督察重点关注首轮中央环保督察责令整改的问题，加上第二轮中央环保督察与首轮中央环保督察之间的时间足够使被督察对象完成问题的整改以及产业结构调整和能源结构升级。此外，在第二轮中央环保督察结束后的 15 天、30 天对空气质量的改善，效果依然显著，但改善程度基本持平或者有略微的下降。这说明中央环保督察"回头看"对空气质量的改善同样存在持续性。由以上结果可以得出，无论是首轮中央环保督察，还是第二轮中央环保督察，对空气质量的改善都存在持续性。

表 4.18　第二轮中央环保督察对空气污染的短期回归结果

变量	(1)	(2)	(3)	(4)	(5)	(6)	(7)
	AQI	PM2.5	PM10	SO_2	NO_2	O_3	CO
DID_2	-4.8219 ***	-6.5346 ***	-10.3096 ***	0.2439 **	-2.7244 ***	6.0724 ***	-0.0541 **
	(1.2998)	(0.8165)	(1.6309)	(0.1083)	(0.6671)	(2.0456)	(0.0215)
$prior_{15}$	-3.5065 *	-4.8204 ***	4.4346	-0.1327	-3.4822 ***	4.2924 ***	-0.0872 ***
	(1.8458)	(1.1336)	(3.2554)	(0.1986)	(0.8294)	(1.5393)	(0.0223)

变量	(1)	(2)	(3)	(4)	(5)	(6)	(7)
	AQI	$PM2.5$	$PM10$	SO_2	NO_2	O_3	CO
$prior_{30}$	− 6.4798 ***	− 5.2264 ***	− 4.0638 *	− 0.2923	− 3.8481 ***	9.7501 ***	− 0.0822 ***
	(1.5045)	(0.9404)	(2.4099)	(0.1952)	(0.7383)	(1.7586)	(0.0213)
$later_{15}$	− 5.2433 ***	− 1.3474	− 5.3488 ***	0.8706 ***	− 1.7083 ***	− 15.7584 ***	0.0051
	(1.3459)	(0.9632)	(1.8254)	(0.1357)	(0.6344)	(1.8145)	(0.0221)
$later_{30}$	− 3.2124 ***	− 1.3684 *	− 5.9921 ***	1.5065 ***	− 1.5555 **	− 13.2707 ***	0.0116
	(1.1502)	(0.7771)	(1.3304)	(0.1459)	(0.6451)	(1.8665)	(0.0200)
R^2	0.1485	0.2183	0.1439	0.1963	0.2504	0.2066	0.1633
N	83474	83474	83474	83474	83474	83474	83474

⑤溢出效应。中央环保督察小组公布的各省份环保督察时间各不相同。在督察期间，与被督察省份相邻的城市是否会受到相应的影响，是否会因溢出效应而使城市的空气质量得到改善？为了研究中央环保督察是否对城市存在溢出效应，本节基于模型（4.4）进行改进，从而设立模型如下：

$$y_{c,t} = \beta_0 + \beta_1 DID_3 + \beta_2 near + \beta_3 time + \alpha\theta_t + \eta control_{c,t} + \lambda_c + \varepsilon_{c,t} \quad (4.5)$$

其中，设立 $near$、$time$ 两个虚拟变量，$near$ 表示邻省城市与被督察城市存在地理意义上接触，若二者相邻，则 $near = 1$，反之 $near = 0$；$time$ 表示是否在环保督察时期内，如果观测时间处于环保督察时期内，则 $time = 1$，反之 $time = 0$；$DID_3 = near \times time$。为了验证中央环保督察是否存在溢出效应，考虑数据的可获得性和实证结果的可行性，选择首轮中央环保督察的省份为观测对象，以年度时间为观测长度。选取中国大陆的南部、西部、北部和东北部作为溢出效应检验的区域，溢出效应检验的分别为湖南周边省份、青海周边省份、山西周边省份和吉林周边省份。

从模型结果来看，首轮中央环保督察对被督察省份相邻的地级行政单位存在溢出效应，其中溢出效应较为显著的为湖南周边省份和吉林周边省份，均在95%置信水平上显著，而青海和山西周边省份的显著性不如前者。存在这种情况的可能原因为，湖南周边省份的广东为全国经济水平较为发达的省级单位，因此广东的环保工作相比于其他省份有着更加坚实的财政保障；而吉林周边的东北地区和京津冀地区作为中国的重工业基地与政治中心，因产业结构的发展以及距离中央的地理位置较近，当地区内的某个单位经历环保督察时，会给整个地区释放一个信号，中央环保督察在本地区进行督察会对本地范围内的所有省份进行评估，且中央环保督察小组的机动性和权威性可能会跨越地理行政意义上的界线，因此只要本地区内有一个省份经历中央环保督察，其他所有省份必须做好准备以迎接督察。综合来看，中央环保督察对周边省份空气质量的改善存在溢出效应（见表4.19）。

表4.19　首轮中央环保督察溢出效应结果

变量	（1）湖南	（2）青海	（3）山西	（4）吉林
	AQI	AQI	AQI	AQI
DID_3	− 2.7054 **	− 6.2252 *	− 2.9843 *	− 1.2161 **
	(0.2248)	(0.9794)	(2.2947)	(0.0407)
$time$	1.5372	0.1692	5.1275 ***	− 5.7734 **
	(0.8826)	(0.6573)	(1.6537)	(0.1433)
$near$	0.3861	2.8814 ***	1.8476	− 0.8086 *
	(0.7282)	(0.4834)	(1.7104)	(0.0951)
R^2	0.7622	0.7544	0.6462	0.4994
N	20995	9838	13794	7623

（2）异质性分析。

①空气污染程度异质性分析。为了验证中央环保督察对空气质量的改善是否与城市空气污染的程度相关，本节借鉴生态环境部颁布的空气质量指数指标对空气质量的划分等级，参考《2017年度中国365座城市PM2.5浓度排名》资料榜单，将中国大陆地级行政单位平均空气质量进行等级划分，检验中央环保督察不同时期对空气污染的不同程度是否敏感。表4.20、表4.21中模型（1）、模型（4）、模型（7）分别为空气质量为优、良和污染3个等级。由表4.20、表4.21可知，首轮环保督察使得空气质量为优和良好的城市，AQI和大气污染源改善程度相差不大，而空气质量等级为污染的城市相比于之优、良等级的城市，AQI和大气污染源改善幅度大大提高。作为综合评价空气质量指数的AQI改善幅度为从 − 1.93个单位到最后的 − 15.19个单位。表4.20、表4.21存在几个不显著的地方，例如，空气质量为良好的城市的PM10浓度在首轮中央环保督察期间虽然下降了 − 1.07微克，但并不显著；而大气中 SO_2 的浓度在空气质量为优的城

市首轮中央环保督察期间下降了0.01微克，也不显著；同时，在第二轮中央环保督察期间，O_3的浓度在空气质量为优的城市提升了1.91微克，但不显著。以上地方不显著的原因在于空气质量为优良城市想要进一步改善空气质量的难度较大，而污染城市想要改善空气质量相比于优良城市来说要容易，且污染城市受到中央环保督察小组的关注使空气质量的改善幅度要大于优良城市；而作为光化学烟雾的主要成分SO_2和O_3不显著的原因，可能在于全国各城市出台了相关的机动车政策，而机动车尾气是空气中SO_2和O_3的主要来源，在中央环保督察期间对机动车的尾气整治已取得相应的成效。综合以上原因，空气质量为优良的城市在无法预知中央环保督察是否存在督察的反复性情况下，地方政府缺乏进一步改善空气质量的动力。综合本部分实证结果来看，中央环保督察能对天气质量改善起到显著作用，无论是从AQI来看还是从各类大气污染物的浓度来看，都具有相同的效果，而中央环保督察对空气质量的改善程度取决于被督察城市空气质量的等级。

②被督察地区城市类型异质性分析。本节选取了中国大陆311个地级行政观测单位，每个城市产业结构不同。那么城市的产业结构是否对中央环保督察的结果有所影响？以第二产业为主导的城市是否更容易受到中央环保督察小组的关注，进而使此类型城市在中央环保督察小组进驻期间的空气质量改善程度更加明显？为了对以上问题做出回答，本节设计城市类型异质性检验，将观测对象划分为资源型城市和非资源型城市，划分依据参考《中国工业年鉴》，若城市的工业占比超过40%，那么此城市为资源型城市，否则为非资源型城市。划分完毕后，考察两轮中央环保督察对资源型城市和非资源型城市空气质量改善效果，结果见表4.22。其中，模型（1）、模型（3）、模型（5）、模型（7）、模型（9）为资源型城市空气质量改善效果，模型（2）、模型（4）、模型（6）、模型（8）、模型（10）为非资源型城市空气质量改善效果。

表 4.20　中央环保督察与空气污染等级异质性回归结果

变量	(1) AQI	(2) PM2.5	(3) PM10	(4) AQI	(5) PM2.5	(6) PM10	(7) AQI	(8) PM2.5	(9) PM10
DID1	-1.9262***	-0.6995**	-1.0762*	-1.8454***	-1.8625***	-1.0748	-15.1857***	-11.1215***	-26.6804***
	(0.4441)	(0.3085)	(0.5927)	(0.5721)	(0.3786)	(0.6830)	(1.8141)	(1.1979)	(1.5856)
DID2	-8.1740***	-8.7740***	-10.5535***	-9.4637***	-9.9671***	-16.8143***	-7.7248***	-10.0858***	-3.5400**
	(0.6303)	(0.3226)	(0.6624)	(0.5263)	(0.3175)	(0.5941)	(1.4347)	(0.9287)	(1.6679)

表 4.21　中央环保督察与空气污染等级异质性下化学污染物回归结果

变量	(1) NO_2	(2) SO_2	(3) O_3	(4) CO	(5) NO_2	(6) SO_2	(7) O_3	(8) CO	(9) NO_2	(10) SO_2	(11) O_3	(12) CO
DID1	1.51***	-0.01	-2.46***	-0.02***	-1.87***	-2.10***	-6.50***	-0.02***	1.26	-13.79***	0.10	-2.45***
	(0.30)	(0.59)	(0.65)	(0.01)	(0.18)	(0.15)	(0.40)	(0.02)	(2.51)	(1.10)	(0.07)	(0.62)
DID2	-4.50***	-1.22***	1.91	-0.12***	-4.89***	-0.42***	7.69	-0.08***	4.08	-0.86***	20.92***	-0.0040
	(0.25)	(0.14)	(2.57)	(0.01)	(0.22)	(0.14)	(5.35)	(0.01)	(2.72)	(0.27)	(1.21)	(0.0154)

135

表 4.22　城市类型异质性检验中央环保督察对空气污染的回归结果

变量	(1) AQI	(2) AQI	(3) PM2.5	(4) PM2.5	(5) PM10	(6) PM10	(7) NO₂	(8) NO₂	(9) SO₂	(10) SO₂
DID1	-4.005***	-0.616	-3.270***	-0.398	-3.593***	-1.807***	-1.577***	-0.521***	-1.837***	-0.067
	(0.858)	(0.506)	(0.553)	(0.357)	(0.552)	(1.046)	(0.267)	(0.207)	(0.282)	(0.149)
DID2	-7.299***	-1.942***	-9.308***	-4.036***	-15.626***	-6.276***	-4.202***	-1.220***	-2.341***	1.1910***
	(0.717)	(0.490)	(0.392)	(0.282)	(0.848)	(0.537)	(0.279)	(0.214)	(0.228)	(0.1078)

　　由表 4.22 可知，资源型城市在两轮中央环保督察期间相比于非资源型城市空气质量的改善效应更强。从表 4.22 中的模型（1）和模型（2）可以对比二者之间的差异，资源型城市在首轮中央环保督察期间 AQI 的下降幅度为 4.005 个单位，PM2.5 下降了 3.27 微克；而非资源型城市 AQI 的下降幅度为 -0.616，PM2.5 约下降了 0.40 微克，且不显著。不显著的原因可能为非资源型城市的整体空气质量较好，相比于资源型城市空气质量改善空间有限，但在第二轮中央环保督察期间资源型城市和非资源型城市在综合空气指数的下降幅度上同样显著，因为经历了首轮中央环保督察后，二者同样认识到了中央对空气污染治理的决心，因此不管在资源型城市还是非资源型城市中，都对本辖区内的空气污染现象大力整改，在中央环保督察小组再次入驻期间空气质量都能得到有效改善。表 4.22 中的资源型城市和非资源型城市的 PM10、NO₂、SO₂ 变化趋势一致，首轮中央环保督察的效用弱于第二轮中央环保督察效用，非资源型城市的效用弱于资源型城市。综合分析可知，中央环保督察对于资源型城市的空气质量改善更能起作用。

　　③被督察地区地理区位异质性分析。中国地理环境复杂多变，复杂的地理环境带来不同的气候特征，为了探究不同的地理区位是否对中央环保督察的结果造成影响，借鉴 Chen 等（2013）针对中国南北地区供暖是否对人口预期寿命存在异质性的研究方法，选取秦岭、淮河作为南北分界线进行研究。近年来，越来越多的学者对中国传统意义上的南北分界线秦岭、淮河的有效性提出质疑。为了避免此类质疑，本节在考虑数据的可操作性上选取长江为分界线，研究长江南北的城市是否存在异质性，实证结果如表 4.23 所示。其中，模型（1）、模型（3）、模型（5）、模型（7）、模型（9）为长江以北的城市空气质量改善效果，模型（2）、模型（4）、模型（6）、模型（8）、模型（10）为长江以南的城市空气质量改善效果。从表 4.23 可知，首轮中央环保督察期间，长江以北的城市 AQI 的降低幅度大于长江以南的城市，长江以北的城市 AQI、PM2.5、PM10 降低了 3.72 个、2.95 个、5.46 个单位。长江以南的城市在 PM2.5 和 NO₂ 方面的降低幅度还不明显，其余指标下降幅度小于长江以北的城市。原因在于长江以南、

长江以北的城市产业结构和能源结构之间存在差异，长江以北的城市产业结构中的工业占比相比长江以南的城市要高，同时长江以北的城市大规模火力发电使用的煤炭给空气带来了污染；长江以南的城市则充分利用区位优势，大规模使用水力发电降低了煤炭的使用，因此长江以北的城市空气污染问题相比长江以南的城市要严重，从而长江以北的城市在治理空气污染问题上更容易受到中央环保督察小组的关注，长江以北的城市对空气质量的提高动力就更强。从第二轮中央环保督察的结果来看，经历了首轮中央环保督察之后，长江南北的城市都认识到了中央环保督察不是一次心血来潮的活动，而是国家下定决心解决空气污染这一大难题，因此两者在第二轮中央环保督察期间对空气污染治理的驱动力更强。在第二轮中央环保督察期间，长江南北的城市存在以下规律：长江南北的城市都在大气污染治理上取得了不错的成绩；长江以北的城市对大气污染治理的成效要好于长江以南的城市。

④被督察地区民族区域自治制度异质性分析。中国是一个统一的多民族国家，民族众多、地域辽阔。斯大林（1913）指出："民族是人们在历史上形成的一个有共同语言、共同地域、共同经济生活表现于共同文化上的共同心理素质的稳定的共同体。"① 新中国成立以来，党和国家制定并实施了一系列行之有效的民族政策和措施，推动了少数民族和民族地区经济社会的发展。1947 年，在中国共产党领导下，我国首个省级少数民族自治地方内蒙古自治区成立。20 世纪五、六十年代，我国开始在少数民族聚居的地方全面推行民族区域自治，先后建立起新疆维吾尔自治区、广西壮族自治区、宁夏回族自治区、西藏自治区。截至目前，我国共建立了 155 个民族自治地方，其中自治区 5 个、自治州 30 个、自治县或自治旗 120 个。中央环保督察是否会因为被督察地区民族区域自治制度的不同而对被督察地区空气质量的改善效果有所差异？本节在现有模型的基础上设立少数民族虚拟变量，选择少数民族自治的自治州、盟作为观测对象，将此变量纳入模型进行估计检验，得出的结果见表 4.24。

---

① 《斯大林全集》，第 2 卷，人民出版社，1953 年，第 294 页。

表 4.23 地理区位异质性检验中央环保督察对空气污染的回归结果

变量	(1) AQI	(2) AQI	(3) PM2.5	(4) PM2.5	(5) PM10	(6) PM10	(7) NO_2	(8) NO_2	(9) SO_2	(10) SO_2
DID1	-3.7185 ***	-0.7620 *	-2.9546 ***	-0.3451	-5.4627 ***	-1.2157 **	-1.8000 ***	-0.2922	-1.3097 ***	-1.0512 ***
	(0.7658)	(0.4515)	(0.5034)	(0.3291)	(0.8955)	(0.5140)	(0.2527)	(0.2022)	(0.2396)	(0.1098)
DID2	-9.2185 ***	-0.8171 *	-8.7962 ***	-3.4605 ***	-17.6501 ***	-4.8248 ***	-2.7574 ***	-2.1063 ***	-1.3574 ***	-0.3275 ***
	(0.7608)	(0.4729)	(0.3700)	(0.2811)	(0.8390)	(0.4256)	(0.2714)	(0.2078)	(0.2011)	(0.0965)

表4.24　民族区域自治制度异质性检验中央环保督察对空气污染的回归结果

变量	(1)	(2)	(3)	(4)	(5)	(6)	(7)
	AQI	$PM2.5$	$PM10$	NO_2	SO_2	O_3	CO
DID_1	−12.71***	−12.9479***	−22.2642***	−8.0881***	−3.6430***	−8.2138	−0.1127***
	(4.6989)	(3.0043)	(5.0365)	(2.4198)	(1.3828)	(6.2629)	(0.0190)
DID_2	−21.75***	−20.6335***	−32.6355***	−12.1785***	−4.6204***	−3.6046*	−0.3325***
	(3.6444)	(1.2775)	(3.2790)	(1.2178)	(1.7534)	(2.1759)	(0.0295)

由表4.24可知，两轮中央环保督察使少数民族地区空气质量的改善效果明显。首轮中央环保督察和"回头看"使AQI下降了约12.71个、21.75个单位。首轮中央环保督察和中央环保督察"回头看"期间物理污染物的浓度和化学污染物浓度也得到了明显降低。值得说明的是，首轮中央环保督察期间O_3的浓度下降了约8.21微克，但不显著。相比全样本而言，少数民族地区空气质量的改善效果要更显著，可能存在的原因为：首先，少数民族的产业以旅游业为主，缺乏污染较为严重的大型工业企业，在空气质量上少数民族地区要优于其他地区；其次，少数民族地区生态环境较好，植被丰富，对大气污染物的吸收要强于其他地区。在这2个原因的作用下，一旦环保督察开始，少数民族地区在控制了人为污染后，地区强大的空气自净能力就会使空气污染迅速得到治理。少数民族地区在第二轮中央环保督察期间同样满足表4.24的模型（4）中存在的规律。

4.2.5　稳健性检验

（1）不同时间跨度。

为了验证基准回归结果的稳健性，参考王岭（2019）对基准回归结果的稳健性检验方法，本节分别将中央环保督察前后10天、20天、30天作为检验基准回归结果的时间跨度。由表4.25中模型（1）～（3）可知，无论时间跨度如何变化，中央环保督察对空气质量的改善都发挥了显著作用，其中，首轮中央环保督察模型（2）对于PM2.5浓度的降低作用不显著，而对于化学污染源两轮中央环保督察的降低效果对大部分指标显著。因此，可以看出，中央环保督察的空气质量改善作用是稳健的。

（2）删除因人为追求数据而对 AQI 进行修改的干扰样本。

AQI 作为评价空气质量的综合指标，石庆玲等（2016）定义 AQI < 100 为"蓝天"，并提出地方政府为了排除略微超过蓝天值数据造成的"数据雾霾"，可能会将此类数据修改为蓝天值以下。考虑 AQI 值略微超过 100 的可信性，本节在王岭（2019）的基础上加大 AQI 删减区间，以减缓地方政府人工修改数据的干扰，增加对数据失真现象的规避，同时删除 AQI 值为 500 的数据，现有的 AQI 的定义最大值为 500，超过 500 后，无论 AQI 怎么增加，AQI 还是显示 500，因此对可能存在的数据爆表值也剔除。由表 4.25 中的模型（4）～（6）可知，在排除可能存在的数据失真值和爆表值之后，无论是中央首轮环保督察还是"回头看"，都能显著改善空气质量。

表 4.25 稳健性检验结果 1

变量		± 10 天	± 20 天	± 30 天	剔除 [95，105]、500 全样本	剔除 [90，110]、500 全样本	剔除 [85，115]、500 全样本
		(1)	(2)	(3)	(4)	(5)	(6)
DID_1	AQI	-2.773 **	-1.303 **	-1.761 ***	-1.728 ***	-1.439 ***	-1.014 **
		(0.847)	(0.611)	(0.568)	(0.422)	(0.432)	(0.443)
	$PM2.5$	-1.773 **	-0.557	-0.903 **	-1.247 ***	-1.085 ***	-0.835 ***
		(0.747)	(0.429)	(0.398)	(0.306)	(0.311)	(0.317)
	$PM10$	-2.670 **	-1.246 *	-1.712 **	-2.183 ***	-1.909 ***	-1.580 ***
		(1.219)	(0.721)	(0.667)	(0.500)	(0.506)	(0.514)
	NO_2	-0.283	-0.397 *	-0.527 ***	-0.888 ***	-0.877 ***	-0.864 ***
		(0.242)	(0.204)	(0.191)	(0.162)	(0.163)	(0.164)
	SO_2	0.054	-0.418 **	-0.992 ***	-0.563 ***	-0.456 ***	-0.329 **
		(0.220)	(0.192)	(0.179)	(0.142)	(0.143)	(0.146)
	O_3	-4.113 ***	-5.236 ***	-6.142 ***	-5.143 ***	-5.030 ***	-4.819 ***
		(0.666)	(0.418)	(0.393)	(0.337)	(0.339)	(0.343)
	CO	-0.018 *	-0.016 **	-0.022 ***	0.015 ***	0.015 ***	0.015 ***
		(0.010)	(0.007)	(0.007)	(0.005)	(0.005)	(0.005)

续表

变量		±10 天	±20 天	±30 天	剔除[95，105]、500 全样本	剔除[90，110]、500 全样本	剔除[85，115]、500 全样本
		(1)	(2)	(3)	(4)	(5)	(6)
DID_2	AQI	− 1.502 *	− 2.864 **	− 2.377 **	− 4.161 ***	− 4.937 ***	− 5.614 ***
		(1.245)	(1.220)	(1.041)	(0.400)	(0.393)	(0.382)
	$PM2.5$	− 1.414 ***	− 2.351 ***	− 2.856 ***	− 6.043 ***	− 6.293 ***	− 6.378 ***
		(0.512)	(0.478)	(0.427)	(0.233)	(0.231)	(0.230)
	$PM10$	− 3.408 ***	− 5.712 ***	− 6.410 ***	− 9.419 ***	− 9.716 ***	− 9.819 ***
		(1.313)	(1.245)	(1.071)	(0.457)	(0.453)	(0.446)
	NO_2	− 0.016	0.070	0.211	− 2.355 ***	− 2.474 ***	− 2.556 ***
		(0.419)	(0.392)	(0.348)	(0.173)	(0.176)	(0.175)
	SO_2	− 0.456	− 0.506 *	− 0.846 ***	0.101	0.038	0.001
		(0.286)	(0.272)	(0.246)	(0.107)	(0.108)	(0.107)
	O_3	2.497 **	1.655	2.337 **	6.123 ***	5.103 ***	4.164 ***
		(1.231)	(1.187)	(1.078)	(1.715)	(1.628)	(1.547)
	CO	− 0.024 **	− 0.023 **	− 0.036 ***	− 0.050 ***	− 0.053 ***	− 0.054 ***
		(0.011)	(0.010)	(0.009)	(0.005)	(0.005)	(0.005)

（3）倾向得分匹配（PSM – DID）。

为了检验回归结果的稳健性，对中央环保督察的政策效果采用 PSM – DID 方法进行检验。为了便于比较，首先利用选取的控制变量预测中央环保督察小组进驻每个城市的概率；其次使用近邻匹配、半径匹配、核匹配方法给接受中央环保督察小组的城市匹配对照组，尽可能地消除中央环保督察小组进驻前实验组和控制组之间的差异。同时，倾向得分能够尽可能地消除观测单位变量之间的异方差问题，而 DID 结合时间效应和固定效应，同时消除了因时间变化和不变化未能观测到的变量影响，两者结合可更好地对政策的效用进行评价。回归结果如表 4.26 所示，第一行、第二行分别为中央环保督察两个阶段的估计结果，（1）～（3）分别为半径匹配、核匹配、近邻匹配的结果。Vandenberghe 在 2004 年提出，无论采用何种办法进行匹配，3 种方法的结果应该相差不大。从表 4.26 的结果来看，与基准回归结果基本一致，因此估计的中央环保督察对空气质量改善的效用是稳健的。

表 4.26　稳健性检验结果 2

变量	(1) 半径匹配	(2) 核匹配	(3) 近邻匹配
DID_1	− 2.4953 ***	− 2.5409 ***	− 2.4189 ***
	(0.3316)	(0.0692)	(0.1422)
DID_2	− 1.7332 ***	− 1.8977 ***	− 1.8772 *
	(0.1733)	(0.3439)	(1.0253)

（4）缩短样本时间。

本节的结果主要是基于 2015 年 9 月到 2018 年 8 月的数据，首轮中央环保督察于 2017 年完成全面覆盖，选取的数据时间单位为天，为了探寻缩短样本时间能否与全样本时间有相同的结果，时间点选择 2016 年和 2017 年，此时第一轮中央环保督察尚未完全覆盖，检验结果与前文一致，见表 4 - 27。

表 4.27　缩短样本时间中央环保督察对空气污染的回归结果

变量	(1) AQI	(2) $PM2.5$	(3) $PM10$	(4) NO_2	(5) SO_2
DID_1 - 2016	− 2.1162 ***	− 0.2656	− 2.5449 ***	0.4095	0.3619
	(0.4594)	(0.3102)	(0.5346)	(0.4740)	(0.5166)
DID_2 - 2016	− 0.3081	− 5.8673 ***	− 8.5710 ***	− 3.2638 ***	− 0.8300 *
	(0.7220)	(0.4875)	(0.8401)	(0.3686)	(0.4933)
DID_1 - 2017	− 5.4986 ***	− 4.6733 ***	− 4.6353 ***	− 2.0823 ***	− 2.4629 ***
	(0.6692)	(0.4425)	(0.8053)	(0.1844)	(0.2045)
DID_2 - 2017	− 0.3935	− 5.1709 ***	− 8.3273 ***	− 2.8143 ***	− 0.5001 **
	(0.7189)	(0.4753)	(0.8650)	(0.1981)	(0.2197)

4.2.6　研究结论与政策含义

本节使用中国地级行政单位日度空气质量数据和大气中污染源浓度数据，实证检验了中央环保督察的 2 个阶段对空气污染治理的效果，以及治理效果是否具有持续性、溢出效应和异质性问题。实证结果表明：①首轮中央环保督察和第二轮中央环保督察"回头看"对大气污染源的治理效果都通过了显著性检验,可以得出首轮中央环保督察与中央环保督察"回头看"对大气污染的治理效果应显著,对减少大气中的物理污染源和化学污染源存在显著效应,且首轮中央环保督察的改善效果要优于中央环保督察"回头看"。②中央环保督察结束后,首轮中央环保督察和第二轮中央环保督察存在短期的持续性。③环保督察存在溢出效应,首轮中央环保督察和第二轮中央环保督察都能显著降低污染城市空气指标中的 AQI 和各类污染源的浓度。与非资源型城市相比,中央环保督察对资源型城市空气质量的改善效应更加显著,且第二轮中央环保督察的结果要强于首轮中央环保督察。与长江以南的城市相比,中央环保督察对长江以北的城市空气污染防治效用更加明显,同样地,第二轮中央环保督察效果优于首轮中央环保督察。中央环保督察与被督察行政单位是否为少数民族地区相关,少数民族地区中央环保督察效果优于非少数民族地区,与之前的结论一致,也是第二轮中央环保督察效果优于首轮中央环保督察效果。

鉴于上述研究结论,本节提出以下建议。①为解决中国的空气污染问题,政府应发挥在社会公共事业中的主导作用,继续出台治理空气污染的相关政策以应对空气污染。现行的中央环保督察机制也需要进一步深化,相对于以往的运动式治理模式,如两会期间、阅兵期间、国际会议期间进行的政治性动员造成空气污染的短期改善,一旦政治性动员结束,空气污染问题就会重新出现。中央环保督察虽然有政治性动员,但中央环保督察的"督政"特点和中央的强大权威性迫使地方政府重视空气污染,在一定程度上消除了"政企联合"现象。在中央环保督察期间也出现了一些敷衍整改、面子整改等问题,为此需要将中央环保督察工作常态化,提升环保督察工作档次,制定配套的政策文件来"规划驱动、督察行动",以提高中央环保督察效果。针对地方政府在环保督察期间出现的消极怠工和推卸责任现象,建议将中央环保督察结果在官员考核或官员提升机会指标中的权重增加,同时对相关责任人明确责任以激发相关责任人的治理动机和动力。②划分工作重点,对空气污染严重的城市和资源型城市实施重点关注,通过"精准定位"使中央环保督察效应达到最大化。中央环保督察与城市类型和城市空气质量相关，各地方空气污染程度不同、产业导向和能源结构也存在差异。实证结果得出，中央环保督察对污染越严重的区域改善效果越明显；对以工业制造业为导向的地区改善效果较明显；对能源结构以煤炭为主的长江以北的城市明显改善效果较明显。因此，针对合适的对象投入合适的中央环保督察资源，可以避免督察资源的浪费，促使当地城市产业结构的升级和能源结构的合理优化，同时根据污染程度、城市类型科学划定重点督察区域，对重点督察区域内的污染成因具体分析，合理制定督察时间，打破各地城市督察周期基本一致的局面，改变当前中央环保督察的局限性，根据城市类型制定不同的督察方案，建立弹性督察期限的信息环保督察体制。转换督察思维范式，由传统的"督企"思维转向"督政"思维，建立"督企""督政"并重的督察机制。由前文分析可知，以"督政"为特点的督察方式能够在一定程度上消除"政企联合"现象，同时社会大众的多元化参与提升了环保督察信息的交流度，从而有助于解决污染的治理问题，最终实现督察成效的最大化，并且推动督察目标的顺利完成。

第 5 章　MBIs 的理论阐述与实践应用

环境政策通常将环境目标的确定（一般或具体）与实现该目标的某些手段相结合。在实践中，这两个组成部分往往在政治进程中联系在一起。在本书中，我们着重讨论的是环境政策的第二个组成部分，即实现环境目标的某些手段——政策工具或手段，并特别考虑世界各国相对较新的经济激励或市场政策手段的实践应用与经验积累。

MBIs 作为一种与命令控制型政策工具相对应的环境政策工具，最初因污染问题而出现，之后扩展至生物多样性和生态系统服务的保护方面，被认为能够更有效地应对"市场失灵"，为自然资源管理提供正向激励，有助于优化资源配置以及填补生态保护资金缺口（张晏，2017）。本章通过对基于市场的政策工具概念、类型和适用的考察，旨在厘清基于市场的政策工具的概念内涵、本质特征、运行机理、适用前提和规则等关键问题，从而为中国生态保护市场体系的建立健全提供有益的思路和方向。

5.1　MBIs 理论内涵和外延研究

5.1.1　MBIs 的理论内涵

MBIs 被广泛定义为"通过市场信号而不是通过明确的指令鼓励生态环境管理行为的工具或法规"（Stavins，2000），即基于市场的政策工具是通过市场信号而不是通过关于污染控制水平或方法的明确指令来鼓励生态环境管理的工具或法规。Stavins（2000）进一步将这些工具描述为"利用市场力量"，因为它们有可能重新定义公司和个人的议程，从而使改善的环境结果符合其自身利益。这些政策工具，如可交易的许可证或污染收费，通常被描述为"利用市场力量"，因为如果设计和实施得当，它们就会鼓励企业（个人）采取符合自身利益和集体目标的污染控制措施。

从理论上讲，如果政策设计和实施得当，以市场为基础的政策工具就能以最低的社会总成本实现任何期望的污染清除水平，为那些能够以最低廉的成本实现污染最大限度减少的公司提供激励。基于市场的政策工具不是平衡企业间的污染水平（如统一的排放标准），而是平衡企业减少污染的增量——它们的边际成本（Montgomery，1972；Baumol and Oates，1988；Tietenberg，1995）。理论上，命令控制型政策工具可以实现这一成本效益高的解决方案，但这需要为每个污染源设定不同的标准，因此，决策者需要获得每个企业面临的合规成本的详细信息。然而，政府根本无法获得这些信息。相比之下，以市场为基础的政策工具能够提供一种有效的、对各种污染来源之间的污染控制负担成本进行分配的方法，而不需要政府掌握这种信息。尽管 MBIs 应用的主要优势在于以较低的成本实现政策目标，但可能有其他利益目标，如风险（Pannell，2001）。与传统的政策工具相比，MBIs 具有两个潜在的成本优势：首先，MBIs 允许不同的公司根据其独特的业务结构和机会进行不同的调整；其次，MBIs 找到更有效的方法来实现结果的动机提供了减少实现目标未来成本的动态方法。然而，在命令控制型政策工具背景下，无论个体的成本结构如何，公司都必须实现特定的结果。例如，两个相邻的产生类似污染量的公司在减少污染方面可能面临巨大的成本差异（由于采用的工艺、混合型投入品、生产的商品类型或其他方面的不同）。命令控制型政策工具将导致每种污染物减少相同的数量，而目标相同的 MBIs 将鼓励差异化降低污染。

尽管 MBIs 具有诸多潜在的优势，但仍有很多政策设计问题和前提条件对于 MBIs 的成功至关重要。政策设计问题与 MBIs 的法规和执行方面有关。MBIs 基于响应价格信号的自愿行动原则，使用价格机制来传达激励政策对政府具有吸引力，因为市场执行详细的分配任务，确定谁应减少污染物排放或增加生态系统服务的提供。但是，在传统市场上，对价格信号作出反应的行动取决于权利或责任的所有权，衡量反应的能力和不采取承诺行动的制裁。除这些更传统的问题外，人们还常常担心，环境法规会随着时间的流逝而发生变化，这会使政府和行业为了改变行为和结果进行大量重复投资。

MBIs 中的基本权利和责任决定"谁付款，谁受益"。但对于许多环境商品和服务，这些权利和责任的定义并不明确。因此，明确界限和分配的规则需要依托 MBIs 来实现。例如，将污染物和碳排放责任分配给企业可以让企业通过市场机制进行排放权交易，从而使减排容易的企业通过出售减排指标获得收益，进而激发企业减排的内生动力。类似地，分配权对于实现基于权利的机制是必要的。权利和责任的定义在 MBIs 的应用中建立了固有的张力。法规通常是编纂权利或责任的必要条件，但也会受到来自利益相关者的不满或反对。如果利益相关者对 MBIs 持谨慎甚至反对态度，可能会使问题变得更加复杂（Hockenstein，Stavins，Whitehead，1998）。

Hockenstein、Stavins 和 Whitehead（1998），Stavins（2000）认为，由于大多数 MBIs 都是在现有的生态环境治理政策工具与手段以及环境治理法律法规基础上建立起来的，与现有工具相比，它们在创造环境治理成本优势方面的潜力通常受到限制。但是，情况并不总是如此，出于政治或其他原因，从现有政府部门和监管机构应用 MBIs 可能被证明是最有效的方法。当然，为了确保政治可接受性而进行的生态环境治理政策工具与手段折中设计会损害 MBIs 以及其他政策工具的潜在效力。

Hockenstein、Stavins 和 Whitehead（1998）也认为，负责环境管理的政府机构通常在设计 MBIs 方面经验不足（与监管方法相对），采用这些措施的动力也很小。实际上，在政府部门中，同样存在一批专业素养高、具有远见卓识的优秀公务人员，他们甚至比外部的研究人员和评论员经验更丰富。但是，由于 MBIs 是一个新鲜事物，可供参考的积累经验并不多，因此，在对 MBIs 机制进行设计时，往往会出现有心无力的感觉。部分对 MBIs 机制不够熟练的利益相关者越来越希望能够保持 MBIs 机制的适当弹性，以适应瞬息万变的动态环境。而具备相应技能并熟悉 MBIs 机制的企业，则希望构建一个相对稳定的规定性法规设置，而不是利用 MBIs 提供的灵活性来进行管理。

MBIs 中必要的权利和责任只有在指定的权利与寻求的环境治理成果之间存在明确及可证明的联系时，才是可信的。权利的分配、权利的交易以及绩效的监控和执行都取决于合理的指标。即对环境治理结果进行物理测量，或构建相关评价指标体系对环境治理结果进行评判。例如，一个排放许可证可能有一个"性能基准"，以年度允许排放量来定义。另外，可以根据污染"过程"进行评判，如地下水含水层的预期补给量，该补给量与流域内旱地盐度的水平具有函数关系。在某些情况下，当投入量与随之而来的污染水平之间存在明确的可量化联系时，可以使用"投入基础"，如允许使用污染物排放数量。

通常，靠近环境破坏点使用基于市场的政策工具，效率会更高。但是，这需要与建立可行指标所需的技术能力和成本相平衡。当可以使用更有效的结果度量标准时，可以引入一些 MBIs 应用于输入或环境资源管理过程。

5.1.2　MBIs 的类型

基于市场的政策工具是通过市场信号而不是通过关于污染控制水平或方法的明确指令来鼓励利益相关者参与环境治理和生态保护行为的环境规制。相比之下，传统的环境监管方法通常被称为命令控制型规制，因为它们在实现目标的手段上允许的灵活性相对较小。基于市场的政策工具宽泛的界定表明将真正的市场（如碳交易）、规制和基于交易的工具的混合（如生物多样性补偿）甚至交易成分不存在的工具（如大多数的生态系统服务付费）归纳为一个单一类别的市场工具是困难的（Gomez - Baggethun and Muradian, 2015）。因此，有必要对 MBIs 的类型进行分类。由于研究方法和评估标准不同，目前学术界对基于市场的政策工具进行分类还没有形成一致的结论，本章通过梳理当前学术界具有代表性的分类方法和范围，以期有助于利益攸关方和政策制定者之间的沟通。

生态系统服务市场可以通过多种干预措施来实现，这取决于现有市场、生态系统服务的性质及其提供过程，以及潜在的市场参与者是谁。如图 5.1

所示，至少有 3 种常见的市场创造干预措施（National Market Based Instruments Pilots Program，NMBIPP）：基于价格的工具、基于数量的工具和市场摩擦工具。基于价格的工具要么直接产生生态系统服务的价格信号（如在拍卖中购买生态系统服务），要么修改现有的市场价格以反映对生态系统服务的影响（如通过税收和补贴）。基于数量的工具旨在为期望的生态系统服务创造稀缺性，由此产生的市场通过价格为现在稀缺的生态系统服务创造信号和激励。市场摩擦工具的设计目的是消除或减少现有或潜在的生态系统服务市场的障碍，从而改善其中的信号和激励因素的流动质量。在所有情况下，市场都依赖于支撑生态系统服务生产的资源的适当产权结构。

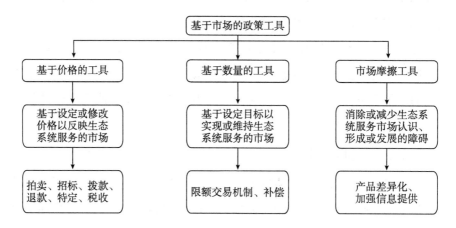

图 5.1　基于市场的政策工具类型划分

Stavins（2001）认为，基于市场的工具分为四大类：污染收费、可交易的许可证、市场摩擦减少和减少政府补贴（Organization for Economic Cooperation and Development，1994a，1994b，1994c，1994d）：

污染收费系统对企业或污染源产生的污染量进行收费或征税（庇古，1920）。因此，对企业来说，将排放量减少到边际减排成本等于税率的程度是值得的。收费系统面临的一个挑战是确定合适的税率。理想情况下，它应该被设定为在有效清理水平上等于清理的边际收益，但是政策制定者更可能从期望的清理水平来考虑，并且他们事先不知道企业将如何对给定的税收水平作出反应。污染费的一个特例是押金退款制度，消费者在购买潜在污染产品时支付额外费用，在将产品退回经批准的中心时获得退款，无论是回收还是处置（Bohm，1981；Menell，1990）。

可交易的许可证可以实现与收费系统相同的成本最小化控制负担分配，同时避免企业不确定地反映问题。在可交易的许可证制度下，可允许的总体污染水平以许可证的形式在企业之间建立和分配。将排放水平保持在分配水平以下的企业可以将其剩余许可证出售给其他企业，或者用它们来抵消其设施其他部分的过量排放。

减少市场摩擦作为基于市场的政策工具情况下，只要减少市场活动中现有的摩擦，就可以在环境保护方面取得巨大的收益。3 种类型的市场摩擦减少十分突出：①为与环境质量相关的投入/产出创造市场，采取措施促进水权的自愿交换，从而促进稀缺水资源的更有效分配和利用；②鼓励公司考虑其决策潜在环境损害的责任规则；③信息计划，如能效产品标签要求。

减少政府补贴也是 MBIs。当然，补贴是税收的"镜像"，从理论上讲，可以为解决环境问题提供激励。然而，在实践中，许多补贴助长了经济效率低下和不利于环境的做法。

Pirard 和 Lapeyre（2014）基于 106 篇相关文献对基于市场的政策工具进行了分类，具体内容如表 5.1 所示。

表 5.1　基于理论演绎的 MBIs 类型划分

类型	独有特征	特异性	与市场的关系
直接市场交易	一个环境产品可以在生产者和消费者（或加工者）之间直接交易的市场	可以在国际层级制定针对每个国家的具体规则和各种交易（遗传资源），或者设计为多少涉及加工产品的更典型的市场（非木材林产品）	接近市场定义取决于商品化的情况和程度
可交易许可证	环境资源使用者需要购买可以进一步在资源使用者之间交换许可证的特定市场，从而造成人为的稀缺性	旨在服务于明确的环境目标（使用生物物理指标）或基于可接受的社会成本（碳市场价格）	为特定的环境目标创造一个特定的市场，环境信息要求被披露

类型	独有特征	特异性	与市场的关系
逆向拍卖	提供生态系统服务的候选人根据公共权力当局设置付费的水平（如果被接受）向土地所有者给付酬劳的机制	旨在揭示价格，避免"搭便车"和寻租	创造一个以拍卖为基础的市场，有利于投标人之间的竞争以实现成本效益
科斯类型协议	根据受益人和提供者的共同利益进行权利交换的理想自发交易（不受公共权力干预）	需要明确的产权分配，高度特定的地点，难以大规模复制	通常不遵循市场规则，更多是契约性的
调控价格变化	存在于导致相对价格上涨或降低的监管措施中	具有环境目标的财政政策一部分（包括补贴），由公共权力当局完全控制	基于现有市场
自愿性价格信号	通过生产者向消费者发出环境影响是积极的（相对而言）信号，并因此获得高于市场价格的溢价	由于消费者的支付意愿相对较低，作为一种激励措施，其效力仍然有限	利用现有市场识别和促进良性活动

5.1.3 MBIs 的实践应用

Koen 等（2011）系统回顾和总结了全球 8 个 MBIs 的实践应用情况，得到了 MBIs 实施的经验教训（见表 5.2 至表 5.9）。

表 5.2 工具 1 用水收费

通用目的和理由	水资源是必不可少的资源，在许多地区，水资源越来越稀缺或需要密切管理。用水收费提供了减少使用和更有效地使用必需品的诱因	
国家	**荷兰**	**塞浦路斯**
具体背景和理由	水一直是荷兰人生活的中心。淡水资源短缺是荷兰人面临的重大威胁，并长期受到气候变化和海平面上升的影响，来自莱茵河和马斯河（Maas）及其支流河流流量正在不断减少，未来近 400 万荷兰人将面临饮用水短缺的威胁	塞浦路斯是一个干旱干燥的国家，由于人口和包括旅游业在内的经济增长，地下水资源面临越来越大的压力。它是欧盟人均可用水量最低的国家，自 1997 年以来，海水淡化已变得越来越重要。最大的用水户是农业（65%）和家庭（35%）

续表

国家	荷兰	塞浦路斯
工具设计	抽取地下水（主要是自来水公司和工业公司）需缴纳地下水税（1995），根据使用量每年向所有用户收取自来水税（2000），最高为 300 立方米/年，并支付给州政府。 税收没有明确列出，因此消费者可能不了解税收影响。 目标是减少基础设施的使用和资金	水费税于 1984 年首次提出，后来调整为按体积（使用量）计收水费。收费标准是按立方米的用水量计算，并按地区以不同的费率和不同的方式收取。 应用该工具是为了使收费水平随使用量的增加而增加，最低的边际税率在最低的使用量水平上。 征税的目的是减少用水量并筹集资金用于水利基础设施的投资
费率和效果	税收约等于 0.131 欧元/立方米（地下水）和 0.107 欧元/立方米（自来水），平均价格为 1.45 欧元/立方米（家庭）和 1.07 欧元/立方米（企业）。最高可达水价的 25%。自征税以来，水价已大幅上涨，并导致了： ①荷兰减少了对地下水的使用； ②自 1995 年以来，由于更高效的电器使用和生活习惯的改变，人均家庭用水量减少	2004 年的重大税制改革大大推高了价格。估计 2005 年的加权税为 0.43 欧元/立方米。其他手段以及裁定和用水限制的影响也很重要，但 2004 年以来的结果包括： 人均用水量从 2004 年的人均 192 立方米显著下降到 2008 年的人均 109 立方米
收入、成本和负担	2006 年的收入为 3.81 亿欧元。行政负担被认为是微不足道的	2005 年的收入为 2555 万欧元，水资源管理系统的环境和资源成本，比 2001 年的 45% 有所增加。剩余的未涵盖成本通过一般税收来弥补。 估计行政管理是不可能的，尽管这种可能性被认为相对较小
结论	该税已在荷兰成功实行，并为消费者提供价格信号激励措施，以使其更有效地使用水	塞浦路斯的税收是水资源管理框架的重要组成部分，自 2004 年以来，该税收已成功地激励了减少用水量
更广的应用范围	类似的税种可能在其他地方适用，值得注意的是： ①价格弹性，在低收入国家可以实现更大程度的用水量减少，即价格变化会产生更大的影响； ②家庭和公司，公司对用水的影响大于家庭； ③感知，非常重要，感知到的资源短缺会增加消费者接受和采取行动的可能性	

表5.3　工具2　农药征税

通用目的和理由	农药对农业生产至关重要，有助于提高农作物产量。然而，农药的性质对某些生命形式是有毒的，尽管这些农药尚未广为人知，但人们担心存在人类和环境健康风险。管理农药的使用对减少这些风险和资源使用很重要	
国家	**瑞典**	**丹麦**
具体背景和理由	2006年销售的活性农药达到顶峰，为1707吨，使用面积超过310万公顷。 瑞典于1984–1985年开始征收农药税，并于1986年开始了正式减少农药使用的工作	2006年销售的活性农药达到顶峰，为3254吨，使用面积超过266万公顷。 1986年，丹麦首次提出了一项农药行动计划，规定了减少使用农药的目标。此后还引入了第二行动计划和第三行动计划
工具设计	征收的税额相当于每千克活性物质0.4欧元，此后在2004年提高到2018年的每千克3.3欧元的税率。这平均代表零售价的5%~8%。 每年由农药注册费补充，包括固定和销售相关部分。 农药计划税收，财务活动的收入，包括教育和检查，重点是前者	从价税从1996年开始实行，从1998年的37%提高到54%。 大约75%的税收收入是通过降低土地税的方式返还给农民的，其余收入则用于更广泛体系中的其他措施，包括对农民的教育，缓冲区的建立，更严格的农药批准程序和记录保存
费率和效果	自征税以来，每公顷的剂量一直保持不变，但活性物质的吨位却持续下降，总计下降了60%以上。引入风险因素的更复杂监控方法表明，自征税以来，总的风险因素也下降了70%以上。 可以确定的是，税收的价格信号相对较弱，这些收益中的较大份额是由于对农民进行了更好的使用农药的教育和培训，禁止了最有害的害虫综合治理	农药批发商通过降低价格来应对税收，因此税收的净价格效应是价格平均降低6%，有效地将零售商的收入重新分配给农民。通过与价格成比例地征税，对廉价（通常效率较低，污染更大）的农药征收的税也相对较低。 通过治疗频率指数（TFI）衡量，丹麦的农药总体使用量从1994年的2.51下降到2003年的2.1，但到2010年已增加到2.8，大大高于1.7的TFI目标。 丹麦的有机农业发展显著，尽管仅占所有农田的5.5%

国家	瑞典	丹麦
收入、成本和负担	这项税收在 2008 年带来了相当于 5070 万欧元的收入，与 2000 年以来的收入水平大致相同。 没有具体的行政负担估算，但根据总税收管理成本的比例提出了 0.3% 的数字	这项税收从 1998 年的 3880 万欧元增加到了 2010 年的 6180 万欧元。税收负担很小，因为它仅适用于少数制造商和进口商
结论	税收在成功减少农药使用中的作用很难确定。价格信号被认为相对较弱并且几乎没有影响。对农民正确使用农药的教育计划给予了更多的重视。后一方面部分由税收资助。总体而言，措施体系是有效的	税收在减少农药使用中的作用很难确定。价格信号因零售商的反应而失真，更多地归功于农民正确使用农药的教育计划。后一个方面部分由税收资助。总体而言，措施体系起初是有效的，但这种影响已被削弱，税率太低和有效价格信号太弱而无法影响 TFI
更广的应用范围	瑞典和丹麦的经验发现了无法在其他地方应用农药税的原因很少。尽管两者的价格信号均较弱，但人们认为，特别是在支持农民的教育和培训方面，收入的使用对于减少农药的使用和影响至关重要	

表 5.4 工具 3 （可成混凝土或修路等用的）骨料征税

通用目的和理由	骨料是我们在建筑和其他目的中使用的岩石（包括砾石）。它们的提取、加工、使用和处置方式可能会对当地和全球环境产生重大影响。减少其使用并鼓励回收和处置的费用对于管理这些资源的使用很重要	

国家	英国	瑞典
具体背景和理由	2008 年，行业产量为 2.75 亿吨。2001 年，石材、沙子和黏土采石业的营业额为 52.8 亿欧元，就业人数为 26400 人	2008 年，行业产量为 7500 万吨。2001 年，石材、沙子和黏土采石业的营业额为 2.88 亿欧元，雇用 1500 人，集中在少数大公司

国家	英国	瑞典
工具设计	骨料征税于 2002 年被英国引入，在采石场门口按重量收取每吨提取的骨料税。 税收的所有收入都以减少的雇主国民保险费的形式循环回该部门，而 10% 的资金则留给可持续发展总基金用于研究，以最大限度地减少影响。 征税的目的是减少开采对环境的影响，降低需求并鼓励回收和使用替代材料。该税由堆填区税补充	瑞典于 1996 年对天然砾石征税，作为包括许可、垃圾填埋税和开采目标在内的更广泛制度的一部分。该税由经营采石场的公司支付。 征税的目的是通过用首选替代品弥合价格差距来减轻天然砾石资源和饮用水的压力。2010 年的目标包括砾石与替代品之间的平衡为 30/70，使用 15% 的再生材料以及开采少于 1200 万吨的砾石
费率和效果	到 2007—2008 年，吸引煤料的集料吨位在缓慢增加，从高峰时的约 2.75 亿吨下降到 2009—2010 年的 1.79 亿吨。 该税在 2011 年相当于 2.33 欧元/吨，比起初的 1.78 欧元/吨（最高占价格的 25%）有所提高。 政府评估归因于大幅度减少使用集料，但其他来源认为对环境的影响是有限的。最具说服力的是，这对回收产生了影响，英国的回收率达到了欧盟最高的 25%。 此外，人们认为，征税有助于产生少量的双倍红利，从而增加该部门的就业和竞争力	征收的税额相当于 0.56 欧元/吨，到 2006 年增加到 1.44 欧元/吨，约占价格的 20% ~30%。 1985—2009 年，天然砾石的使用量大幅下降，在 2010 年的目标范围内下降到总量的 18%，尽管下降的大部分发生在税收之前，这归因于国家道路建设局的采购政策变化倾向于用碎石代替；还被认为是受许可程序和消费者意识的影响。 由于低的回收潜力，2010 年的 15% 的回收目标被取消，1200 万吨的目标也已更改为采石场的目标
收入、成本和负担	由于英国建筑业的下滑，2009—2010 财年税收总收入为 2.75 亿欧元，低于 2007—2008 财年的 3.86 亿欧元的峰值。 征税的管理费用每年估计为 114 万欧元，占总收入的 0.5%。 行业的合规成本较低，估计为 85 万欧元	2005 年，砾石税提供了相当于 2230 万欧元的收入，该税率自引入税收以来就呈上升趋势。 这项税收的行政管理费用估计为每年 39 万欧元，最高相当于 2005 年收入的 2%。 行业的合规成本较低，估计每年为 0.55 万 ~111 万欧元
结论	该税已成功刺激了骨料的循环再利用，据认为已产生了一定的经济效益和环境效益	该税已成功加强了替代材料的转移，但由于替代材料通常需要更多的能源和碳密集性，因此整体环境影响可能是负面的

续表

更广的应用范围	尽管总的征收效果并不是很清楚，但据了解，总的征收对环境产生了一些积极影响。最重要的经验来自英国，据说使用税收来减少公司的劳动力成本已经支持了经济增长，证明了潜在的双重红利

表 5.5　工具 4　树木保护费

通用目的和理由	树木是全球生态系统的重要组成部分，尤其是树木在碳循环中的作用。它们在美学和功能上，以及在人类城市和乡村景观中也发挥着重要作用。森林的可持续管理非常重要，因此森林可以继续提供我们需要的产品和服务，同时保持其生态系统功能。在某些地方，城市树木保护会遭到来自城市开发与建设的威胁

国家	奥地利	立陶宛
具体背景和理由	树木在奥地利被认为是提供高质量和可持续城市环境的重要因素。维也纳需要收取树木保护费，其中约有 50% 被视为"绿色"地区	立陶宛的森林覆盖率不断增长，从 20 世纪 60 年代的 20% 到 2006 年的 30% 以上（36%）。从计划经济时代过渡到森林管理发生了重大变化，从计划森林管理系统转向私有化
工具设计	1974 年，由于市民的关注，《维也纳树木保护法》出台。它覆盖树干周长大于 40 厘米所有类型的树木，无论它们生长在公共土地还是私人土地上。 该法要求授予砍伐树木的许可（在线申请），需要支付的费用以及在其他地方重新种植树木的费用。 砍伐树木的费用也有所不同。该措施面临的挑战之一是对整个城市的树木进行适当的监控	1994 年，立陶宛通过了《森林法》，并于 2001 年对其进行了修订。该法律要求所有林地都有一项管理计划，其中包括伐木和恢复计划。2001 年引入了森林基金（征收税），占销售收入的 5%，仅很少的收入免税。 自 2009—2010 年度起，为一般预算目的又增加了一项税收，2011 年的税率定为销售额的 10%。 州级森林由州级森林企业（SFE）管理，SFE 控制着公共森林，并向公共和私人所有者发放砍伐许可证

国家	奥地利	立陶宛
费率和效果	每份申请的最低费用为29.15欧元，但通常会更高，因为管理时间要求和申请页面数也会收取费用。如果无法补植，则必须支付1090欧元的费用。 在此基础上，1995—2009年，平均每年要收费1125次	税收收入用于一般预算目的，也用于库存和森林管理。 从2001年到2006年，森林覆盖率一直呈上升趋势（从2001年的30.9%，上升到2006年的32.5%），这说明是重新种植而不是砍伐，尽管森林类型/质量没有得到衡量。 自2001年以来，森林砍伐已从570万立方米增加到2007年的640万立方米。 不遵守规定的行为，即未经许可的砍伐也会产生费用（罚款），1994—2001年平均每年这些费用为11万欧元。征收税后，非法采伐量有所减少
收入、成本和负担	该计划的平均年收入约为90万欧元。 该措施的行政费用主要由申请人承担，因为他们是按评估时间和期限来收取的。几个公共机构参与了该过程，因此这些公共机构在管理上需要投入一定的人力，物力和财力	公开数据是有限的，1999—2002年，年收入平均为230万欧元。如果税款是按照木材销售额来征收的话，那么其收入随市场木材价格而变化。 行政负担尚未得到很好的理解，但可以相信该系统自引入以来已得到简化
结论	该工具已在维也纳正式建立了保护和替换树木的系统，以解决公民对绿地和树木所占空间的比例要求，但由于树木维护成本较高，会导致树木维护的缺失	该管理系统在立陶宛被认为是非常有效的，可以为一般性和林业类行业提供收入。由于公共SFE对私人所有者可以削减的权力具有一定的市场扭曲
更广的应用范围	在这些情况下应用的模型不同，但是都对树木的保护作出了贡献。立陶宛模式表明，结合监管和基于市场的方法可以提供可持续的管理。在每种情况下，监视和执行对于确保成功都至关重要	

表5.6　工具5　饮料容器存放方案

通用目的和理由	包装废弃物是所有废弃物的重要组成部分，饮料容器是最常见的废弃物包装物品。改善饮料容器的再利用和/或再循环方式对于减少废物和垃圾以及利用其中包含的资源并减少对能源和资源的需求非常重要。 容器存放方案在购买时会在容器（例如，瓶子）上收取少量押金，在退还瓶子时将其退还，然后可以重新使用或回收该容器，并减少废物和垃圾

国家	德国	丹麦
具体背景和理由	作为一般废物和包装法令的一部分，包装废物一直是政府关注的重点。自 1991 年以来，"绿点计划"一直在运作。过去，回收和再利用可重复使用的饮料容器是自愿的，通常回收率很高（80%）	自 1984 年以来，丹麦就对存款退款制度进行了修改，只有经批准可重复使用的容器才能出售（例如，不能装罐）。这不符合单一市场规则，丹麦有义务在 2002 年进行更改
工具设计	德国于 2003 年推出了一项强制性的容器存放计划，以应对饮料容器中可回收材料的比例下降问题。较小的零售商也有一些例外。该计划由为此目的设立的小组 Deutsche Postgewerkschaft（DPG）管理，这为存款系统设定了框架和标准。未收取的定金由零售商保存	丹麦于 2002 年推出了一项强制性的罐装饮料瓶回收计划，以允许罐头和其他一次性饮料容器进入市场。最初，该计划仅适用于啤酒和碳酸软饮料，该计划于 2005 年扩展到所有酒精饮料和能量饮料，并于 2008 年扩展到包括矿泉水瓶。该计划由私人非营利性非政府组织 Dansk Retursystem 管理。未收集的存款由 Dansk Retursystem 保留，并投资于社会和环境计划
费率和效果	押金定为 0.1~3 升的容器 0.25 欧元/个，包括罐、PET 瓶和玻璃瓶。最初，集装箱只能退回购买地，这是一个"孤岛"解决方案，退货率降至 20%。决定转向多点解决方案，此后回报率已升至 98% 以上。对材料回收的影响喜忧参半，起初效果很弱，甚至是负面的，这是由"孤岛"计划导致的。自 2006 年以来，回收率提高了很多，转向多点系统，尤其是塑料包装	押金为物品 0.13~0.4 欧元/件，根据数量和类型而定。丹麦的退货率一直很高，大于 80%，并且还在上升。据估计，2008 年，丹麦一次性容器的退货率是 88%。这低于 95% 的目标配额。由于该领域的长期政策，多用途容器的退货率接近 100%。自从引入存款计划以来，金属和玻璃的包装回收率已经显著提高
收入、成本和负担	据估计，该系统的安装成本为 7.26 亿欧元，主要购买用于接受零售商退还瓶子的机器。每年的运营成本（包括折旧）估计为 7.93 亿欧元，而据此可以估算为 5.07 亿欧元的收益。总体而言，年度赤字为 2.86 亿欧元	2008 年，Dansk Retursystem 宣布"营业额"为 1.229 亿欧元，估计使用了 4.46 亿个饮料瓶。2004 年，运行该计划的行政费用估计为 2970 万欧元

结论	该计划面临的最初阻力来自零售商，并且实施和管理成本很高。它已经成功地实现了很高的回收率，并提高了饮料容器的回收利用率	该计划部分是对欧盟立法的回应，但建立在类似做法的传统之上。它实现了较高的退货率，并提高了金属和玻璃包装的回收率
更广的应用范围	在这两种情况下，该计划都成功地实现了高回报率，并改善了饮料瓶材料的回收利用，这是基于现有的存款退款计划文化。在德国，"孤岛"解决方案的回报率非常低，因此需要多点解决方案。两者的另一个教训是与此类计划的成本有关，这很重要，因为它们几乎不会产生收入	

表5.7　工具6　塑料袋征税

通用目的和理由	塑料袋是我们日常生活中最常见的物品，由于便宜、轻巧而结实，非常有用，零售商通常免费赠予它们。这将它们置于价格机制之外，并且缺乏价值，这意味着它们通常只使用一次，就被当作垃圾，浪费了生产中使用的资源。存在许多不同类型的袋子，它们向可生物降解和可重复使用袋子的转变越来越普遍	
国家	**爱尔兰**	**丹麦**
具体背景和理由	在爱尔兰，塑料袋是一个垃圾问题，被认为是一个特别大的问题。时任爱尔兰环境部部长诺埃尔·登普西（Noel Dempsey）提倡处理这一问题	在20世纪90年代初期，塑料袋税被引入作为更广泛的绿色税制改革以及废物和包装立法的一部分
工具设计	爱尔兰塑料袋征税于2002年开始实施。它对零售商提供的每只塑料袋收取费用，并在销售点征收，零售商代表税务局收取费用。出于卫生方面的考虑，有些袋子是免费的，并且对于每只售价超过0.7欧元可重复使用的袋子不征收关税。征税是更广泛的废物和包装政策的一部分，以符合欧盟标准。征收的主要目的是防止乱扔垃圾，并通过宣传和广告支持这一目标	丹麦的塑料袋税于1994年开始实施，并于2001年更改。 该税是对制造商和供应商（进口商）收取的，并按每千克塑料袋22丹麦克朗，每个塑料袋约38欧分（折合人民币约3元）进行收费，可以用其他替代品代替。 按重量收费可提高资源利用率，减少浪费。 在大多数情况下，这些费用会由零售商转嫁给客户，以收取塑料袋的费用或出售一系列可重复使用的袋子

续表

国家	爱尔兰	丹麦
费率和效果	征税于 2002 年以 0.15 欧元/只的价格开始征收，到 2007 年增加到 0.22 欧元/只。不收取征税的零售商应缴纳 1905 欧元的罚款。 征税产生了巨大的初步影响，一夜之间减少了大约 90% 的塑料袋使用量。袋子会随着时间的推移发生变形，但在增加税款之后使用量又下降了。从防乱扔垃圾的角度来看，这项征税是成功的，将垃圾袋从 2000 年记录的全部垃圾中估计的 5% 减少到 2009 年的不足 0.3%。 事实证明，该方案深受消费者欢迎	税额相当于塑料袋 2.95 欧元/千克和纸袋 1.34 欧元/千克。 丹麦的最初影响也很显著，使用的袋子减少了 60%。丹麦每年每人使用大约 80 个行李箱，大大低于欧盟的平均水平 500 个。已经观察到转向较轻的材料和袋子。 这项税收本身在消费者中引起了一些争议，许多人认为零售商在出售一次性和可重复使用的袋子上一直在牟取暴利
收入、成本和负担	自征税以来，税收收入逐年增加，从 2002 年的约 1000 万欧元增加到 2008 年的 2500 万欧元。收入被划归环境基金，该基金被用于资助各种环境计划和其他废物预防措施。估计一次性安装成本为 120 万欧元，年度运营成本 36 万欧元由收入抵销。征税通过降低成本来帮助零售商提高竞争力（尽管现在消费者承担了成本）	据估计，2007 年塑料袋税产生的税收收入为 2660 万欧元，并且随着塑料袋使用量的逐年增加，这些收入逐年增加。 收入被理解为一般公共预算。 关于行政费用的证据很少，但被认为比爱尔兰更沉重
结论	该税已在爱尔兰成功实现并持续减少了一次性塑料袋的使用，为更广泛的环境改善创造了可观的收入，并获得了公众的支持	该税已成功减少了丹麦的塑料袋使用量，尽管该措施并不受欢迎，而且塑料袋的使用量已随着时间的流逝而回升
更广的应用范围	该税已在两个国家成功减少了塑料袋的使用，并促使塑料袋在其他地方重复使用。在这样做时，应注意确保得到消费者的支持，如爱尔兰在塑料袋销售点提供了一种简单有效的方法，以提高塑料袋销售的透明度。在每个国家/地区，随着时间的推移，塑料袋的使用量都有所增加，应该对税率进行重新审查以进行动态管理。	

表 5.8　工具 7　污水收费

通用目的和理由	水污染收费可以帮助降低清洁和管理成本，并鼓励减少使用和更有效地使用水资源

国家	德国	法国
具体背景和理由	德国是高度工业化的经济体，生活和工业废水排放量很大	法国是高度工业化的经济体，生活和工业废水排放量很大
工具设计	德国于1981年首次引入污水收费系统，并在地区（州）的基础上应用。 收费是由单个污染物和基于其环境影响的阈值单位重量应用的。每种污染物都有不同的测量单位。 排污费适用于根据其使用和对确定的最佳可用技术（BAT）的投资进行免税的公司（最多50%）。这项豁免现在已经停止。 总体目标是提高德国的水和水处理质量	法国于20世纪60年代首次引入污水收费系统，适用于所有地表水和污水排放，抽象费用也适用。 发放污水排放许可证，工业界通常直接支付，而家庭和一些污水处理厂则间接支付。历史上，法国农业是免税的，但在2008年，非点源污染者开始征收新税，将其纳入系统。 废水管理是在6个主要流域组织的，其主要目的是权力下放和规划。 目标是为基础设施提供资金并支付水处理费用
费率和效果	污水收费率由中央确定，最近一次在2002年提高到一个有害物质单位为35.8欧元（目前执行的是2002年收费标准）。 这作为废水费传递给消费者，2010年平均为2.36欧元/立方米。 这项措施的效果体现在德国水处理方面的持续改进，以及1991—2007年工业排放量减少了约25%	收费的费率因地区而异。 大部分收入重新分配给市政当局和工业企业，用于水处理和减少污染方面的投资。 自从引入收费以来，法国的工业和其他水污染有所减少，尽管其原因各不相同，其中还包括欧盟立法的推动力。有人认为，法国污水收费力度偏弱，反而提供了更多的污染许可，并为此提供了支持
收入、成本和负担	2005—2007年，税收收入平均最高为3亿欧元。 联邦政府和州政府之间存在紧张关系，因此税收管理存在政治因素。 据估计，对于大多数工业部门而言，税收负担较小，平均仅占与水相关的总成本的3%。 成本通过团结原则在社会上分摊，所有家庭和公司都必须连接到废水系统	2010年，这6个流域地区的总收入约为24亿欧元。通常，这些收入在2011年和2012年增加。 行政负担尚未明确估计，但起作用的因素包括系统、国家、区域、市政、工业和流域地区各个利益相关者之间的政治紧张关系
结论	废水税在德国成功改善废水处理和减少排放方面发挥了作用。这个角色的规模很难确定，并且很难与现有趋势分开	自引入废水收费以来，法国的水处理和质量有所提高。虽然很难说出因果关系，但是很明显，税收已经资助了各种减少污染的投资

法国	德国
更广的应用范围	双方的经验表明,污水收费系统可以有效地作为框架的一部分,以减少对水排放的环境影响并改善水处理。在执行此操作时,应注意管理系统内的利益相关者,以便其可以有效地运行并响应更改,还应考虑适当的费用级别,以更清楚地激励资源高效利用的行为

表 5.9　工具 8　自然资源税

通用目的和理由	自然资源是生产和维持我们生活方式的重要投入,但许多自然资源是有限的。因此,由于对自然资源稀缺性的认识和经验不断增加,必须可持续地管理这些自然资源的开采,有效地利用它们,并尽可能地再利用和回收它们	
国家	**拉脱维亚**	**芬兰**
具体背景和理由	拉脱维亚是欧盟的一个新的小成员国,拥有各种矿产资源和采矿业,约占其经济总产值的 4%	芬兰于 1995 年加入欧盟,是一个成熟的欧盟经济体,在林业、重要金属和矿藏的开采方面拥有成熟的行业体系
工具设计	拉脱维亚资源税于 1991 年独立不久后开始实行,适用于包括空气、水、废物和自然资源在内的广泛资源。对可证明有良好的环境管理或绩效的公司提供了一些豁免。征税的目的是激励可持续的经济发展,并为环境保护措施和回收利用提供资金。作为一种基于数量的税收,自然就有资源效率的诱因。不遵守规定除了要缴纳应纳税额外还涉及罚款,罚款额可能是应纳税额的 2 ~ 10 倍	芬兰对自然资源征收各种税费,包括采矿许可证、捕鱼许可证、森林管理费和不动产税。这些工具的目标与它们处理的资源直接相关,但通常与确保可持续管理和资源可用性相吻合
费率和效果	税率基于不同资源而定,并定期审查和调整税率,例如,提取的土壤每立方米需缴纳 0.35 欧元的税。税收对国内材料消费(DMC)的影响似乎有限,受征税的材料在 2000 年至 2007 年间仍然看到 DMC 的大幅增长,并且这些增长高于同期 DMC 的总体增长。尽管同期资源生产率有所提高	费率是按照资源种类划分的。一个例子是对房地产征收的房地产税,每年的税率为 0.32% ~ 3%,而在人口稠密地区,未使用土地的税率更高。这样做的目的是激励土地再利用,以减少对未开发土地的压力。税收的重大影响难以察觉,因为许多税收水平太低而无法产生影响或数据不可用。总体而言,芬兰的国内资源开采量高于平均水平,增速快于同期的 GDP

续表

国家	拉脱维亚	芬兰
收入、成本和负担	所有自然资源税的总收入在 2008 年最高为 1400 万欧元。这比 2002 年的峰值 1800 万欧元有所下降。在同期 GDP 快速增长的背景下，这代表了更加多样化的经济增长。收入按 60∶40 的比例分配，其中 60% 分配给收取收入的地方政府，40% 分配给一般政府预算。行政负担被认为是低的，表现良好的公司可以免税	每种税收的收入都单独列出，其中大多数收入相对较低。本案例研究范围之外的最大收入来自能源、运输和碳税。在此范围内，房地产税在 2009 年带来了 9.74 亿欧元的收入。人们认为行政负担很低，但是收入也很低，因此比例负担可能更高
结论	到目前为止，这项税收似乎只起到了有限的作用，但已经被成功引入人们的日常生产。定期审查和调整费率表明，拉脱维亚政府采取了综合和参与的方法，随着时间的推移，该方法可能会大大提高其有效性	芬兰的资源税由来已久，但在大多数情况下，因其水平太低而无法对资源效率产生太大或任何影响。近年来，芬兰经济发展使用的资源超过了欧盟的平均水平
更广的应用范围	从这些案例中学到的是，自然资源税可以成功实施，但很难发现效果，特别是在税率较低的情况下，应仔细计划和考虑将要征税的资源，将征税水平设置到能产生影响的水平	

根据对全球 MBIs 的调查结果和 8 个案例研究的分析，Koen 等 (2011) 得出了以下结论。

（1）若要 MBIs 发挥其效果，首先需要取得公众对它的支持，尤其是对政策工具本身的认知对于它的有效运行很重要。这对于财政措施尤为重要，因为财政措施要继续有效，就必须定期修改费率。这通常需要一定程度的政治支持和同意。因此，消费者对问题和解决方案的认知对于一项措施的成功至关重要。如果资源使用问题不被认为是一个问题，那么一项措施将获得较少的支持。如荷兰和塞浦路斯的水税案例，资源的丰富性或稀缺性在感知中也起着重要作用，这两个国家都认识到水过多或过少的重要性。历史情结在感知和接受中起着一定的作用，德国和丹麦的饮料瓶回收计划一直就存在，这是其高回报率和有效性的一个因素。习惯也可能是一个阻碍因素，如农民使用农药或在建筑中使用特定的材料。资源的丰富性还可能使人们偏向于对其进行开发，而反对使用工具来对其进行管理。

（2）教育和提高认识可以成为强有力的支持工具。杀虫剂税案提供了强有力的证据，证明了教育和提高认识在放大以市场为基础的工具的效果方面的价值。通过将 MBIs 部分收入投资到农民有效利用资源方面的培训教育，可以进一步提升 MBIs 的政策效用，瑞士和丹麦在这一方面取得了较好的工作成就。这种教育影响比工具本身的价格效应更强。其他案例研究的证据较少，但针对农民等小群体的有针对性和密集的运动是成功的，但这也有可能适用部门一级或特定、战略或影响大的资源用户。

（3）替代效应可能会产生意想不到的后果，有时会导致较低的资源效率。针对某一特定资源或活动的工具可能会产生替代效应。这可以并且通常是合乎需要的，如换成可重复使用或更容易在本地获得的物品。然而，正如瑞典的骨料案例表明的那样，从一种骨料资源，天然砾石转向碎石，可能会导致总体能源使用量的增加，如岩石破碎过程。或者，对一种资源征税可能导致替代环境友好程度较低的资源或在生命周期基础上效率较低的资源出现。在仪器设计中需要考虑这些替代效应，以避免与总体环境目标发生冲突。

（4）行政负担千差万别，其中又以饮料瓶存放计划费用最高。综观所有案例研究，有关行政负担的数据有限（可能是因为负担往往不够大，不值得关注）。现有的行政成本估计数，从英国征收总收入 0.3% 左右的低水平，到德国排污费总成本 3% 的估计，不一而足。在这方面特别昂贵的一个案例是饮料瓶回收计划，虽然它确保了非常高的资源回收水平，但丹麦和德国的行政成本估计都高达数千万欧元，给零售商带来了巨大的额外负担，这部分额外负担应由废物提供者/生产者承担一定程度的责任。

（5）文书税的类型和目标可能对其对资源效率的影响至关重要。案例研究发现，文书背后有各种目标：许多文书主要针对一般环境目标，如减少污染、垃圾分类或人类与环境健康，这些目标虽然相关，但只与资源效率间接挂钩。增加收入也是许多工具的主要目标。那些以资源效率为目标的项目更多的是由于特定的稀缺情况，如塞浦路斯的水费税，或受其他政策的推动，如废物和包装指令及其回收目标。具有资源效率以外目标的文书仍然可以对这些其他目标产生积极影响，即减少垃圾的产生，但它们对资源效率的影响是间接的，而且往往要小得多。从这个意义上说，它们往往更善于减少资源使用以对环境产生正向影响，用更少的投入带来更多的经济价值。税收类型对资源效率的影响也很重要，以数量为基础的税收，即对生产或消费的单位征税，可导致生产或消费数量的减少，只能间接导致资源效率的提高。按使用的资源量征税（作为投入）是为提高资源效率提供更直接、更有效刺激的更好方式。这在装水、集料、杀虫剂和塑料袋的情况下很明显。应当指出，使用基于重量的措施对数量征税可能没有充分考虑其他方面的环境影响，如污染或生物多样性影响。

（6）将税收设定在"正确"的水平是其影响的核心。消费者和生产者对来自基于市场的工具的价格信号有不同的反应。最常见的情况是，与收入较低的人相比，收入较高的人对基于资源效率的市场工具的价格弹性较小，原因有2个；对于收入较高的消费者来说，这对其收入的影响小于收入较低的消费者；收入较高往往意味着已经采取了许多最容易的措施，即进一步改善的成本很高，因此价格信号也必须相应较高。弹性也因资源的价值或性质而有很大不同，部分由于其基本性质，如水使用的低价弹性与塑料袋使用的非常高的价格弹性形成对比。这些案例表明，税率往往定得太低，不会产生重大影响。目前，尚不清楚低水平的税收会产生什么影响，因为很难区分它们的具体影响，而且随着供应商对税务征收适应能力的不断增强，价格信号可能会消失，如丹麦的杀虫剂案例。这些案例表明，低于产品价格20%的税率在显著改变行为方面通常是无效的，尽管这一发现是试探性的，但在某种程度上，它是针对具体案例的，值得进一步调查。

（7）税收措施的影响将随着时间的推移而减弱，但收入通常会继续增加。人们经常说，旨在改变行为和增加收入的基于市场的工具是自相矛盾的。与上文相联系的是，有证据表明，静态税收工具的影响将随着时间的推移而减弱。起初，人们观察到税收的引入大幅减少了消费，塑料袋就是这种效果一个非常明显的例子。然而，随着时间的推移，利率按比例变得不那么有效，消费会悄悄回升。这往往会增加税收，但会减少环境和资源收益。案例研究的建模也显示了与无工具反事实相比的这种效果。进一步修订税率可以帮助维持和/或重新获得这一效果，而按百分比征税可以避免这一问题。价格弹性在确定税收中起着一定的作用，通常价格弹性小于 -1（即消费的比例变化不会大于价格的比例变化），表明价格上涨将导致税收收入增加。在收入随时间下降的情况下，这种影响更有可能是由于非价格效应，如教育、培训或无论如何都会发生的结构性变化。

（8）基于市场的工具是其需要与之合作的、更广泛的工具系统的一部分。MBIs 是更广泛的治理和监管系统的一部分，这使定性和通过建模定义工具的特定影响的任务变得复杂。这凸显了一个事实，即 MBIs 很少单独发挥作用。它们在立法、文化和市场框架内开展工作，这也对其有效性产生重大影响，确保该框架协调一致并支持工具目标对提高资源效率非常重要。如果此支持框架的协调性较差，目标相互矛盾或相互竞争，或者系统中存在漏洞，则预期的资源效率影响可能会减弱或消失。

（9）与 MBIs 的工具有关的运行数据和监管很难获取，难以进行有效的政策效应评估和政策动态调适。在整个研究中，很明显，MBIs 影响的监管和评估相对较弱。数量有时只能从税收数据中得出，并且由于受到汇总、机密性和其他问题的影响，其评估影响的有用性降低了。对于仅以增加收入为目标的工具而言，这可能足够了，但对于具有资源效率目标的政策而言，这种缺乏后续行动和了解的情况是成功实施政策的一个弱点。

（10）全面了解 MBIs 影响将需要更详细的计量经济学分析。建模工作为政策工具的影响提供了许多一般的宏观经济见解，但要完全了解这些影响，则需要进行单独的计量经济分析，并需要部门专家的意见和更详细的数据来源。这项研究清楚地提出了已经作出的假设，但应该指出的是，在大多数情况下，方法是相当近似的，并且每种政策本身都可以构成一项研究。

（11）据估计，本书研究的 MBIs 的经济影响是轻微的负面影响，在许多情况下可以被所筹集的收入抵销。根据我们对案例研究的建模分析，从宏观经济角度来看，大多数工具产生的经济影响很小，产生的负面影响也较小，通常不到 GDP 的 0.1%。考虑到政策的数量和收入，这种影响并不意外。总体结果表明，各部门之间的 GDP 转移规模较大，如从零售或消费者到回收再利用，这样在部门一级的影响可能会非常显著，尤其是如果扩大规模的话。就业趋势遵循类似的模式。

如前所述，税收收入可以用来支持其他政策目标，如福利或减轻分配效应，因此不应单独考虑经济效应。在更一般的层面上，人们清楚地认识到，以税收为目标的资源使用（鼓励更好地利用稀缺资源）比劳动力使用（鼓励就业）更具可比性。这些变化如何在特定经济中发挥作用，取决于多种因素，包括材料的可用性、采购（国内/进口）和劳动力市场状况。还应注意，资源税可能抑制资源密集型投资，如道路、基础设施、建筑物和机械，因为有效的投资成本增加了，这可能会长期阻碍经济增长；同样地，这还可以帮助触发创新和投资，以开发更高效的技术。

（12）实现了环境税收的双重红利，但仅在英国。利用英国的税收总额，再将其投入被征税的公司以降低劳动力成本，是为数不多的直接尝试获得双倍红利的例子之一，这成功地提高了竞争力。英国的建模结果表明，总征费已导致总产值和就业总量的小幅增长。在其他情况下，收入通常被用作一般政府支出的一部分或用于更广泛的环境政策（如爱尔兰的塑料袋税），并且未观察到双倍的股息。这与"双重红利"理论是一致的，在这种理论中，为刺激环境效益和经济收益，必须以减少劳动税或其他商业成本的方式将收入收回受影响的部门。

（13）分布影响通常略有退步。通过解决资源消费问题，会产生社会影响。通常，提价的工具会通过影响低收入家庭比高收入家庭更能成比例地产生回归影响。本章中的建模为这一发现提供了支持，并且始终倾向于较小但具有回归性的影响（如果有的话）。部分原因是受影响的产品往往是低价值产品，具有较高的材料投入和较低的人工投入。

（14）研究的资源效率 MBIs 竞争影响估计较低。大多数研究的 MBIs 都集中在最终消费上，因此它们的竞争效果是有限的。这是因为注重家庭需求，而且受影响最大的部门（如建筑、供水、零售）不受国际竞争的影响。

（15）欧盟级 MBIs 的信号混合。这项研究中审查的 MBIs 本质上是国内或本地的，通常也可以在此级别获得环境效益。此外，可以说，对国际竞争力的影响有限，因此不需要在欧洲一级进行干预。同时，案例研究或模型中也几乎没有证据表明欧盟一级的工具不能成功和有效，如在"资源效率倡议"的背景下。实际上，在许多情况下，国内和本地 MBIs 受欧盟法律与政策的驱动。这表明，欧盟至少应继续提供框架条件、信息、驱动因素和支持，以更多地使用 MBIs，以在成员国一级提高资源效率。其他领域的欧盟级别 MBIs，如温室气体排放的欧盟 ETS，也说明了有可能在欧盟级别成功实施。

（16）广泛使用 MBIs 提高资源效率的潜力很大。这些案例表明，MBIs 如何成功地用于在各个部门和 MS 中改善环境与资源效率。环境税收的平衡清楚地表明，污染和资源税收是可以考虑更广泛地使用 MBIs 的领域，这与丹麦和荷兰的成功做法相似。

（17）考虑范围更广泛的基于市场的工具。迄今为止，大多数 MBIs 都是基于价格的措施，通常是税收。还可以使用许多工具，如许可证交易或市场信息以及网络，这些工具可以成功。

（18）MBIs 并非"灵丹妙药"。MBIs 应该与立法、机构和文化安排协同工作，以提高其有效性和成功机会。这对避免意外后果，创造平衡的激励机制和避免矛盾的结果也很重要。还应注意，在某些情况下，MBIs 可能不是最有效的选择。

（19）提高资源效率的 MBIs 应以资源效率为主要目标。虽然审查的每个 MBIs 都具有资源层面，但并非所有的 MBIs 都具有资源效率，作为明确的目标，从较少的投入中获得更大的经济价值，而重点往往放在资源上，通过减少产品生命周期中的环境影响提高效率。如果没有这种关注，工具可能会集中于减轻影响上，而不是真正提高资源效率。

（20）基于价格的工具应设置在能够引起变化的水平上。如果税率设置得太低，其影响将小得多。需要根据具体情况量身定制价格，同时考虑相对价格和收入，将价格设置得足够高以鼓励变化，但又不能过高。在这一领域需要进一步的研究。

（21）考虑资源税如何激励有效行为并扩大环境税基础。大多数环境税集中于能源和运输方面，资源的重要性和稀缺性使其有效利用成为环境和经济的优先事项。具有针对性的税收工具可以帮助提高资源效率的生产和消费，在这一领域最成功的税收工具集中在废物和水费上，这些税收工具可以在整个欧盟范围得到更广泛的应用。

（22）税收措施应始终考虑是否可以将税收回馈给公司或消费者以实现双重股息。为了鼓励竞争并避免通常与税收措施有关的负面经济影响，应仔细考虑税收的使用方式。只有将来自然资源税和污染税的新收入用于转移税负并使受影响部门的劳动力与企业转移，经济和环境"双重红利"才有可能实现。有明显的证据表明，截至目前还没有发生这种情况。从竞争的角度来看，研究如何在贸易规则内使用进口税来激励外部公司提高资源效率也可能是有用的。

（23）税收措施必须是动态的或定期审查的。如果税收设定为名义价格水平，税收措施的影响就会随着时间的流逝而逐渐消失。在这种情况下，应定期审查税收水平，以保持资源效率激励措施。基于价格或数量百分比的动态税可以减少侵蚀影响，并且实施起来更简单、更有效。

（24）在仪器设计中，要考虑消费者的行为和看法。保持对 MBIs 的支持和参与很重要。因此，在设计工具时强化消费者意识，提高透明度可以很好地实现这一目标。

（25）研究如何扩大有针对性的教育和认识的提高。农药部门的成功表明有针对性的运动可显著提高资源利用效率和环境效益。在整个欧盟扩大杀虫剂使用范围具有明显的潜力，但其他部门的参与者较少，也可能对大量资源使用有影响。

（26）仔细考虑集装箱存放计划的成本效益。证据表明，尽管这些计划在通过退货和回收利用保持资源方面非常有效，但是它们相对昂贵。可能会有更具成本效益的替代方案出现，如家庭回收利用。

（27）MBIs 应将资源的数量和影响联系起来。基于简单的数量或数量（权重）度量的工具并不总是完全考虑到资源的特定影响、稀缺性或重要性。措施的设计应尝试通过以下方式考虑这两个因素：以数量或重量为度量单位的广泛使用宜因资源而异或乘以风险/影响因素。

（28）MBIs 的分配影响通常不大，但应予以考虑。在许多情况下，新工具的影响很小，但对社会中弱势群体产生新的不公平，对低收入消费者或其他弱势群体的影响不成比例。这对诸如食物、水和能源等基本物品尤其敏感。这不应成为进一步使用 MBIs 的障碍，而应在计划的收入使用中予以考虑，以潜在地弥补损失的收入。

（29）MBIs 应该以合理的生命周期为基础，以支持实际的资源效率。某些措施似乎是成功和有效的，但它们的实际资源效率和环境影响收益可能是有争议的。鼓励资源转换和行为改变的工具应考虑到它们对促进改变的生命周期的影响，以确保改变是积极的。这可能需要在资源效率和环境目标之间进行权衡，从而突出反映整个生命周期以反思这些困境的重要性。

（30）使用一致的定义和方法并改进监测与评估方式。这是大多数文书中存在的问题。这需要整个欧盟采取统一的、明晰的标准，以便采取统一的行动。这将使更好的策略设计和更大的潜在资源效率改善成为可能。

5.2 我国 MBIs 的实践应用

5.2.1 "用水、用能、排污、碳排放权"市场交易制度

5.2.1.1 我国水权交易市场制度建设

水资源直接影响经济结构和生产力布局，关系经济社会可持续发展。伴随着我国经济社会快速发展，水资源与经济发展的不协调现象愈加突出，走可持续发展道路就必须使水资源与经济发展相适应，提高水资源的利用效率。[1] 水权市场交易制度是在社会主义市场经济条件下，实现水资源优化配置的最佳选择，中国的水权交易制度改革势在必行。

1987 年，著名的"八七分水"方案将黄河干流水量分配给各省份，允许省内水权置换，这是我国最早的水权分配方案。1996 年，中央"九五"计划首次提出总量控制原则，初步开始水权市场交易制度的探索。2000 年，浙江省的东阳、义乌两市首次转让 5000 万立方米水权，成功开创了我国水权交易实践的新纪元，翻开了水权交易的新篇章，全国各地争相开展水权交易实践，陆续涌现出京冀应急供水、宁蒙水权转换、张掖水票交易等一大批形式

① 丛志国. 浅谈影响水资源统一管理的因素分析[J]. 科技创新与应用，2013（19）：137－139.

丰富多彩的水权交易实例，水权交易呈现"遍地开花"的新局面。

法律制度不断完善。为保障水权交易制度的稳步推进，国务院、水利部就水权交易制度建设的框架构建、水量分配、水费征收、考核制度等多个方面进行了积极探索。2003—2017 年，国务院颁布的法律条例按"水权"检索数目为 27 条；水利部颁布的部门规章按"水权"检索数目接近百条。全国重大会议及政策文件中提及水权交易制度建设的次数明显增多，如党的十八大明确提出加快水权交易试点工作建设；"十三五"规划中提出加快健全水权初始分配制度，培育发展水权交易平台等。中央对水权交易市场制度相关法律法规探索见表 5.10。

表 5.10　中央对水权交易市场制度相关法律法规探索

年份	颁布单位	政策性文件
2002	全国人大	《中华人民共和国水法》
2005	水利部	《关于水权转让的若干意见》
2005	水利部	《水权制度建设框架》
2006	水利部	《取水许可和水资源费征收管理条例》
2007	水利部	《水量分配暂行办法》
2011	国务院	《中共中央　国务院关于加快水利改革发展的决定》
2012	国务院	《实行最严格水资源管理制度考核办法》
2013	国务院	《国务院办公厅关于印发实行最严格水资源管理制度考核办法的通知》
2014	水利部	《关于开展水权试点工作的通知》
2016	水利部、国家发展改革委	《"十三五"水资源消耗总量和强度双控行动方案》

水权交易制度试点工作稳步推进。水利部于 2014 年发布《关于开展水权试点工作的通知》，决定在宁夏、江西、湖北、甘肃、河南、内蒙古、广东开展不同类型的水权试点工作。各试点地区力争 2~3 年完成试点改革工作，着力探讨水资源使用权的确权登记、水权交易流转、水资源制度建设 3 个方面，推进市场机制调节水资源配置，为全国水权交易制度提供经验借鉴。试点地区水权交易相关政策条例如表 5.11 所示。

表 5.11　试点地区水权交易相关政策条例

年份	省份	会议及政策制度
2014	广东	《广东省用水定额》
2015		《广东省水权试点方案》
2016		《广东省水权交易管理试行办法》
2015	河南	《河南省南水北调水量交易管理办法（试行）》
2016		《2016 年河南省水政水资源工作要点》
2015	江西	《江西省水权试点工作方案》
2017		《九江市水权试点工作方案》
2015	甘肃	《甘肃省疏勒河流域水权试点方案》
2017		《甘肃省计划用水管理实施细则（试行）》
2017	内蒙古	《内蒙古自治区水权交易管理办法》

　　交易量实现大突破。截至 2017 年 6 月，在水权交易所挂牌交易成功的区域水权交易总量达到 87626.30 万立方米，灌溉用户水权交易总量达到 310865.23 万立方米。各试点地区水权交易总量也实现了较大突破，江西成交总量达 6355.00 万立方米，河南成交总量达 1220.00 万立方米，内蒙古成交总量达 1200 . 00 万立方米，宁夏成交总量达 984.02 万立方米，甘肃成交总量为 540.00 万立方米，广东与湖北两省份仍在紧张准备中。

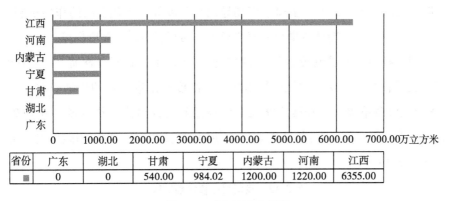

省份	广东	湖北	甘肃	宁夏	内蒙古	河南	江西
▇	0	0	540.00	984.02	1200.00	1220.00	6355.00

图 5.2　试点地区交易量

　　水权交易平台逐步建成。随着试点工作的顺利推进，各试点地区水权交易平台建设正如火如荼地进行，河南、内蒙古、广东等地已成立水权收储转让中心有限公司，甘肃疏勒河流域、张掖和武威等地已在县乡建有规范的交易平台，为全国各地交易平台建设提供了宝贵经验。2016 年 6 月 28 日，我国首个国家级水权交易所开幕式在北京举行，首日完成 3 单交易签约，水利部部长陈雷发表重要讲话，指出水权交易制度是现代水资源管理制度的重要组成，是运用市场机制优化配置水资源的重要途径。我国水权交易平台建设情况见表 5.11。

表 5.12 我国水权交易平台建设情况

时间	级别	平台建设
2013 年 11 月	甘肃	石羊河水权交易所
2013 年 12 月	内蒙古	内蒙古水权收储转让中心有限公司
2014 年 7 月	广东	广东省产权交易集团
2014 年 9 月	新疆	新疆维吾尔自治区玛纳斯县塔西河灌区水权交易中心
2016 年 6 月	北京	中国水权交易所
2017 年 4 月	河南	河南省水权收储转让中心有限公司

5.2.1.2 我国用能权市场交易制度

21 世纪以来，我国经济保持快速稳定增长，但能源短缺问题日益显著，严重制约着经济长期稳定发展。为解决当前经济发展和能源短缺的矛盾，实现节能减排和资源最优化配置的目标，我国于 2017 年正式展开用能权市场交易制度的试点工作，进一步探索市场导向型制度促进绿色发展的作用机制，为实现"十三五"能耗总量和强度"双控"目标任务提供制度保障。

用能权市场交易制度建设有序推进。2015 年，我国首次提出"用能权"交易概念，并对建立用能权市场交易制度作出进一步的规划部署，在《国家发展改革委关于开展用能权有偿使用和交易试点工作的函》中明确提出，在 2017 年全国开展用能权有偿使用和交易试点。我国用能权发展历程如表 5.13 所示。

表 5.13 我国用能权发展历程

年份	内容
2015	《生态文明体制改革总体方案》首次提出用能权交易
	"十三五"规划纲要明确建立健全用能权初始分配制度，创新有偿使用、预算管理、投融资机制，培育和发展交易市场

续表

年份	内容
2016	《工业节能管理办法》提出"科学确立用能权、碳排放权初始分配，开展用能权、碳排放权交易相关工作"
	《国家发展改革委关于开展用能权有偿使用和交易试点工作的函》明确提出，我国将于 2017 年在浙江、福建、河南、四川开展用能权有偿使用和交易试点

用能权市场交易试点逐步开展。在《国家发展改革委关于开展用能权有偿使用和交易试点工作的函》颁布后，试点省份相继出台了有关用能权有偿使用和交易试点工作配套管理办法。其中，浙江用能权交易试点工作取得了一定的效果。2015 年 5 月，浙江发布了《关于推进我省用能权有偿使用和交易试点工作的指导意见》，明确了推进用能权交易试点工作的实施路径，如图 5.3 所示。浙江在海宁试点经验的基础上，进一步推进包括杭州萧山区在内的 24 个县（市、区）开展资源要素市场化配置综合配套改革，随后嘉兴、临海、衢州、桐乡均制定了用能权交易地方性规定。2015 年，嘉兴共完成用能权交易 42 笔，增加用能 6.51 万吨标煤，其中单位能耗高于嘉兴"十二五"末目标 0.53 吨标煤项目有 27 个，有偿使用申购费 127.4 万元。

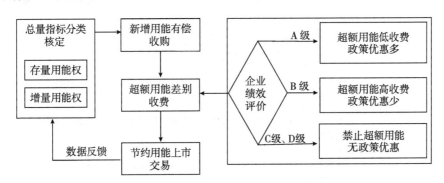

图5.3　浙江用能权制度建设思路

5.2.1.3　"排污权"交易制度建设

随着工业化的发展，我国的环境污染问题不断加剧，无疑是对我国的环境保护管理制度提出了更高的要求。加快排污权交易制度这一新型市场化环境保护机制的建设，将污染排放的控制方式由之前的浓度控制转向总量控制，在保障经济发展的同时控制环境污染是十分必要的。

在我国，排污权交易的提出可以追溯到20世纪80年代，经过30多年的探索与实践，排污权制度也取得一系列成果。这一过程可以分为3个阶段：探索阶段（1985—2000年）、试点阶段（2001—2006年）、试点深化阶段（2007年至今）。我国排污权交易发展历程如表5.14所示。

表 5.14 我国排污权交易发展历程

阶段	内容
探索阶段 （1985—2000 年）	1985 年，太原出台《大气污染排放标准》《污染物排放指标有偿转让管理办法》
	1987 年，上海首先进行了排污权交易的尝试
	1988 年，国家环境保护局颁布了我国有关排污权交易的最早法规《水污染排放许可证管理暂行办法》，全国人大常委会颁布《中华人民共和国大气污染防治法》
	1993 年，国家环境保护局以太原、包头等多个城市作为试点，开始探索大气排污权交易政策的实施
	1996 年，国务院颁布《"九五"期间全国主要污染物排放总量控制计划》；2000 年，全国人大常委会第一次修订《中华人民共和国大气污染防治法》。污染治理政策由浓度管理转变为总量管理，为实施排污交易提供了法律政策支持
	1999 年，南通与本溪被确定为首批试点城市
试点阶段 （2001—2006 年）	2001 年，江苏南通顺利实施中国首例排污权交易
	2002 年，选取了江苏、山东、河南、山西、上海、天津、广西柳州、华能发电集团作为试点，简称"4＋3＋1"
	2003 年，南京下关发电厂与江苏太仓港环保发电有限公司开启排污权异地交易的先河
试点深化阶段 （2007 年至今）	2007 年，国内第一个排污权交易中心在浙江嘉兴挂牌成立，并将试点省份扩大至 11 个
	2009 年，政府工作报告中明确指出要积极开展排污权交易试点工作
	2010 年，将扩大排污权交易试点作为当年的重点任务之一
	2014 年，国务院印发了《关于进一步推进排污权有偿使用和交易试点工作的指导意见》

我国排污权交易截至 2022 年 7 月在 28 个省、自治区、直辖市及青岛

市试点，在一定程度上遏制了污染物的排放，缓解了部分环境污染压力，在我国市场化的经济体制中有着巨大的发展潜力。

试点参与企业逐步增加，排污权交易量稳步上升。2007 年，国内第一个排污权交易中心在浙江嘉兴挂牌成立后，各试点地区积极响应，相继制定了排污权交易实施方案。随着试点工作的深入，排污权交易逐渐取得了显著成果。到 2013 年底，11 个试点省份排污权有偿使用和交易金额累计近 40 亿元。同时，排污权交易污染物种类增加了碳交易、COD、$NH_3 - N$ 等主要污染物，污染物交易范围进一步扩大。以福建为例，2015 年 3 月，排污权储备和管理技术中心正式成立；除三明外，其余 9 个设区市（含平潭综合实验区）均已成立排污权管理机构。福建 92 个县（区）已有龙岩永定、福州连江、泉州石狮等 30 个市成立了县（区）级排污权管理机构，占比达 32.6%。2017 年，福建已完成了排污权管理平台、排污许可证管理平台、排污权交易平台建设，三平台数据共享，初步实现排污权管理、排污许可证管理与排污权交易的有机结合，有力保障了排污权工作的顺利开展。截至 2016 年 6 月 15 日，福建共举行了 34 场排污权交易，累计 465 家企业参与交易，如表 5.15 所示。

表 5.15　福建排污权概况

地区	政策文件	污染物	试点行业	交易量		
				年份	交易量（笔）	交易金额（万元）
福建	《关于推进排污权有偿使用和交易工作的意见（试行）》以及 8 个配套管理办法和 12 个指导文件	COD、$NH_3 - N$、SO_2、NO_x	造纸、水泥、皮革、合成革与人造革、建筑陶瓷、火电、合成氨、平板玻璃	2014	40	1798.61
				2015	668	10900.70
				2016	454	17177.43
				合计	1162	29876.74

除了福建外，我国其他省份的排污权交易也取得了巨大进步，交易量和交易金额都十分可观，如表 5.16 所示。

表 5.16 截至 2014 年我国各试点地区执行情况

试点省份	累计交易量	交易总金额
浙江	4366 宗	8.52 亿元
陕西	49 宗	5.9 亿元
山西	930 宗	5.59 亿元
河北	1563 宗	1.69 亿元
湖北	4897.6 吨	2655.2 万元
河南	1614 宗	1.4 亿元
湖南	471 宗	7252.3 亿元
重庆	930 宗	8988.8 万元
江苏		2.24 亿元
内蒙古		8455 万元

资料来源：Wind 数据库。

我国排污权交易平台建设。2007 年之后，我国排污权交易平台有了飞速发展，大致可以分为 3 类：全国范围交易平台，省级交易平台，市、县级交易平台。在试点深化阶段，各试点地区分别成立了省市一级的排污权交易中心（见表 5.17），构建了完备的排污权交易市场和规范的操作流程，企业可依据自身需要通过排污权交易中心购买或出售排污权。

表 5.17 各省份排污权交易中心最早成立时间

省份	名称	成立时间
山东	山东省（莱芜）排污交易中心	2010 年 12 月
山西	山西省（太原市）排污权交易中心	2011 年 10 月
江苏	江苏省排污权交易管理中心成立	2009 年 9 月
河南	河南省公共资源交易中心	2016 年 6 月
上海	上海环境能源交易所	2008 年 8 月
天津	天津排污权交易所	2008 年 9 月
浙江	嘉兴市排污权储备交易中心	2008 年 11 月
内蒙古	内蒙古自治区排污权交易管理中心	2010 年 9 月
河北	唐山、秦皇岛、沧州、邯郸四市（全面启动市级排污权交易工作）	2013 年以前
湖北	湖北环境资源交易所	2009 年 3 月

省份	名称	成立时间
重庆	重庆环境资源交易中心	2009 年 11 月
湖南	长沙环境资源交易所	2012 年 7 月
陕西	陕西环境权交易所成立	2010 年 6 月

资料来源：笔者根据网站公开报道信息，自主整理得到。

试点范围在地区范围和行业范围不断扩大。从地区范围来看，早期试点地区主要集中在 7 个省份，而第二阶段试点地区多达 11 个省份。在全国 31 个省份中，试点地区占比 35.5%，占 2007 年 GDP 的 42.8%，而工业 SO_2 排放总量占全国排放总量的 50.2%。同时，试点地区实现了全省域内主要排放行业全覆盖，而不仅限于个别城市的试点。从行业范围来看，早期试点主要集中在电力行业，2007 年以后则逐步扩展至钢铁、水泥、玻璃、化工、采矿等行业。

排污权政策实施的基础更加完善。各试点地区逐步出台了与排污权交易相关的政策文件，形成了排污权交易市场的完善制度基础（见表 5.18）。

表 5.18　试点深化阶段试点地方政府关于排污权交易的规定及实施日期

省份	地方规定及实施日期
江苏	《江苏省二氧化硫排污权有偿使用和交易管理办法（试行）》2013 年 6 月 9 日
天津	《关于同意天津市开展排污权交易综合试点工作的复函》2008 年 9 月 25 日
浙江	《浙江省排污权有偿使用和交易试点工作暂行办法》2010 年 10 月 9 日
湖北	《湖北省主要污染物排污权交易试行办法》2008 年 10 月 27 日
重庆	《重庆市主要污染物排放权交易管理暂行办法》2010 年 8 月 25 日
湖南	《湖南省主要污染物排污权有偿使用和交易暂行办法》2010 年 7 月 14 日
内蒙古	《内蒙古自治区主要污染物排污权有偿使用和交易管理办法（试行）》2011 年 4 月 20 日
河北	《河北省主要污染物排放权交易管理办法（试行）》2011 年 5 月 1 日
陕西	《陕西省主要污染物排污权有偿使用和交易试点实施方案》2012 年 2 月 21 日
河南	《河南省主要污染物排污权有偿使用和交易管理暂行办法》2012 年 10 月 1 日
山西	《山西省主要污染物排污权交易实施细则（试行）》2011 年 8 月 30 日

5.2.1.4　"碳排放权"市场交易制度建设

在全球经济快速发展的同时，环境问题日益显著，提倡节能减排，发展低碳经济是符合我国未来发展战略的重要决策。为了实现"2020 年中国碳强度将比 2005 年降低 40%~45%"的减排目标，我国实施了一系列符合我国市场经济特点的碳减排政策，其中"碳排放权"市场交易制度就是一个重要的减排措施。

为了达到在低碳经济背景下对能源结构进行优化以及对产业结构进行调整，从而实现节能减排与经济同步平稳发展的战略目标，我国早在 2002 年就以 CDM 的形式开始了碳交易市场建设。经过十几年的探索和实践，我国于 2017 年在全国范围内启动碳排放交易。我国碳排放权交易发展历程如表 5. 19 所示。

表 5. 19 碳排放权交易发展历程

年份	内容
2002	我国以 CDM 的形式开始了碳交易市场建设
2006	中国清洁发展机制基金（CDMF）正式成立
2008	我国开始建立北京环境交易所、上海环境能源交易所及天津排放权交易所三大平台，随后广东广州、辽宁大连、云南昆明、河北、湖北武汉、浙江杭州、安徽等地相继设立了综合性的环境权益交易所
2011	国家发展改革委批准在北京、上海、天津、重庆、湖北、广东开展碳排放权交易试点工作
2014	截至 2014 年 6 月，7 个碳排放权交易试点全部启动
2015	截至 2015 年 12 月，7 个碳排放权试点市场共涉及 2000 多家企事业单位，年发放配额总量约 12 亿吨 CO_2，累计排放配额交易量超过 4000 万吨 CO_2，累计成交金额超过 10 亿元，每吨 CO_2 的市场价格在 12 元至 130 元间波动
2017	我国明确宣布将在全国范围内启动碳排放交易，参与交易的企业将会达到 1 万家，包括钢铁、电力、化工、建材、造纸等重点行业

以 CDM 项目的形式开始了碳交易市场建设。2002 年，我国以 CDM 的形式开始进行碳排污权交易。截至 2011 年 1 月，在联合国 CDM 执行理事会（EB）批准注册的全球 2744 个 CDM 项目中，5. 01 亿吨 CO_2 当量的核证减排量已经获得 EB 的签发，签发总量为 2005 年的 501 倍。其中，我国的注册项目占全部项目的 42%，共有 1168 个项目成功注册，被核证签发的减排量约为 2. 677 亿吨，占东道国 CDM 项目累计签发总量的 53%。据

世界银行统计，截至 2015 年底我国在联合国气候变化公约上登记的 CDM
项目数量已达到 3875 个，在发展中国家 CDM 项目实施中占比近 53%，居
于首位，如图 5.4 所示。

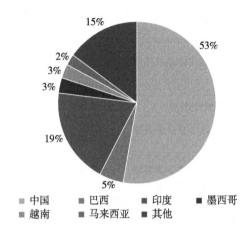

图 5.4　主要发展中国家 CDM 项目实施分布

截至 2017 年 6 月，全球有 7000 多个 CDM 项目，CO_2 累计年减排量约
10 亿吨，主要分布在中国和印度，其 CDM 项目个数和 CO_2 减排量占全球
总数的 70%，中国占 50% ~ 60%，如表 5.20 所示。中国从中获得了非常
大的好处，所以前几年中国的化工项目和供电获得了非常大的收益。

表 5.20　中国、印度 CDM 项目概况

区域	注册项目 （个）	CO_2 年减排量 （亿吨）	CO_2 累计签发量 （亿吨）
中国	3763	5.96	10.41
印度	1642	1.16	2.32
全球	7770	10.03	18.28

碳交易政策逐步健全。随着碳交易制度建设的有序推进，我国碳交易
政策也逐步完善，可以分为中央和地方两个层面，如表 5.21 所示。

表 5.21　我国碳交易政策

层面	政策	说明
中央	《中国应对气候变化国家方案》	成立节能减排工作领导小组
	国家"十二五"规划纲要	确立了碳排放权交易市场建立的重要性
	《节能减排与控制温室气体排放工作方案》	是碳排放权交易的指导性文件，主要起提纲挈领的作用，但是缺乏具体的实施细则
	《碳排放权交易管理暂行办法》	对碳排放权交易的全过程进行了规范
	《中国温室气体自愿减排交易管理暂行办法》	进一步规范碳交易实施细则
	《国家发展改革委办公厅关于切实做好全国碳排放权交易市场启动重点工作的通知》	要求做好 2017 年全国交易市场启动的通知，同时文件中明确排放框架的行业
	《"十三五"控制温室气体排放工作方案》	进一步强调和规范碳减排工作
地方	《北京市碳排放权交易核查机构管理办法（试行）》《组织的温室气体排放量化和报告规范及指南》《北京市碳排放权交易试点配额核定方法（试行）》《上海市 2013—2015 年碳排放配额分配和管理方案》《广东省碳排放权配额首次分配及工作方案（试行）》等 35 个地方法规	进一步完善了我国碳排放权交易的制度体系，为各地区开展碳交易试点工作提供了法律保障

但是，在试点阶段，各地区由于区域异质性，在排放交易主体准入范围、配额分配以及信息公开等方面还存在很大差异，如表 5.22 所示。

表 5.22　我国碳交易试点市场概况

地区	开市时间	准入范围（占总排放量百分比）（%）	配额分配方法	配额发放	核查机制	信息公开方式
北京	2013 年 11 月 28 日	49	历史排放法	无偿	第三方	当日、历史数据

续表

地区	开市时间	准入范围（占总排放量百分比）（%）	配额分配方法	配额发放	核查机制	信息公开方式
广东深圳	2013 年 6 月 18 日	40	历史排放 + 基准线法	无偿	第三方	当日、历史数据
湖北	2014 年 4 月 2 日	35		无偿	第三方	前一日数据
广东	2013 年 12 月 19 日		历史排放 + 基准线法	无偿 + 有偿	第三方	前一日数据
上海	2013 年 11 月 26 日	45	历史排放 + 基准线法	无偿	第三方	周、月、年报
天津	2013 年 12 月 26 日	60		无偿 + 有偿	第三方	当日、历史数据
重庆	2014 年 6 月 19 日		基准线法	无偿	第三方	当日、历史数据

试点地区碳交易量成果进一步扩大。2011 年，国务院批准北京、上海、天津、重庆、湖北、广东等地开展碳交易试点工作以来，深圳、上海、北京、天津、广州等地先后启动碳交易。自 2013 年起，7 个试点地区相继完成 2 年至 3 年的履约工作。我国发布的《北京碳市场年度报告 2016》显示：截至 2016 年 12 月 31 日，7 个试点地区累计碳交易量为 1.6 亿吨，累计成交额近 25 亿元，交易市场呈现日趋活跃，规模逐步放大的趋势。其中，包括福建在内的各省市二级市场，当年线上、线下共完成碳配额现货交易近 6400 万吨，较 2015 年交易总量增长约 80%；交易额约 10.45 亿元，较 2015 年增长近 22.1%。截至 2017 年 5 月，试点地区累计成交配额近 1.6 亿吨，成交额 37 亿元。

试点地区碳交易平台逐步建立。为了更加有效地推进碳交易制度的建设，我国各试点地区相继建立了碳交易中心，为交易工作的开展提供了平台，具体情况如表 5.23 所示。

表 5.23 我国各试点地区碳交易中心建设概况

启动时间	名称	纳入企业数（家）
2013 年 6 月	深圳排污权交易所	635
2013 年 11 月	上海环境能源交易所	191
	北京环境交易所	415
2013 年 12 月	广东碳排放权交易所	238
	天津排污权交易所	114
2014 年 6 月	重庆碳排污权交易中心	254
2014 年 12 月	湖北环境资源交易所	138

2011 年，我国碳交易试点工作正式开始。截至 2017 年，经过近 6 年的探索，我国碳交易在市场的建设取得了巨大进步。同时，碳交易制度的实施有效减少了试点地区的碳排放，在一定程度上缓解了碳减排压力。碳排放权交易试点工作的顺利开展积累了很多值得推广的经验，为我国进一步全面建设碳交易市场奠定了基础。

5.2.2 生态补偿制度

5.2.2.1 现有生态补偿方式梳理及补偿效果评估

（1）现有生态补偿方式梳理。

生态补偿方式的选择会直接影响生态补偿项目的效果，因而选择合适的补偿方式是开展生态补偿项目必不可少的步骤之一。对于这个问题，国内外众多学者开展了不同层次的研究，不少地区也不同程度地付诸了实践。生态补偿的方法和途径很多，按照不同的准则有不同的分类体系，归结起来，主要有以下几种（见表 5.24）。

①按照实施手段划分，可以分为资金补偿、实物补偿、政策补偿和智力补偿等；

②按照受偿方向划分，可以分为纵向补偿和横向补偿；

③按照空间尺度划分，可以分为生态环境要素补偿、流域补偿、区域补偿和国际补偿等；

④按照实施主体划分，可以分为政府补偿和市场补偿两大类型。

表 5.24　生态补偿的分类准则、分类结果和表现形式

分类准则	分类结果	表现形式
实施手段	资金补偿	通过资金补助的方式补偿受偿对象损失
	实物补偿	通过实物形式补偿受偿对象损失，如补偿给农户化肥、种子、农药、生产工具等
	政策补偿	政府通过制定各项优先权和优惠待遇政策，促进生态补偿顺利进行，如税收优惠、提供优惠贷款等
	智力补偿	一是对被补偿者进行直接的培训，使其自身能力、素质得以提高；二是向被补偿地区输入高素质人才，推动地区经济社会长足发展
受偿方向	纵向补偿	中央对地方或省的补偿，通过中央财政或省财政纵向转移支付的方式展开
	横向补偿	生态受益地区与保护地区之间、流域上游与下游之间，通过资金补助、产业转移、人才培训、共建园区等方式实施补偿
空间尺度	生态环境要素补偿	对污染环境、破坏生态导致的生态环境要素，即生态环境本身的损害进行的补偿
	流域补偿	当流域内水资源利用或污染物排放能够控制在相应的总量控制或跨界断面的考核标准之内时，如果没有充分利用的水量和环境容量被其他地区占用，产生了正的外部效应，同时流域上游为了给下游提供优质的水源而放弃了许多发展机会并增加了许多额外的生态与环境保护投入，那么下游应该对上游提供的高于基准的水生态服务进行补偿
	区域补偿	针对国家级自然保护区、世界文化自然遗产、国家级风景名胜区、国家森林公园和国家地质公园等禁止开发区域的生态保护的补偿方式
	国际补偿	利用国债资金、开发性贷款，以及国际组织和外国政府的贷款或赠款进行的生态补偿方式
实施主体	政府补偿	以国家或上级政府为实施和补偿主体，以区域、下级政府或农牧民为补偿对象的补偿方式。比如财政转移支付、差异性的区域政策、生态保护项目实施、环境税费制度等
	市场补偿	通过市场交易或支付，兑现生态（环境）服务功能的价值。典型的市场补偿机制包括：公共支付、一对一交易、市场贸易、生态（环境）标记等

（2）主要生态补偿方式的效果评估。

由于按实施手段划分的 4 种补偿方式基本上涵盖了目前所有的生态补

偿项目采用的补偿方式类型，因此这 4 种补偿方式是目前生态补偿效果评估的重点。

资金补偿和实物补偿属于直接补偿，通过对环境污染受害主体、采取有利于生态环境保护生产方式的农户或者其他为环境保护作出特别牺牲的相关主体给予一定的货币或者实物补偿的形式，实现环境保护，确保区域均衡发展。其中，资金补偿是最直接、最普遍的补偿方式，其主要优点是直接、方便、快捷，能够最快实现改善环境、弥补损失的效果。但是，实现生态补偿过程中面临着一些直接问题。由于其补偿资金来源受限于横向罚款和纵向政府财政预算，因此会出现补偿标准不够合理、补偿资金监管难度较大、补偿资金分配不够科学、补偿效果评估机制不够健全等问题。实物补偿运用物质和其他生产生活要素进行补偿，能最直接地对相关主体的损失进行补偿，直接保障被补偿者的基本生活，但是实物补偿存在难以量化的问题。

政策补偿以政策倾斜的方式对一定区域内的全体居民实施补偿，在经济手段广泛适用于环境保护的背景下，环境税和环境补贴成了当前普遍使用的生态补偿政策；智力补偿是以"授之以渔"的补偿方式对被补偿者今后的生存进行保障。政策补偿与智力补偿属于间接补偿，间接补偿能提高受偿对象的自我发展意识及能力，使他们的收入增加并且来源多元化，从根本上实现由"被动输血"向"主动造血"补偿的转变，实现经济、社会、生态的可持续发展。

5.2.2.2　现有不同补偿方式的补偿标准及合理性分析

（1）现有不同补偿方式的补偿标准。

由于补偿标准的设计直接关系到生态补偿项目的实施效果，因此补偿标准的确定成为生态补偿研究的核心内容。在现有研究中，补偿标准主要有实物补偿、政策补偿、智力补偿和资金补偿 4 种方式。虽然前三种与第四种在方式上有所不同，但现有研究及实践表明，前三种补偿方式的补偿标准最终都是量化为资金或者数值形式，因此不同补偿方式的补偿标准可以体现为资金补偿的标准。

国内外众多学者通过多角度、多对象研究，提出针对不同的研究对象应该采用不同的补偿标准。确定生态补偿标准的关键在于确定补偿依据并对其进行量化。在现有研究及生态补偿项目实践中，补偿依据主要有成本费用、支付意愿、生态系统服务价值、环境资源容量等几类。

以流域补偿为例，以成本费用为依据的量化方法包括机会成本法、费用分析法、生态环境恢复重建法、排污权交易法、成本分摊法等；以支付意愿为依据的量化方法主要有条件价值法（Contingent Valuation Method，CVM）和选择实验法（CE）等；以生态系统服务价值为依据的量化方法有生态系统服务价值评估法、水资源价值法等；以环境资源容量为依据的量化方法包含水环境剩余容量法、生态足迹法、水足迹法等；以水质水量为依据的方法主要是通过对水质、水量进行评估，进而进行的补偿。另外，还可以综合多种依据运用多种方法制定标准。综上所述，可总结为以下几个方面。

一是以成本费用为依据的补偿标准。以流域补偿为例，通过对生态建设与保护的总成本进行汇总，建立上游生态建设与保护补偿模型，在模型中引入水量分摊系数、水质修正系数和效益修正系数，最终计算出下游应支付给上游的补偿量。

二是以支付意愿为依据的补偿标准。该方法主要是以生态补偿项目相关者的意愿（包括支付意愿和受偿意愿）为基础确定补偿标准，或者通过意愿调查和 CE 分析，建立回归模型。另外，还可以在流域补偿中运用CVM，调查生态服务功能受益者的支付意愿以及受损者的受偿意愿。

三是以生态系统服务价值为依据的补偿标准。由于生态系统服务功能是有价值的，需要支付一定的代价才能获取相应的服务，因此要确定生态补偿标准，就需要对生态系统服务功能价值进行量化。流域生态服务功能大致可以分为物质产品生产、水供应、大气调节、环境净化、均化洪水、生物多样性维持、土壤保护、休闲文化，运用代替成本等价值评估方法，对其生态系统服务价值进行计算，得出补偿标准。

四是以环境资源容量为依据的补偿标准。以生态系统的承载能力为主要参考指标，首先，利用生态足迹模型等方法测算流域内各地区水资源超载指数；其次，在综合考虑生态服务价值和地区补偿能力的基础上，构建水资源生态补偿的量化模型；最后，得出各地区需要支付的生态补偿量。

五是综合性的补偿标准。在某个生态补偿项目中，由单一依据计算出的补偿标准可能无法包含所有情况，会导致结果偏离实际，因此可以根据实际情况综合运用多种方法确定补偿标准。比如，可以通过计算土地的机会成本损失作为对上游土地使用者的补偿标准，而对下游城市用水者征收的补偿费可根据其支付意愿确定；还可以通过计算生态损益确定最高的补偿标准，通过估计生态保护主体的机会成本确定最低补偿标准，通过估算得到的综合成本确定参考成本。最终，通过对以上3种成本综合考虑，决定最终补偿标准。

（2）现有补偿标准的合理性分析。

以成本费用为依据的补偿标准的合理性分析：成本费用分析考虑的主要是上游地区的直接成本费用或者间接成本费用，虽然从实际出发，但是主要以上游为对象，没有考虑在流域内实施时标准的接受程度。此外，由于机会成本是潜在成本量化，具有一定的主观性，且目前成本费用考虑到的相关费用还不全面。

以支付意愿为依据的补偿标准的合理性分析。通过支付意愿法得出的结果可操作性强，但是数字背后的理论依据不明确，太过主观，且由于调查过程中的信息不对称可能导致调查值与真实值差异过大，需要较多的样本来减少误差。

以生态系统服务价值为依据的补偿标准的合理性分析。生态系统服务价值能够在一定程度上反映生态系统为人类提供服务的价值。因此，以生态系统服务价值为依据的补偿标准在理论上具有合理性。但是，由于生态系统本身的复杂性属性及现有量化方法没有考虑生态系统的自净能力、没有动态反映生态系统的价值变化缺陷，学者计算出来的补偿值都太大，若按照计算结果进行补偿，就会给政府较大的财政压力。因此，普遍认为以生态系统服务功能为依据计算出来的补偿值只能是最高补偿标准。

以环境资源容量为依据的补偿标准的合理性分析。该标准侧重于生态环境资源的保护，主要从环境资源角度出发，考虑生态系统的承载力，但是对于地区经济、补受偿意愿、生态资本的真实价值等考虑不全。

综合性的补偿标准的合理性分析。综合比较方法考虑的问题比较多，运用的方法也比较多。绝大多数学者认为，理论上，补偿标准应介于机会成本与生态服务价值之间，最后计算出的补偿标准也是比较合理的，但是综合运用这些方法时并没有真正地进行综合，而是同时运用多种方法。

综上所述，确定生态补偿标准的方法有许多，但背后的理论可归纳为3 种：价值理论、市场理论和半市场理论，这 3 种理论各有利弊。一方面，从对生态补偿标准确定的逻辑思考角度来看，价值理论确定的标准是最直接的生态补偿标准，也是生态补偿标准的最合理解释；市场理论和半市场理论方法则更加注重人的因素，考虑的是生态补偿的补偿者和接受者的基础条件与偏好，得出的结果适用性很强。另一方面，从对标准制定结果的合理解释角度来看，价值理论方法计算出来的补偿量非常大，补偿标准很难被现今的社会接受；市场理论和半市场理论方法的结果很可能受到人为因素的干扰而产生错误的结论。

5.2.2.3　生态补偿效果及利益主体污染损失与责任分摊的补偿标准

在确定生态补偿标准的方法上，生态系统的复杂性和方法的局限性使得目前学术界没有形成统一的方法。比较常用的方法包括生态系统服务功能价值法、机会成本法、意愿调查法、市场法等，这些方法在应用过程中各有利弊。综合起来，补偿标准确定的根据一般包括生态补偿效果以及利益主体污染损失与责任分摊。

（1）基于生态补偿效果确定补偿标准。

实施生态补偿的目的就是保护生态环境，因此，政策实施后到底产生了怎样的效果、是否达到了预期目的，是选择生态补偿方式、确定生态补偿标准的前提，而补偿方式的选择及补偿标准的选择与确定又直接关系到生态补偿项目实施的效果。

为了确保生态补偿效果，需要通过比较分析法、费用效益法等，定量定性相结合，确定生态补偿项目实施前后的区别。按照生态补偿项目预先设定的目标，综合评价是否实现以及多大程度上减少了污染、弥补了受偿主体损失。

（2）基于利益主体污染损失与责任分摊确定补偿标准。

污染损失的确定对于生态补偿机制的实现有着重要意义，大部分生态补偿标准的制定依据以及补偿方式的选择实质都是基于损失来确定的，故而损失确定的准确与否直接关系到生态补偿的效果。

为了精准完整地计算污染损失，必须先弄清楚损失到底是如何产生的，明确哪些事物可能因为污染遭受损失以及遭受了哪个方面、多大的损失，从而根据损失确定责任分配，进而为生态补偿提供依据。明确损失产生原因、损失形成过程、损失对象及其损失方面，确定损失所有构成，同时保证污染损失项目的独立性和完备性，是准确计算损失的前提。比如，为了计算流域全损失，将流域所有的事物抽象为 2 个系统：流域自然系统和人类社会系统。对 2 个系统分别包含的要素及可能因为污染遭受损失的要素进行分析，确定受损主体的类别及各类别下的子类。污染物对自然系统与人类社会系统的影响及污染物通过自然系统的中介传递作用进而对人类社会系统产生影响，确定污染物排放分别给自然系统和人类社会系统带来哪些方面的损失，明确造成损失的主要因素，重点揭示污染物对人类社会系统产生影响的机理。

根据"谁污染，谁负责"的原则，生态补偿需要计算每个污染主体的实际责任大小，亦即计算每个污染主体实际排放污染物造成的损失大小。因此，在确保补偿标准时，可基于量化后的损失指标数值，由损失形成机理追溯产生污染的主体，根据不同排污主体的不同污染物排放比例，将污染损失精准分摊到各排污主体上。

另外，还应根据生态补偿实施区域的具体特征和实际污染情况，有针对性地进行污染损失形成机理研究，确定受损主体类别和损失指标，然后考虑时间和空间因素，采用不同的量化方法对不同的损失类别进行量化，得出不同损失类型的损失量；基于量化后的损失指标，根据损失产生机理识别出具体的污染对象；计算各污染源对总损失的实际贡献大小，进而对责任进行分摊。

5.2.3　排污费、税与补贴制度

5.2.3.1　排污费制度研究

排污费制度是通过对排污者的排污行为征收一定数额的费用，利用市场竞争中的价格传导机制，影响排污企业的生产成本或利润获取，从而间接诱导企业进行污染预防的制度。这一经济政策要求排污费费率的设定科学合理，才能对企业发挥较强的诱导作用。排污费制度发展至今，已有一定的理论基础，以下做简要说明。

排污费制度起源于工业发达国家，作为一项完整的制度，大约开始于 20 世纪 70 年代初期。当时，世界上许多发达国家为了制止环境污染和生态破坏，根据"污染者负担"原则，在环境政策领域中逐步引入和实行了向排污者征收排污费的制度。我国的排污收费制度也大约始于 20 世纪 70 年代初期，大体经历了 3 个发展阶段。

第一个发展阶段（1978—1981 年），排污费制度的提出和试行阶段。1978 年 12 月，中共中央批转国务院环境保护领导小组《环境保护工作汇报要点》，首次提出在我国实行"排放污染物收费制度"的设想。1979 年 9 月 13 日，五届全国人大常委会第十一次会议原则通过的《中华人民共和国环境保护法（试行)》第十八条第三款规定："超过国家规定的标准排放污染物，要按照排放污染物的数量和浓度，根据规定收取排污费。"在法律上确立了我国的排污收费制度。截至 1981 年底，全国有 27 个省、自治区、直辖市逐步开展了排污收费的试点工作。

第二个发展阶段（1982—1987 年），排污费制度的建立和实施阶段。1982 年 2 月，国务院在总结全国 27 个省、自治区、直辖市排污收费试点工作经验的基础上，发布了《征收排污费暂行办法》，对实行排污收费的目的，排污费的征收、管理和使用做出统一规定，标志着我国排污收费制度的正式建立，从此排污收费制度开始普遍实行。

第三阶段（1988 年至今），排污费制度改革、发展和不断完善的阶段。1988 年 7 月，李鹏总理签署国务院 10 号令，颁发了《污染源治理专项基金有偿使用暂行办法》，在全国实行了排污费的有偿使用。1989 年，七届

全国人大常委会第十一次会议通过的《中华人民共和国环境保护法》规定："征收的超标准排污费必须用于污染的防治，不得挪作他用。"2003 年 7 月，国务院颁布了《排污费征收使用管理条例》，在征收对象、征收范围和资金使用上做出了改进，是排污收费的政策体系、收费标准、使用、管理方式的一次重大改革。2007 年，国家环保总局又通过了《排污费征收工作稽查办法》，进一步强调了要依法、全面、足额征收排污费，纠正排污收费过程中的各种违法违规行为。2014 年 4 月 24 日，十二届全国人大常委会第八次会议修订通过了《中华人民共和国环境保护法》，进一步明确了缴纳排污费的流程。

5.2.3.2 排污税制度研究

《中华人民共和国环境保护税法》已由十二届全国人大常委会第二十五次会议于 2016 年 12 月 25 日通过，自 2018 年 1 月 1 日起施行。《中华人民共和国环境保护税法》拟将现行"排污费"改为"环境保护税"，并将现行排污费收费标准作为环境保护税的税额下限。对大气污染物、水污染物、固体废物和噪声 4 类污染征税，彰显了国家治理环境的决心。排污收费是指国家有关部门根据国家有关法律法规及政策规定，依法对造成国境内环境污染的生产单位和个人收取费用。

20 世纪 70 年代末，根据"谁污染，谁治理"的原则，我国实行了排污收费制度。如今，已建立了比较完整的排污收费法规体系，包括国家法律、行政法规、部门和地方行政规章等，制定了污水、废气、废渣、噪声、放射性等五大类 113 种排污收费标准。排污收费制度自实施以来，虽然对促进企事业单位加强污染治理、节约和综合利用资源，筹集环保专项资金，控制环境恶化趋势，提高环境保护监督管理能力等方面都发挥了重要作用，但是仍存在着若干弊端，严重制约其作用的发挥。

基于排污费与排污税各自的特点，从理论上分析，以排污税取代排污费，有以下优越性：一是在立法和执法的过程中，税收比行政收费具有更高的透明度，而且税收实行普遍课征，覆盖的范围更广，影响也更广泛，因此排污税比排污费更规范、更透明，指引调节功能更强；二是排污税以法律形式确定，具有比排污费更强的法律强制性，有利于确保排污资金征收入库；三是不同于行政收费通常由行政部门自定程序进行收取，税收的征收程序和征收方式是国家以立法的形式明确规定的，因而排污税比排污费执法程序更严格、更规范；四是排污税由税务部门征收可充分利用现有的各级税务征收机构和征收网络，从而节省征收成本、提高征收效率。

对环境税理论基础方面的研究有利于我们透过现象看本质，不仅可以把握环境税的精髓，而且可以在利用税收解决环境问题时，做到"以不变应万变"。本章主要涉及外部性理论、可持续发展理论、"双重红利"理论和环境税的效应分析。

5.2.4　绿色金融

为解决生态环境污染问题，党的十九大将"建设生态文明"提升为"中华民族永续发展的千年大计"，提出"要像对待生命一样对待生态环境，建设美丽中国"，并把"发展绿色金融"作为推进绿色发展的路径之一，这也意味着党和国家将发展绿色金融上升到了战略高度。一方面，发展绿色金融符合全球绿色转型大趋势。当前，控制全球温室气体排放，实现低碳转型已上升为全球性问题。根据联合国环境规划署的《金融体系与可持续发展之统一》报告，融资仍然是当前推进经济绿色转型与可持续发展的最大挑战之一。中国作为负责任的大国，"发展绿色金融"的意义在于为控制全球温室气体排放和经济绿色转型提供融资支持。另一方面，绿色金融是金融业和环境产业的桥梁。我国正处在经济转型的关键时期，发展绿色产业已成为我国经济新的增长点。但我国在发展绿色产业方面，仍存在巨大的资金缺口。据测算，中国绿色产业的年投资资金需求在 2 万亿元人民币以上，而财政资源只能满足 10% ~ 15% 的绿色投资需求（马骏，2015）。通过"发展绿色金融"引导社会资本投向绿色产业是必然的选择。2016 年 9 月，在杭州 G20 峰会上，中国提出的建设"绿色金融"议题，已成为全球治理"中国方案"的关键内容。

绿色金融（green finance）是金融领域的一个新概念，又称"低碳金融"（low – carbon finance）、"可持续金融"（sustainable finance）。绿色金融主要是相对于我们熟悉的传统金融而言，它并不是以经济效益作为根本出发点，而是将潜在的环境因素（包括环境风险、收益和成本）纳入投融资决策评估标准，从而合理地引导资金流向，使社会资源和生产要素更多地向绿色产业集中。

"发展绿色金融"是现时代的要求。2015 年 11 月 25 日，世界气象组织（WMO）发布报告称，2015 年全球平均温度创下"最高温"纪录，温室气体在大气中的浓度创下新高。同时，美国国家航天局（NASA）卫星资料显示，在 2005—2014 年中国大陆、印度、中东地区工业扩张污染不降反升。特别是，2015 年入冬以来，中国多省份雾霾天气频发，北京更是频繁发布"红色"空气污染预警。温室气体的排放，使部分地球系统正在失去原有的平衡，全球环境面临巨大挑战，世界各国达成绿色发展共识，同时绿色金融也愈加受到全球的关注。

学术界关于绿色金融的概念，尚无统一的评判标准。总体而言，绿色金融主要有两层含义。第一，从其内涵而言，绿色金融是指金融机构在投融资业务中考虑其决策对生态环境的影响，并利用金融工具，通过金融的杠杆效应和利益传导，影响其他经济主体的投资行为和市场决策，最终实现经济活动和生态平衡之间的协调发展。第二，从其外延而言，那些能够实现环境保护、资源节约、绿色发展的资金融通和交易活动，都可以称为"绿色金融"。例如，Mariana H. Silva 和 Lindenberg 等皆是从内涵上来说明绿色金融是一种用来降低、预防对环境和气候破坏的绿色筹资，旨在探究金融系统通过提供资金和风险管理服务推动社会的可持续发展。周道许、葛察忠、俞岚等国内学者也从绿色金融的内涵角度提出其是运用创新型金融工具，利用有效的市场信号，为绿色发展注入资金的金融活动。总之，这些界定的核心均落脚在了应对气候变化，加强环境治理，保护生物多样性，推动经济和自然协调发展的绿色金融活动的外延上。

从绿色金融的类型来看，其主要分为两大类：一是传统型绿色金融业务，主要包括绿色信贷、绿色债券与绿色保险；二是创新型绿色金融业务，主要包括绿色结构性存款、能源效率融资项目、碳配额质押融资等以及碳期货和碳期权等衍生金融业务。

绿色金融作为金融业和环境产业的桥梁，是寻求环境保护路径的金融体系；通过多样化的金融工具创新或组合，实现保护环境、提升环境质量和转移环境风险的目标，促进环境保护和经济发展的协调发展。绿色金融凸显金融机构与产业、生态环保等部门的协调关系。金融部门实施环境保护和节能减排政策，通过金融业务运作促进经济发展方式转变和产业结构转型升级，是实现金融与经济社会可持续发展的一种金融战略。广义的绿色金融是指一切支持可续发展的投融资活动，包括气候融资、更广泛的环境目标和整个金融体系对环境风险的有效管理。绿色金融中的价值驱动包括货币价值以及其他物品的价值驱动。其中，环境价值在实践中的界定具有诸多不确定性，现有绿色金融多是以金融产品与环保治理这一"末端"行为结合作为价值驱动。

　　绿色金融主体和产品。①绿色金融主体日益多元化，主要分为 4 类：经济活动的主体（企业和个人），金融机构、投资机构，中介机构，政府。企业和个人是绿色金融的需求者；金融机构、投资机构是绿色金融的供给者；中介机构为两者达成合作提供支持，提供如项目评估、信用担保、信用评级、资产评估、知识产权服务、项目监管等服务；作为绿色金融政策制定者和监管者，政府是市场外的重要主体。②绿色金融产品不断创新，主要包括绿色信贷、绿色基金、绿色风险投资、绿色保险、绿色证券、碳金融等。绿色信贷是商业银行和政策性银行等金融机构依据国家环境经济政策及产业政策，对从事生态保护与建设、新能源开发利用、循环经济生产、绿色制造等企业或机构提供贷款扶持，实现资金的"绿色配置"。绿色基金和风险投资针对节能减排战略、低碳经济发展、环境优化改造项目建立专项投资基金、风险投资基金。绿色保险主要是环境污染责任保险，由生态环境部、银保监会等部门和地方政府推动实施。"绿色证券"是通过建立上市公司环保核查制度、环保绩效评估制度和环境信息披露制度，调控社会募集资金的投向，防范环境风险和资本风险的一系列调控手段的总称。碳金融是企业间出于自愿或者受额度限制而产生的对温室气体排放权进行市场化交易的经济行为，以及金融机构在这一市场的相关金融活动，包括与碳排放相关的权益交易、投融资活动、碳指标交易、银行贷款与金融中介服务等。

就绿色金融作用于绿色经济发展的传导机理而言，主要可划分为三大路径。一是由绿色金融前两大功能主导的"产业路径"。绿色金融融通资金的功能可以形成资金导向，改变投融资的结构，支持绿色产业的发展。而其资源配置功能则可以调节资金流向，有意识地配置资金从污染行业中退出，向绿色环保行业集中。这有利于推动产业链的绿色转型，促进产业整合，提高经济效率。二是由绿色金融第三大基本功能主导的"成本路径"。绿色金融可通过提供投融资信息，提高绿色投融资效率，降低绿色发展的成本，并将环境风险显性化，间接提高高污染项目的成本，从而达到抑制污染性投资的目的。三是由绿色金融第四大功能主导的"市场路径"。绿色金融系统在进行贷款和资产定价时，不仅面临着传统金融领域的风险，还面临着相关环境领域的风险，仅仅依靠来自政府宏观层面的引导是不够的，还需要引入市场力量，通过不断完善的资本市场、货币市场和碳交易市场的市场机制，达到降低和分散风险的目的，这是绿色金融的"市场路径"。

通过上述产业、成本和市场三大作用路径，以期实现经济效益最大化与环境效益最大化之间的有机平衡，从而推动绿色经济的发展。而要有效地实现这一目标，除了借助绿色金融内在的作用机理外，还应从一国绿色金融发展的实际出发，从政策体系、支撑体系、中介体系、工具体系和市场体系5个方面入手，全方位构建绿色金融体系，多维度地推进绿色金融积极发展，进而助推国家经济发展模式的绿色转型。绿色金融对于绿色发展尤其是绿色经济发展的路径与作用机理如图5.5所示。

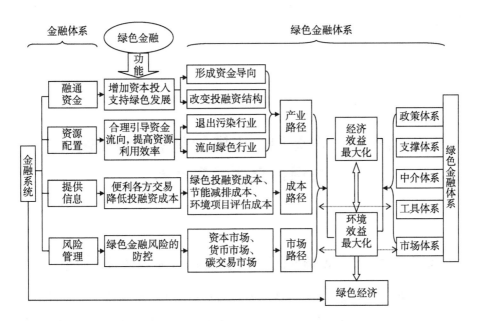

图 5.5　绿色金融对于绿色经济发展的路径与作用机理

第6章 命令型、市场导向型环境规制
与绿色全要素生产率

6.1 命令型、市场导向型环境规制与工业绿色技术效率

中国经济列车飞速前行，改革开放后短短四十余载缔造了世界第二大经济体的"中国式奇迹"。然而，在财富不断积累的同时，仍有一些"中国式难题"亟待解决。经济增长过度依赖生产要素的投入而非技术效率的提高，资源环境承载力逼近极限，生态环境的整体恶化趋势明显。面对经济和环境的双重压力，中国政府站在新的历史高度开创性地提出绿色发展理念，努力实现经济由粗放型向技术效率支撑型转变。工业作为国民经济的主导产业，同时又是高消耗、高污染的典型代表，在经济转型过程中的重要性不言而喻。一方面，在"绿色"经济理论风靡全球之际，中国工业的绿色发展是经济可持续增长的重要推动力，提高工业绿色技术效率是解决目前资源枯竭、环境污染问题的基本途径。另一方面，在环境资源约束下，中国必须制定更完备、更合理的环境规制。随之而来的问题是，环境规制会对中国工业绿色技术效率带来什么影响？是促进还是抑制技术效率的提升？不同类型的规制产生的影响是否不同？

现有文献对绿色工业的测算主要基于两个方面。一是基于设计工业绿色发展的指标体系，通过对众多指标进行无量纲化和赋权处理构建工业绿色发展总指数，该方法因易于操作而深受广大学者青睐，但是权重的确定具有一定主观性。二是基于技术效率，将环境污染和资源消耗纳入模型分析工业绿色增长绩效或工业全要素生产率，随机前沿分析（SFA）和数据

包络分析（DEA）是两种常用的分析方法。SFA 通过设定具体函数形式将误差项和无效率项进行分离，使估计效率具备有效性和一致性。DEA 是基于非参数的方法，无法对估计结果进行统计检验，但在无法确定函数形式时，该方法是一个不错的选择。

当前，有关环境规制与绿色工业的研究中，学者主要集中在 3 个方向。第一，考察环境规制对工业污染物排放的影响，主要检验环境规制是否有助于减少工业污染物排放。何小刚和张耀辉（2011）发现，环境规制对工业行业 CO_2 的排放没有显著影响；彭熠等（2013）发现，环境规制能够有效地促进工业治理废气投资的增加，从而达到减少工业废气排放的目的；徐志伟（2016）发现，2008 年后环境规制对工业污染减排效果才开始显现，环境规制的污染减排效果仅在东部地区明显；Cole 等（2005）利用英国数据进行研究，发现环境规制能够有效降低英国工业空气污染排放量；Kathuria（2007）针对印度的研究发现，非正式的环境规制，如环境新闻报道，对企业污染排放的控制具有积极作用。第二，考察环境规制对企业创新活动的影响，主要检验环境规制是否有利于激励企业技术创新。许士春等（2012）的研究表明，提高环境规制的严厉程度可以提高企业绿色技术创新的激励效果；李勃昕等（2013）的研究表明，环境规制强度与 R&D 创新效率呈现倒"U"型关系，环境规制对 R&D 创新效率的促进有一定"度"的限制；陈强和徐伟（2014）的研究表明，环境规制促进了工业行业 R&D 支出的增加，有利于工业企业治污技术和生产技术的创新；Jaffe 和 Stavis（1995）的研究表明，环境规制加重了企业的负担，在短期内抑制了企业的生产积极性，但从长远来看会加速淘汰进程，促使企业进行技术创新以提高自身竞争力；Ambec 等（2011）的研究表明，合适的环境规制能够刺激企业技术创新，并通过"创新补偿效应"和"学习效应"促进全要素生产率的提高。第三，考察环境规制对工业绿色全要素生产率的影响，主要检验环境规制与绿色全要素生产率之间存在何种关系。李斌等（2013）认为，环境规制强度存在"门槛效应"，过低或过高的环境规制强度都不利于绿色全要素生产率的提高，适中的环境规制强度才是提升绿色全要素生产率的合理途径；王杰和刘斌（2014）认为，环境规制与企业全要素生产率之间存在"N"型关系，只有把握环境规制的合理范围，才能最大限度地促进企业全要素生产率的提高；原毅军和谢荣辉（2016）认为，费用型规制与工业绿色生产率之间存在倒"U"型关系，而投资型规制与工业绿色生产率呈现负向线性关系；Zhang 等（2011）认为，提高环境规制强度有利于我国全要素生产率的提升。

总的来看，学者从不同方面对环境规制与绿色工业之间的关系进行了诸多有益的探索，但存在几点不足。第一，大量文献研究了环境规制与工业污染物排放、技术创新之间的关系，但从技术效率角度进行研究的文献较少。第二，在衡量绿色工业时，只是简单地将体现环境污染、资源消耗的变量纳入模型，没有考虑其是否符合现实生产过程，更没有思考其经济含义。第三，从技术效率角度研究的文献，大多采用非参数方法进行研究，对估计参数缺乏相应的统计检验，而且对环境规制的测度比较单一。

为此，本章利用 2000—2014 年各省工业面板数据，参考《环境经济综合核算体系 2012》计算考虑环境污染成本的绿色工业产出，采用随机前沿分析模型测算工业绿色技术效率，并考察命令型环境规制和市场导向型环境规制对工业绿色技术效率的影响效果及差异，以期为实现工业绿色发展、经济可持续发展提供理论支持和方法参考。

6.1.1 模型设定、变量选取与数据说明

6.1.1.1 模型设定

借鉴随机前沿分析方法测算各省工业绿色技术效率，结合本章实际情况，构建随机前沿生产函数模型如下。

$$\ln Y_{it} = \ln f(X_{it}, t) + (v_{it} - \mu_{it}) \tag{6.1}$$

其中，Y_{it} 为 i 省 t 年的绿色工业产出，X_{it} 为投入向量，包括 i 省 t 年的劳动投入 (L) 和资本投入 (K)。$v_{it} - \mu_{it}$ 为复合误差项，$v_{it} \sim N(0, \sigma_v^2)$，为 i 省 t 年工业生产过程中的随机误差，包括测量误差以及其他不可控制的随机因素的影响；$\mu_{it} \sim N^+(\mu, \sigma_v^2)$，为 i 省 t 年的无效率项，代表实际产出水平与期望产出水平之间的差额，差额越大说明技术效率水平越低。v_{it} 和 μ_{it} 相互独立，且和解释变量无关。各省工业绿色技术效率（TE）可通过 $TE_{it} = \exp(-\mu_{it})$ 求得。

超越对数生产函数形式灵活，具有包容性强和易估计等优点，同时能

较好地研究投入变量之间的交互作用以及技术进步随时间变化的关系。受此启发，本章将生成函数 f 设定为超越对数形式，可得到随机前沿生产函数模型。

$$\ln Y_{it} = \beta_0 + \beta_1 \ln(K_{it}) + \beta_2 \ln(L_{it}) + \beta_3 t + \beta_4 \ln(K_{it}) \ln(L_{it}) +$$
$$\beta_5 \ln(K_{it}) + \beta_6 \ln(L_{it}) + \beta_7 \ln^2(K_{it}) + \beta_8 \ln^2(L_{it}) + \beta_9 t^2 + v_{it} - \mu_{it}$$

$$(6.2)$$

为考察相关因素对技术效率的影响，贝特斯和柯埃利在 1992 年、1995 年先后提出两种方法，分别称为"两步法"和"一步法"。两步法的思路是先估计出随机前沿生产函数，然后将分离出来的技术无效率项对外生变量建立回归方程。使用该方法的前提是外生变量与解释变量无关。一步法的思路是将所有变量都纳入方程，同时对两部分的变量参数进行估计。王泓仁（2002）采用 Monte Carlo 模拟方法证明了当技术无效率的解释变量个数较少时，一步法优于两步法。本章的无效率项考虑因素不多，因此使用一步法，在式（6.2）的基础上引入非效率函数，具体形式如下。

$$\mu_{it} = \delta_0 + \delta_1 CER_{it} + \delta_2 MCR_{it} + \delta_3 CER_{it} \times MER_{it} + \sum X_{j,it} + w_{it}$$

$$(6.3)$$

式（6.3）中，CER_{it} 和 MER_{it} 分别为 i 省 t 年的命令型环境规制和市场导向型环境规制，为检验环境规制类型的相互关系，引入命令型环境规制和市场导向型环境规制的交叉项，即 $CER_{it} \times MER_{it}$。若系数 δ_1、δ_2 为负，则说明环境规制对工业绿色技术效率有正向作用，即环境规制强度的提高有利于绿色技术效率的提升。若系数 δ_3 为负，则说明命令型环境规制和市场导向型环境规制的交叉项对工业绿色技术效率有正向作用，即两者存在互补关系；反之，则存在替代关系。为控制其他影响因素，加入控制变量 X，其选择依据会在后文作详细说明。w_{it} 为随机扰动项。

为检验模型使用是否合理，贝特斯和柯埃利（1995）提出用方差参数指标 $\gamma = \sigma_\mu^2 / (\sigma_\mu^2 + \sigma_v^2)$ 来表示技术非效率项所占比重。若 $\gamma \neq 0$，统计显著，则表明存在技术非效率因素，使用随机前沿分析模型是合理的。这时由于残差项为复合结构，使用 OLS 估计会使参数结果有偏且非一致，而使用极大似然估计（ML）可以保证估计结果的一致性。

6.1.1.2　变量与数据

建立随机前沿模型需要选择合适的投入产出变量，下文将详细阐述变量的选取和数据的来源。

（1）工业绿色产出。

在国民经济核算理论中，绿色 GDP 是一个综合考虑资源消耗、环境污染、经济发展的理想产出指标，它反映的是经济生产过程中真实的产出水平。完全意义上的绿色 GDP 需要进行资源核算、环境核算，而当前已有知识尚不能为其提供足够的技术和理论支撑。所以，完全意义上的绿色 GDP 是一个长期的、理想化的核算目标。中国于 2004 年开始绿色 GDP 的试点工作，考虑到现实可行性，将绿色 GDP 界定为经环境污染调整的 GDP，即在传统 GDP 基础上扣减环境污染成本。受此启发，本章将工业经济活动中的环境污染成本从工业产出中予以扣减，经过调整，得到经环境调整的工业产出（EIP），以此来表征绿色工业产出，计算公式见式（6.4）。

环境污染成本采用虚拟治理成本法计算获得。虚拟治理成本是指当时工业经济活动排放的污染物按当时已有的治理技术水平全部治理所需支付的费用。本章从水污染、大气污染和固体废弃物污染 3 个层面考虑工业经济活动对环境造成的损失。工业废水排放是水污染的主要来源，工业废水按照一定标准进行处理将大大降低其危害，工业废水虚拟治理成本计算公式见式（6.5）。大气污染物主要包括工业 SO_2、工业烟尘、工业粉尘以及 NO_x，大气污染虚拟治理成本计算公式见式（6.6）。现有统计资料缺少工业固体废弃物实际治理成本的相关数据，绿色 GDP 核算科研小组根据对试点省份调查的数据估算出 2004 年全国工业一般固体废弃物治理成本为 22 元/吨，本章假定治理技术和水平不变，考虑价格因素的影响，得出工业固体废弃物虚拟治理成本，具体公式见式（6.7）。

将各省份工业部门具体数据按公式计算，便可得到各省份工业绿色产出，为消除价格因素影响，将工业品出厂价格指数折算成以 2000 年为基期的实际值。

$$EIP = 工业增加值 - 环境污染成本 \qquad (6.4)$$

工业废水虚拟治理成本 = 工业废水实际治理成本/工业废水排放达标率

$$(6.5)$$

工业废气虚拟治理成本 = 工业 SO_2 实际治理成本/工业 SO_2 排放达标率 +

工业烟尘实际治理成本/工业烟尘排放达标率 +

工业粉尘实际治理成本/工业粉尘排放达标率 +

NO_x 实际治理成本/NO_x 排放达标率 $\quad(6.6)$

工业固体废弃物虚拟治理成本 = 一般工业废物产生量 × 工业品出厂价格指数

$$(6.7)$$

（2）工业产出的投入。

为尽可能如实反映工业生产过程，本章根据柯布－道格拉斯生产函数理论，用资本和劳动力两个方面衡量工业生产的投入。资本投入一般采用资本存量衡量，从现有公开的统计资料和文献来看，工业资本存量数据仍是一片空白。众多学者对此作了诸多有益的探索，涂正革（2008）、李斌（2013）及原毅军（2016）等采用固定资产净值年平均余额进行价格指数平减后作为固定资本存量的估计量。然而，正如陈诗一（2011）指出的，采用该方法得到的数据值往往比实际的固定资本存量数值小，且处理过于粗糙。参考陈诗一（2011）文章，本章采用"永续盘存法"（PMI）对各省份工业资本存量进行科学系统估算，具体如式（6.8）所示。

$$K_{it} = K_{it-1}(1 - \delta_{it}) + I_{it}/P_{it} \qquad (6.8)$$

其中，K_{it} 和 K_{it-1} 分别为 i 省 t 年和 $t-1$ 年工业固定资本存量，δ_{it}、I_{it}、P_{it} 分别为 i 省 t 年的折旧率、投资增加额、价格指数。折旧率无法直接获得，需对其进行估算，利用可获得的数据，本章对各省份历年折旧率进行估算，具体如式（6.9）所示。每年投资增加额是当年新投入各类资产的金额总计，计算如式（6.10）所示。价格指数选取固定资产投资价格指数，初始资本存量采用固定资产净值数据估计，根据固定资产投资价格指数换算成以 2000 年为基年的实际值。

$$\delta_{it} = （累计折旧_{it} - 累计折旧_{it-1}）/ 固定资产原值_{it-1} \qquad (6.9)$$

$$I_{it} = 固定资产原值_{it} - 固定资产原值_{it-1} \qquad (6.10)$$

对于劳动力投入，大多数文献用年平均就业人数来表示。就业人数指标仅仅反映了劳动力数量的增长，而忽视了其质量的提高。近年来，大量研究表明，劳动力质量与经济增长之间存在紧密联系（钞小静、沈坤荣，2014；张月玲等，2015），且随着科学技术水平的不断提高，现代生产部门更加注重劳动力质量。鉴于此，本章采用有效劳动力指标来表示劳动力投入。各省份有效劳动力＝各省份就业人数×（各省份就业人员平均受教育年限÷当年全国就业人员平均受教育年限）。各省就业人员平均受教育年限的计算如下。

$$H_{it} = \sum_{J=1}^{5} edu_{it,j} \times P_{it,j} \qquad (6.11)$$

其中，i 代表不同省份，j 代表 5 种受教育程度（未上小学、小学、初中、高中、大专及以上），H_{it} 为 i 省 t 年人均受教育年限，$edu_{it,j}$ 为 i 省 t 年的第 j 种受教育程度代表的受教育年限（5 种受教育程度代表的受教育年限分别为 3 年、6 年、9 年、12 年、16 年），$P_{it,j}$ 为 i 省 t 年 j 种受教育程度就业人数占总就业人数的比重。未上过小学人员在工作当中会得到相关培训和具备一定技能，同时考虑到体现不同教育程度之间的差距，本章将未上过小学代表的受教育年限取值为 3。将式（6.11）代入全国数据就可求出当年全国就业人员平均受教育年限。各省份就业人数选取各省份工业企业年平均人数衡量。

（3）影响工业绿色技术效率的因素。

本章主要关注环境规制对工业绿色技术效率的影响。综合考虑政府和市场的作用，将环境规制划分为命令型和市场导向型两类。命令型规制是指政府出于环境保护的目的要求企业遵守相关环保标准和规范，为达到该标准企业必须投入一定的治污费用和采用一定的技术手段。命令型规制虽然能使环境状况在短期得到显著提高，但由于政府的强制干预，企业毫无话语权只能被迫接受，这会在很大程度上打击企业的积极性，降低企业效率。参考以往文献研究，本章选取工业污染治理投资占工业增加值的比重来衡量命令型规制的强度。市场导向型规制是指充分利用市场机制，通过排污费或污染排放证等工具，将环境污染损失的"外部效应"内部化，激励企业降低污染水平。只有市场经济充分发达，市场导向型规制才能有效发挥其作用。考虑到我国经济发展体制和环境保护状况，本章选用排污费收入衡量市场导向型规制的强度。

为有效分离环境规制对工业绿色技术效率的影响，本章对影响工业绿色技术效率的其他因素进行了控制。考虑到数据的可得性和对相关文献的研究，本章选取如下变量进行控制。

①外商直接投资（*FDI*）。近年来，大量研究表明，FDI 给东道国带来的影响令人喜忧参半，一方面 FDI 的涌入能带动当地经济发展，而且有利于先进的技术、管理经验的交流；另一方面 FDI 的涌入造成了当地的资源过度消耗和环境污染（张中元、赵国庆，2012；阚大学，2014）。本章用 FDI 占 GDP 的比重来衡量。

②研发投入（*R&D*）。加大研发投入有利于微观企业进行技术创新，提高企业技术效率，促使资源节约和循环利用，达到在给定的资源条件下获得更高产出的目的，进而降低企业污染排放水平。本章选取各地区工业企业 R&D 经费内部支出衡量。

③工业结构（*IS*）。优化工业结构是发展绿色工业的有效手段。我国工业发展过度依赖高载能的重工业，这造成了资源的大量消耗，同时污染排放也处在较高水平。《2015 年国民经济和社会发展统计公报》指出，六大高耗能产业占规模以上工业增加值的比重为 27.8%，而美国所占份额约为 7%。本章选取六大高耗能产业的工业产值占工业增加值的比重进行衡量。

（4）数据说明。

本章选取 2000—2014 年我国 30 个省级行政单位工业部门的年度相关数据进行研究。西藏地区由于数据缺失严重故暂不列入本章考察范围。所用的原始数据主要来源于 1999—2015 年的《中国环境年鉴》《中国统计年鉴》《中国工业经济统计年鉴》《中国科技统计年鉴》《中国劳动统计年鉴》。其中，工业增加值来源于中国统计局网站；工业"三废"的相关数据以及各地区排污费征收情况和工业污染治理投资额均来自《中国环境年鉴》；工业品出厂价格指数、固定资产价格指数等来源于《中国统计年鉴》；计算固定资本存量的相关数据，如累计折旧、固定资产原值以及六大高耗能产业数据来源于《中国工业经济统计年鉴》；R&D 经费内部支出数据来源于《中国科技统计年鉴》；就业人数、就业人员受教育程度均来源于《中国劳动统计年鉴》；外商直接投资数据来源于《新中国 60 年统计资料汇编》（2000—2008 年）和各省历年统计年鉴（2009—2014 年）。

6.1.2 实证结果与分析

（1）模型的选取和检验。

利用 Frontier 4.1 程序对各省份工业的投入产出数据进行处理，测算工业绿色技术效率并分析其影响因素。赵玉民等（2009）指出，由于中国市场经济体制不健全，市场导向型环境规制往往存在时滞性。因此，本章对市场导向型环境规制滞后 0、1、2 期，分别得到模型（1）、模型（2）和模型（3），结果如表 6.1 所示。

从表 6.1 结果可得，3 个模型的 γ 值都在 1% 的水平上显著，说明使用随机前沿分析模型是合理的。对随机前沿生产函数系数进行比较，3 个模型中的主要系数回归结果都显著，系数符号、大小与预期一致。资本投入、劳动力系数显著为正，但资本投入系数大于劳动力投入系数，这表明资本和劳动力对工业发展的影响是正向的，同时资本对工业发展的影响要大于劳动力对工业发展的影响。资本和劳动的交叉项为负，可以理解为两者存在替代关系。两种要素的平方项都显著为正，这佐证了两种要素对工业发展的正向作用。从技术无效率函数估计结果来看，模型（2）的各项系数明显优于模型（1）和模型（3），且模型（2）的 γ 值大于模型（1）和模型（3）。因此，本章选择将市场导向型环境规制滞后 1 期，拟采用模型（2）的估计结果作为本章分析的基础。

为进一步验证模型（2）结果的准确性，采用广义似然比检验对超越对数生产函数形式、技术无效率项进行验证，统计量为

$$LR = 2 \left[\ln L(H_1) - \ln L(H_0) \right]$$

其中，$\ln L(H_1)$ 是无约束条件下的对数似然函数值，$\ln L(H_0)$ 是有约束条件下的对数似然函数值。该检验统计量的基本思想是通过比较无约束模型和有约束模型的对数似然值差异大小来判断原假设是否成立，它服从自由度为受约束条件个数的卡方分布，具体结果见表 6.2。

表6.1　前沿生产函数与效率函数

变量	模型（1）	模型（2）	模型（3）
常数项	3.422 ** （2.514）	4.961 *** （5.618）	2.3845 *** （3.122）
$\ln K$	1.886 *** （3.796）	2.535 *** （6.414）	2.425 *** （3.152）
$\ln L$	1.137 * （1.765）	2.094 *** （4.346）	1.218 ** （2.411）
t	0.287 *** （5.440）	0.397 *** （7.216）	0.213 （1.416）
$\ln K \times \ln L$	− 0.524 *** （− 4.580）	− 0.519 *** （− 4.188）	− 0.687 *** （− 2.638）
$\ln K \times t$	0.035 *** （3.240）	0.074 *** （4.637）	0.0971 （1.005）
$\ln L \times t$	0.051 *** （3.751）	0.0459 *** （3.725）	0.628 ** （2.260）
$\ln^2 K$	0.295 *** （3.748）	0.354 *** （4.781）	0.243 ** （2.421）
$\ln^2 L$	0.245 *** （5.460）	0.186 *** （3.507）	0.142 *** （3.251）
$\ln^2 t$	− 0.002 * （− 1.841）	0.017 （1.558）	0.006 （1.392）
技术非效率函数			
常数项	0.844 *** （6.367）	0.243 *** （7.243）	0.124 *** （3.162）
CER	0.064 ** （2.325）	0.109 *** （2.543）	0.084 * （1.842）
MER	− 0.043 （− 1.225）	− 0.031 *** （2.732）	− 0.042 （1.042）
$CER \times MER$	0.040 （1.456）	0.018 *** （2.898）	0.021 （0.313）
FDI	− 0.439 （1.417）	− 0.363 （0.301）	− 0.421 （1.528）

变量	模型（1）	模型（2）	模型（3）
$R\&D$	-0.137^{**}	-0.097^{***}	-0.421^{***}
	（2.564）	（3.975）	（2.893）
IS	0.621^{*}	0.596^{***}	0.731^{***}
	（1.662）	（5.420）	（4.219）
γ	0.553^{***}	0.832^{***}	0.742^{*}
	（2.620）	（2.655）	（1.692）
LR	146.675	151.166	149.445

注：（1）括号中为 t 值；（2）* 表示 $p<0.1$，* * 表示 $p<0.05$，* * * 表示 $p<0.01$，下表同。

如表 6.2 所示，假设 I 是指随机前沿生产函数中所有变量交叉项和平方项都为零，即假定变量之间不存在相互关系，采用普通柯布–道格拉斯生产函数即可；假设 II 是指技术非效率函数中的变量系数为零，若假设成立，则说明技术非效率函数设定有误；假设 III 是指环境规制的变量系数为零，若假设成立，则说明环境规制变量对技术效率没有影响；假设 IV 是指两种类型环境规制交叉项系数为零，若假设成立，则说明两种环境规制之间不存在相互关系。由表 6.2 结果可知，4 个原假设均被拒绝。这表明传统的柯布–道格拉斯生产函数在此并不适用，选取的影响技术效率的因素具有一定合理性，环境规制对技术效率具有一定影响且不同类型的环境规制之间存在一定关系。简而言之，模型（2）及其变量设置是合理的，可依据其估计结果进行下一步分析。

表 6.2　LR 统计结果检验

类型	原假设 H_0	$\ln L\,(H_0)$	LR 值	临界值	结论
I	$\beta_4=\beta_5=\beta_6=\beta_7=\beta_8=\beta_9=0$	31.363	151.478^{***}	16.812	拒绝
II	$\delta_1=\delta_2=\delta_3=\delta_4=\delta_5=0$	64.538	42.564^{***}	15.086	拒绝
III	$\delta_1=\delta_2=0$	25.476	163.252^{***}	9.210	拒绝
IV	$\delta_3=0$	48.275	117.654^{***}	6.635	拒绝

注：显著性水平为 1%。

（2）工业绿色技术效率的区域特征。

表 6.3 给出了各省份及全国 2000—2014 年工业绿色技术效率数值。从

估计结果可知，2000—2014 年工业绿色技术效率排在前 5 位的省份是江苏（0.863）、广东（0.848）、浙江（0.822）、山东（0.796）和重庆（0.784），不难发现它们大多位于我国东部地区，经济发展水平和工业化程度都较高，拥有雄厚的资金和先进的技术，这些因素使得它们具有较高的工业绿色技术效率。而排在后 5 位的是青海（0.281）、宁夏（0.293）、新疆（0.330）、甘肃（0.382）和海南（0.418），它们大多位于我国西部地区，经济发展水平和工业化程度较低，生态环境较为脆弱，在工业发展过程中容易出现效率低下和环境污染严重等问题。分区域来看，如图 6.1 所示，样本期间内我国工业绿色技术效率呈现东、中、西部依次递减的格局。各区域工业绿色技术效率都呈上升趋势，东、中、西部的年增长率分别为 3.48%、3.91%、4.28%。较低的年增长率反映了东部地区工业绿色技术效率具有相对稳定的特征，也反映出效率逐步积累的特点。工业绿色技术效率水平较低的中、西部地区具有较高的年增长率，表现出向东部地区追赶的态势。东、中、西部的标准差系数分别为 0.131、0.104、0.171，说明东、西部地区内部差异较大，需进一步加强区域合作。从全国范围来看，工业绿色技术效率呈缓慢上升趋势，由于种种原因，我国工业起步晚、底子薄，虽然改革开放以来，我国工业经济实现了跨越式发展，建立起门类齐全的现代工业体系，但伴随而来的环境污染、效率低下和区域发展不平衡等问题，阻碍了我国工业快速转型升级。

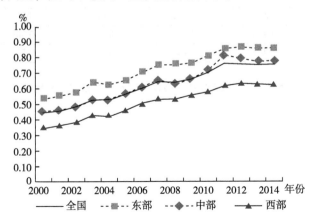

图 6.1　2000—2014 年我国各区域工业绿色技术效率走势

如图 6.2 所示，将绿色技术效率和传统技术效率进行比较。从全国范围来看，绿色技术效率均值略低于传统技术效率。目前，我国工业发展仍然是以牺牲环境资源为代价，近年来工业发展引发了严重的环境污染，造成了巨大的经济损失，因而使绿色技术效率低于传统技术效率。分区域来看，东部地区绿色技术效率高于传统技术效率，而中、西部地区绿色技术效率低于传统技术效率。东部地区凭借其早期的资金积累和技术优势，工业化程度已达较高水平，走出了以牺牲资源和环境为代价发展工业的老路子，踏上了新型工业道路，同时通过"西部大开发"和"中部崛起"战略将大量高消耗、高污染工业迁入中、西部地区，逐步实现产业转型升级。中、西部地区仍处在工业发展初期阶段，需要消耗大量资源，技术的缺乏和环保意识的淡薄使得人们对环境污染听之任之。为加快经济发展，中、西部地区承接了东部地区高消耗、高污染的工业企业，付出了环境污染和资源过度消耗的沉重代价。

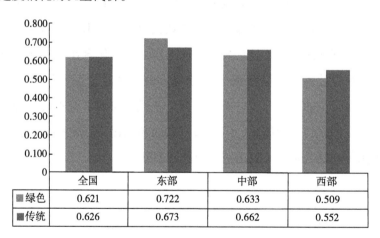

	全国	东部	中部	西部
■绿色	0.621	0.722	0.633	0.509
■传统	0.626	0.673	0.662	0.552

图 6.2　各区域工业绿色技术效率与传统技术效率比较

表 6.3　2000—2014 年各省份及全国工业绿色技术效率

地区		2000年	2001年	2002年	2003年	2004年	2005年	2006年	2007年	2008年	2009年	2010年	2011年	2012年	2013年	2014年	均值
东部	北京	0.450	0.475	0.504	0.595	0.561	0.551	0.577	0.604	0.580	0.486	0.691	0.738	0.740	0.794	0.811	0.610
	天津	0.380	0.404	0.415	0.524	0.572	0.634	0.724	0.767	0.814	0.797	0.829	0.891	0.913	0.919	0.929	0.701
	河北	0.598	0.594	0.583	0.616	0.621	0.662	0.734	0.777	0.766	0.794	0.810	0.843	0.869	0.863	0.815	0.730
	辽宁	0.470	0.455	0.477	0.507	0.463	0.496	0.501	0.561	0.645	0.694	0.756	0.873	0.894	0.872	0.888	0.637
	上海	0.500	0.529	0.571	0.666	0.648	0.676	0.729	0.774	0.767	0.764	0.844	0.893	0.896	0.901	0.909	0.738
	江苏	0.661	0.700	0.760	0.830	0.793	0.845	0.887	0.915	0.897	0.935	0.931	0.948	0.947	0.944	0.951	0.863
	浙江	0.699	0.709	0.721	0.793	0.713	0.748	0.789	0.849	0.862	0.856	0.887	0.927	0.928	0.922	0.921	0.822
	福建	0.616	0.617	0.643	0.669	0.645	0.655	0.747	0.798	0.824	0.839	0.881	0.916	0.923	0.926	0.930	0.775
	山东	0.617	0.612	0.622	0.701	0.724	0.759	0.821	0.852	0.833	0.875	0.884	0.911	0.914	0.915	0.896	0.796
	广东	0.659	0.666	0.709	0.783	0.788	0.833	0.871	0.905	0.900	0.910	0.901	0.946	0.948	0.950	0.954	0.848
	海南	0.241	0.318	0.329	0.390	0.367	0.345	0.374	0.419	0.432	0.451	0.492	0.558	0.562	0.488	0.499	0.418
	均值	0.535	0.553	0.576	0.643	0.627	0.655	0.705	0.747	0.756	0.764	0.810	0.858	0.867	0.863	0.864	0.722
	标准差	0.134	0.121	0.128	0.128	0.125	0.142	0.152	0.148	0.139	0.154	0.120	0.110	0.111	0.126	0.124	0.131
中部	山西	0.346	0.347	0.353	0.409	0.377	0.388	0.368	0.427	0.366	0.396	0.519	0.843	0.611	0.527	0.582	0.457
	吉林	0.344	0.375	0.392	0.459	0.471	0.499	0.563	0.664	0.634	0.702	0.756	0.834	0.857	0.859	0.867	0.618
	黑龙江	0.502	0.463	0.449	0.515	0.517	0.545	0.559	0.550	0.535	0.525	0.555	0.588	0.589	0.554	0.528	0.532
	安徽	0.460	0.533	0.530	0.567	0.553	0.627	0.682	0.709	0.665	0.716	0.783	0.857	0.865	0.861	0.886	0.686
	江西	0.443	0.451	0.497	0.568	0.594	0.621	0.674	0.709	0.610	0.710	0.741	0.787	0.806	0.812	0.818	0.656
	河南	0.576	0.564	0.573	0.639	0.630	0.717	0.779	0.829	0.814	0.837	0.853	0.854	0.859	0.806	0.772	0.740

续表

地区		2000年	2001年	2002年	2003年	2004年	2005年	2006年	2007年	2008年	2009年	2010年	2011年	2012年	2013年	2014年	均值
中部	湖北	0.446	0.487	0.507	0.465	0.503	0.543	0.607	0.645	0.638	0.654	0.762	0.860	0.885	0.863	0.883	0.650
	湖南	0.533	0.544	0.556	0.613	0.610	0.657	0.699	0.748	0.773	0.799	0.813	0.868	0.887	0.899	0.912	0.727
	均值	0.456	0.470	0.482	0.529	0.532	0.575	0.616	0.660	0.629	0.668	0.723	0.811	0.795	0.773	0.781	0.633
	标准差	0.077	0.073	0.073	0.076	0.078	0.096	0.117	0.116	0.130	0.135	0.112	0.088	0.115	0.137	0.138	0.104
西部	内蒙古	0.328	0.367	0.377	0.431	0.451	0.498	0.575	0.645	0.671	0.761	0.800	0.857	0.882	0.828	0.617	0.606
	广西	0.412	0.418	0.453	0.512	0.502	0.509	0.577	0.597	0.565	0.598	0.636	0.732	0.729	0.731	0.582	0.570
	重庆	0.505	0.552	0.595	0.706	0.723	0.742	0.796	0.845	0.847	0.889	0.889	0.940	0.934	0.892	0.784	0.776
	四川	0.442	0.478	0.495	0.542	0.540	0.622	0.728	0.762	0.787	0.816	0.852	0.887	0.908	0.901	0.711	0.698
	贵州	0.339	0.335	0.348	0.383	0.360	0.381	0.382	0.412	0.416	0.417	0.449	0.481	0.526	0.557	0.427	0.414
	云南	0.404	0.445	0.488	0.526	0.539	0.554	0.574	0.601	0.608	0.614	0.625	0.688	0.690	0.675	0.581	0.574
	陕西	0.387	0.417	0.439	0.491	0.501	0.539	0.561	0.608	0.643	0.697	0.749	0.729	0.760	0.818	0.608	0.596
	甘肃	0.303	0.309	0.323	0.328	0.324	0.379	0.397	0.431	0.399	0.408	0.390	0.432	0.425	0.440	0.382	0.378
	青海	0.150	0.155	0.178	0.219	0.187	0.238	0.257	0.287	0.298	0.326	0.341	0.388	0.407	0.393	0.281	0.274
	宁夏	0.227	0.216	0.247	0.266	0.276	0.268	0.287	0.334	0.325	0.291	0.335	0.346	0.342	0.329	0.293	0.292
	新疆	0.340	0.294	0.286	0.316	0.305	0.322	0.367	0.357	0.342	0.310	0.334	0.357	0.360	0.328	0.330	0.330
	均值	0.349	0.362	0.384	0.429	0.428	0.459	0.500	0.534	0.536	0.557	0.582	0.621	0.633	0.627	0.633	0.509
	标准差	0.095	0.111	0.117	0.137	0.146	0.149	0.167	0.174	0.183	0.207	0.209	0.216	0.218	0.215	0.104	0.163
全国	均值	0.446	0.461	0.481	0.534	0.529	0.562	0.606	0.646	0.642	0.662	0.703	0.759	0.762	0.752	0.621	0.611
	标准差	0.134	0.134	0.139	0.151	0.150	0.158	0.173	0.176	0.181	0.192	0.185	0.187	0.189	0.195	0.169	0.168

（3）环境规制与工业绿色技术效率。

根据随机前沿分析，若估计参数结果为负，则说明具有正向作用；若估计参数结果为正，则说明具有反向作用。由模型（2）的回归结果可得，命令型环境规制的估计参数显著为正，表明命令型环境规制对我国工业绿色技术效率具有显著的负向作用，即命令型环境规制强度越大，工业绿色技术效率越低。造成这一现象的原因可能有3个。第一，中国环保事业处于初期阶段，有关治污技术和大型治污设备严重不足，企业要想进行污染无公害化处理势必投入大量资金。但是，对于一般工业企业而言，在生产资料一定的情况下，增加环保投入定会发生"排挤"效应，导致原本用于生产和研发的资金缩减，生产技术无法得到提高，因而使工业绿色技术效率降低。第二，工业污染治理投资主要来自企业自有投资和政府补贴，其中，政府补贴虽然在很大程度上缓解了企业的治污压力，降低了企业的治污成本，但是大大削弱了企业自身提高治污技术降低污染水平的意愿，从而无法实现企业环境污染成本内部化。第三，命令型环境规制往往带有强制性，其政策制定具有较强的刚性，"一刀切"的做法往往会降低企业的生产效率。市场导向型环境规制的估计参数显著为负，说明市场导向型环境规制能够明显促进工业绿色技术效率的提升。市场导向型环境规制主要是通过向企业征收排污费将企业环境污染成本内部化，引导企业主动提高治污技术以降低污染水平。市场导向型环境规制具有较大的自由度，能让企业拥有一定的自主权，为企业采用较好的治污技术提供强有力的刺激。当市场体系更加健全时，市场导向型环境规制将展现出更加有效的作用。在1%的显著性水平上，命令型环境规制和市场导向型环境规制的交叉项系数符号为正，这表明命令型环境规制和费用型环境规制之间存在替代关系，这和前文分析结果相符。目前，我国命令型环境规制对工业绿色技术效率的提升没有促进作用，而市场导向型环境规制则发挥了显著的正向作用，两者都是为了控制企业污染水平，实施效果的不同只是所处阶段的特殊情况导致的。扩大市场导向型环境规制的工具库，运用市场这只"看不见的手"指引工业企业进行生产，同时合理使用命令型环境规制，减少政府对企业生产的干预，让环境规制能有效引导工业企业提高绿色技术效率。

此外，模型（2）回归结果表明，加大研发投入能显著促进工业绿色技术效率的提高，而产业结构则对工业绿色技术效率具有显著负向的影响。这和前文分析一致，科技创新是提高技术效率的有效途径，科研投入是提高科技创新的重要保障，因而加大科研投入能提升工业绿色技术效率。高耗能重工业为我国工业发展作出了突出贡献，但随着时代的发展呈现出疲软之态，其高消耗、高排放的缺点越发凸显，当今世界唯变者进，故我国应加快调整工业结构，促进工业高效良好发展。FDI 对工业绿色技术效率的影响不显著，这可能是由于进入我国的国外资本大多是看重我国廉价的劳动力，其技术含量和附加值都较低，对我国技术进步没有明显的促进作用。

为协调经济发展与生态环境之间的关系，政府实施了多种类型的环境规制，借以缓解企业生产过程中的污染排放问题。有效的环境规制是保护生态环境的重要手段，同时又是提升工业绿色技术效率，促进工业绿色发展的有效途径。为此，本章利用 2000—2014 年各省份工业有关数据，通过随机前沿分析技术测算了考虑环境污染成本的工业绿色技术效率，并考察了不同类型环境规制对工业绿色技术效率的影响。本章的主要结论如下。

①工业绿色技术效率较高的省份大多位于东部地区，而工业绿色技术效率较低的省份多位于西部地区；我国工业绿色技术效率呈现出东、中、西部依次递减的区域特征；从时间趋势来看，东部地区工业绿色技术效率变化平稳，中、西部地区具有一定的赶超特征；从标准差系数来看，中部地区内部发展较为平稳，东、西部地区内部差异较大。与传统技术效率比较，全国工业绿色技术效率略低于传统技术效率，东部地区工业绿色技术效率高于传统技术效率，而中、西部地区工业绿色技术效率低于传统技术效率。三大区域应该充分利用自身特点，努力实现资源节约和循环使用，降低污染排放水平。东部地区在引领全国工业绿色技术效率的同时，要注意内部差异，加强各省份之间的交流，推动区域整体水平上升；中、西部地区要努力提升自身经济发展水平，借鉴东部地区优秀经验，探索出一条均衡生态环境与经济发展之间关系的道路。

②命令型环境规制对工业绿色技术效率有反向作用，而市场导向型环

境规制对工业绿色技术效率具有显著的正向作用，两者之间存在替代关系。现阶段，命令型环境规制没有在我国起到应有的作用，但这并不意味着命令型环境规制毫无用处，在市场体系尚不健全之时，命令型环境规制仍然必不可少。与此同时，应充分发挥市场导向型环境规制的作用，扩大市场导向型环境规制的工具库，通过市场的行为刺激企业提高自身技术效率，降低污染排放水平。除此之外，还应加大科研投入和改善工业结构。科技创新是第一生产力，提高科学技术水平是提升工业绿色技术效率的根本途径。我国应该进行工业转型升级，摆脱高载能重工业依赖症，努力实现工业绿色发展。

6.2　市场导向型、命令型环境规制与绿色全要素生产率

6.2.1　问题的提出与文献综述

改革开放以来，中国工业粗放型生产方式极大地推动了经济快速增长。与此同时，中国的环境问题越发严重，2015 年京津冀的雾霾、2017 年内蒙古的沙尘暴等问题屡见不鲜，政府实施严格的环境规制势在必行。早在 20 世纪末，中国就提出了可持续发展理念；2005 年，习近平总书记提出"绿水青山就是金山银山"；2015 年，党的十八届五中全会提出了新发展理念"创新、协调、绿色、开放、共享"，"绿色发展"位列其中；2015 年，在巴黎气候变化大会上，中国向国际社会承诺在 2030 年单位 GDP CO_2 排放比 2005 年下降 60% ~ 65%。在此背景下，绿色全要素生产率（GTFP）应运而生，GTFP 成为衡量中国工业发展方式是否"绿色化"、是否从粗放型生产向集约型生产转变的重要指标。在经济新常态的大背景下，如何通过环境规制政策来改善中国工业的绿色全要素生产率，增强其持续发展力和持续竞争力，具有重要的理论意义和现实价值。

目前，关于环境规制与绿色全要素生产率的论述颇丰，中国学者对绿色全要素生产率的研究大多集中在测算方法和来源分解上；也有学者从环境规制的类型入手，探究不同环境规制对绿色全要素生产率的影响。此外，考虑到环境规制作为一种政策，必然存在时滞性，有不少文献着重研究了环境规

制滞后性对绿色全要素生产率的影响；在工业类别上，中国是全世界唯一拥有联合国产业分类中全部工业门类的国家。因此，从产业分类的角度来看，有不少学者研究了环境规制对不同产业绿色全要素生产率的影响。

从测算方法来看，传统的生产率测度方法主要有 Malmqusit 指数（解垩，2008）、Fischer 指数，该类指数在测度的时候不考虑生产过程中的非期望产出，可能测算会存在误差。鉴于传统的测算方法可能存在误差，学者在模型中引入考虑了"坏产出"，即考虑了非期望产出的 Malmquist – Luenberger 指数（陈德敏、张瑞，2012），得出了环境要素的引入会带来经济效率损失，区域能源效率存在显著差异，环境规制相关变量对全要素能源效率影响存在较大差异。在绿色全要素生产率的来源分解上，Malmquist – Luenberger 指数测度的生产率还可以进一步分解为效率变化和技术进步（原毅军、谢荣辉，2015），从生产率的角度验证了"波特假说"，环境规制显著促进了绿色全要素生产率，绿色全要素生产率增长的很大一部分来源于技术进步。也有学者将 ML 指数与方向距离函数结合使用，研究发现环境规制强度存在"门槛效应"，环境规制只有同时跨越科技创新水平门槛和所有制结构门槛才能真正促进中国工业发展方式的转变（李斌等，2013）。

环境规制有多种分类方式，最常见的是将环境规制分为正式环境规制和非正式环境规制，根据经济主体排污行为的约束方式，正式环境规制又可以分为命令型环境规制和市场导向型环境规制（张嫚，2005），这两大类环境规制对绿色全要素生产率有着不同的效应。正式环境规制对绿色全要素生产率的作用有着区域性的差别，一般来说，在处于工业化初期阶段、以粗放型生产方式发展的地区，命令型环境规制起着较大的作用；在进入后工业化、绿化程度较高的地区，市场导向型环境规制更有利于绿色全要素生产率的发展（张江雪、蔡宁等，2015）；而非正式环境规制如公众参与型环境规制对工业绿色增长的作用有限，原因在于，尽管公众有很大的意愿改善环境，但是公众对企业决策的影响力小，不能影响企业进行绿色技术创新，改进绿色全要素生产率。在将环境规制分为费用型环境规制和投资型环境规制时，费用型环境规制与工业绿色生产率之间呈"U"型关系，而投资型环境规制与工业绿色生产率之间具有负向线性关系（原毅军、谢荣辉，2016），但是若将费用型环境规制和投资型环境规制结合起来，就可以很好地改善绿色全要素生产率。因此，多样化地组合各类环境规制政策可以起到较好的作用，且环境规制的制定应做到因地制宜，对不同地区差别化实施环境规制政策，会显著提高该地区的绿色全要素生产率（温湖炜、周凤秀，2019）。

在环境规制的滞后作用上，学者提出了不同的见解，政府减排政策对绿色全要素生产率的影响是具有时效性的，近期会促进其增长，但长期由于政策滞后性，陈旧的环境规制政策无法促进绿色全要素生产率增长，反而会诱发企业为补偿污染减排成本而加速提高污染型经济产出的行为，恶化环境状况（黄庆华、胡江峰等，2018）。而市场导向型环境规制，如排污费征收，往往需要在 2 ~ 5 年才能显著提高绿色全要素生产率（温湖炜、周凤秀，2019）。

也有学者在对中国工业产业分类的基础上，探讨环境规制对不同行业的绿色全要素生产率的效应。李玲和陶锋（2012）将中国 36 个工业行业部门分成重度污染产业、中度污染产业、轻度污染产业三大类，指出重度污染产业当前环境规制强度相对合理，中度污染产业环境规制强度较弱，且轻度污染产业中的环境规制与绿色全要素生产率、技术创新、技术效率也是呈"U"型关系，其中，技术创新率先突破拐点。即环境规制的强度应该在一个合理的范围内，才会显著促进绿色全要素生产率的提高。类似地，也有学者通过数理模型检验得出环境规制与企业全要素生产率之间符合"N"型关系，环境规制的强度只有在合理的范围内才会促进企业全要素生产率的提高（王杰、刘斌，2014）。

6.2.2　市场导向型、命令型环境规制的政策效果：理论框架

从政策实施的效果来看，市场导向型、命令型的环境规制对绿色全要素生产率会产生两种结果，一是带来了增长效应，二是造成了阻碍效应。两类规制的具体作用机制如图 6.3 所示。

市场导向型环境规制是指政府利用市场机制，通过市场信号，引导、激励排污者进行污染减排，具体的方式有排污费征收、可交易许可证制度、减排补贴等。市场导向型环境规制主要是通过市场对排污者产生作

用，因此市场体系的完善与否对市场导向型环境规制能否产生作用有很大的影响。当市场体系较完善时，资源配置较合理，政府干预较少，此时市场导向型环境规制可以较好地发挥其对排污者的激励作用，激励排污者自发进行技术创新，从而提高绿色全要素生产率，如东部地区的资源配置合理性高，市场体系较完善，政府过多干预市场，反而不利于排污者进行技术创新，不利于绿色全要素生产率的改善；当市场体系不够完善，资源无法在市场上得到合理配置时，就需要政府进行干预，弥补市场上存在的各种不足，使市场达到激励排污者进行自主创新的程度，从而改善绿色全要素生产率，如在中、西部地区，市场不够完善，存在着信息不对称、时滞性强等弊端，这就需要政府进行适度的干预，堵住市场存在的漏洞，从而达到激励排污者自主创新的程度，提高绿色全要素生产率。需要注意的是，政府干预应控制在适度的范围内，政府在要素市场上的干预能力强，会增强企业向政府"寻租"的动机，而"寻租"行为挤占了大部分的企业创新（李先枝，2018），削弱了企业创新的积极性，阻碍了企业进行绿色技术创新行为，不利于绿色全要素生产率的改进。

此外，当市场导向型环境规制的强度不够严格时，排污费征收强度也会降低，尽管企业不得不将一部分资金用于缴纳排污费，但对于企业来说这部分环境破坏支出的成本仍较低，由此仍然依赖于加大要素投入进行粗放型生产，以获得经济利润，缺乏研发绿色技术改善绿色全要素生产率的动力（原毅军、谢荣辉，2016）；当市场导向型环境规制渐趋严格，企业需要缴纳更高的排污费时，企业考虑进行绿色技术创新，降低生产过程中的污染排放，安装污染治理设备以降低在生产中作为副产品的废气、废水的排放（赵红，2007），这不仅改善了环境状况、提高了产业绩效，获得了"创新补偿"效应，而且进行了产业绿色化，优化了产业结构，削弱了第二产业在总产值中所占的比重，提高了绿色全要素生产率。

命令型环境规制是指政府利用立法的方式颁布一系列的法律、政策，直接规制排污者做出利于环保的选择，具体举措有排放标准、生产过程标准、能源或废弃物削减标准等。当命令型环境规制较严格时，外资进入较少，获得的技术引进也较少，对排污者的技术改进作用有限，对绿色全要素生产率的改进也有限；当命令型环境规制较宽松时，外资进入较多，在开放经济、资源配置全球化的大背景下，发达国家和地区的污染企业会向发展中国家转移，在带来先进技术的同时，也造成了发展中国家和地区的环境污染（吴玉鸣，2007），这就是"污染天堂假说"，比如，在技术较发达的东部地区，外资的进入带来的技术对东部地区的创新并没有正向的溢出效应，反而造成了环境污染，不利于绿色全要素生产率的改善，亦即产生了"污染避难所效应"；而在技术较落后的中西部地区，外资的进入给中西部地区的生产者带去了先进的技术，产生了正向的溢出效应，提高了生产者的绿色生产技术水平，提升了绿色全要素生产率。

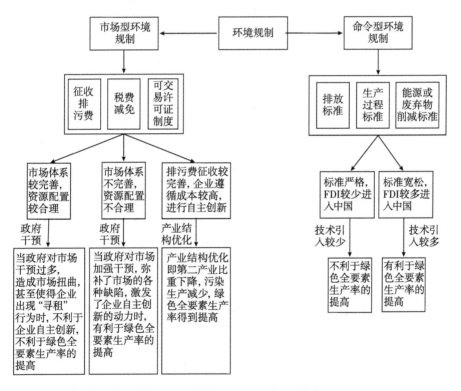

图6.3 市场导向型环境规制和命令型环境规制的政策效应

此外，考虑到市场导向型环境规制依靠市场起作用，而市场也存在一定的时滞性，而命令型环境规制作为一项法规政策，必定存在时滞性，因此作出如下假设。

假设1：市场导向型环境规制会通过调整政府干预、优化产业结构改善绿色全要素生产率，并且在短期内无法促进绿色全要素生产率的提高，在长期内效果显著。

假设2：命令型环境规制会通过外商投资带来的技术提高绿色全要素生产率，并且在短期内对绿色全要素生产率提升效应不显著，在长期内提升效应显著。

6.2.3　绿色全要素生产率的测算

6.2.3.1　绿色全要素生产率的测算方法

将每一个省份当作一个决策单元构造生产前沿，假设每个决策单元使用 N 种投入 x_{ij}（$i = 1, \cdots, N$）$\in R^+$，获得期望产出 y_j，以及 P 种非期望产出 b_{pj}（$p = 1, \cdots, P$）$\in R^+$。其中，j 表示为第 j 个省份。运用 DEA 可将包含非期望产出的生产边界表示为：

$$P = \left\{ \begin{array}{l} (y,b,x): \sum_{j=1}^{J} \sum_{t=1}^{T} \lambda_{jt} y_{jt} \geqslant y; \sum_{j=1}^{J} \sum_{t=1}^{T} \lambda_{jt} b_{pjt} \geqslant b_p, \forall p; \\ \sum_{j=1}^{J} \sum_{t=1}^{T} \lambda_{jit} x_{jit} \leqslant x_i, \forall i; \lambda_{jt} \geqslant 0 \end{array} \right\} \quad (6.12)$$

根据 Fukuyama（2009）的定义，考虑能源环境下的 SBM 方向性距离函数为：

$$\vec{S}_V^t(x,y,b,g^x,g^y,g^b) = \max \frac{1}{2}\left[\frac{1}{N} \sum_{i=1}^{N} \frac{s_i^x}{g_i^x} + \frac{1}{1+P}\left(\frac{s^y}{g^y} + \sum_{p=1}^{P} \frac{s_p^b}{g_p^b} \right) \right]$$

$$\text{s. t.} \quad \sum_{j=1}^{J} \lambda_{jt} x_{ijt} + s_i^x = x_{ijt}, \forall i; \sum_{j=1}^{J} \lambda_{jt} b_{pjt} - s_p^b = b_{pjt}, \forall p;$$

$$\sum_{j=1}^{J} \lambda_{jt} y_{jt} - s^y = y_{jt}; \lambda_{jt} \geqslant 0 \quad (6.13)$$

式（6.13）中，$\vec{S}_V^t$ 表示规模报酬可变（VRS）下的方向距离函数；（x_{jt}，y_{jt}，b_{pjt}）、（g^x，g^y，g^b）和（s^x，s^y，s^b）分别表示 j 省的投入产出向量、方向向量和松弛向量。（s^x，s^y，s^b）大于零，表示实际投入和污染排放大于边界投入和污染，而实际产出小于边界产出，说明在经济生产过程中能源环境存在效率不充分的问题。

根据 Shestalova（2003）的研究，t 期和 $t+1$ 期之间的 Malmquist 指数为：

$$GTFP_{t+1} = \Big[\frac{\vec{S_v^t}(x_{t+1}, y_{t+1}, b_{t+1}, g)}{\vec{S_v^t}(x_t, y_t, b_t, g)} \times \frac{\vec{S_v^{t+1}}(x_{t+1}, y_{t+1}, b_{t+1}g)}{\vec{S_v^{t+1}}(x_t, y_t, b_t, g)} \Big]^{\frac{1}{2}} \quad (6.14)$$

进一步，可将绿色全要素生产率变化分为技术效率变化（Technical Efficiency Change，TEC）和技术进步变化（Technival Progress，TP），分解如下：

$$GTFP_{t+1} = \underbrace{\frac{\vec{S_v^{t+1}}(x_{t+1}, y_{t+1}, b_{t+1}, g)}{\vec{S_v^t}(x_t, y_t, b_t, g)}}_{TEC_{t+1}} \times \underbrace{\Big[\frac{\vec{S_v^t}(x_{t+1}, y_{t+1}, b_{t+1}g)}{\vec{S_v^{t+1}}(x_{t+1}, y_{t+1}, b_{t+1}, g)} \times \frac{\vec{S_v^t}(x_t, y_t, b_t g)}{\vec{S_v^{t+1}}(x_t, y_t, b_t, g)} \Big]^{\frac{1}{2}}}_{TP_{t+1}}$$

$$(6.15)$$

式（6.15）中，等式右边第一项表示技术效率变化，表示决策单元从时期 t 到时期 $t+1$，经济生产是否处于更加靠近生产前沿面的状态。如果 TEC >1，那么说明决策单元正向生产前沿面靠近，相对技术效率提高；反之亦反。等式右边第二项表示技术进步变化，表示从时期 t 到时期 $t+1$，生产前沿面的变动情况。如果 TP >1，那么说明生产技术进步；反之亦反。

6.2.3.2 绿色全要素生产率现状分析

（1）各地区绿色全要素生产率的统计分析。

如表 6.4 所示，2007—2017 年我国的绿色全要素生产率平均值排名前十的省份是江苏、上海、安徽、湖北、四川、贵州、湖南、北京、重庆、广东，其中排名第一的江苏绿色全要素生产率的平均值为 1.2384，东部地区占 4 个省份（苏、沪、京、粤），西部地区占 3 个省份（川、贵、渝），中部地区占 3 个省份（皖、鄂、湘）；排后十位的分别是宁夏、辽宁、海南、黑龙江、天津、吉林、山西、河南、广西及陕西，其中排名最末的宁夏绿色全要素生产率的平均值为 1.1220，东部地区占 4 个省份（辽、琼、津、桂），中部地区占 4 个省份（黑、吉、晋、豫），西部地区占 2 个省份（宁、陕）；从变化趋势来看，2007—2017 年，我国大部分省份的绿色全要素生产率为负增长，其中辽宁绿色全要素生产率下降的幅度最大，从 2007

年的 1.0445 下降到 2017 年的 0.7829，下降幅度达 25.04%，紧随其后的还有内蒙古、宁夏、西藏、陕西等省份，下降幅度分别为 13.40%、9.98%、6.63% 及 5.79%；仅有天津、上海、福建、海南、吉林、河南、重庆 7 个省份的绿色全要素生产率的增长值为正，其中，上海绿色全要素生产率增长的幅度最大，从 2007 年的 1.0924 增长到 2017 年的 1.3167，增幅为 20.53%，其后还有天津、重庆、福建、海南、河南、吉林，这些省份绿色全要素生产率增长的幅度分别为 6.53%、4.70%、2.28%、1.75%、1.18% 及 0.54%。

表 6.4　2007—2017 年我国绿色全要素生产率省域数据特征

地区	平均值	平均值排名	变化幅度（%）	变化幅度排名	地区	平均值	平均值排名	变化幅度（%）	变化幅度排名
北京	1.1953	8	-0.66	8	安徽	1.1998	3	-3.61	19
天津	1.1453	26	6.53	2	江西	1.1655	17	-5.04	23
河北	1.1601	18	-0.82	9	河南	1.1487	23	1.18	6
辽宁	1.1371	29	-25.04	30	湖北	1.1993	4	-1.34	11
上海	1.2149	2	20.53	1	湖南	1.1956	7	-2.53	15
江苏	1.2384	1	-5.04	24	重庆	1.1926	9	4.70	3
浙江	1.1684	14	-2.14	13	四川	1.1993	5	-2.76	17
福建	1.1543	20	2.28	4	贵州	1.1987	6	-2.43	14
山东	1.1665	15	-4.00	21	云南	1.1571	19	-3.69	20
广东	1.1858	10	-2.10	12	西藏	1.1689	13	-6.63	27
广西	1.1504	22	-2.57	16	陕西	1.1536	21	-5.79	26
海南	1.1395	28	1.75	5	甘肃	1.1825	11	-3.48	18
吉林	1.1480	25	0.54	7	青海	1.1664	16	-0.90	10
黑龙江	1.1399	27	-5.73	25	宁夏	1.1220	30	-9.98	28
山西	1.1485	24	-4.14	22	新疆	1.1998	3	-3.61	19
内蒙古	1.1823	12	-13.40	29					

综上所述，我们可以发现：第一，2007—2017 年，辽宁及内蒙古绿色全要素生产率均值较小且呈下降趋势，下降幅度较大，天津、海南、吉林及河南绿色全要素生产率均值虽较小，但为正增长，具有良好的增长态势，上海与重庆绿色全要素生产率不但均值较高，近年来还有着较大的增幅；第二，我国约 3/4 的省份绿色全要素生产率都存在一定程度的负增长，

这说明我国大部分省份都存在不同程度的能源环境问题。

（2）绿色全要素生产率区域差异分析。

如表 6.5 所示，2007—2017 年，全国绿色全要素生产率的均值为 1.0644，其他各地区均值与全国平均水平相差不大，按照从高到低的顺序，西、中、东部地区的绿色全要素生产率的均值分别是 1.0943、1.0653 及 1.0412，排名最前与最末的西部地区与东部地区相差也不过 0.0531。从变化幅度来看，2007—2017 年，全国绿色全要素生产率呈负增长，降幅为 2.59%；东部地区的降幅最小，为 0.95%；西部地区次之，降幅为 3.49%，中部地区的降幅最大，达 3.88%，其中，西部地区与中部地区的降幅皆超过全国平均水平。

表 6.5　2007—2017 年我国绿色全要素生产率区域统计特征

地区	平均值	平均值排名	变化幅度（%）	变化幅度排名	最小值	最大值
全国	1.0644		−2.59		0.7331	1.4226
东部	1.0412	3	−0.95	1	0.7829	1.1912
中部	1.0653	2	−3.88	3	0.7331	1.4226
西部	1.0943	1	−3.49	2	0.8619	1.3167

6.2.3.3　绿色全要素生产率空间自相关与敛散性分析

（1）绿色全要素生产率空间自相关性分析。

全局 Moran's I 是最早应用于检验空间关联性和集聚，问题的探索性空间分析的指标，它能够反映整个研究区域内，各个地域单元与邻近单元之间的相似性，其计算公式如下：

$$I = \frac{\sum_{i=1}^{n} \sum_{j\neq1}^{n} w_{ij}(x_i - \bar{x})(x_j - \bar{x})}{S^2 \sum_{i=1}^{n} \sum_{j\neq1}^{n} w_{ij}} \tag{6.16}$$

式（6.16）中：I 表示全局 Moran's I；w_{ij} 表示空间权重矩阵；x_i 表示各省非正规金融规模数据。本章选择基于 Rook 的空间邻接方式。

全局 Moran's I 的取值范围是 [−1, 1]，其中，$I > 0$ 表示空间正相关，$I < 0$ 表示空间负相关，$I = 0$ 表示空间不相关。由图 6.4 与表 6.6 可知，我国

31个省份2007—2017年的全局Moran's I在 -0.20至0.40之间，变化的波动较大。2007—2013年及2015年我国绿色全要素生产率的全局Moran's I指数皆未通过5%显著性水平检验，而2013—2014年及2016—2017年绿色全要素生产率的全局Moran's I指数皆大于0，且皆通过5%显著性水平检验，这说明在这些年我国31个省份绿色全要素生产率在空间上具有较为明显的正相关性，即省份绿色全要素生产率的高低会受到邻近省份绿色全要素生产率高低的影响，绿色全要素生产率高的省份与绿色全要素生产率高的省份相邻。绿色全要素生产率低的省份与绿色全要素生产率低的省份相邻。从Moran's I的变化趋势来看，2007—2008年有小幅下降，Moran's I指数从 -0.043下降到 -0.156；2008—2014年虽偶有下降，但整体上升幅度较大，Moran's I指数从 -0.156上升到0.379；2014—2015年Moran's I指数有着从0.379到0.049的大幅下降；2015—2016年Moran's I指数有着从0.049到0.367的大幅上升；2016—2017年再次小幅下降，Moran's I指数由0.367下降到0.170。从2012年开始，Moran's I指数处于反复波动状态。

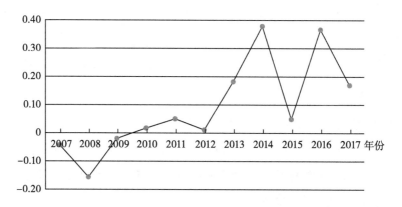

图6.4　2007—2017年绿色全要素生产率全局Moran's I指数折线

表6.6　绿色全要素生产率全局Moran's I检验情况

项目	2007年	2008年	2009年	2010年	2011年	2012年	2013年	2014年	2015年	2016年	2017年
Morans'I	-0.043	-0.156	-0.02	0.017	0.050	0.011	0.182	0.379	0.049	0.367	0.170
P值	0.471	0.142	0.440	0.299	0.187	0.341	0.027	0	0.206	0	0.016
z值	-0.073	-1.073	0.152	0.528	0.889	0.41	1.928	3.672	0.82	3.717	2.145

（2）绿色全要素生产率敛散性分析。

①σ 收敛。σ 收敛是指绿色全要素生产率的分布分散程度随着时间的推移而降低。本章将用各省历年绿色全要素生产率的标准差来判断各省绿色全要素生产率是否存在 σ 收敛，标准差的计算公式如下：

$$\sigma = \sqrt{\frac{1}{N}\sum_{i=1}^{N}(x_i - \bar{x})^2} \qquad (6.17)$$

其中，N 为样本总数，x_i 为样本值，$\bar{x}$ 为样本均值，依据式（6.17）得出全国、东部地区、中部地区和西部地区绿色全要素生产率的标准差，并绘制成图 6.5。

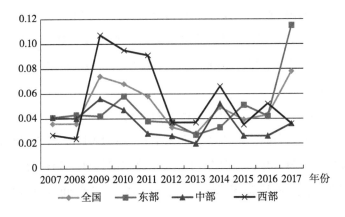

图6.5 2007—2017 各区域绿色全要素生产率标准差

由图 6.5 可知，全国、东部地区、中部地区及西部地区绿色全要素生产率的标准差并未随着时间的推移而上升，故而各区域并不存在 σ 收敛。

②β 收敛。β 收敛是指不同经济变量的增长率与其初始水平呈负相关关系，可分为绝对 β 收敛与条件 β 收敛。绝对 β 收敛是指假定各省份宏观经济状况、财政支出、产业结构、开放程度等完全相同，随着时间的推移，各省份的居民收入基尼系数逐渐收敛到相同的水平；条件 β 收敛是指假定各省份宏观经济状况、财政支出、产业结构、开放程度等并不相同，随着时间的推移，各省份的居民收入基尼系数逐渐收敛到各自的稳定水平。

a. 绝对 β 收敛分析。

绝对 β 收敛的基础模型为：

$$\ln(TFP_{i,t}/TFP_{i,t-1}) = \alpha + \beta\ln(TFP_{i,t}) + \varepsilon_{i,t} \tag{6.18}$$

其中，$TFP_{i,t}$ 表示第 i 省在 t 期的绿色全要素生产率，$TFP_{i,t-1}$ 表示第 i 省在 $t-1$ 期的绿色全要素生产率，α 是常数项，$\varepsilon_{i,t}$ 是服从正态分布的误差项，若回归系数 $\beta<0$，则存在绝对 β 收敛。考虑到空间效应，本章将建立空间面板模型进行分析。空间面板模型分为空间滞后模型（SLM）与空间误差模型（SEM），我们需要对这两种模型进行选择。

通过进行 LM 检验选择最合适的空间计量模型，若 LMERR 较 LMLAG 显著，R-LMERR 显著而 R-LMLAG 不显著，则 SEM 更适合，反之则 SLM 更适合。若 LMERR、LMLAG 都不显著，则比较 LMERR 和 LMLAG 的统计量：若 LMERR 比 LMLAG 的统计量值更大，则选择空间误差模型；反之则选择空间滞后模型。

如表 6.7 所示，全国、中部地区及西部地区的 LMLAG 皆较 LMERR 更显著，故应当选择空间滞后模型；而东部地区的 LMLAG 与 LMERR 皆不显著，LMERR 比 LMLAG 的统计量值更大，故东部地区应当选择空间误差模型，分别构建空间滞后模型——式（6.19）与空间误差模型——式（6.20）。

$$\ln(TFP_{i,t}/TFP_{i,t-1}) = \alpha + \beta\ln(TFP_{i,t-1}) + \rho W\ln(TFP_{i,t}/TFP_{i,t-1}) + \mu_{i,t}$$
$$\tag{6.19}$$

其中，$TFP_{i,t}$ 表示第 i 省在 t 期的绿色全要素生产率，$TFP_{i,t-1}$ 表示第 i 省在 $t-1$ 期的绿色全要素生产率，ρ 为空间滞后系数，反映空间效应的大小；W 是空间权重矩阵；$\mu_{i,t}$ 表示服从正态分布的误差项。

$$\ln(TFP_{i,t}/TFP_{i,t-1}) = \alpha + \beta\ln(TFP_{i,t}-1) + \varepsilon_{i,t}$$
$$\varepsilon_{i,t} = \lambda W\varepsilon_{i,t} + \mu_{i,t} \tag{6.20}$$

其中，λ 为空间回归系数，反映空间效应；W 是空间权重矩阵；$\mu_{i,t}$ 表示服从正态分布的误差项；$\varepsilon_{i,t}$ 表示随机误差项。

表 6.7　绝对 β 收敛空间相关性检验结果

LM 检验	全国		东部		中部		西部	
	Statistic	p－value	Statistic	p－value	Statistic	p－value	Statistic	p－value
Moran's I	0.544	0.586	0.755	0.450	－0.115	1.091	0.093	0.926
Lagrange multiplier（error）	3.734	0.053	1.668	0.197	0.453	0.501	0.016	0.899
Robust Lagrange multiplier（error）	55.407	0.000	21.225	0.000	5.800	0.016	6.769	0.009
Lagrange multiplier（lag）	6.158	0.013	0.947	0.330	4.185	0.041	4.540	0.033
Robust Lagrange multiplier（lag）	57.831	0.000	20.504	0.000	9.532	0.002	11.292	0.001

由表 6.8 可知，全国、中部地区及西部地区在 SLM 中，β 皆为负，且皆通过了 5% 的显著性检验；东部地区在 SEM 中的 β 也为负，且通过 5% 的显著性检验。即全国地区、东部地区、中部地区及西部地区皆存在绝对 β 收敛，在各省份宏观经济状况、财政支出、金融发展及产业结构等条件不变的情况下，随着时间的推移，全国、东部地区、中部地区和西部地区的绿色全要素生产率逐渐收敛到相同的水平。

表 6.8　绝对 β 收敛结果

变量	全国		东部		中部		西部	
	SLM	SEM	SLM	SEM	SLM	SEM	SLM	SEM
β	－0.862 ***	－1.269 ***	－0.875 ***	－1.067 ***	－0.402 ***	－0.636 **	－1.087 ***	－1.484 ***
	（－4.38）	（－6.74）	（－8.20）	（－11.76）	（－3.75）	（－3.05）	（－4.12）	（－10.00）
rho	0.458 ***		0.287 ***		0.632 ***		0.359 ***	
	（8.43）		（6.74）		（9.34）		（4.61）	
$lambda$		0.708 ***		0.431 ***		0.698 ***		0.726 ***
		（16.56）		（7.70）		（12.61）		（22.62）
R^2	0.4329	0.5104	0.4049	0.4281	0.3552	0.3729	0.5491	0.6204
AIC	－854.8	－942.6	－342.8	－352.0	－334.3	－341.5	－212.4	－251.9
BIC	－843.7	－931.5	－334.5	－343.6	－326.8	－334.0	－204.9	－244.4
$logL$	430.4	474.3	174.4	179.0	170.2	173.7	109.2	128.9

变量	全国		东部		中部		西部	
	SLM	SEM	SLM	SEM	SLM	SEM	SLM	SEM
N	300	300	120	120	90	90	90	90

注：$*p<0.05$，$**p<0.01$，$***p<0.001$。

b. 条件 β 收敛分析。

条件 β 收敛的基础模型为：

$$\ln(TFP_{i,t}/TFP_{i,t-1}) = \alpha + \beta\ln(TFP_{i,t}) + \varphi Z + \varepsilon_{i,t} \qquad (6.21)$$

其中，$TFP_{i,t}$ 表示第 i 省在 t 期的绿色全要素生产率，$TFP_{i,t-1}$ 表示第 i 省在 $t-1$ 期的绿色全要素生产率，α 是常数项，Z 是控制变量，$\varepsilon_{i,t}$ 是服从正态分布的误差项，若回归系数 $\beta<0$，则存在条件 β 收敛。

同样通过 LM 检验选择最优的空间计量模型。如表 6.9 所示，全国的 LMLAG 比 LMERR 更显著，东部地区则是 LMERR 比 LMLAG 更显著，中部地区与西部地区均是 LMERR 未通过 10% 的显著性检验而 LMERR 通过了 10% 的显著性检验，故全国、中部地区及西部地区选择空间滞后模型，东部地区选择空间误差模型，分别构建空间滞后模型——式（6.22）与空间误差模型——式（6.23）。

$$\ln(TFP_{i,t}/TFP_{i,t-1}) = \alpha + \beta\ln(TFP_{i,t-1}) + \rho W\ln(TFP_{i,t}/TFP_{i,t-1}) +$$
$$\beta_1\ln INDU + \beta_2\ln URB + \beta_3\ln E + \beta_4\ln TRA + \beta_5\ln POLL + \beta_6\ln DEN +$$
$$\beta_7\ln WATER + \varepsilon_{i,t} \qquad (6.22)$$

其中，ρ 为空间滞后系数，反映空间效应大小；W 是空间权重矩阵；$\varepsilon_{i,t}$ 表示随机误差项。

表 6.9　条件 β 收敛空间相关性检验

LM 检验	全国		东部		中部		西部	
	Statistic	p－value	Statistic	p－value	Statistic	p－value	Statistic	p－value
Moran's I	0.835	0.404	1.072	0.284	1.168	0.243	0.987	0.324
Lagrange multiplier（error）	3.040	0.081	0.900	0.343	2.329	0.127	1.028	0.311
Robust Lagrange multiplier（error）	59.948	0.000	12.596	0.000	20.848	0.000	12.102	0.001

LM 检验	全国		东部		中部		西部	
	Statistic	p – value	Statistic	p – value	Statistic	p – value	Statistic	p – value
Lagrange multiplier（lag）	8.406	0.004	0.840	0.360	2.880	0.090	2.944	0.086
Robust Lagrange multiplier（lag）	65.314	0.000	12.535	0.000	21.399	0.000	14.018	0.000

$$\ln(TFP_{i,t}/TFP_{i,t-1}) = \alpha + \beta\ln(TFP_{i,t} - 1) + \beta_1\ln INDU + \beta_2\ln URB +$$
$$\beta_3\ln E + \beta_4\ln TRA + \beta_5\ln POLL + \beta_6\ln DEN + \beta_7\ln WATER + \varepsilon_{i,t}$$
$$\varepsilon_{i,t} = \lambda W\varepsilon_{i,t} + \mu_{i,t} \tag{6.23}$$

其中，λ 为空间回归系数，反映空间效应；$\varepsilon_{i,t}$ 表示随机误差项；W 是空间权重矩阵；$\mu_{i,t}$ 表示服从正态分布的误差项。

本章从国家统计局网站、中国各省份统计年鉴及 EPS 数据库收集整理了产业结构、宏观经济、能源环境等方面的经济数据作为控制变量，具体选取了以下解释变量 x，构建空间计量模型。

①产业结构指数（INDU）可衡量地区第二产业增加值占地区 GDP 的比重。

INDU = 第二产业增加值/地区 GDP

②城镇化指数（URB）衡量地区城镇化进程。

URB = 非农业人口/总人口

③能源消耗强度（E）可以衡量地区能源消耗程度。

E = 总能源消费量/地区 GDP

④对外贸易指数（TRA）可以衡量地区对外贸易水平，选取外商企业进出口总额计算 TRA。

⑤工业污染治理指数（POLL）可以衡量地区工业污染治理水平，POLL 由工业污染治理投资额代表。

⑥人口密度指数（DEN）可以衡量地区人口分布状况。

DEN = 地区人口数/地区面积

⑦工业废水排放强度指数（WATER）可以评估地区工业生产中的污水排放情况。

WATER = 地区工业废水排放量/地区 GDP

如表 6.10 所示，全国、中部地区及西部地区空间滞后系数皆大于零且通过 1% 的显著性检验，东部地区的空间误差系数大于零且通过 1% 的显著性检验，即全国、东部地区、中部地区及西部地区的绿色全要素生产率存在明显的空间相关性。在空间滞后模型中，全国、中部地区及西部地区的 β 值分别为 −1.132、−0.760 及 −1.406，东部地区在空间误差模型中的 β 值为 −1.249，这些区域的 β 值皆为负且通过 1% 的显著性检验，即绿色全要素生产率在全国及东、中、西部地区均存在条件 β 收敛，即在地区宏观经济状况、财政支出、金融发展及产业结构不同的情况下，随着时间的推移，各地区的绿色全要素生产率逐渐收敛到各自的稳定水平，存在条件 β 收敛。从收敛系数的绝对值大小来看，从大到小分别是西部地区、东部地区及中部地区，也就是说我国西部地区绿色全要素生产率的收敛速度最快，东部地区、中部地区最慢。

表 6.10　条件 β 收敛结果

变量	全国		东部		中部		西部	
	SLM	SEM	SLM	SEM	SLM	SEM	SLM	SEM
$lntfpl$	− 1.132 ***	− 1.337 ***	− 1.124 ***	− 1.249 ***	− 0.760 ***	− 0.993 ***	− 1.406 ***	− 1.569 ***
	(− 6.150)	(− 7.650)	(− 15.910)	(− 16.170)	(− 7.780)	(− 7.770)	(− 7.280)	(− 10.000)
$lnINDU$	0.196 ***	0.0475	0.309 ***	0.290 **	0.155 ***	0.0656	0.151 ***	0.0607
	(3.490)	(0.740)	(− 3.530)	(3.290)	(3.610)	(0.570)	(− 3.290)	(0.910)
$lnURB$	− 0.344 ***	− 0.359 ***	− 0.167	− 0.134	− 0.0784	− 0.237	− 0.659 ***	− 0.695 ***
	(− 4.030)	(− 5.060)	(− 1.200)	(− 1.020)	(− 0.630)	(− 1.270)	(− 5.390)	(− 5.050)
lnE	− 0.0730 *	− 0.0767 *	− 0.0582	− 0.0397	− 0.00183	− 0.0529	− 0.160 **	− 0.176 **
	(− 2.210)	(− 2.450)	(− 0.810)	(− 0.580)	(− 0.050)	(− 1.080)	(− 3.120)	(− 3.170)
$lnTRA$	− 0.0118	− 0.0146	− 0.0588 **	− 0.0587 **	− 0.0330 ***	− 0.0369 **	0.00652	0.00623
	(− 1.020)	(− 1.240)	(− 2.640)	(− 2.940)	(− 3.630)	(− 3.250)	(1.070)	(1.01)
$lnPOLL$	0.00930 *	0.00488	0.000573	− 0.0000162	0.00927 ***	0.00353	0.0155	0.0148
	(2.340)	(1.120)	(0.080)	(− 0.000)	(4.250)	(0.820)	(1.610)	(0.980)
$lnDEN$	− 0.334 *	− 0.455 *	− 0.190	− 0.113	− 0.346	− 0.665	− 0.649	− 0.788 *
	(− 2.220)	(− 2.340)	(− 1.100)	(− 0.580)	(− 0.750)	(− 1.510)	(− 1.820)	(− 2.330)

续表

变量	全国		东部		中部		西部	
	SLM	SEM	SLM	SEM	SLM	SEM	SLM	SEM
lnWATER	0.0139	−0.00432	0.0234 *	0.0157	0.035	0.0326	0.0515 *	0.036
	(1.95)	(−0.43)	(2.41)	(1.62)	(1.81)	(0.73)	(2.51)	(1.48)
rho	0.341 ***		0.225 ***		0.468 ***		0.157 *	
	(6.2)		(5.35)		(5.81)		(2.13)	
lambda		0.630 ***		0.337 ***		0.667 ***		0.528 ***
		(12.48)		(4.85)		(8.75)		(10.23)
R^2	0.6613	0.6314	0.587	0.5831	0.7300	0.6107	0.7939	0.7967
AIC	−935.4	−963.8	−365.1	−367.3	−362.3	−361.5	−252.0	−265.8
BIC	−898.3	−926.8	−337.2	−339.4	−342.3	−341.5	−232.0	−245.8
logL	477.7	491.9	192.5	193.7	189.2	188.8	134.0	140.9
N	300	300	120	120	90	90	90	90

注：* $p < 0.05$，＊＊ $p < 0.01$，＊＊＊ $p < 0.001$。

　　从条件 β 收敛的结果来看，全国范围中产业结构指数、城镇化指数、能源消耗强度、工业污染治理指数及人口密度指数皆通过显著性检验，其中，产业结构指数及工业污染治理指数的系数 β_2 与 β_5 均大于零，即地区产业结构及工业污染治理水平与地区绿色全要素生产率存在正相关关系，地区第二产业占比越大，工业污染治理投入越多，地区的绿色全要素生产率就越高。城镇化指数、能源消耗强度指数、人口密度指数的系数 β_2、β_3 及 β_6 皆为负值，即地区城镇化水平、能源消耗强度大小及人口密集程度与地区绿色全要素生产率呈现负相关关系，城镇化水平越高，能源消耗强度越大，人口越密集，地区绿色全要素生产率就越低。东部地区仅有产业结构指数、对外贸易指数通过显著性检验，即在东部地区产业结构中第二产业占比越大，对外贸易程度越低，地区的绿色全要素生产率就越高；中部地区则有产业结构指数、对外贸易指数及工业污染治理指数通过显著性检验，这说明在东部地区中第二产业占比越大，对外贸易水平越低，工业污染治理程度投入越多，地区的绿色全要素生产率就越高；西部地区通过显著性检验的解释变量有产业结构、城镇化指数及能源消耗指数，表明在西部地区，第二产业越发达，城镇化水平越低、能源消耗强度越小，地区的绿色全要素生产率就越高。总的来说，各地区绿色全要素生产率水平的影响因素不一，我们在分析不同地区的绿色全要素生产率时，应视具体情况区别分析。

6.2.4 实证研究

6.2.4.1 模型设计

为了验证不同类型环境规制对绿色全要素生产率的影响，本章先以全国各省份的数据为样本，检验市场导向型环境规制和命令型环境规制对绿色全要素生产率的影响，接下来将省份分为东部地区、西部地区、中部地区，分别检验不同环境规制对绿色全要素生产率的影响。考虑到回归中可能出现的异方差等问题，对回归分析中的所有变量取对数形式，以下为面板线性回归模型：

$$\ln GTFP_{it} = \alpha_1 + \beta_1 \ln IER_{it} + \gamma_1 \ln Control_{it} + \xi_{it} \qquad (6.24)$$

$$\ln GTFP_{it} = \alpha_2 + \beta_2 \ln MER_{it} + \gamma_2 \ln Control_{it} + \xi_{it} \qquad (6.25)$$

其中，$GTFP_{it}$ 表示 i 省份在 t 年的绿色全要素生产率；MER_{it} 表示 i 省份在 t 年的市场导向型环境规制政策；IER_{it} 表示 i 省份在 t 年的命令型环境规制政策；$Control_{it}$ 表示包括经济发展水平（$LPGDP$）、产业结构（$LINS$）、研发强度（$LINN$）、技术引入（$LTEC$）、能源消耗（$LENE$）、治污投入（$LPOL$）、政府干预（$LGOV$）在内的，与绿色全要素生产率相关的影响因素；α 为未观测到的因素；β 为环境规制对绿色全要素生产率的影响；γ 为其他相关因素对绿色全要素生产率的影响；ξ_{it} 为误差项。

6.2.4.2 变量的选取和数据处理

（1）数据选取。

本章选取了 2007—2017 年我国 30 个省、自治区、直辖市的面板数据为样本，所有的数据都来自历年的《中国统计年鉴》《中国工业经济统计年鉴》《中国能源统计年鉴》《中国环境年鉴》以及各省份的统计年鉴。本章使用的指标如下。

绿色全要素生产率（GTFP）：通过投入指标、期望产出、非期望产出，运用 DEA 测算出各省的绿色全要素生产率。

市场导向型环境规制（LMER）：政府利用市场机制，旨在通过市场信号引导企业进行排污，激励排污者降低排污水平。本章根据《中国环境年鉴》得出各省份排污费的征收数额，将各省份在 2007—2017 年内收缴的排污费数额占该省份 GDP 的比重作为市场导向型环境规制。

命令型环境规制（*LIER*）：政府利用立法的方式颁布一系列法律、政策直接规制排污者做出利于环保的选择。本章遵循武建新和胡建辉（2018）的思路，选用各省政府在 2007—2017 年实际污染治理投入占该省GDP 的比重作为衡量命令型环境规制的指标。实际污染投入是指工业污染治理投资、建设项目"三同时"环保投资、废气废水的污染治理设施运行费用。

经济发展水平（*PGDP*）选取人均 GDP，产业结构（*INS*）选取第二产业在总产值中所占的比重，研发强度（*INN*）以各省统计年鉴中的 R&D 经费内部支出占该省 GDP 的比重为指标，技术引进（*TEC*）以各省外商的直接投资占该省固定资产的比重为指标，治污投入（*POL*）选取各省在治理废气上的投资占该省 GDP 的比重，政府干预（*GOV*）选取各省政府的一般预算支出中的环境保护支出的比重。

（2）数据的描述性分析。

为了降低回归模型中的异方差等问题，对模型中的待估参数取对数，相应回归系数可视为弹性系数，变量描述性统计情况见表 6.11。

表 6.11　变量描述性统计情况

变量	样本量	平均值	标准差	最小值	最大值
LGTFP	330	0.060208	0.0664261	− 0.3105127	0.3524981
LIER	330	0.2211928	0.4738997	− 1.206888	1.44254
LMER	330	− 3.38941	0.755329	− 6.429482	− 0.7279438
LPGDP	330	1.298408	0.5563179V	− 0.3688921	2.557182
LINS	330	3.82042	.2140226	2.945176	4.119037
LINN	330	− 1.535901	1.179229	− 3.788826	2.238067
LTEC	330	1.291025	0.9490577	− 1.948969	3.218857
LPOL	330	− 2.798479	0.9239794	− 7.296171	− 0.224921
LGOV	330	1.220847	0.3726298	− 0.0788649	2.224343

6.2.4.3 实证分析及其结果

（1）不同环境规制对绿色全要素生产率的影响。

表6.12 环境规制对绿色要素生产率的整体回归：全国样本（2007—2017年）

变量	(1)	(2)	(3)	(4)	(5)	(6)
	OLS	OLS	固定效应	固定效应	随机效应	随机效应
LIE	−0.00185		−0.0174		−0.00266	
	（−0.22）		（−1.57）		（−0.34）	
LPGDP	−0.0188***	−0.0263***	−0.0107	−0.0232**	−0.0191***	−0.0280***
	（−2.78）	（−3.45）	（−1.14）	（−2.71）	（−3.36）	（−3.73）
LINS	0.0534***	0.0698***	0.173***	0.158***	0.0649***	0.0812***
	（2.86）	（3.43）	（4.51）	（3.99）	（3.58）	（3.75）
LINN	0.00844**	0.00720**	−0.0135	−0.0128	0.00824*	0.00683
	（2.37）	（2.00）	（−0.98）	（−0.93）	（1.94）	（1.56）
LTEC	0.0186***	0.0189***	0.0242**	0.0263**	0.0191***	0.0194***
	（4.06）	（4.30）	（2.17）	（2.30）	（5.47）	（5.29）
LGOV	0.0254**	0.0290***	0.0347**	0.0361**	0.0254***	0.0293***
	（2.53）	（2.90）	（2.12）	（2.06）	（2.82）	（2.81）
LPOL	−0.000766	0.00228	0.00177	0.00202	−0.000736	0.00200
	（−0.18）	（0.50）	（0.37）	（0.41）	（−0.17）	（0.50）
LMER		−0.0144*		−0.0137*		−0.0160**
		（−1.94）		（−1.87）		（−2.01）
_cons	−0.163**	−0.263***	−0.672***	−0.651***	−0.207***	−0.312***
	（−2.17）	（−2.91）	（−4.11）	（−3.87）	（−2.60）	（−2.96）
N	330	330	330	330	330	330

注：* p<0.10，＊＊ p<0.05，＊＊＊ p<0.01。

通过Stata15对式（6.24）和式（6.25）分别进行估计，如表6.12所示，其中（3）～（4）经过Hausman检验，式（6.24）应选用固定面板模型（3），式（6.25）应选用随机面板模型（6）。研究发现，命令型环境规制（*LIER*）对绿色全要素生产率产生负效应，但结果并不显著，因为命令型环境规制是立法部门制定的，旨在直接影响排污者作出利于环保选择的政策、法令等，因此不同强度的命令型环境规制会对绿色全要素生产率产生不同的影响。此外，命令型环境规制政策作为行政政策，还可能存在时滞性，这些问题将在下文继续探讨。市场导向型环境规制（LMER）较显著地负作用于绿色全要素生产率，政府通过征收排污费等方式激励企业绿色生产，一方面由于征收排污费的力度不足，导致企业可能因为改进生产技术的成本过高而宁愿缴纳排污费，并继续加大要素投入而实现经济的快速增长；另一方面对企业征收排污费直接增加了企业成本，从而导致绿色全要素生产率的下降。此外，征收排污费的基础是健全的市场经济体系，而中国的市场经济体系还不健全、市场发育还不充分，造成了市场导向型环境规制阻碍了绿色全要素生产率的改善。

产业结构（LINS）、技术引入（LTEC）和政府干预（LGOV）显著地促进绿色全要素生产率的发展，而经济发展水平（LPGDP）显著地不利于绿色全要素生产率的改进。此外，研发强度（LINN）和治污投资（LPOL）对绿色全要素生产率的效果都不显著，可能存在研发强度和治污投资不足的情况，从而无法对绿色全要素生产率的提高起到促进作用。

（2）门槛效应分析。

以往的研究大部分采用线性模型来研究环境规制对绿色全要素生产率的影响，但如果环境规制与绿色全要素生产率是非线性的关系，那么线性模型的估计是有偏差的。考虑到各省份在经济发展、产业结构、外资引进等方面存在巨大差异，环境规制与绿色全要素生产率很有可能存在非线性的关系。本章进一步分析环境规制与绿色全要素生产率的非线性关系，利用非线性门槛面板模型，分别以市场导向型环境规制（LMER）和命令型环境规制（LIER）为门槛变量，来揭示两者对绿色全要素生产率的影响。

门槛面板模型的设定如下。

考虑到表 6.11 中命令型环境规制对绿色全要素生产率的负效应不显著的情况，本章分别将命令型环境规制（LIER）和市场导向型环境规制（LMER）作为门槛变量，以检验是否存在门槛效应。

假设对于一个特定的门槛值 ξ，当 $LIER \leq \xi$ 和 $LIER > \xi$ 时，命令型环境规制对绿色全要素生产率的影响差异显著，对式（6.24）进行处理得到以 LIER 为门槛变量的面板回归方程：

$$\ln GTFP_{it} = \alpha_1 + \beta_{11} LIER_{it} \times I(LIER_{it} \leq \xi) + \beta_{12} LIER_{it} \times I(LIER_{it} > \xi) +$$

$$\gamma_2 Control_{it} + \xi_{it} \tag{6.26}$$

假设对于一个特定的门槛值 η，当 $LMER \geq \eta$ 和 $LMER > \eta$ 时，市场导向型环境规制对绿色全要素生产率的影响差异显著，对式（6.25）进行处理得到以 $LMER$ 为门槛变量的面板回归方程：

$$\ln GTFP_{it} = \alpha_2 + \beta_{21} LMER_{it} \times I(LMER_{it} \leq \eta) + \beta_{22} LMER_{it} \times$$
$$I(LMER_{it} > \eta) + \gamma_1 Control_{it} + \xi_{it} \tag{6.27}$$

式（6.26）和式（6.27）中相应变量的含义都不标，$I(*)$ 为示性函数。$LIER$ 和 $LMER$ 为门槛变量，ξ 和 η 为门槛值，β_{11} 和 β_{12} 分别表示在 $LIER_{it} \leq \xi$ 和 $LIER > \xi$ 时，命令型环境规制对绿色全要素生产率的作用系数；β_{21} 和 β_{22} 分别表示在 $LMER_{it} \leq \eta$ 和 $LMER_{it} > \eta$ 时，市场导向型环境规制对绿色全要素生产率的作用系数。

门槛检验结果及分析如下。

表 6.13 为分别以命令型环境规制（$LIER$）和市场导向型环境规制（$LMER$）为门槛变量的检验，实证结果表明：以命令型环境规制（$LIER$）为门槛变量时，全国样本不存在门槛效应；以市场导向型环境规制（$LMER$）为门槛变量时，存在双门槛效应，单一门槛值为 -2.3277，在 1% 的水平上通过显著性检验，单一门槛值为 -4.6064，在 1% 的水平上通过显著性检验。

表 6.13　门槛效应的自抽样检验

门槛变量	$LIER$	$LIER$	$LMER$	$LMER$
门槛模型	单一门槛	双门槛	单一门槛	双门槛
无	-2.3277^{**}	（12.92）	-4.6064^{**}	（10.91）

注：BS 抽样次数为 300 次，$*p < 0.10$，$**p < 0.05$，$***p < 0.01$，括号内为 F 值。

门槛值的似然函数（LR）如图 6.6 所示，在 95% 的置信区间内，单一门槛值分别为 -2.3277、-4.6064，市场导向型环境规制和绿色全要素生产率存在非线性关系。此外，命令型环境规制不存在门槛效应。

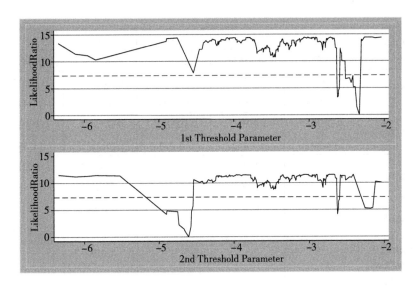

图 6.6　门槛值的 LR 图形（全国）

　　门槛估计的结果见表 6.14，为了加以对比并体现门槛估计的稳健性，在剔除表 6.11 不显著的变量后，给出了面板估计和门槛估计的结果，门槛估计的结果显著优于固定效应和随机效应，R^2 统计有了较好的提升，进一步证实了门槛估计结果的可靠性。当市场导向型环境规制强度小于 0.01 时，估计系数为 0.0190，但并不显著；当市场导向型环境规制强度介于 0.01 ~ 0.0975 时，估计系数为 -0.0149，但不显著；当市场导向型环境规制的强度大于 0.0975 时，估计系数为 0.0719，在 5% 的水平上显著，此时市场导向型环境规制对绿色全要素生产率起促进作用，也验证了市场导向型环境规制在达到一定强度后会显著促进绿色全要素生产率的改进。

表 6.14　门槛估计结果：全国样本（2007—2017 年）

变量	(7)	(8)	(9)	(10)	(11)
	固定效应	固定效应	随机效应	随机效应	门槛效应
LIER	-0.0158		-0.00306		
	(-1.40)		(-0.40)		
LPGDP	-0.0116	-0.0225 ***	-0.0184 ***	-0.0281 ***	
	(-1.37)	(-2.90)	(-3.10)	(-3.83)	

续表

变量	(7)	(8)	(9)	(10)	(11)
	固定效应	固定效应	随机效应	随机效应	门槛效应
LINS	0.181 ***	0.167 ***	0.0480 *	0.0701 ***	0.161 ***
	(4.03)	(3.63)	(1.89)	(2.69)	(4.17)
LTEC	0.0176 **	0.0199 **	0.0232 ***	0.0219 ***	0.0191 **
	(2.30)	(2.45)	(5.39)	(5.22)	(1.99)
LGOV	0.0304 *	0.0317 *	0.0257 ***	0.0299 ***	0.0221
	(2.01)	(1.97)	(2.92)	(2.85)	(1.46)
LMER		−0.0118 *		−0.0168 **	
		(−1.88)			(−2.33)
$LPGDP\_1$ ($LMER \leqslant -4.6064$)	(1.18)			0.0190	
$LPGDP\_1$ ($-4.6064 < LMER < -2.3277$)					−0.0149
					(−1.18)
$LPGDP\_1$ ($LMER \geqslant -4.6064$)					0.0719 **
					(2.51)
_cons	−0.673 ***	−0.652 ***	−0.160	−0.293 **	−0.593 ***
	(−3.81)	(−3.60)	(−1.61)	(−2.53)	(−3.80)
R^2	0.1726	0.1701	0.1447	0.1555	0.1950
N	330	330	330	330	330

注：* $p < 0.10$，** $p < 0.05$，*** $p < 0.01$。

（3）不同环境规制对不同地区绿色全要素生产率的影响。

考虑到环境规制作为政策会存在时滞性，传统面板模型会存在变量内生性等问题，以及各个省份不同的初始条件与发展情况，本章用系统 GMM 估计法分别讨论东、中、西部地区滞后环境规制政策对绿色全要素生产率的影响。通过在式（6.24）和式（6.25）的解释变量中分别加入命令型环境规制的滞后一期（$LIER_{it-1}$）和市场导向型环境规制的滞后一期（$LMER_{it-1}$），并进行系统 GMM 回归，以验证前文估计结果是否稳健，估计结果见表6.15。

表 6.15 不同地区环境规制的 GMM 估计结果

变量	(12)	(13)	(14)	(15)
	全国	东部	中部	西部
LIER	−0.0135	−0.450**	0.539	1.365***
	(−0.28)	(−2.12)	(1.22)	(2.93)
L.LIER	0.119**	0.580**	−1.834**	0.463**
	(2.42)	(2.40)	(−2.19)	(2.08)
LMER	−0.180**	−0.838**	−7.009**	−0.620
	(−2.18)	(−2.18)	(−2.37)	(−1.50)
L.LMER	0.169**	0.946***	6.487**	−1.091***
	(2.29)	(2.73)	(2.39)	(−3.63)
LINS	−0.0281	−1.262*	−4.361**	−0.175
	(−0.32)	(−1.78)	(−2.47)	(−0.27)
LTEC	0.0479**	−0.656*	1.838***	0.155**
	(1.99)	(−1.77)	(2.65)	(2.06)
LPGDP	−0.0365	−0.489**	4.834**	−1.719**
	(−0.55)	(−2.11)	(2.49)	(−2.18)
LGOV	0.0590	−0.730	6.023**	0.483***
	(0.89)	(−1.61)	(2.49)	(5.87)
AR (2)	0.288	0.276	0.914	0.205
N	300	110	80	99

注：$*p < 0.10$，$**p < 0.05$，$***p < 0.01$。

在模型（13）中，当期环境规制和滞后一期的环境规制对绿色全要素生产率产生了完全相反的效应，表明了环境规制与绿色全要素生产率存在非线性关系。不同的环境规制对东部地区绿色全要素生产率的提高效应有显著的差别，由于命令型环境规制作为一项法规、政策存在时滞性，当期的命令型环境规制显著负作用于绿色全要素生产率的提高，但是长期命令型环境规制显著促进绿色全要素生产率的提高，命令型环境规制强度每提高 1%，绿色全要素生产率提高 0.58%。市场导向型环境规制在短期显著阻碍绿色全要素生产率的发展，市场导向型环境规制强度每提高 1%，绿色全要素生产率减少 0.838%。一方面，鉴于市场导向型环境规制充分发挥作用的前提是一个健全的市场经济体系，但目前中国的市场经济体系还有很大的改善空间，因此市场导向型环境规制在短期内无法起到促进作用；另一方面，出现该情况的根源在于东部地区的经济发展水平、人力资本水平、科技创新水平都较高，人们对环境质量的要求也更高，因此带有激励性质的市场导向型环境规制可以长期显著地促进绿色全要素生产率的提高（温湖炜、周凤秀，2019）。市场导向型环境规制强度每提高1%，绿色全要素生产率提高0.946%，根据上文的面板门槛回归，市场导向型环境规制只要设定合适的强度并且给予一定的实施时间，就可以有效地激励绿色技术创新，提升绿色全要素生产率。

此外，技术引入、产业结构和经济发展会显著不利于绿色全要素生产率的提高，根据"污染避难所假说"，FDI技术溢出效应阻碍了地区工业的技术进步（张中元、赵国庆，2012），阻碍了绿色技术的研发，负作用于绿色全要素生产率；产业结构越高，即第二产业的比重越大，对能源的消耗就越大，产生的污染就越严重，越不利于绿色全要素生产率的改善；中国的主要工业仍然聚集在东部地区。因此，尽管人民的环境保护意识在提高，但是在经济发展的过程中，工业生产仍然不可避免造成了污染，不利于绿色全要素生产率的提高。

在模型（14）中，不同时期的环境规制对绿色全要素生产率的效应有着较显著的差异，表明了环境规制与绿色全要素生产率存在非线性的关系。短期的命令型环境规制作用仍不显著，命令型环境规制是通过政府的法规、政策来对绿色全要素生产率产生作用，因此存在时滞性；长期的命令型环境规制不利于绿色全要素生产率的提高，考虑到中部地区现阶段正在承接东部地区产业，并利用中部地区的资源禀赋大力发展经济，因此，命令型环境规制并不能对绿色全要素生产率起到改善作用，反而阻碍了产业大力发展的步伐，从而不利于绿色技术创新，阻碍了绿色全要素生产率的提高。市场导向型环境规制呈现出了与东部地区类似的情况，具体原因也与东部地区类似，随着排污费、排污许可证的交易越发完善，排污费征收力度加大，高额的排污费直接导致了企业成本的增加，激发了企业进行绿色技术创新，从而提高了绿色全要素生产率（郝丛卉，2018）。

与东部地区类似，第二产业比重的增加不利于绿色全要素生产率的改善。中部地区的技术引进、政府干预以及经济发展都会促进绿色全要素生产率的改善，随着"一带一路"建设的开展，中部地区对外商投资的吸引力不断增强，外资的进入带来了先进的技术，中部地区通过吸收转化先进技术提升了绿色全要素生产率；中部地区出于发展的需要对资源的配置不够合理，此时政府干预可以提高资源配置的合理性，有效提高绿色全要素生产率。随着经济和人力资本水平不断提高，人民的环境保护意识也在增强，在这种隐性环境规制的作用下，排污者进行了绿色技术创新，提高了绿色全要素生产率。

在模型（15）中，当期环境规制和长期环境规制会对西部地区的绿色全要素生产率的提高产生基本相同的作用。不论当期命令型环境规制，还是长期命令型环境规制，都会对绿色全要素生产率起显著的促进作用。西部地区的市场体系与东中部地区相比不够完善，且资源配置的合理性与效率较低，需要政府强有力地调控市场。因此，命令型环境规制作用显著，可以有效促进绿色全要素生产率的提高。市场导向型环境规制呈现与东部、中部地区不同的情况，在滞后一期时仍对绿色全要素生产率起显著的阻碍作用。西部地区的市场体系存在很大的弊端，存在信息不对称、资源配置不合理等情况，且西部地区经济发展水平较为落后、人力资本不足，人们对环境质量的要求不高，市场激励型环境规制并不能很好地促进企业进行绿色技术的创新，且随着经济的发展，人均收入提高，更加激发了人民对发展经济的渴望，从而不利于绿色全要素生产率的提高。

与中部地区类似，技术引入、政府干预会促进绿色全要素生产率的提高，外资的进入给西部地区带去了先进发达的技术，强度控制在合理范围内的政府干预可以较好地发挥资源配置作用（张建华、李先枝，2017），共同促进绿色全要素生产率的提高。

（4）中介效应。

在前文的机制分析中，市场导向型环境规制通过市场机制作用于绿色全要素生产率，命令型环境规制通过调节产业结构作用于绿色全要素生产率，因此市场导向型环境规制中介效应检验的自变量 X 为市场导向型环境规制，中介变量 M 为政府干预、产业结构，因变量 Y 为绿色全要素生产，控制变量为经济发展、治污投入和技术引进；命令型环境规制中介效应检

验的自变量 X 为命令型环境规制，中介变量 M 为技术引进，因变量 Y 为绿色全要素生产率，控制变量为经济发展水平、政府干预、产业结构、治污投入。为了研究其中的关系，参照 Baron 和 Kenny（1986）的方法，本章建立以下中介模型。

市场导向型环境规制的中介模型：

$$\ln GTFP_{it} = \alpha_0 + \alpha_1 \ln MER_{it} + \alpha_2 \ln Control_{it} + \varepsilon_{1t} \tag{6.28}$$

$$\ln GOV_{it} = \beta_0 + \beta_1 \ln MER_{it} + \beta_2 \ln Control_{it} + \varepsilon_{2t} \tag{6.29}$$

$$\ln INS_{it} = \delta_0 + \delta_1 \ln MER_{it} + \delta_2 \ln Control_{it} + \varepsilon_{3t} \tag{6.30}$$

$$\ln GTFP_{it} = \gamma_0 + \gamma_1 \ln MER_{it} + \gamma_2 \ln GOV_{it} + \gamma_3 \ln INS_{it} +$$
$$\gamma_4 \ln Control_{it} + \varepsilon_{4t} \tag{6.31}$$

命令型环境规制的中介模型：

$$\ln GTFP_{it} = \alpha_0 + \alpha_1 \ln IER_{it} + \alpha_2 \ln Control_{it} + \mu_{1t} \tag{6.32}$$

$$\ln TEC_{it} = b_0 + b_1 \ln IER_{it} + b_2 \ln Control_{it} + \mu_{2t} \tag{6.33}$$

$$\ln GTFP_{it} = c_0 + c_1 \ln IER_{it} + c_2 \ln TEC_{it} + c_3 \ln Control_{it} + \mu_{3t} \tag{6.34}$$

其中，t 代表时间，i 代表省份，ε_{1t}、ε_{2t}、ε_{3t}、ε_{4t}、μ_{1t}、μ_{2t}、μ_{3t} 为随机扰动项且服从均值为零，方差有限的正态分布，式（6.28）是市场导向型环境规制对绿色全要素生产率的总效应，系数 α_1 衡量总效应的大小；式（6.29）表示市场导向型环境规制对政府干预的效应，由系数 β_1 来衡量；式（6.30）中 δ_1 衡量的是市场导向型环境规制对产业结构的效应；式（6.31）中 γ_1 衡量的是市场导向型环境规制对绿色全要素生产率的直接效应。将式（6.29）代入式（6.31），得式（6.35）：

$$\ln GTFP_{it} = (\gamma_0 + \gamma_2\beta_0) + (\gamma_1 + \gamma_2\beta_1)\ln MER_{it} + (\gamma_2\beta_2 + \gamma_4)\ln Control_{it} + \varepsilon_{5t}$$
$$\tag{6.35}$$

其中，系数 $\gamma_2\beta_1$ 度量的是政府干预产生的中介效应，即市场导向型环境规制通过政府干预影响绿色全要素生产率的程度，同理可得，$\delta_1\gamma_3$ 是市场导向型环境规制通过产业结构影响绿色全要素生产率的程度，b_1c_2 是命令型环境规制模型通过产业结构影响绿色全要素生产率的程度。环境规制对绿色全要素生产率的中介效应见表6.16。

表 6.16 环境规制对绿色全要素生产率的中介效应：全国样本（2007—2017 年）

变量名称	(16)	(17)	(18)	(19)	(20)
	式 (6.29)	式 (6.30)	式 (6.31)	式 (6.32)	式 (6.33)
LIER				-0.5510***	-0.0020
				(-5.36)	(-0.23)
LPGDP	-0.0501	0.0447**	-0.0268***	0.3274***	-0.0176**
	(-1.20)	(2.09)	(-3.53)	(3.87)	(-2.60)
LINS			0.0582***	0.1321	0.0357**
			(3.00)	(0.60)	(2.07)
LGOV		0.0295***	-0.2982**	0.0252**	
		(2.97)	(-2.33)	(2.48)	
LTEC	-0.0771***	0.0190*	0.0219***		0.0222***
	(-3.45)	(1.65)	(5.32)		(5.09)
LPOL	-0.0124	0.0073	0.0028	-0.2753***	-0.001
	(-0.50)	(0.57)	(0.61)	(-5.13)	(-0.21)
LMER	0.1218***	0.179***	-0.017**		
	(3.52)	(10.08)	(-2.35)		
_cons	1.764***	4.365***	-0.2417***	0.0768	-0.1147
	(3.52)	(95.54)	(-2.71)	(0.08)	(-1.57)

注：* 表示 $p < 0.10$，** 表示 $p < 0.05$，*** 表示 $p < 0.01$。

根据陈瑞、郑毓煌等（2014）对中介效应的检验，中介效应的检验只需观察 $\gamma_2\beta_1$、$\delta_1\gamma_3$、b_1c_2 是否显著的检验，由于 Sobel 检验容易犯第一类错误（Zhao et al.，2010），因此使用 Bootstrap 方法进行中介检验，Bootstrap 检验结果如表 6.17、表 6.18 所示。

市场导向型环境规制中政府干预产生的中介效应的大小（$\gamma_2\beta_1$）为 0.00359，且表 6.17 的置信区间中不包括零，中介效应显著，即市场导向型环境规制对绿色全要素生产率的影响部分通过政府干预来实现；由产业结构产生的中介效应的大小（$\delta_1\gamma_3$）为 0.0104，且表 6.17 的置信区间中不包括零，中介效应显著，即市场导向型环境规制对绿色全要素生产率的影响部分通过产业结构来实现，中介效应占总效应的比例为 45.01%。

命令型环境规制中介效应的大小（b_1c_2）为 0.0122，且表 6.18 的置信区间中不包括零，中介效应显著，即命令型环境规制对绿色全要素生产率的影响部分通过技术引进实现，中介效应占总效应的比例为 86.18%。

表 6.17　市场导向型环境规制中介效应的 Bootstrap 修正检验

Observed Coef.	Bias	Bootstrap Std. Err.	[95% Conf. Interval]		
r（indLGOV）0.00359463	−0.0000148	0.00188161	0.000616	0.0079556	（P）
			0.0008834	0.0086778	（BC）
			0.000871	0.008638	(BCa)
r（indLINS）0.01041059	−5.72e−06	0.0035976	0.0036901	0.0176614	（P）
			0.0040375	0.0179338	（BC）
			0.0042082	0.0181281	(BCa)
r（indtotal）0.01400522	−0.0000205	0.00410449	0.0062375	0.0222205	（P）
			0.0065068	0.0225689	（BC）
			0.0067191	0.02285	(BCa)

（P）　　　percentile confidence interval
（BC）　　bias − corrected confidence interval
（BCa）　bias − corrected and accelerated confidence interval

表 6.18　命令型环境规制中介效应的 Bootstrap 修正检验

Observed Coef.	Bias	Bootstrap Std. Err.	[95% Conf. Interval]	
r（ind_ eff）−0.01223367	0.0001575	0.00308907	−0.0190747	−0.0066437 （P）
r（dir_ eff）−0.00196187	0.000200	0.00818309	−0.0197922	−0.0072934 （BC）
			−0.0169841	0.0149699 （P）
			−0.0169362	0.0150164　（BC）

（P）　　　percentile confidence interval
（BC）　　bias − corrected confidence interval

（5）稳健性检验。

为了检验结果的稳健性，本章采用各省份工业污染治理投资总额占该省份 GDP 的比重（*VES*）代替命令型环境规制，用各省 FDI 占各省 GDP 比重（*POR*）代替技术引入进行稳健性检验，具体结果见表 6.19 至表 6.23。从中可以看出，稳健性检验的回归结果除了系数大小存在差异外，部分系数显著性也有差异，符号大体上保持一致，不影响主要结论，说明门槛估计、动态面板检验、中介效应结果稳健。

表 6.19 稳健性检验：门槛估计

变量	(20) 固定效应	(21) 固定效应	(22) 随机效应	(23) 随机效应	(24) 门槛效应
$LVES$	-0.00413		-0.00705		-0.00601
	(-0.65)		(-1.64)		(-0.89)
$LPGDP$	-0.0249**	-0.0313***	-0.0220***	-0.0304***	
	(-2.56)	(-3.79)	(-2.91)	(-3.92)	
$LINS$	0.163***	0.164***	0.0464	0.0676**	0.158***
	(3.97)	(3.99)	(1.49)	(2.23)	(4.03)
$LPOR$	0.0182	0.0183	0.0223***	0.0217***	0.0180
	(1.31)	(1.33)	(4.47)	(4.18)	(1.42)
$LGOV$	0.0328*	0.0342*	0.0239**	0.0289**	0.0242
	(1.93)	(2.02)	(2.10)	(2.42)	(1.58)
$LMER$		-0.0115		-0.0192***	
		(-1.66)		(-2.80)	
$LPGDP\_1$ ($LMER \leqslant -4.6064$)					0.00846
					(0.55)
$LPGDP\_1$ ($-4.6064 < LMER < -2.3277$)					-0.0268**
					(-2.30)
$LPGDP\_1$ ($LMER \geqslant -4.6064$)					0.0586**
					(2.09)
$\_cons$	-0.598***	-0.623***	-0.153	-0.279**	-0.573***
	(-3.54)	(-3.68)	(-1.25)	(-2.20)	(-3.66)
N	330	330	330	330	330

注：*表示 p<0.10，**表示 p<0.05，***表示 p<0.01。

表 6.20 稳健性检验：GMM 估计

变量	(25) 全国	(26) 东部	(27) 中部	(28) 西部
$LVES$	0.00682	0.117***	0.837**	0.00448
	(0.36)	(3.94)	(2.47)	(0.16)

续表

变量	(25)	(26)	(27)	(28)
	全国	东部	中部	西部
L. LVES	-0.0173	0.0265	-0.00414	0.00128
	(-0.46)	(0.41)	(-0.13)	(0.02)
LMER	-0.178 **	-0.282	-1.090 **	0.118
	(-2.05)	(-1.55)	(-2.33)	(0.69)
L. LMER	0.173	0.371 **	-0.220	-0.0603
	(1.39)	(2.11)	(-1.19)	(-0.28)
LINS	0.0598	-0.465 *	-0.535 **	0.136
	(0.56)	(-1.75)	(-2.51)	(0.46)
LPOR	0.0223 *	-0.697 ***	-0.753 **	0.0326
	(1.74)	(-3.17)	(-2.55)	(0.39)
LPGDP	-0.0455	-0.509 ***	0.0402	-0.0845
	(-0.88)	(-3.51)	(0.27)	(-0.37)
LGOV	-0.107 **	-0.0819	0.208 *	-0.119
	(-2.19)	(-1.25)	(1.83)	(-0.28)
AR (2)	0.260	0.371	0.943	0.975
N	300	110	80	110

注：*表示 p<0.10，**表示 p<0.05，***表示 p<0.01。

表 6.21 稳健性检验：中介效应

变量	(29)	(30)	(31)	(32)	(33)
	式 (6.29)	式 (6.30)	式 (6.31)	式 (6.33)	式 (6.34)
LVES				0.1931 *	-0.0154
				(1.69)	(-1.36)
LPGDP	-0.0435	0.0394 *	-0.0262 ***	0.2796 ***	-0.0204 ***
	(-1.04)	(1.84)	(-3.37)	(3.76)	(-2.73)
LINS			0.0556 ***	0.3928 **	0.0352 *
			(2.80)	(2.17)	(1.96)
LGOV			0.0273 ***	-0.3733 ***	0.0221 **
			(2.68)	(-3.70)	(2.18)
LPOR	-0.1051 ***	0.0401 ***	0.0202 ***		0.0213 ***
	(-3.73)	(2.79)	(3.77)	(3.89)	

续表

变量	(29)	(30)	(31)	(32)	(33)
	式 (6.29)	式 (6.30)	式 (6.31)	式 (6.33)	式 (6.34)
LPOL	- 0.0164	0.0125	0.0011	- 0.4312 ***	0.0075
	(- 0.66)	(0.97)	(0.24)	(- 4.86)	(0.82)
LMER	0.1303 ***	0.1770 ***	- 0.0188 **		
	(3.79)	(10.06)	(- 2.53)		
_ *cons*	1.769 ***	4.3673 ***	- 0.2305 **	- 1.278 *	- 0.107
	(19.98)	(96.51)	(- 2.52)	(- 1.68)	(- 1.42)

注：＊表示 p<0.10，＊＊表示 p<0.05，＊＊＊表示 p<0.01。

表 6.22　稳健性检验：市场导向型环境规制中介效应的 Bootstrap 修正检验

	Observed Coef.	Bias	Bootstrap Std. Err.	[95% Conf. Interval]	
r (indLGOV)	0.00355376	- 0.0000284	0.00187979	0.0003365　0.0076531	(P)
				0.0006831　0.0082762	(BC)
				0.0006831　0.0082762	(BCa)
r (indLINS)	0.0098412	- 0.0000543	0.00371934	0.0029419　0.0175131	(P)
				0.0033786　0.0182158	(BC)
				0.0034987　0.018397	(BCa)
r (indtotal)	0.01339496	- 0.0000827	0.00420754	0.005289　0.0219712	(P)
				0.0058153　0.0224045	(BC)
				0.0060538　0.0226228	(BCa)

（P）　　percentile confidence interval
（BC）　bias – corrected confidence interval
（BCa）bias – corrected and accelerated confidence interval

表 6.23　稳健性检验：命令型环境规制中介效应的 Bootstrap 修正检验

	Observed Coef.	Bias	Bootstrap Std. Err.	[95% Conf. Interval]	
r (ind_ eff)	0.00410962	- 2.94e - 06	.00223388	0.0000677　0.0088175	(P)
				0.0002545　0.0089761	(BC)
r (dir_ eff)	- 0.01537916	0.0013469	0.0188922	- 0.0527089　0.0220586	(P)
	- 0.056525	0.0157502	(BC)		

（P）　　percentile confidence interval
（BC）　bias – corrected confidence interval

　　鉴于中国当前日趋严峻的环境问题，设计一个有效的环境规制体系激励污染主体进行绿色创新并提高绿色全要素生产率，已经成为刻不容缓的研究主题。本章通过门槛模型、动态面板模型、中介效应测度了不同类型环境规制和不同地区的不同环境规制对提高绿色全要素生产率的非线性影响。

研究结论如下。

①市场导向型环境规制与绿色全要素生产率呈非线性的"N"型关系，市场导向型环境规制在突破第二个拐点后，对绿色全要素生产率的提高有显著的促进作用；由于市场体系的不完善，短期的市场导向型环境规制对绿色全要素生产率的提高起显著的负作用，但随着市场体系不断健全，征收力度加大，人民环境意识提高，长期市场导向型环境规制对绿色全要素生产率的提高起显著的促进作用；市场导向型环境规制通过政府干预对绿色全要素生产率的提高起作用。②命令型环境规制作为政府的法规、政策，有较强的时滞性，对提高各个地区的绿色全要素生产率的效应有所不同；命令型环境规制通过技术引进对绿色全要素生产率的提高起作用。③在东部，短期命令型环境规制不会促进绿色全要素生产率的提高，但在长期会显著提高绿色全要素生产率；技术引入引起的"污染天堂效应"、第二产业比重上升会显著不利于绿色全要素生产率的提高。④中部地区正大力依靠资源禀赋发展经济，因此命令型环境规制在长期会对绿色全要素生产率的提高起反作用；外资进入带来的先进技术、政府干预带来的资源配置合理性的提高，导致技术引进和政府干预显著促进绿色全要素生产率的提高。⑤西部地区相对较落后的经济发展状况、不完善的市场体系，可以使命令型环境规制很好地发挥作用，而市场导向型环境规制则显著不利于绿色全要素生产率的提高。经济发展水平越高，越能激发西部地区大力发展经济的动力；政府干预引起的资源配置合理性和外资投入带来的技术会对绿色全要素生产率的提高起显著的促进作用。

为此，提出以下政策建议。①设定合理的环境规制强度。环境规制强度应设定在合理范围内，过低的环境规制强度会使排污者污染环境的成本较低，排污者就会选择"成本遵循"而非创新；而过高的环境规制强度又会使排污者的"成本遵循"效应制约"创新补偿"效应。因此，政府应针对不同环境规制在不同地区对提高绿色全要素生产率的效应，因地制宜设置环境规制强度，对还未跨过市场导向型环境规制第二个拐点的地区增加环境规制的强度，对已经跨过第二拐点的地区继续实行已有强度，并不断创新环境规制的形式，以提高绿色全要素生产率为目标，不断改进、创新。对于外商进入中国设定的环境标准也应在合适的范围内，既要鼓励带有先进技术的外资进入中国，也要防止污染企业转移，否则中国将成为该企业的"污染避难所"，不仅不能实现技术改进，还会给中国带来巨大的环境污染。②组合不同的环境规制。不同地区的命令型环境规制对不同时期的绿色全要素生产率的提高有显著的差异，不同地区的市场导向型环境规制在长期才表现出对绿色全要素生产率提高的显著促进作用。因此，利用环境规制发挥作用的特性，结合地区特点，政府应选择合适的环境规制组合，充分发挥不同环境规制的优势，取长补短。如在市场体系较完善的东部地区，长期命令型环境规制和长期市场导向型环境规制对绿色全要素生产率提高有显著的促进作用，所以政府应长期实施命令型环境规制和市场导向型环境规制；而在工业污染严重的西部地区，政府应以命令型环境规制为主，发挥政府的调控作用。③创新环境规制的形式。命令型环境规制的污染排放限额等方式通过法律、法规的手段，尽管能取得一定的成效，但是往往具有一定的强制性，缺乏对企业进行绿色技术创新的激励，且实施成本较大，容易产生寻租行为；市场导向型环境规制的排污费征收、排污许可证交易等方式虽可以激励企业自发地进行绿色技术创新，实施成本较低，但仍需要在市场体系健全的基础上进行，且力度把控较困难，税率确定困难，适用范围较小。所以，对环境规制形式的创新迫在眉睫，政府应该在环境规制政策实施过程中，根据经济社会出现的新情况，不断创新环境规制的形式，及时创新、调整环境规制政策，使其能最大限度地为经济社会服务。

第7章　基于市场交易制度的环境政策工具效应研究

7.1　碳排放权交易政策有效性检验

7.1.1　问题的提出与文献综述

经济发展的需要使中国在过去的几十年间以粗放型生产为主要生产方式，大量开采并使用煤炭等化石能源进行工业生产，尽管该举措实现了经济跨越式的发展，但是随之而来的污染问题越发严重，化石能源燃烧带来的 CO_2 排放量猛增，伴随着空气中各类工业废气浓度增加。2006 年，中国成为世界上碳排放量最大的国家。在全球变暖、冰川融化的大形势下，在可持续发展观念的引领下，减少碳排放、应对气候变化已成为全球的热点，怎样在环境保护和经济发展中实现平衡，达到双赢成了各国政府努力的方向。为了解决环境问题，建设"美丽中国"，中国政府不仅将生态环保、可持续发展上升到了国家大政方针的层面，向世界宣告在 2020 年中国单位 GDP 的碳排放量会比 2005 年下降 40% ~ 45%，更是实行了前所未有的大规模减排行动。从目前西方国家进行节能减排的手段来看，大部分国家采用的是征收碳税等环境税的做法，但是中国并无环境税税种，也缺乏相应经验，因此中国参考欧美国家已实行数十年、较为成熟的碳排放权交易市场，在 2011 年提出要在中国建立碳排放权交易市场，并设定了北京、天津、重庆、上海、湖北、广东等 7 个交易试点地区，希望通过市场交易的方式，激励企业自主进行减碳，也在一定程度上减少了政府的行政成本。10 多年过去了，该项政策是否有效减少了中国的碳排放量并改善了中国的环境？本章将碳排放权交易市场的设立作为政策干预，采用双重差分和倾向得分匹配的方法，以中国 30 个省份为主要研究对象，考察碳排放权交易市场的设立对中国碳排放量以及环境质量是否有一定的改善，并进行一定的异质性分析。

关于排放权交易的文献研究，国外学者成果较为丰富。Coase（1960）认为，在产权明晰、不存在交易费用的情况下，经济中的外部性问题很容易解决；Crocker（1966）提出，应用产权手段可以解决空气污染方面的问题；美国经济学家 Dales（1968）将科斯定理运用于水污染的控制研究，最先提出了排污权交易理论，他认为排污权交易系统的优点是污染治理量可以根据治理成本变动，这样可以使总的协调成本最低。不少学者论证了排污权的交易的确可以促进污染减排，Stavins（1998）论证了美国 SO_2 排污权交易的确使 SO_2 的排放量远低于预期的目标；Capoor 和 Ambrosi（2011）论证了碳排放体系使 2005—2007 年的碳排放量降低了 2%～5%，平均每年减少 4000 万吨至 1 亿吨的碳排放量。

在中国，碳排放权交易市场已实施 6 年（截至 2017 年），但是相关的文献研究不够丰富，相比之下，对早已实施的 SO_2 排放权交易研究成熟了很多。Wang 等（2004）认为，中国的排污权交易机制对 SO_2 的减排毫无作用。但是有学者认为 SO_2 排污权交易制度能够显著降低 SO_2 的排放量（闫文娟、郭树龙，2012；李永友、文云飞，2016）；持类似观点的还有傅京燕、司秀梅等（2018），他们从检验"波特假说"的角度出发，论证了中国 SO_2 排污权交易机制对经济绿色发展收效甚微，但是支持了"波特假说"。而对于近几年才开始施行的 SO_2 排放权交易，许多学者提出了不同的见解，涂正革和谌仁俊（2015）采用双重差分法，认为碳排放权交易在短期内毫无作用，但在长期可以显著促进 SO_2 的减排，潜在减排有可能达到 52.7%；刘宇等（2016）通过设置情景模拟了天津碳交易试点制度对天津市环境的影响，碳交易制度对减排的促进作用显著；沈洪涛、黄楠等（2017）检验了碳排放权交易对企业减排效果及减排机制的影响，碳排放权交易的实施确实能够通过降低企业的产量，显著减少企业的碳排放；对城市空气质量而言，碳强度约束政策也能显著改善空气质量（李毅等，2019）。

在检验碳排放权交易机制对中国环境的影响时，由于碳交易机制施行时间过短，可参考的数据较少，因此在实证上大多采用了决策优化模型和仿真模型，主要涉及 CGE 模型和多主题模型。汤玲、武佳倩等（2014）通过 Multi－Agent 模型，构建我国碳交易机制仿真模型，发现碳交易机制能够有效降低我国的碳排放量，但对经济有一定的冲击作用。孙睿等（2014）基于 CGE 模型分析碳价格对碳减排的影响，发现碳排放权交易能有效地促进重工业等部门的碳减排。吴力波等（2014）通过中国多区域动态一般均衡模型的模拟结果，得出要实现中国现阶段有效的碳减排，碳排放权总量控制与交易机制更适合中国现状。张成等（2017）模拟了不同条件下中国各省份实施碳排放权交易政策时的减排效应。但是建立模型模拟我国实施碳排放权交易政策的潜在成效常常受假设前提的影响，选择的参数差别也会影响模拟的结果（黄向岚、张训常等，2018），因此，采用模拟方法不能完全反映中国实施碳排放权交易政策时的真实效应，而应该依靠实证分析估计该政策的实际减排效应，并对其有效性进行评估。

因此，越来越多的学者选择将政策视作"自然事件"，并使用 DID、PSM－DID 的方法来构建计量模型，国外学者 Abrell 等（2011）和 Borghesi 等（2015）均通过有效的实证分析验证了碳排放权交易的减排效应。但国内学者相关文献较少，黄向岚、张训常等（2018）通过 DID 模型论证了碳排放权交易市场的设立能减少碳排放并产生环境红利；沈洪涛、黄楠等（2017）基于上市公司的面板数据与双重差分模型证实了碳排放权交易减排效应的机制，企业通过减少产量而非技术改进实现碳减排；黄志平（2018）基于 DID 论证了碳排放交易的有效性，并提出应该启动全国碳市场；李毅、胡宗义等（2019）通过中国 30 个重点城市 2003—2016 年的面板数据，使用 DID 考察了碳强度约束政策对中国城市空气质量的影响，结论表明碳强度约束能显著改善城市的空气质量。

综上所述，尽管中国碳排放权交易试点较晚，但仍有必要对其减排效应进行评估，以验证碳排放权交易市场是否有效，为将来的全面推行提供理论依据。因此，本章采用 2007—2017 年全国 30 个省份的面板数据，采用 DID 模型，验证碳排放权交易市场是否真的有效，并通过中介效应模型，进一步分析了碳排放权交易对减排的机制。

7.1.2 理论机制与假设

碳排放权交易是排污权交易的演化，碳排放权交易通过界定企业排放 CO_2 的权利，将企业外部性成本内部化，通过市场交易实现碳排放量在企业间的最优配置，从而达到整体减排的效果（沈洪涛、黄楠等，2017）。因此，碳排放权交易可以对企业的碳排放产生直接作用，政府可以根据各个企业的历史排放情况，给各企业分配一定的碳排放量，企业的碳排放量若超过其配额，则需要在碳排放权交易市场上进行购买，这种外部性会内化成企业的成本，一旦在市场上购买碳排放权，就会使企业成本骤增，基于利润最大化考虑，企业被迫通过减产或者技术创新来减少碳排放量。同时，碳排放权交易对企业存在激励作用，当碳排放权的市场价格较高时，一方面，企业会尽量通过各种减排措施降低 CO_2 排放量，以出售多余的碳排放权，从而获得收益；另一方面，高价的碳排放权会倒逼企业通过一定的措施将碳排放量控制在配额内，以防在碳排放权交易市场购买碳排放权导致的高成本。

此外，碳排放权交易还可以对碳减排产生间接作用。碳排放权交易市场上的大体可以分为两类，一类是高新技术清洁企业，另一类是工业污染企业。高新技术企业由于碳排放量较少，且其创新能力较强，不断改进生产技术，因而有过剩的碳排放权可以出售；而工业污染企业本就是以粗放型的方式生产，对化石能源消耗较大，并且工业污染企业的创新能力较弱，CO_2 的排放量往往会超过其配额，因此需要在碳排放权交易市场上购买碳排放权。不论碳排放权交易市场上的企业是出于降低成本还是逐利的想法，出于利润最大化原则，它们都会通过减产或者在生产过程中加大治污投入减少有害气体的排放。在生产过程中，加大对工业废气的治理力度，如增加工业废气治理设施的设备投入与工业废气治理设施的运行费用，进一步提高对工业废气的治理能力，从源头上减少了碳排放量。此外，企业通过减产降低能源消耗量，减少了对化石能源的使用，也就减少了 CO_2 的排放量；或者是企业提高绿色生产技术，通过对化石能源进行初步的加工，提高企业的能源利用效率，也可能进一步增加生产过程中清洁能源如太阳能、水电能的使用，优化企业的能源消费结构，减少工业废气如工业 SO_2、工业烟粉尘、工业 NO_x 的排放，间接减少碳排放量。

综上所述，本章提出了 3 个假设。

假设 1：碳排放权交易市场可以促进 CO_2 减排。

假设 2：碳排放权交易市场促使排污者通过加大对治污的投入实现 CO_2 减排。

假设 3：碳排放权交易市场促使排污者通过减少工业废气的排放实现 CO_2 减排。

7.1.3 模型、变量和数据

7.1.3.1 计量模型的构建

2012 年实行的碳排放权交易市场是一项自然实验，本章使用双重差分法估计碳排放权交易市场的设立对当地碳排放量的影响，在控制其他因素不变的基础上，双重差分法可以检验碳排放权交易市场设立前后，实验组和控制组碳排放量是否存在显著差异。因此，设定模型如下：

$$Y_{ct} = \beta_0 + \beta_1 DID_{ct} + \beta_2 Control_{ct} + \eta_c + \gamma_t + \varepsilon_{ct} \qquad (7.1)$$

其中，Y_{ct} 是因变量，即各省份的碳排放量；DID_{ct} 为核心解释变量。$DID_{ct} = treatment_c \times post_t$，在样本期内，如果 c 省份被设为碳排放权交易市场试点地区，则 $treatment_c = 1$，否则为零；当 $t \geq 2012$ 时，$post_t = 1$，否则为零。本章中，实验组为广东、北京、上海、湖北、天津和重庆，控制组为其他省份。下标 c 和 t 分别表示省份和年；$Control_{ct}$ 表示影响碳排放量且随着 c 和 t 变动的控制变量；η_c 表示省份固定效应，控制了影响碳排放量但不随着时间变动的个体效应；γ_t 表示时期效应，控制力随时间变化影响所有省份的时间因素；ε_{ct} 表示为误差项。估计系数 β_1 为本章关注的重点政策效应，若政策有效，则 β_1 显著为负。

为了检验该政策是否存在异质性差异，本章在式（7.1）的基础上进一步扩展，构建如下模型：

$$Y_{ct} = \beta_0 + \beta_1 DID_{ct} \times central_c + \beta_2 DID_{ct} + \beta_3 central_c + \beta_4 Control_{ct} + \eta_c +$$

$$\gamma_t + \varepsilon_{ct} \qquad\qquad (7.2)$$

$$Y_{ct} = \beta_0 + \beta_1 DID_{ct} \times KL_{ct} + \beta_2 DID_{ct} + \beta_3 KL_{ct} + \beta_4 Control_{ct} + \eta_c +$$

$$\gamma_t + \varepsilon_{ct} \qquad\qquad (7.3)$$

$$Y_{ct} = \beta_0 + \beta_1 DID_{ct} \times GOV_{ct} + \beta_2 DID_{ct} + \beta_3 GOV_{ct} + \beta_4 Control_{ct} +$$

$$\eta_c + \gamma_t + \varepsilon_{ct} \qquad\qquad (7.4)$$

其中，式（7.2）中的 $central_c$ 为直辖市的虚拟变量，若 c 市是直辖市，则 $central_c = 1$，否则为零，式（7.2）主要探讨直辖市与非直辖市在政策效果上是否存在差异。式（7.3）中的 KL_{ct} 为省份固定资产与从业人员的比值，衡量要素禀赋结构，若该值较大，则说明该省份以资本要素为主。式（7.3）主要考察政策效果是否受到要素禀赋结构的影响。式（7.4）中的 GOV_{ct} 为省（市）政府一般预算支出占 GDP 的比重，衡量政府对市场的干预程度，该值越大，说明政府对市场的干预越强。式（7.4）主要考察政策效果是否受到政府干预市场的影响。

7.1.3.2　变量的选取

（1）CO_2 排放量的测度。

本章借鉴黄向岚、张训常等（2018）和杜立民（2010）的文献，将被解释变量设定为各省份的碳排放量。但目前国内并未统计 CO_2 的排放量，许多文献给出了各自的测算方法，大部分学者采用化石能源消费量与碳排放系数来测算，但这样的测算会遗漏水泥、石灰等非碳燃烧物质，它们在生产过程中同样释放 CO_2。鉴于各省份对于石灰、电石的消费量不做统计，其对 CO_2 排放量的影响也较小，所以本章考虑用煤炭、焦炭、汽油、煤油、柴油、燃料油和天然气 7 种化石能源的消费量，以及水泥的生产量来测算 CO_2 的排放量。

本章采用式（7.5）计算化石能源燃烧时的 CO_2 排放量：

$$EC = \sum_{i=1}^{7} EC_i = \sum_{i=1}^{7} \times CF_i \times CC_i \times COF_i \times 3.67 \qquad (7.5)$$

在式（7.5）中，EC 表示估算的各类化石能源燃烧排放的 CO_2 总量；i 表示能源类型（包括煤炭、焦炭、汽油、煤油、柴油、燃料油和天然气）；CF_i 是发热值；CC_i 是碳含量；COF_i 是氧化因子；3.67 为按分子量将碳排

放折算为 CO_2 排放的比例系数；$CF_i \times CC_i \times COF_i \times 3.67$ 为 CO_2 排放系数。

各类化石能源燃烧及水泥生产的 CO_2 排放系数如表7.1所示。

表7.1　化石能源燃烧及水泥生产的 CO_2 排放系数

排放源	单位	化石能源燃烧							工业生产过程
		煤炭	焦炭	汽油	煤油	柴油	燃料油	天然气	水泥
碳含量	吨 C/TJ	27.28	29.41	18.90	19.60	20.17	21.09	15.32	
热值数据	TJ/万吨或 TJ/亿立方米	178.24	284.35	448.00	447.50	433.30	401.90	3983.1	
碳氧化率		0.923	0.928	0.980	0.986	0.982	0.985	0.990	
碳排放系数	万吨 C/万吨或万吨 C/亿立方米	0.449	0.776	0.830	0.865	0.858	0.835	5.905	
CO_2 排放系数	万吨 CO_2/万吨或万吨 CO_2/亿立方米	1.647	2.848	3.045	3.174	3.150	3.064	21.670	0.527

资料来源：联合国政府间气候变化专门委员会（IPCC，2006），http://www.ipcc.ch/；国家气候变化对策协调小组办公室、国家发展和改革委员会能源研究所，2007；《中国温室气体清单研究》。

（2）核心解释变量。

碳排放权交易市场交互项 DID_{ct}（$treatment_c \times post_t$）。虽然碳排放权交易市场的政策在2011年10月提出，试点在2013年展开，但是不排除企业出于先发优势的考量，提前进行减排，所以将政策的实施时间定为2012年，$treatment_c$、$post_t$ 分别为政策组虚拟变量、时间虚拟变量，在试点省份，$treatment_c = 1$，反之则为零；当 $t \geq 2012$ 时，$post_t = 1$，反之则为零。本章选取各省份固定资产与从业人员的比重来衡量资源禀赋结构（KL），同时选用政府一般预算支出占 GDP 的比重来衡量政府对经济的干预程度（GOV）。

（3）控制变量。

参考已有文献，本章的控制变量包括以下指标。

经济发展水平：采用人均 GDP 衡量，单位为万元。根据 EKC 曲线，当人均 GDP 较低时，CO_2 排放量随着人均 GDP 的增加而上升，但当人均 GDP 到达一个拐点，即位于较高水平时，CO_2 排放量会随着人均 GDP 的增加而下降。

产业结构：用第二产业在总产值所占的比重来衡量，第二产业比重越大即重工业在国民经济中的比重越大，这不利于 CO_2 的减排，因此预期 INS 的估计系数为正。

人口规模：通过各省份历年统计年鉴统计了各省份的人口，单位为亿人。李国志和李宗植（2010）认为，人口与环境存在双向影响。一方面，人口增长加剧了环境恶化；另一方面，人口增长促进了技术创新，有效改善了环境。

技术引进：用各省份的 FDI 与固定资产的比值来表示，引进国外的先进技术，将大力提高我国的减排能力，从而起到保护环境的作用；但同时也要警惕，外资可能会将中国作为"污染避难所"，将该国或地区的重污染企业转移至中国。

研发强度：各省的 R&D 经费内部支出与 GDP 的比值。魏巍贤和杨芳（2010）认为，剔除技术进步会促进我国 CO_2 排放量的减少，因此预测 INN 估计系数为负。

治污投入：各省份的工业污染治理与 GDP 的比值，政府对工业污染的治理会直接改善环境；此外，政府行为也有一种引导作用，会给社会树立保护环境的风向，间接促进企业减排，因此预测 POL 系数为负。

（4）其他变量。

用工业 SO_2 排放量、工业烟粉尘的排放量（smoke）、工业氮氧化合物排放量（NO_x）和工业废气排放量（gas）来衡量其他工业废气的排放量；用工业废气治理设施运行费用（money）、工业废气治理设施处理能力（ability）和工业废气治理设施（facility）来衡量废气治理程度。

各省份的要素禀赋结构：各省份的固定资产与从业人员数目的比值。

政府对市场的干预程度：各省份的政府一般预算支出与 GDP 的比值。

7.1.3.3　数据来源与描述性统计

本章通过使用 2007—2017 年中国 30 个省份的面板数据来评估碳排放权交易市场设立的政策效果。数据来自历年《中国能源年鉴》《中国城市年鉴》，各省份的统计年鉴，部分数据由 EPS 数据库获得。变量的描述性统计见表 7.2。

表7.2　描述性统计

变量	样本量	均值	标准差	最小值	最大值
$PGDP$	330	4.255638	2.392804	0.6915	12.89941
INN	330	0.2855948	0.5170973	0.0280115	3.089103
TEC	330	5.444654	4.839525	0.1424208	24.99952
INS	330	46.54332	8.249676	19.014	61.5
CO_2	330	3.312728	2.274812	0.1775508	10.83478
POL	330	0.70575	0.5895454	0.0337295	4.354996
KL	329	5.068995	2.515381	0.1050364	11.87754
GOV	330	22.8439	9.722613	8.70448	62.68633
SO_2	323	56.23522	37.21698	0.3799	162.8647
NO_x	310	44.41499	30.89508	1.5405	127.3603
$money$	278	42.38963	37.6256	1.84077	224.3764
$ability$	281	4.681852	5.578695	0.0305	62.143
$smoke$	302	515.4749	8308.589	0.4282	144424.5
gas	330	2.582293	4.229663	0.1115	41.26754
$facility$	291	7.240058	5.060347	0.354	25.673

7.1.3.4　处理组与对照组在政策前是否具有平行趋势

平行趋势事前检验如图7.1所示，残差均值平行趋势检验如图7.2所示。

图7.1　平行趋势事前检验

由图7.1可知，在碳排放权交易市场政策实施之前，处理组和控制组的 CO_2 排放量变化趋势基本一致，满足平行趋势假设；在碳排放权交易市

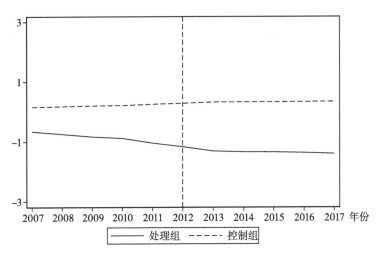

图 7.2　残差均值平行趋势检验

场政策实施后，处理组和控制组的 CO_2 排放量有了显著差异，且可以看到处理组的碳排放量明显低于控制组。由图 7.2 可以看出，残差均值的变化趋势在碳排放权交易市场政策实施前保持较为一致的平行性，在碳排放权交易市场政策实施后有了显著差异。

7.1.4　实证结果与分析

碳排放权交易市场政策评估的实证主要分为 3 个部分：一是使用 DID 估计碳排放交易市场能否有效降低碳排放量；二是讨论政策效果的异质性；三是进一步进行识别假设检验和稳健性检验，以排除遗漏变量造成的偏误。

7.1.4.1　基准回归

通过基准回归估计碳排放权交易市场的设立对碳排放量的综合效应，对式（7.1）进行回归，回归结果见表 7.3。

表 7.3　基准回归结果

变量	(1)	(2)	(3)	(4)
	CO_2	CO_2	CO_2	CO_2
did	− 0.609 ***	− 0.838 **	− 0.609 ***	− 0.743 ***
	（− 3.78）	（− 2.68）	（− 3.56）	（− 3.44）
treatment	− 1.038	− 0.924 **		
	（− 1.54）	（− 2.25）		

变量	(1)	(2)	(3)	(4)
	CO_2	CO_2	CO_2	CO_2
post	0.788 ***	−0.0336		
	(6.68)	(−0.11)		
PGDP		0.417 ***		0.0946
		(3.31)		(0.83)
INN		−0.313		−1.166 **
		(−1.15)		(−2.50)
TEC		−0.0969 **		0.0186
		(−2.43)		(1.09)
INS		0.0190		−0.00109
		(1.15)		(−0.09)
POL		1.012 ***		−0.132
		(3.85)		(−1.63)
POP		0.563 ***		0.726
		(7.07)		(1.66)
_cons	3.157 ***	−1.670 **	2.576 ***	−0.404
	(7.12)	(−2.14)	(25.49)	(−0.20)
R^2	0.082	0.690	0.978	0.981
N	330	330	330	330

注：*表示$p < 0.1$，* *表示$p < 0.05$，* * *表示$p < 0.01$，括号内为t值。

模型（1）和模型（2）没有控制时期效应与个体效应，且模型（1）和模型（3）没有加入控制变量。总体来看，碳排放权交易市场的施行可以有效减少碳排放量，论证了假设1。在控制了时期效应和个体效应后，系数的估计值稳定在−0.609，体现了个体异质性和其他政策带来的影响可以忽略不计；在加入了控制变量以后，该政策的施行更有效地降低了实验组省份的碳排放量，科技的引入、内部研发、政府的治污投入都能较好地减少实验组省份的碳排放量，科技进步可以提高企业对能源的利用效率以及清洁能源的使用比重，从而减少企业生产过程中的碳排放量；而政府加大对治污的支出是一种政府行为，一方面切实改善了环境，另一方面引导企业进行减排。

7.1.4.2　异质性分析

由于不同省份的经济发展情况、地理环境、要素禀赋结构等有不同的特征，进而影响政策评估结果，本章针对以上基准回归结果进行了进一步的异质性检验，主要从以下 3 个方面考虑：其一，各省的要素禀赋结构（各省份的固定资产与从业人员数目的比值）；其二，是否为直辖市；其三，政府对市场的干预程度（各省份的政府一般预算支出与 GDP 的比值）。

将这 3 个变量分别与碳交易权市场的变量构成交互项放入模型，同时控制变量本身，结果如表 7.4 所示。

表 7.4　异质性分析

变量	各省份 CO_2 排放总量		
	(5)	(6)	(7)
did	-0.558^{***} (-3.01)	0.0626 (0.31)	0.0758 (0.18)
$did \times central$	-0.319 (-1.36)		
$did \times KL$		-0.112^{***} (-3.68)	
KL		0.0471^{*} (1.65)	
$did \times GOV$			-0.0466^{**} (-2.16)
GOV			-0.0110 (-0.81)
$\_cons$	-0.0169 (-0.01)	0.814 (0.77)	-0.141 (-0.11)
N	330	329	330
R^2	0.981	0.981	0.980

注：*表示 $p < 0.1$，**表示 $p < 0.05$，***表示 $p < 0.01$，括号内为 t 值。

在建立碳排放交易权市场的省份，与非直辖市相比，直辖市的政策效应并不明显，说明在碳排放权交易市场推行的过程中并没有给予直辖市更多的优惠政策。此外，碳交易排放市场的施行可能会受到各省份资源禀赋结构的影响。模型（6）表明，在资源禀赋结构中，资本占比越大的省份越容易降低碳排放量，资本比重越大意味着重工业比重较大，在碳排放权交易市场开放后，将会有更多的企业参与其中，共同运作推动节能减排。

由于碳排放权交易是在市场经济背景下运作的，市场是否灵活将在很大程度上决定碳排放权交易能否顺利展开。模型（7）表明，当政府对市场的干预越小时，越能促进碳排放量的减少，说明碳排放市场灵活性越强，信息对称程度越高，越可以较好地运行碳排放交易，无须政府干预。

7.1.4.3 识别假设检验

通过前文的研究，可以得出碳排放权交易市场的展开可以有效地促进碳排放量的减少，但为了避免受到遗漏变量的影响，进一步验证 DID 识别策略的可靠性，本章进行以下识别假设检验。

（1）平行趋势检验。

为了进一步检验事件发生前的平行趋势以及政策是否存在时滞性，本章借鉴了 Li 等（2016），张国建和佟孟华等（2019）的研究框架，采用事件分析法，研究设立碳排放权交易市场的动态效应。将式（7.1）中的 DID_{ct} 换成表示碳排放交易权市场设立前后的若干年哑变量，因变量不变，估计方程如下：

$$Y_{ct} = \beta_0 + \sum_{s \geq -5}^{5} \beta_s D_s + \beta_4 Control_{ct} + \eta_c + \gamma_t + \varepsilon_{ct} \tag{7.6}$$

其中，D_s 是碳排放权交易市场开始推行当年年份的哑变量，S 取负数表示碳排放权交易市场实施前 S 年，正数表示碳排放权交易市场推行后 S 年。估计参数 $\{\beta_{-5}, \beta_{-4}, \beta_{-3}, \cdots, \beta_3, \beta_4, \beta_5\}$ 的大小及对应的 90% 的置信区间如图 7.3 所示。由图 7.3 可知，碳排放权交易市场实施之前的系数估计值基本上都不显著，而碳排放交易市场实施当年及之后的估计系数均通过了 10% 水平的显著性检验，图 7.3 不仅验证了平行趋势检验，而且表明政策效果呈逐渐下降的趋势且具有持续性。

7.1.4.4 其他稳健性检验

（1）双重差分前进行倾向得分匹配（PSM – DID）。

为了克服实验组省份与其他省份碳排放量减少的变动趋势存在的趋势

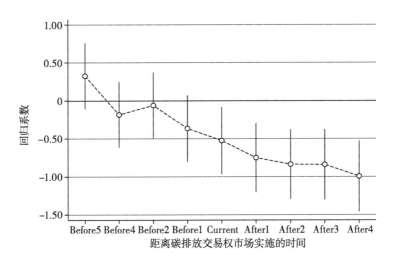

图 7.3　碳排放权交易市场的动态影响

性差异，降低 DID 估计的偏误，本章进一步采用 PSM – DID 进行稳健性检验。

首先，利用前文的控制变量预测每个省份设为碳排放权交易市场开展地区的概率（Logit 回归）。其次，分别采用近邻匹配、半径匹配、核匹配方法给实施碳排放权交易市场的样本（实验组）匹配对照组，使控制组和实验组在实施碳排放权交易市场这项政策冲击前尽可能没有显著差异，以减少设立碳排放权交易市场时自选择偏误带来的内生性问题。最后，在此基础上，利用 DID 识别碳排放权交易市场的设立对各省份碳排放量的净影响。由于倾向得分匹配可以最大限度地解决可观测协变量的偏差问题，而双重差分能够消除随时间不变和随时间同步变化等未观测到的变量影响，因此将这两种方法结合可以更好地识别策略效应。匹配前后变量差异比较如图 7.4、图 7.5、图 7.6 所示，回归结果如表 7.5 所示。

表 7.5　稳健性检验（倾向得分匹配）

变量	(8)	(9)	(10)
	CO_2	CO_2	CO_2
DID	− 0. 677 ***	− 0. 742 ***	− 0. 743 ***
	（− 3. 62）	（− 3. 72）	（− 3. 44）

变量	(8)	(9)	(10)
	CO_2	CO_2	CO_2
PGDP	0.153	0.154	0.0946
	(1.13)	(1.17)	(0.83)
INN	−1.493	−1.434	−1.166**
	(−1.54)	(−1.52)	(−2.50)
TEC	0.0174	0.0217	0.0186
	(0.92)	(1.11)	(1.09)
INS	−0.00281	−0.00420	−0.00109
	(−0.20)	(−0.30)	(−0.09)
POL	−0.0892	−0.120	−0.132
	(−0.74)	(−1.38)	(−1.63)
POP	0.610	0.752	0.726
	(1.47)	(1.67)	(1.66)
_cons	−0.0158	−0.579	−0.404
	(−0.01)	(−0.28)	(−0.20)
R^2	0.981	0.981	0.981
N	287	306	330

注：*表示$p < 0.1$，**表示$p < 0.05$，***表示$p < 0.01$，括号内为t值。

由图7.4、图7.5、图7.6可知，大多数变量的标准化偏差在匹配后缩小了，有效解决了协变量偏差问题。模型（8）、模型（9）、模型（10）分别是半径匹配、核匹配、近邻匹配的估计结果，原则上，不管采取何种匹配方法，最后的估计结果不会相差太多，从表7.5中3种匹配方法的结果可以看出，不同匹配方法的估计系数、符号和显著性水平与表7.3的基准回归基本是一致的，因此本章估计的碳排放权交易市场的设立对碳排放量反向影响显著。

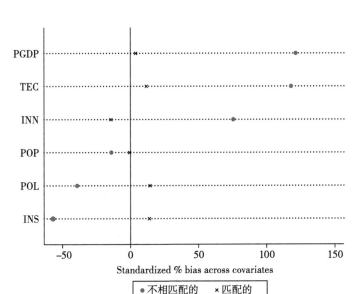

图 7.4　半径匹配

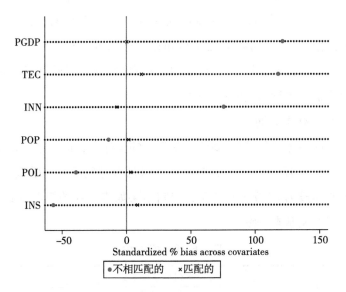

图 7.5　核匹配

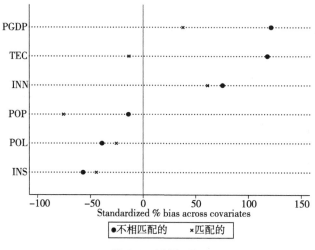

图7.6　近邻匹配

（2）控制变量滞后一期。

考虑到所选变量与设立碳排放权交易市场之间可能产生反向影响，为降低潜在内生性问题，将所有控制变量滞后一期，重新回归，实证结果见表7.6的模型（11）。可得系数符号和显著性基本上与表7.3的基准回归一致，但是由于控制变量滞后一期，控制程度变弱，导致估计系数略微上升，再次验证了本章结论的稳健性。

（3）更改样本时期。

本章的回归主要是基于2007—2017年的全样本，但碳排放权交易市场设立的时间在2012年。为了稳健起见，同时为避免国际金融危机的影响，选取样本时间段为2010—2017年，回归结果如表7.6的模型（12）所示，实证结果与前文基本一致。

表7.6　稳健性检验

变量	(11)	(12)
	CO_2	CO_2
DID	−0.682***	−0.581***
	(−3.63)	(−5.43)
PGDP		0.0332
		(0.59)

续表

变量	(11)	(12)
	CO_2	CO_2
INN		−0.319
		(−0.89)
TEC		0.0410**
		(2.02)
INS		0.00316
		(0.36)
POL		−0.0373
		(−0.52)
POP		1.019***
		(2.69)
L. PGDP	0.101	
	(0.82)	
L. INN	−1.232**	
	(−2.67)	
L. TEC	0.0162	
	(1.04)	
L. INS	−0.00536	
	(−0.41)	
L. POL	−0.197**	
	(−2.44)	
L. POP	0.644	
	(1.64)	
_ cons	0.382	−1.771
	(0.21)	(−1.07)
R^2	0.985	0.990
N	300	240

注：∗表示 $p < 0.1$，∗∗表示 $p < 0.05$，∗∗∗表示 $p < 0.01$，括号内为 t 值。

7.1.5 基于碳排放交易市场成效的影响机制检验

在 7.1.4 的实证分析中已经验证了碳排放权交易市场的设立会显著减少碳排放量，但是政策影响碳排放量的传导机制还未明晰，这就是本章接下来研究的问题，进一步探究碳排放权交易市场是通过什么样的途径间接改善了碳排放量。

首先，本章将传导机制大致分为以下几类：其一，减少了工业废气的排放，比如工业 SO_2 的排放、工业烟粉尘的排放、工业 NO_x 的排放和工业废气的排放；其二，对工业废气进行了治理，比如工业废气治理设施运行费用、工业废气治理设施处理能力和工业废气治理设施。其次，本章参照 Baron 和 Kenny（1986）的方法，建立以下中介模型：

$$Y_{ct} = \beta_0 + \beta_1 DID_{ct} + \beta_2 \ln Control_{ct} + \eta_c + \gamma_t + \varepsilon_{ct} \qquad (7.7)$$

$$M_{ct} = \alpha_0 + \alpha_1 DID_{ct} + \alpha_2 \ln Control_{ct} + \eta_c + \gamma_t + \varepsilon_{ct} \qquad (7.8)$$

$$Y_{ct} = \xi_0 + \xi_1 DID_{ct} + \xi_2 \ln M_{ct} + \xi_3 \ln Control_{ct} + \eta_c + \gamma_t + \varepsilon_{ct} \qquad (7.9)$$

其中，M 为中介变量，分别表示工业 SO_2 的排放、工业烟粉尘的排放、工业 NO_x 的排放、工业废气的排放、工业废气治理设施运行费用、工业废气治理设施处理能力和工业废气治理设施。系数 β_1 衡量政策总效应的大小，直接效应为 ξ_1，变量 M 的中介效应为 $\alpha_1 \xi_1$。首先分别对式（7.7）~式（7.9）进行回归，回归结果见表7.7、表7.8、表7.9。

表7.7 中介效应（a）

变量	(13) CO_2	(14) gas	(15) SO_2	(16) $smoke$	(17) NO_x	(18) $ability$	(19) $money$	(20) $facility$
DID	-0.743 ***	-0.513	2.063	-49.60	-2.061	-2.376 *	-27.730 ***	-1.222 ***
	(-6.76)	(-0.53)	(0.41)	(-0.07)	(-0.77)	(-1.96)	(-3.19)	(-2.71)
PGDP	0.0946	-0.583	4.173	-142.3	0.932	-0.994	5.304	0.115
	(1.60)	(-0.98)	(1.19)	(-0.35)	(0.62)	(-1.21)	(0.89)	(0.45)
INN	-1.166 ***	-0.654	0.617	539.4	-1.771	11.74	-25.35	-1.527
	(-3.95)	(-0.28)	(0.04)	(0.23)	(-0.23)	(1.00)	(-1.05)	(-1.33)
TEC	0.0186	-0.129	0.230	-38.53	-0.198	-0.0273	0.0233	-0.0613 *
	(1.33)	(-1.03)	(0.44)	(-0.38)	(-0.81)	(-0.13)	(0.04)	(-1.91)
INS	-0.00109	0.106	0.175	135.3	0.645 ***	0.158	0.161	-0.0549
	(-0.16)	(0.67)	(0.37)	(0.92)	(3.10)	(1.42)	(0.18)	(-1.59)
POL	-0.132 **	0.154	1.049	-531.0	-3.689	-1.137	-2.136	-0.189
	(-2.39)	(0.24)	(0.36)	(-0.82)	(-1.65)	(-0.92)	(-0.61)	(-0.82)

变量	(13)	(14)	(15)	(16)	(17)	(18)	(19)	(20)
	CO_2	gas	SO_2	smoke	NO_x	ability	money	facility
POP	0.726 ***	11.87 *	−24.47 *	−6323.4	−18.50 **	7.218 ***	73.87 ***	7.595 ***
	(3.23)	(1.80)	(−1.78)	(−0.90)	(−2.29)	(2.88)	(2.77)	(5.55)
_ *cons*	−0.404	−52.91	156.7 **	22695.7	97.68 **	−35.31 **	−312.4 **	−23.91 ***
	(−0.37)	(−1.53)	(2.43)	(0.87)	(2.52)	(−2.56)	(−2.30)	(−3.57)
R^2	0.981	0.444	0.921	0.133	0.922	0.430	0.825	0.949
N	330	330	323	302	310	281	278	291

注：＊表示 $p < 0.1$，＊＊表示 $p < 0.05$，＊＊＊表示 $p < 0.01$，括号内为 t 值。

　　模型（14）至模型（17）代表碳排放权交易市场对减少工业废气排放的政策效果，模型（18）至模型（20）代表碳排放权交易市场对增加污染治理的政策效果，可以看到碳排放权交易市场主要是通过加大对废气的治理力度减少碳排放量。接下来对式（7.8）进行回归，回归结果如表 7.8、表 7.9 所示。

表 7.8　中介效应（b）

变量	(21)	(22)	(23)	(24)
	CO_2	CO_2	CO_2	CO_2
DID	−0.434 ***	−0.740 ***	−0.741 ***	−0.722 ***
	(−3.68)	(−6.70)	(−6.96)	(−6.14)
PGDP	0.114	0.0982	0.103 *	0.0529
	(1.52)	(1.64)	(1.79)	(0.78)
INN	−1.234 ***	−1.162 ***	−1.153 ***	−1.167 ***
	(−4.64)	(−3.94)	(−4.15)	(−3.61)
TEC	0.0134	0.0194	0.0193	0.0165
	(1.05)	(1.36)	(1.42)	(1.15)
INS	−0.00342	−0.00175	−0.000250	−0.00160
	(−0.50)	(−0.26)	(−0.04)	(−0.23)
POL	−0.0918 *	−0.133 **	−0.121 **	−0.121 **
	(−1.72)	(−2.40)	(−2.22)	(−2.04)
POP	−0.00974	0.652 **	0.635 ***	0.762 ***
	(−0.04)	(2.57)	(2.61)	(3.08)

续表

变量	(21)	(22)	(23)	(24)
	CO_2	CO_2	CO_2	CO_2
money	0.00673 ***			
	(3.27)			
gas		0.00620		
		(1.29)		
SO_2			−0.00567 **	
			(−2.50)	
NO_x				0.00109
				(0.39)
ability				
smoke				
facility				
_cons	2.726 **	−0.0761	0.309	−0.484
	(2.48)	(−0.06)	(0.25)	(−0.39)
R^2	0.985	0.981	0.981	0.981
N	278	330	323	310

注：＊表示 $p < 0.1$，＊＊表示 $p < 0.05$，＊＊＊表示 $p < 0.01$，括号内为 t 值。

表7.9　中介效应（c）

变量	(25)	(26)	(27)
	CO_2	CO_2	CO_2
DID	−0.659 ***	−0.704 ***	−0.524 ***
	(−5.89)	(−6.39)	(−5.32)
PGDP	0.181 **	0.0926	0.137 **
	(2.12)	(1.53)	(2.02)
INN	−1.323 ***	−0.880 ***	−1.214 ***
	(−4.51)	(−2.71)	(−4.10)
TEC	0.0106	0.0160	0.0188
	(0.73)	(1.03)	(1.37)

续表

变量	(25)	(26)	(27)
	CO_2	CO_2	CO_2
INS	− 0.00701	0.00221	− 0.00176
	(− 0.85)	(0.32)	(− 0.24)
POL	− 0.118 **	− 0.112 *	− 0.0952 *
	(− 2.08)	(− 1.86)	(− 1.70)
POP	0.345	0.621 ***	− 0.281
	(1.37)	(2.65)	(− 1.03)
money			
gas			
SO_2			
NO_x			
ability	0.00334		
	(0.52)		
smoke		− 0.00000337 ***	
		(− 3.72)	
facility			0.0873 ***
			(4.99)
_ cons	1.431	− 0.271	3.372 ***
	(1.17)	(− 0.23)	(2.82)
R^2	0.983	0.981	0.984
N	281	302	291

注：*表示 $p < 0.1$，**表示 $p < 0.05$，***表示 $p < 0.01$，括号内为 t 值。

由表 7.8 和表 7.9 可知，工业 SO_2 的排放、工业烟粉尘的排放、工业废气治理力度设施运行费用和工业废气治理设施均为碳排放权交易市场政策的中介变量，通过减少其他工业废气的排放，进而减少碳排放量，但加大对工业废气的治理力度反而会增加碳排放量，可能是因为随着治理强度的不断增加，使污染企业更加有恃无恐地进行废气排放，反而不利于减排。上述情况证实了假设2，并否定了假设3。

根据陈瑞、郑毓煌等（2014）对中介效应的检验，中介效应的检验只需观察 $\alpha_1\xi_1$ 是否显著，由于 Sobel 检验容易犯第一类错误（Zhao et al.，2010），因此使用 Bootstrap 方法进行中介检验。首先分别对式（7.7）和式（7.8）进行估计；其次进行 Bootstrap 检验，以验证中介效应的可靠性，结果见表 7.10、表 7.11、表 7.12。

表7.10　中介效应检验（a）

变量	(28)	(29)	(30)	(31)
	SO_2	CO_2	smoke	CO_2
DID	− 9.0863 *	− 1.227 ***	− 1289.048	− 1.476 ***
	(− 1.73)	(− 5.44)	(− 0.69)	(− 5.21)
PGDP	− 1.7931 *	0.464 **	232.6571	0.416 ***
	(− 2.50)	(15.04)	(0.92)	(10.84)
INN	6.6952 **	− 0.643 ***	− 239.30	− 0.4653 **
	(2.06)	(− 4.62)	(− 0.19)	(− 2.44)
TEC	− 0.1566	− 0.111 ***	− 72.734	− 0.116 ***
	(− 0.52)	(− 8.6)	(− 0.67)	(− 7.12)
INS	1.3386 ***	− 0.0275 ***	27.5183	0.020 *
	(6.18)	(− 2.82)	(0.35)	(1.72)
POL	17.267 ***	0.454 ***	− 743.8737	0.963 ***
	(12.87)	(3.96)	(− 0.84)	(7.20)
POP	6.927 ***	0.341 ***	− 116.0752	0.555 ***
	(12.97)	(12.03)	(− 0.61)	(19.21)
money				
SO_2		0.0324 ***		
		(13.51)		
smoke				− 0.00000607
				(0.49)
facility				

续表

变量	(28)	(29)	(30)	(31)
	SO_2	CO_2	smoke	CO_2
_ cons	−42.21***	−0.1128	−93.99	−1.687***
	(−4.01)	(−0.25)	(−0.03)	(−2.98)
R^2	0.587	0.796	0.009	0.683
N	323	323	302	302

注：＊表示 $p < 0.1$，＊＊＊表示 $p < 0.05$，＊＊＊表示 $p < 0.01$，括号内为 t 值。

表 7.11　中介效应检验（b）

变量	(28)	(29)	(30)	(31)
	money	CO_2	facility	CO_2
DID	−21.68***	−0.647**	−1.978***	−0.956***
	(−3.74)	(−2.44)	(−2.97)	(−3.50)
PGDP	10.365***	0.111**	1.178***	0.198***
	(12.88)	(2.43)	(12.50)	(4.19)
INN	−18.24***	0.1902	−2.187***	0.0562
	(−5.37)	(1.19)	(−5.45)	(0.33)
TEC	−1.509***	−0.071***	−0.025	−0.111***
	(−4.87)	(−4.92)	(−0.68)	(−7.59)
INS	−0.300	0.031***	−0.0088	0.022**
	(−1.29)	(2.96)	(−0.32)	(2.02)
POL	5.418**	0.762***	0.856***	0.756***
	(2.18)	(6.80)	(2.91)	(6.29)
POP	9.426***	0.295***	1.384***	0.279***
	(16.71)	(8.21)	(20.99)	(6.57)
money		0.023***		
		(11.02)		
SO_2				
smoke				
facility				0.209***
				(8.72)

| 变量 | (28) | (29) | (30) | (31) |
	money	CO_2	facility	CO_2
_ cons	− 14.450	− 1.426***	− 2.893**	− 1.211**
	(− 1.29)	(− 2.84)	(− 2.21)	(− 2.27)
R^2	0.635	0.788	0.708	0.751
N	278	278	291	291

注：＊表示 $p < 0.1$，＊＊表示 $p < 0.05$，＊＊＊表示 $p < 0.01$，括号内为 t 值。

由表7.12可知，在工业粉尘排放量的中介变量修正检验中，置信区间内包括零，中介效应不显著，其他3个中介变量工业 SO_2 的排放、工业废气治理设施运行费用和工业废气治理设施均通过了 Bootstrap 修正检验，即碳排放权交易可以通过减少工业 SO_2 的排放来减少碳排放，而加大对污染的治理反而会导致碳排放量增加。

表 7.12   Bootstrap 修正检验

| 名称 | Observed | | Bootstrap | | |
	Coef.	Bias	Std. Err.	［95% Conf. Interval］	
r（ind_ SO2）	− 0.29449615	− 0.0030903	0.14166059	− 0.5761923	− 0.0309416（P）
				− 0.5782276	− 0.0363984（BC）
r（ind_ smoke）	0.00782667	− 0.136614	0.18829945	− 0.5209388	0.0277174（P）
				− 0.4661632	0.0311583（BC）
r（ind_ money）	− 0.65006144	− 0.0057486	0.16011599	− 1.009995	− 0.3702257（P）
				− 1.013651	− 0.3754847（BC）
r（ind_ facility）	− 0.41305573	− 0.0137557	0.16684298	− 0.7930143	− 0.1323813（P）
				− 0.7827046	− 0.1296359（BC）

注：（P）   percentile confidence interval，（BC）   bias － corrected confidence interval。

7.1.6   进一步讨论

在本章的6个省份实验组中，有5个是直辖市。一般而言，直辖市的碳排放量应低于省，而 DID 得到的是平均处理效应，无法得知设立碳排放权交易市场在具体省份的效果表现。为了评估碳排放权交易市场的设立在不同省份的政策效果，本章借鉴 Bulte 等（2018）采用合成控制法识别政策效应的策略，选择每一个处理组中的省份和控制组中的省份分别进行合成控制。碳排放权交易市场设立的政策效果由每一个目标省份及其合成控制省份的碳排放量差值来衡量。

合成控制法的主要原理在于，选取影响省份碳排放量的主要控制变量，通过给予控制组中每个省份的预测变量一定的权重，拟合一个除未实行某项政策外与实验组其他特征相近的"反事实"合成组，政策实施后实验组和合成组间的差异即政策效果。相比其他政策分析方法，合成控制法的优点有 3 个。其一，在研究方法上，采用非参数估计方法，是对传统双重差分策略的有效扩展；在合成控制中，允许因为时间变化而未观测到的混杂因素存在。同时，权重的选择是通过数据驱动产生的，大幅度降低了主观选择的误差，在一定程度上避免了政策内生性的问题。其二，在研究对象方面，通过对控制组加权拟合一个与实验组特征最接近的合成组，并且通过权重可以清晰得出每个控制组对合成组的贡献大小，能够有效避免过分外推现象。其三，在实证评估效果方面，可以针对需要研究的每个实验组个体拟合一个与之相对应的合成控制组，结果呈现更加直观，避免了政策评估中通常所求的（局部）平均处理效应，有利于评估政策效果的异质性，避免主观选择造成的偏误（张国建、佟孟飞、李慧等，2019）。

基于上述分析，本章采用合成控制法对碳排放权交易市场设立的政策效果进行再检验。将 2012 年设立碳排放权交易市场的 6 个省份设定为实验组，将其他 24 个省份设定为控制组，控制变量与前文一致。为了准确评估碳排放权交易市场对每个省份的政策效果，本章将实验组分为 6 组，采用分析每一个省份的方法，构建每一个省份的合成控制省份。图 7.7 至图 7.12 分别为北京、广东、上海、湖北、天津、重庆实际和合成的碳排放路线，实线代表实验组个体的实际碳排放量，虚线代表合成组碳排放量，垂直虚线代表设立碳排放权交易市场的起始年份（2012 年）；表 7.13 为控制组省份在各个合成控制省份的权重。在政策实施前，实际碳排放量与合成碳排放量路径几乎重合，说明合成分析单位较好地拟合了碳排放权交易市场设立前各省份的碳排放量路径。而在政策实施后，实际碳排放量与合成碳排放量路径发生变化，并且不同的省份实际碳排放量和合成碳排放量出现差异性。总体来看，实际碳排放量路径低于合成碳排放量路径，即碳排放权交易市场显著降低了碳排放量，北京、湖北、天津、重庆效果显著，广东和上海的政策效果不明显，北京和上海的拟合结果不理想。且大部分实验组在2012年政策实施之前实际路径和合成路径就出现了较大差异。2011年10月，国家发展改革委提出了碳排放权交易市场的试点通知，试点地区政府为了政绩，不排除会在2011年就进行了碳减排，也造成了在政策实施前实际路径和合成路径呈现明显的差异。

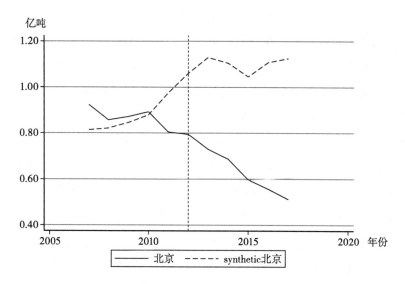

图7.7　北京的实际碳排放量和合成碳排放量

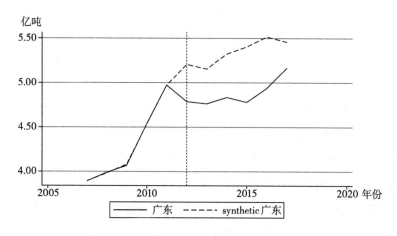

图7.8　广东的实际碳排放量和合成碳排放量

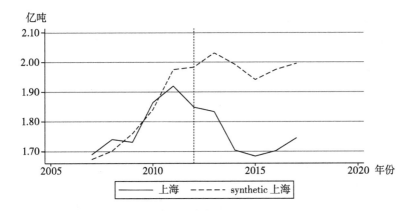

图 7.9　上海的实际碳排放量和合成碳排放量

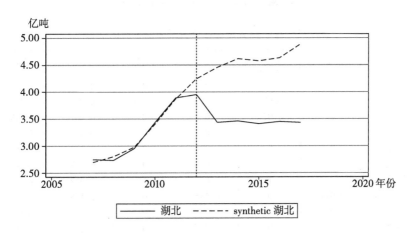

图 7.10　湖北的实际碳排放量和合成碳排放量

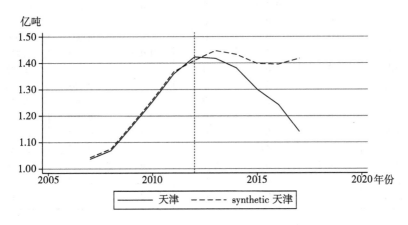

图 7.11　天津的实际碳排放量和合成碳排放量

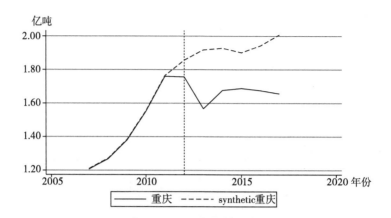

图 7.12　重庆的实际碳排放量和合成碳排放量

表 7.13　控制组省份在各个合成控制省份的权重

省份	北京	广东	上海	湖北	天津	重庆
河北	0	0	0	0	0.001	0.007
山西	0.048	0.088	0.010	0.154	0.014	0.014
内蒙古	0	0.034	0	0	0.001	0.006
辽宁	0	0	0	0	0.003	0.010
吉林	0	0	0	0	0.003	0.013
黑龙江	0	0	0	0	0.003	0.014
江苏	0	0.133	0	0.121	0.002	0.012
浙江	0.079	0	0.435	0	0.108	0.013
安徽	0	0	0	0	0.002	0.010
福建	0	0	0	0	0.003	0.015
江西	0	0	0	0	0.007	0.048
山东	0	0.267	0	0	0.003	0.005
河南	0	0	0	0	0.002	0.008
湖南	0	0	0	0	0.007	0.019
广西	0	0	0	0.027	0.004	0.217
海南	0	0	0	0	0.613	0.323
四川	0	0	0	0	0.068	0.013
贵州	0	0	0	0	0.004	0.015
云南	0	0	0	0	0.075	0.016
陕西	0	0	0	0.571	0.003	0.018
甘肃	0	0.478	0	0	0.005	0.061
青海	0.873	0	0.556	0	0.066	0.06
宁夏	0	0	0	0.127	0.002	0.071
新疆	0	0	0	0	0.002	0.013

　　中国借鉴西方国家解决碳排放问题的做法，在 6 个省份试点试行了碳

排放权交易市场，那么碳排放权交易市场是否真的有效，是否真的实现了减排？本章利用 2011 年 10 月以来在 6 个省份批准碳排放权交易市场的政策冲击，运用双重差分法来分析碳排放权交易市场对碳排放量的影响。实证结果表明，碳排放权交易市场的设立可以显著减少碳排放量，资源禀赋结构中资本的占比越大，越容易实现碳减排；市场越灵活、科技的引入越高、内部研发能力越强、政府的治污投入越多，政策效果就越强。此外，本章利用中介效应对碳排放权交易的减排途径进行了检验，根据实证结果可以看出，工业 SO_2 的排放、工业废气治理设施运行费用和工业废气治理设施均为模型的中介变量，即碳排放权交易市场通过降低工业 SO_2 的排放，提高工业废气治理设施运行费用和增加工业废气治理设施，实现了 CO_2 的减排。因此，本章认为，碳排放权交易市场的试行是相当有效的，有效地倒逼企业改变其能源消费方式，调整能源消费结构，通过加大污染治理来减少污染物的排放。

在过去几十年，我国对 CO_2 减排的政策措施一直处于空白状态，而以行政命令的手段进行节能减排，效果并不大。碳排放权交易市场作为一项市场导向型的减排政策，可以有效地实现碳减排，因此，碳排放权交易市场将会成为我国一种主要的、有效的减排手段。本章根据上文的实证结论，提出以下政策建议。

一是加快完善碳排放权交易市场制度，建立全国范围内的碳排放权交易市场。减少政府对市场的干预，确保碳排放权交易市场的灵活性；通过简政放权降低碳排放权交易的成本；发展多样化的碳排放权交易方式。二是加大科技研发投入。政府应出台相应政策鼓励企业进行绿色生产技术的研发，可以对技术创新的企业进行适当的补贴奖励，激发企业绿色生产的动力，而不是依靠降低产量来减排，力争在源头上实现减排。三是加大治污投入。碳排放权交易对治污设施投入有显著的促进作用，这有利于我国碳减排以及空气质量的改善。即便如此，企业和地方政府也应加大在治污上的投入力度，尽量从源头上减少碳排放，同时也不能忽视生产过程中产生的污染，对生产过程要进行全方位的监控。

7.2 排污权市场的有效性评估

7.2.1 问题的提出与文献综述

20 世纪 60 年代，排污权的概念被提出。排污权是一种排放污染物的权利，由国家或地区的环境保护管理部门向需要排放污染物的团体或企业设置排放污染物的额度，而这个额度是有价格的，需要排污者支付与排污量成正比的价格。排污权市场由这个额度的价格衍生出来——是排污者从政府手中购买排污权，或者互相出售、转让排污权衍生出来的市场。

早在 1989 年我国就在上海试行了排污权交易机制；2002 年，开始在全国范围内建立试点地区，并且逐步增加试点地区，逐渐形成了如今的排污权交易市场。中国环保部门根据某个地区的环境容污量来确定这个地区的排污总量，将初始排污权以免费分配、拍卖、有偿售出等方式投入市场，允许排污者根据规定排放的种类，在规定的时间和地点排放一定量的污染物。企业还可以在二级市场对排污权进行自由交易。

随着我国的经济水平不断提升，社会主义市场经济制度不断深化、完善和健全，对于社会污染控制的制度也在不断更新和完善，但一系列的污染问题也暴露出来，如在可持续发展的战略方针下，如何兼顾经济效益和环境效益？我国有污染排放需要的企业首先受到了排污许可证制度的限制，企业只能选择自行处理污染物或者是向当地环保部门申请排污许可，当自行处理污染物的成本大于政府部门排污价格时，企业会选择从政府手中获取排污权。引入排污权市场交易机制的初衷，是希望企业在发展的同时，降低污染排放量。从企业角度来看，上述措施不仅能给予排污企业从二级市场上获取排污额度的另一种选择，还让购买方企业从中降低一定程度的排污成本，让出售方企业增加收入；从市场角度来看，可以增加市场配置资源的分配方式，提升资源利用率。

但是，排污权交易市场机制的引入，是否真的有效，能否降低污染排放量，对企业是否有负面影响，对资源的利用是否有效？这还需要进一步的分析与证明。本章对排污权市场机制是否有效的考察主要在污染减排的影响上。现如今，我国主要污染物包括 SO_2、NO_x、化学需氧量、NH_3-N、挥发性有机物以及固体废弃物等。关于污染减排的定义有两类，一是区域内主要污染物排放总量限定在一定范围内，如我国的主要污染物排放总量的下降；二是在经济、技术和社会、环境承载力等约束下降低污染物排放总量（Giuspppe，2007）。本章定义污染减排效应为主要污染物排放总量的降低与单位增加值的污染物排放量的降低。污染减排效应的测度指标包括单一污染物排放总量、单一污染物排放强度（如单位产品、单位增加值等）以及多种污染物排放总量的指数合成与多种污染物排放强度的指数合成等。

本章将围绕排污权在国内各省份的实施情况，利用对比的方法，比较实行排污权与否对各省份排污量的改变情况，以及分析某市实施排污权交易前后的排污量比较情况，来探讨排污权是否有效。

排污权交易市场机制是一种基于市场自动调控控制排污量的方法，与传统的排污惩罚机制不同，排污权交易是为企业提供更多的选择，让企业在固定的市场机制下进行选择性交易，选择能获益更多的排污方式，提升企业减少排污的自主性。排污权交易是一种基于市场的环境政策。在这种政策条件下，环境管理部门根据环境质量目标，通过建立合法的污染物排放权即排污权，运用各种分配方式和市场交易机制使排污企业取得与其排放量相当的排污权，促使企业把被动治理变为主动治理的一种积极的环境经济政策，可以将排污权交易的实质归纳为3点：①环境资源的商品化；②排污许可证制度的市场化形式；③环境总量控制的一种措施（陈德湖，2004）。

环境政策评估是指依据一定的标准和程序，对环境政策的效益、效率、效果及价值进行判断的一种制度行为，是完善环境政策的手段（王金南，2007）。环境政策评估不仅评估该政策是否在理论上有效，还评估其在实践中的效果，给政策实施者在进行政策设计以及规划时提供理论性的帮助与建议，使其能最有效率地配置有限的资源。在环境政策评估中，需要厘清效果、有效性和效率的概念。效果指的是政策实施产生的具有因果联系的直接结果。效益或有效性是判断政策措施的预期目标是否实现。效率是指在政策实施时产生的效应与资源投入的比较，目标是以最少的资源投入实现政策目标的最大化。

以前的排污惩罚机制被经济学家认为在总体效率上并不是一项有效的政策。排污权交易系统的优点是污染治理量可根据治理成本进行变动，这样可以使总的协调成本最低，因此，如果用排污权交易系统代替传统的排污收费体系，就可以节约大量的成本（Montgomery，1972）。Montgomery从理论上证明了基于市场的排污权交易系统明显优于传统的环境治理政策（如庇古税等）。

一项制度的实施，首先考虑的是它的构成要素。排污权交易的污染治理效率在很大程度上取决于制度的构成要素。Stavins（1994）认为，一项完整的排污权交易制度应包括8项要素：①总量控制目标；②排污许可证；③分配机制；④市场定义；⑤市场运作；⑥监督与实施；⑦分配与政治性问题；⑧与现行法律及制度的整合。2014年8月6日，《国务院办公厅关于进一步推进排污权有偿使用和交易试点工作的指导意见》印发，意在发挥市场机制推进环境保护和污染物减排，并指出，建立排污权有偿使用和交易制度，是我国环境资源领域一项重大的、基础性的机制创新和制度改革，是生态文明制度建设的重要内容。可以看出，我国对排污权交易制度的引进，主要目的是降低污染排放量。

20世纪70年代，美国环保局（EPA）开始尝试将排污权交易用于大气污染源与水污染源管理，逐步建立起以补偿（offset）、存储及存量节余（netting）等为核心内容的排污权交易政策体系。自20世纪80年代起，EPA逐步将排污权交易制度运用于铅淘汰计划、减少臭氧层消耗物质计划、加利福尼亚州区域清洁空气激励市场计划及解决酸雨问题的SO_2许可交易计划。以SO_2许可交易计划为例，自1990年排污权交易制度被运用于SO_2排放总量控制以来，获得了巨大的经济效益与社会效益。目前，德国、澳大利亚、英国等都不同程度地借鉴了美国的排污权交易制度，并有效地削减了CO_2等温室气体的排放（陈德湖，2004）。

国内也有许多学者专家对排污权交易进行了研究分析，如涂正革（2015）利用倍差法及DEA模型分别考察了排污权在中国短期和长期能否实现波特效应，发现排污权短期并不能实现减排作用，而长期却能大幅减排，且通过推进市场建设和加强环境规制是中国排污权交易机制实现波特效应的 2 个必要条件。陈德湖（2004）证明了相比于排污收费政策排污权交易机制更能通过市场力量使企业寻求排污的边际费用，使政府部门的管理费用降低，从而降低环境治理成本。陈蕃武（2019）以福建省大田县为研究对象，说明了原本为"靠山吃山"型让环境恶化的大田县在实施排污权交易机制后明显改善了环境，证明排污权交易机制确实有效。袁慧和佟欣（2018）指出，我国排污权交易还不完善，存在法律机制不全、平台建设不足和交易价格设置有缺陷等问题，需要更多的努力。闫文娟（2017）利用双重差分模型，分析了 SO_2 进行排污权交易的经济效应以及国内试点政策对就业的影响。朱菊引和贾卫国（2019）通过对一级、二级市场的机制以及理想模型的构建对比，发现了如今国内排污权交易的一级、二级市场存在不少问题，会导致排污权交易机制不能很好地发挥作用。

企业是进行排污权交易的主体，前面的政策评估主要是在宏观层面分析排污权交易的影响，而排污权对企业的影响则属于微观层面。肖江文（2001）利用排污权博弈模型的分析，证明初始排污权的竞标拍卖方式是一种有效的分配方式，且投标人数越多，卖方获得的收益越大。陶长琪和丁煜（2019）利用双重差分模型证明了排污权交易政策能显著提高企业的费用黏性和管理费用黏性，且融资约束越小或代理成本越小，其影响效果越强。任胜钢等（2019）利用实证分析，发现进行 SO_2 排污权交易试点地区的受规制上市企业的全要素生产率受到了显著的正向影响，存在两年的滞后期，并且企业全要素生产率主要通过提高技术创新水平和改善资源配置效率两条途径提升。

总的来说，国内排污权交易试点的结果各不相同，总体上都能产生污染减排的效应，但是对于实行排污许可证制度地区的效果与排污权交易机制的效果有何差别，或者说排污权交易机制减排的正面效果受到了排污许可证制度多大的影响还没有实际的分析。排污权交易市场对于企业的影响不全是正面的，主要是交易机制的不健全和价格设置不合理会引发企业排污成本增加、资源配置不足和非排污技术创新受限制等问题。

7.2.2　样本与模型构建

7.2.2.1　模型构建

双重差分模型能有效减少不可观测力对政策评估效果的影响，适合本章对排污权交易市场是否有效进行分析。在控制其他因素不变的基础上，双重差分法可以检验 SO_2 排放权交易市场设立前后，处理组和对照组的碳排放量是否存在显著差异。设置以下模型：

$$Y_{it} = \beta_0 + \beta_1 treatment_i post_t + \beta_2 control_{it} + \eta_c + \gamma_t + \varepsilon_{it} \tag{7.10}$$

其中，Y_{it} 是各省份 CO_2 排放量，$control_{it}$ 表示影响碳排放量且随着 c 和 t 变动的控制变量；η_c 表示省份固定效应，控制了影响碳排放量但不随着时间变动的个体效应；γ_t 表示时期效应，控制力随时间变化影响所有省份的时间因素；ε_{it} 表示为误差项。估计系数 β_1 为本文关注的重点政策效应，若政策有效，则 β_1 显著为负。

$$Y_{it} = \beta_0 + \beta_1 treatment_i post_t \times minor_i + \beta_2 minor_i + \beta_3 control_{it} + \eta_c + \gamma_t + \varepsilon_{it}$$
$$\tag{7.11}$$

$$Y_{it} = \beta_0 + \beta_1 treatment_i post_t \times gov_{it} + \beta_2 gov_{it} + \beta_3 control_{it} + \eta_c + \gamma_t + \varepsilon_{it}$$
$$\tag{7.12}$$

$$Y_{it} = \beta_0 + \beta_1 treatment_i post_t \times fin_{it} + \beta_2 fin_{it} + \beta_3 control_{it} + \eta_c + \gamma_t + \varepsilon_{it}$$
$$\tag{7.13}$$

其中，式（7.11）中的 $minor_i$ 为少数民族人口是否占多数的虚拟变量，若 i 省份少数民族人口占多数，则 $minor_i = 1$，否则为零，式（7.11）主要探讨少数民族省份与非少数民族省份政策效果是否存在差异性。式（7.12）中的 gov_{it} 为各省份年度预算内财政支出，衡量财政依赖程度，该值越大说明该省份的经济发展程度越高，式（7.12）主要考察了政策效果是否受到省级政府财政依赖程度大小的影响。式（7.13）中的 fin_{it} 为各省份预算内财政支出与财政收入的比重，衡量财政依赖程度，该值越大说明各省政府对上级政府的财政依赖程度越大，式（7.13）主要考察了政策效果是否受到省级政府财政依赖程度大小的影响。

7.2.2.2　变量的选取

（1）核心解释变量。

由于各省份的排污权交易市场实行时间不同，所以本章选取已经进行了排污权交易试点工作超过 10 年的城市在 2004—2017 年 SO_2 与烟尘排放总量作为处理组，由 11 个在 2007 年有国家批复的排污权交易试点省份组成，为 $treatment_i = 1$；将进行排污权交易不足 3 年的省份作为对照组，为 $treatment_i = 0$；而时间在 2007 年之前 $post_t = 0$，时间在 2007 年之后 $post_t = 1$。对比两组在 2007 年前后实施排污权交易市场机制对 SO_2 与烟尘排放是否有减排效应。

（2）控制变量。

参考现有王兵等（2010）的研究，选取经济规模、人口规模、能源强度、产业结构、公众的环保意识和环境管制等控制变量，解决因遗漏变量造成的内生性问题。

$$SO_2 = \beta_0 + \beta_1 treatment_i post_t + \beta_2 PGDP + \beta_3 POP + \beta_4 FDI + \beta_5 EDU +$$
$$\beta_6 ER + \beta_7 EI + \beta_8 IS + \eta_c + \gamma_t + \varepsilon_{it} \tag{7.14}$$

本章的控制变量包括以下指标。

经济发展水平：采用各省的 GDP 衡量，单位为万元。根据 EKC 曲线，当人均 GDP 较低时，CO_2 的排放量随着人均 GDP 的增加而上升，但当人均 GDP 到达一个拐点，即位于较高水平时，CO_2 的排放量会随着人均 GDP 的增加而下降。

人口规模：通过各省份历年统计年鉴统计了各省份的人口，单位为万人。李国志和李宗植（2010）认为，人口与环境存在双向影响。一方面，人口增长加剧了环境恶化；另一方面，人口增长促进了技术创新，有效改善了环境。

FDI 水平：用各省份的外商直接投资占实际 GDP 比重来表示，引进国外的先进技术，将大幅提高我国的减排能力，从而起到保护环境的作用，但也要警惕，外资可能会将中国作为"污染避难所"，将该国或地区的重污染企业转移至中国。

受教育程度：各省份的教育经费支出与 GDP 的比值。教育经费多，使该省份人民素质提升，从而提高公众环保意识。

环境管制强度：各省份的工业污染治理支出与 GDP 的比值，政府对工业污染的治理会直接改善环境；此外，政府行为也是一种引导，会给社会树立保护环境的风向标，间接促进企业减排，因此预测 ER 系数为负。

能源强度：各省份的能源工业投资与 GDP 的比值，对能源工业的投资可以体现该省份对 SO_2 排放的强度，预测 EI 系数为正。

产业结构：用第二产业在总产值所占的比重来衡量，第二产业比重越大，即重工业在国民经济中占据了较大的比重，这不利于 SO_2 的减排，因此预期 INS 的系数为正。

7.2.2.3 数据来源与描述性统计

本章通过使用 2004—2017 年中国 30 个省份的面板数据评估碳排放权交易市场设立的政策效果，数据来自国家数据网，见表 7.14。

表 7.14 变量的描述性统计

变量名称	变量含义	样本量	均值	标准差	最小值	最大值
PGDP	人均 GDP	419	16150.45	741.6618	466.1	89705.23
POP	人口规模	419	4447.635	130.26	539	11169
FDI	外商直接投资占实际 GDP 比重	419	5.696184	0.345281	0.655474	75.0313
EDU	受教育程度	419	486.8029	7.494227	247.7363	189366.3
ER	环境管制强度	419	16.36423	0.679222	0.67352	99.18499
EI	能源强度	419	0.06771	0.002767	0.005156	0.321537
INS	产业结构	419	0.463141	0.00388	0.19014	0.590454

7.2.2.4 处理组对对照组在政策上是否具有平行趋势

如图 7.13 所示，2004—2017 年，处理组和对照组出现了类似趋势，两者在 2004—2007 年的时间段内基本保持着相同的 SO_2 排放量变化趋势，但处理组的 SO_2 排放量明显多于对照组，说明处理组属于对排污有巨大需求的省份。上述情况在 2015 年以后出现了变化，特别是在 2015 年以后处理组和对照组的结果变量出现了明显差异，且处理组与对照组的 SO_2 排放量趋于相同，这说明随着经济的发展，各地工业都开始发展，并且排污程度趋于相同，可能的原因是 2015 年之后中国经济增速放缓，进入新常态以来更加注重经济的高质量发展。

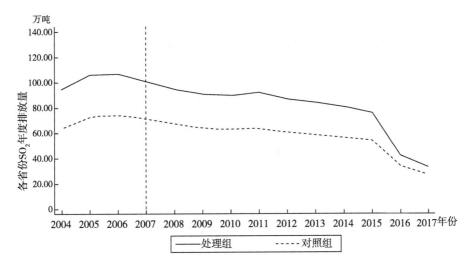

图 7. 13　平行趋势事前检验

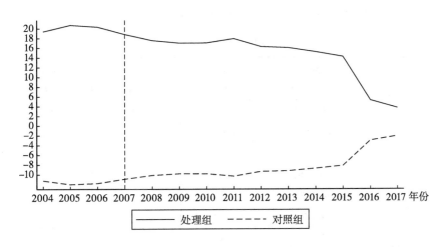

图 7. 14　残差均值平行趋势检验

由图 7.14 可知，残差均值平行趋势相对于横坐标轴对称，可能原因是两者对于排污处于不同的状态，处理组属于排污总体下行态势，而对照组属于经济大发展之时补足排污的需求。但两者都是在向零靠拢，说明排污权交易市场的有效性值得多加分析。

7.2.3 实证结果

排污权交易市场政策评估的实证主要分为3个部分：其一，使用 DID 估计排污权交易市场能否有效降低排污量；其二，讨论政策效果的异质性；其三，进一步识别假设检验和稳健性检验，排除遗漏变量造成的偏误。

7.2.3.1 基准回归

通过基准回归估计排污权交易市场的设立对 SO_2 排放量的综合效应，对式（7.10）进行回归，回归结果见表7.15。

第（1）列没有控制时期效应和个体效应，只包括 *treatment* 和 *post* 以及交互项，同时加入了控制变量，第（3）列和第（4）列没有加控制变量。第（1）列和第（3）列系数的估计值稳定在 −9 左右，第（4）列在去掉 *treatment* 和 *post* 之后，与第（2）列相比，系数的估计值上升了大约0.34，这个结果是可信的，也与后文一系列稳健性检验部分的实证结果保持一致。基准回归结果表明，排污权交易市场机制的设立对排污量的减少具有显著正向影响，系数估计值和符号保持高度一致。

表 7.15 基准回归结果

变量	(1)	(2)	(3)	(4)
	SO_2	SO_2	SO_2	SO_2
DID	−9.023***	−4.971***	−9.023***	−4.631***
	(5.312)	(4.232)	(5.587)	(−4.122)
treatment	31.825**	15.071***		
	(17.056)	(10.77)		
post	−14.035***	−3.354***		
	(4.107)	(3.931)		
PGDP		−0.001		−0.012
		(0.0003)		(0.0003)
POP		0.146		0.008**
		(0.002)		(0.012)
FDI		0.278		−0.051
		(0.302)		(0.093)

变量	(1)	(2)	(3)	(4)
	SO_2	SO_2	SO_2	SO_2
EDU		-0.035		-0.006
		(0.018)		(0.012)
ER		0.472***		-0.127
		(0.313)		(0.082)
EI		233.5123		75.258
		(88.776)		(51.362)
INS		56.835		4.975
		(41.597)		46.861
_cons	70.451	-18.155***	75.17	39.023
	11.363	(16.873)	(2.522)	(52.9555)
R^2	0.1016	0.6268	0.9229	0.9436
N	420	420	420	420

注：＊表示$p < 0.1$，＊＊表示$p < 0.05$，＊＊＊表示$p < 0.01$，括号内为t值。

7.2.3.2　异质性分析

由于不同省份的经济发展情况、政府的政策实施力度、政府对市场的干预程度等有着不同的特征，进而影响政策评估结果，本章针对以上基准回归结果进行了进一步的异质性检验，主要从以下3个方面考虑：其一，各省份的经济发展情况，各省份是否为少数民族自治或少数民族人口占绝大多数；其二，各省份的政府财政预算支出；其三，政府对财政的依赖程度，即各省份的政府一般预算支出与一般预算收入的比值。

将这3个变量分别与排污权交易市场的变量构成交互项放入模型，同时控制变量本身，结果见表7.16。

这三者的模型设计通过将3个变量分别和改革试验区变量的交叉项加入回归，控制了各自变量本身。如表7.16所示，第（1）列的回归结果表明，与非少数民族省份相比，少数民族省份的政策效应虽被削弱了，但依然显著为负，为 -5.614。可能的原因是，少数民族人口多的省份，工业发展较缓慢，使排污量很少，并且国家针对少数民族区县原本就有一系列政策倾斜（如近些年对少数民族的扶贫）。财政转移支付的边际效用较小，表现在政策效应上可能就没有非少数民族区县那么强烈。

第（2）列中政府的政策实施力度显示其系数为33.8%，呈正相关关系，说明政策实施力度能很直接地有助于排污权交易市场减排效应的发挥。

第（3）列中，显示排污权市场交易制度能否实现减排将在很大程度上取决于政府对财政的依赖程度。政府对财政的依赖程度越大，其减排越难以实现，也从侧面说明了市场的重要性，市场自主程度越高，信息对称程度越高，此时不需要太多政府的干预，就可以较好地运行碳排放交易，同时也减少了国家财政的支出。

表 7.16　异质性分析

变量	各省 SO_2 排放总量		
	（1）	（2）	（3）
DID	−5.614***	0.338	3.22
	(4.423)	(3.647)	(5.982)
didxminor	5.208		
	(3.926)		
didxgov		−0.0017***	
		(0.001)	
gov		−0.0045*	
		(0.002)	
didxfin			−3.747**
			(2.873)
fin			1.23
			(3.216)
_cons	41.064	41.314	35.24
	(53.84)	(26.682)	(27.664)
N	420	420	420
R^2	0.9437	0.9452	0.9438

注：*表示 $p < 0.1$，**表示 $p < 0.05$，***表示 $p < 0.01$。

7.2.3.3　识别假设检验

通过前文的研究发现，排污权交易市场机制的设立能有效促进区域内排污量的减少，但是该结论仍有可能受到遗漏变量的影响，为了验证本章DID 识别策略的可靠性，下面进行平行趋势检验。

为了进一步检验事前的平行趋势以及观察政策是否存在时滞效应，本章借鉴 Jacobson 等（1993）、Li 等（2016）的研究框架，采用事件分析法（Event Study），研究设立排污权交易市场机制的动态效应。具体而言，将式（7.10）中的 DID_{it} 换成表示排污权交易市场机制实行前和实施后若干年的哑变量，因变量不变，估计如下方程：

$$Y_{it} = \beta_0 + \prod_{s \geq -3}^{10} \beta_s D_s + \beta_2 control_{it} + \eta_c + \gamma_t + \varepsilon_{it} \qquad (7.15)$$

其中，D_0 是排污权市场交易政策开始推行当年的哑变量，S 取负数表示扶贫改革试验区推行前 S 年，正数表示扶贫改革试验区政策推行后 S 年。由于样本中排污权市场交易机制设立前的时期较长，因此本章将政策发生前第 8 年以上设为基准组，图 7.15 中汇报了估计参数 $\{\beta_{-3}, \beta_{-2}, \beta_{-1}, \cdots, \beta_8, \beta_9, \beta_{10}\}$ 的大小及对应的90%置信区间，以及被解释变量分别为 SO_2 排放量的系数估计动态影响。从图 7.15 中可以看出，政策实施之前系数估计值基本不显著，而政策实施当年及之后系数估计值均通过了10%水平的显著性检验。估计结果不仅再次验证了平行趋势假设，而且表示政策效果在发生之后呈现逐渐上扬状态并具有持续性。

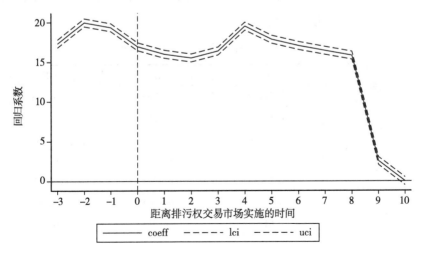

图 7.15　排污权交易市场实施前 3 年和后 10 年的平行趋势检验

7.2.3.4 其他稳健性检验

（1）双重差分前进行 PSM – DID。

为了确保上述回归结果的稳健性，本章进一步使用 PSM – DID 方法分析扶贫改革试验区设立的政策效果。具体而言：①为了便于比较，利用前文的控制变量预测每个省份设为排污权市场交易试点省份的概率（Logit 回归），再分别采用近邻匹配法（结果如图 7.16 所示）、半径匹配法（结果如图 7.17 所示）、核匹配法（结果如图 7.18 所示）给设立排污权市场交易机制试点的样本（处理组）匹配对照组，使处理组和对照组在设立排污权交易机制试点这项政策冲击前尽可能没有显著差异，以减少排污权交易市场在设立时的自选择偏误带来的内生性问题。②在此基础上，利用 DID 识别出排污权交易市场机制设立对相关省份减排效果的净影响。由于倾向得分能够最大限度地解决可观测协变量的偏差问题，而 DID 能够消除随时间不变和随时间同步变化等未观测到的变量影响，因此通过两种方法的结合能够更好地识别政策效应。回归结果如表 7.17 所示，其中第（1）~（3）列分别是半径匹配、核匹配、近邻匹配的估计结果。原则上，不管采用何种匹配方法，最后的估计结果都不会相差太大（Vandenbergheand Robin，2004）。从表 7.17 中 3 种匹配方式的估计结果可以看出，不同匹配方法的估计系数、符号和显著性水平与基准回归结果表 7.17 基本一致，因此本章估计的扶贫改革试验区设立对县域经济发展显著的正向影响是稳健的。

表 7.17　稳健性检验（倾向得分匹配）

变量	（1）	（2）	（3）
	半径匹配	核匹配	近邻匹配
DID	− 4. 632 ***	− 2. 925 ***	− 2. 925 ***
	(4. 122)	(3. 779)	(3. 779)
PGDP	− 0. 0012	− 0. 0012	− 0. 0012
	(0. 0003)	(0. 0003)	(0. 0003)
POP	0. 009	0. 0063	0. 0063
	(0. 0109)	(0. 01)	(0. 01)

续表

变量	（1）	（2）	（3）
	半径匹配	核匹配	近邻匹配
FDI	− 0.0508	− 1.625	− 1.625
	(0.0932)	(1.09)	(1.09)
EDU	− 0.00575	− 0.003	− 0.003
	(0.012)	(0.0125)	(0.0125)
ER	0.1267	0.101	0.101
	(0.0819)	(0.085)	(0.085)
EI	75.258	72.793	72.793
	(51.362)	(55.006)	(55.006)
INS	4.975	0.379	0.379
	(46.8612)	(48.068)	(48.068)
_ cons	39.023	61.095	61.095
	(52.956)	(50.438)	(50.438)
R^2	0.9436	0.9405	0.9405
N	420	389	389

注：*表示 $p < 0.1$，＊＊表示 $p < 0.05$，＊＊＊表示 $p < 0.01$，括号内为 t 值。

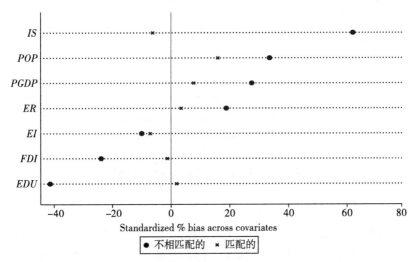

图 7.16　近邻匹配法下的倾向得分匹配

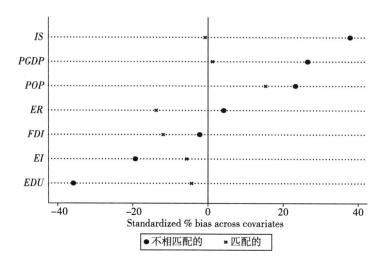

图 7.17　半径匹配法下的倾向得分匹配

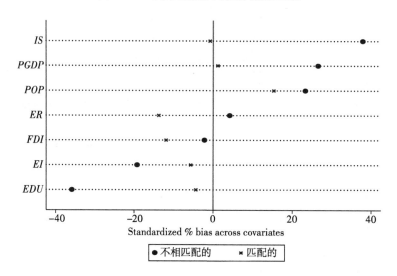

图 7.18　核匹配法下的倾向得分匹配

（2）控制变量滞后一期。

考虑到所选变量与设立排污权交易试点之间可能会产生反向影响，为了减少降低潜在内生性问题，将所有控制变量滞后一期，重新进行回归，实证结果如表 7.18 模型（1）所示。从表 7.18 可以看出，系数符号和显著性与基准回归结果基本一致，但是由于控制变量滞后一期，控制程度变弱，估计系数略微上升，再次验证了本章结论的稳健性。

（3）更改样本时期。

本章的回归主要是基于 2004—2017 年的全样本，但排污权交易市场设立的时间为 2007 年。为了稳健起见，同时为了避免国际金融危机的影响，选取样本时间段为 2010—2017 年，回归结果如表 7.18 的模型（2）所示，实证结果与前文基本一致。

表 7.18　稳健性检验

变量	（1）	（2）
	控制变量滞后项	缩短变量时期
DID	−2.483 ***	0.000
	(3.997)	(0.000)
PGDP		−0.0008
		(0.00029)
POP		−0.019
		(0.0205)
FDI		0.331
		(1.046)
EDU		−0.0034
		(0.0102)
ER		−0.036
		(0.098)
EI		5.509
		(50.941)
INS		70.35391
		41.78
L. PGDP	−0.0016	
	(0.0004)	
L. POP	0.0085	
	(0.0135)	
L. FDI	−1.999	
	(1.024)	
L. EDU	−0.0016	
	(0.013)	

变量	(1) 控制变量滞后项	(2) 缩短变量时期
L. ER	0.15 (0.09)	
L. EI	122.5017 (55.008)	
L. IS	-8.363 (51.333)	
_cons	0.382 (0.21)	143.2013 (95.70465)
R^2	0.9447	0.9353
N	356	220

注：*表示$p < 0.1$，**表示$p < 0.05$，***表示$p < 0.01$，括号内为t值。

设立排污权市场交易制度是国家节能减排方面的重大改革创新，可为下一步的节能减排工作提供经验，从整体上降低污染，提高资源利用率。为此，本章以2007年在11个省份进行排污权市场交易试点这一事件作为自然实验，采用DID识别了该政策对地区减排效应的因果效应。

研究结果表明：①政策的实施显著提高了各省份的减排程度，此结论通过了多种识别假设检验和稳健性检验。②进一步分析表明这一政策有着许多相关的影响因素，如非少数民族人口占多数省份的政策效应强于少数民族人口占多数的区县。与此同时，地方政府的财政依赖程度高反而能够提升政策带来的经济增长效应，但是由于经济基础、政府预算支出以及政府对市场的控制程度等因素存在差异，不同区县的政策效果存在异质性。

前文的异质性分析表明，不同省份的经济发展情况、政府的政策实施力度、政府对市场的干预程度等都有不同的特征，那么针对30个省份对于是否采取排污权交易市场机制的政策效果是否存在差异，政策具体影响了谁？本章实验组中包含了北京等11个自2007年开始实施排污权交易市场试点地区的数据。一般而言，非少数民族人口占多数的省份的GDP略高于少数民族人口占多数的省份，而DID得到的是平均处理效应，无法得知政策在具体省份中的效果表现。为了估计扶贫改革试验区设立在不同区县中的政策效果，以进一步验证假设 2，本章借鉴 Bulte 等（2018）采用合成控制法识别政策效应的策略，选择每一个处理组中的各个控制变量分别进行合成控制。排污权交易市场实施的政策效果用 SO_2 的排放量衡量，若排放量显著减少，则政策效果为有效。

基于上述分析，本章拟采用合成控制法对扶贫改革试验区设立的政策效果进行再检验。将 2007 年设立为排污权交易市场试点地区的 11 个省份设定为处理组，将其他 19 个省份设定为控制组，控制变量的选择与前文基本一致。考虑到合成控制法适合对处理组中仅包含单个分析单元的情形（Abadie et al.，2010），当处理组中包含多个分析个体时，此方法则不适合，或者针对每一个分析单位分别进行合成控制（Bulte et al.，2018）。

由于各省份的经济发展状况以及对财政的依赖程度存在市场融合、行政壁垒和资源分配等问题，政策效应在一些省份间存在异质性。此外，区域内有的省份经济发展水平、财政预算支出和政府对财政金融的依赖程度一般会优于少数民族人口占多数的省份，因此相同排污权交易市场机制的效果力度有可能在少数民族人口占少数的省份内发挥的减排效应更大。

随着中国推行高质量发展，新的环境保护政策层出不穷，"节能减排"频频出现在公众视野中，中国环境的发展受到世界特别关注。因此，本章只选取了工业排放大头——SO_2 的排放作为评定减排效应的因变量，但得出的结论能够对现在设立的以及今后将要设立的排污权交易市场机制的发展给予相应的启发和借鉴。需要指出的是，基于全国层面考虑，样本期内影响减排以及经济发展的其他政策也是存在的，这样就有可能高估排污权交易市场机制带来的政策效应。而且，中国更早设立的排污许可证制度已经成效颇丰，历史更悠久，很难从全局层面识别排污权交易市场机制的减排效应以及减排的程度。这也是研究的难点，需要学术界在之后的研究中继续推进。

7.3　长江经济带水权交易管理的思考与建议

文明之肇，藉水而盛。水是一切生命和社会活动的基础，搭建水权交易平台，探路水权流转制度，对于解决资源性缺水、灾害性缺水、工程性缺水和季节性缺水意义深远。长江经济带作为我国生态文明建设的先行示范带、创新驱动带和协调发展带，横贯东、中、西三大区域11省份，人口和 GDP 均超过全国的40%，是中华民族战略水源地、生命河，以约占全国35%的水资源量保障了沿江4亿人生活生产用水需求以及南水北调东线和中线工程取水需求。但是，长江经济带面临着水资源供需矛盾、流域空间配置失衡、资源环境超载等压力，水资源乱占滥用、粗放利用、环境风险防控能力差等问题突出，中、下游湖泊、湿地萎缩及枯水期提前。

党中央和国务院高度重视长江经济带生态环境保护工作。习近平总书记在2016年召开的推动长江经济带发展座谈会上指出，"要用改革创新的办法抓长江生态保护"①。在2018年召开的深入推动长江经济带发展座谈会上，习近平总书记进一步强调，"推动长江经济带发展是党中央作出的重大决策，是关系国家发展全局的重大战略"②。此外，习近平总书记提出的"节水优先、空间均衡、系统治理、两手发力"十六字治水方针，为长江经济带水生态文明建设提供了行动指南，为进一步探索构建长江经济带水权交易管理机制奠定了基础。③ 总之，搭建水权交易平台，探路水权流转制度，对于强化长江经济带水资源总量红线约束，加强流域水资源统一管理和控制性工程联合调度具有重要的现实意义。

7.3.1 长江经济带水权交易管理的形势、目标和任务

7.3.1.1 基本形势和目标

从流域和区域来看，长江经济带水资源利用矛盾凸显，污染排放量大且水质风险严峻，水生态功能退化且系统性保护不足。当前，长江经济带水资源开发利用率仅为17.8%，工业用水重复利用率约为62%，农田灌溉水有效利用系数约为51.6%，重要江河湖泊水功能区达标率为81.3%，流域水资源利用效率明显低于全国平均水平，节水潜力较大。另外，流域

①　习近平. 走生态优先绿色发展之路，让中华民族母亲河永葆生机活动[N]. 人民日报,2016 – 01 – 08(1).

②　习近平. 在深入推动长江经济带发展座谈会上的讲话[N]. 人民日报,2018 – 06 – 14(2).

③　习近平. 习近平主持召开中央财经委员会第五次会议[EB/OL]. [2019 – 08 – 26]. http://www. xinhuanet. com/politics/2019 – 08/26/c_1124923884. htm.

上、中、下游地区间的经济发展水平、发展方式、产业结构布局、污染减排技术差异明显，以至于水资源开发利用效益还表现出空间不平衡性特征。

2017 年，《长江经济带生态环境保护规划》（以下简称《规划》）正式发布，明确了长江经济带"生态优先、绿色发展"以及"空间管控、分区施策"的基本原则，为破解长江经济带生态环境管理破碎化难题提供了有利契机。与此同时，《规划》还指明了长江经济带流域及分区域水资源管控的主要目标：到 2020 年，长江经济带相关区域用水总量控制在 2922.19 亿立方米以内，到 2030 年控制在 3001.09 亿立方米以内；到 2020 年，长江经济带万元工业增加值用水量比 2015 年下降 25% 以上，农田灌溉水有效利用系数达到 52.9% 以上，公共供水管网漏损率控制在 10% 以内。

7.3.1.2　主要任务

水权交易是指在合理界定和分配水资源使用权基础上，通过市场机制实现水资源使用权在区域间、流域间、行业间、用水户间流转的行为。水权交易平台为水权流转提供场所、设施、信息和资金结算等服务，履行交易鉴证职能。

目前，长江经济带上、中、下游地区水资源和生态利益协调机制尚未建立，缺乏具有整体性、专业性和协调性的大区域合作平台。因此，全面实施水权交易管理制度，对用水总量、用水效率和水功能区限制纳污等问题进行明确限制，用水总量和强度"双控行动"倒逼流域及分区域用水方式和经济发展方式"双转变"，是长江经济带推进水生态文明建设、实现绿色发展的主要任务。而推行长江经济带水权交易管理的首要任务则是搭建水权交易平台，设立水权流转制度。

7.3.2　长江经济带水权交易管理的对策建议

促进水权交易，不仅可以将未利用的水权交易出去以实现水权的经济价值，从而激励用水主体提高用水效率并获得更多交易空间，还可以在相当程度上解决长江经济带水资源空间分布不均导致的用水短缺问题。

7.3.2.1　面临的挑战

由于我国水权改革起步不久，水权交易市场总体发育不充分，所以，现阶段培育长江经济带水权交易市场还面临一定的困难与挑战。

（1）可推广、可复制经验少。

党的十八届三中全会以来，我国水权交易管理制度改革取得新进展，水利部在甘肃、宁夏、新疆、内蒙古、河南、广东和山东等地开展了水权交易管理试点，建立了不同层级的水权交易平台。目前，我国共有国家层面、省级层面、省级以下层面的水权交易平台16家。但是，已设立的各层次水权交易平台和交易试点大多属于省级或省级以下层级交易平台，缺少跨省级区域水权交易管理试点及经验。即使在2016年6月成立了国家级水权交易平台——中国水权交易所，也由于当前水权市场主要集中在省级或省级以下层级上，国家级水权交易平台因市场发育程度不足而发展缓慢，难以满足流域层面水权交易管理的指导需求，可提供给长江经济带水权交易管理的经验尚显不足。

（2）跨区域交易管理难度大。

长江经济带流域涉及东、中、西三大区域11个省份，跨省界的水资源量合理配置难度大，高耗水、高污染、高排放工业项目新增产能的协同控制能力弱。另外，跨省界重大生态环境损害赔偿制度空缺，流域上、中、下游之间缺乏统一的生态环境监测网络和技术手段，对长江上游梯级水库也缺乏科学的联合调度。上述种种挑战增加了长江经济带水权交易管理工作的难度。

（3）横向生态补偿机制发展滞后。

现阶段，针对长江经济带全流域的生态保护补偿主要来源于中央政府的纵向生态保护补偿，对多元化补偿方式的探索不够，尤其是流域上、中、下游之间的横向生态补偿机制发展严重不足。事实上，对跨区域补偿的有益探索是构建水权交易管理机制的前提条件，横向生态补偿机制发展滞后严重制约了全流域水权交易管理制度的实施和推广。

7.3.2.2　主要对策建议

长江经济带水权交易管理制度构建应以"节水优先、空间均衡、系统治理、两手发力"的新时期水利工作方针为指导，将水权交易管理目标集中在用水总量、用水效率和水功能区限制纳污等方面，最终从水权交易平台、水权流转制度以及多元化生态保护补偿机制等方面同时发力。

（1）搭建长江经济带水权交易平台。

水权交易平台是水权交易的重要支撑，水权交易平台建设滞后是长江经济带水权交易市场培育面临的障碍之一。水权交易平台的建立将进一步促进水权交易的发展，为破解水资源短缺问题再添助力。一方面，水权交易平台构建要结合自身的定位，建立健全在交易开展、风险防控、信息披露、纠纷调解、资金结算等方面的运作机制，确保水权交易平台运作的高效和规范；另一方面，要充分了解并兼顾土地、矿产、林权、排污权等交易平台的运作机制，为自身水权交易业务的开展提供借鉴。

（2）探路长江经济带水权流转制度。

水权流转制度设定要以水利"三条红线"为基础，加强水总量和强度"双控行动"以及水功能区限制纳污。首先，健全水权制度体系。围绕水权交易类型、交易价格、交易条件、交易程序、交易平台的规范运作以及水权分解与确权制定出台有关政策，推动和规范水权流转。其次，科学合理设计流域水量分配方案，严格取水许可管理，严控全流域各区段的用水总量指标管理并将总量控制指标分解落实到流域和水源。最后，完善流域各区段的用水强度指标管理，对纳入取水许可管理的单位和其他用水大户实行计划用水管理与限制纳污管理，确保经济社会发展与水资源承载力相协调。

（3）探索构建多元化生态保护补偿机制。

探索构建多元化生态保护补偿机制是推进长江经济带水权交易管理制度建设的基本保障。首先，随着水权观念以及交易流转制度的逐步完善，长江经济带水权交易管理要实现由纵向生态补偿逐步向横向生态补偿转换。其次，按照"谁受益，谁补偿"的原则探索建立全流域不同地区、不同行为主体之间的横向生态补偿机制，实现对纵向生态补偿的有效补充。最后，探索多元化补偿方式，鼓励和支持流域各地区共同设立水权改革基金，实现对突出环境问题的其他补偿。

第8章 基于博弈论视角的黄河流域生态补偿效应研究

水资源作为人类文明起源的基本要素之一，在人类社会经济的可持续发展中起着至关重要的作用（Olli and Pertti，2001；He et al.，2018）。然而，当代社会和经济的快速发展导致排放到水体中的污染物总量超过了它们的自净能力（Schwarzenbach et al.，2010）。人类在依赖水资源的同时，也造成了大量的污染，发生在流域上游的污染很容易转移到下游。大多数河流或湖泊往往覆盖多个行政区域。在流域水资源管理包括水资源配置与保护、岸线调查与管理、水污染防治与修复、水环境整治与规划等方面存在着部门、地区、政府间合作复杂化的挑战性问题，不同主体间的利益冲突会阻碍合作，降低水资源和水环境治理的有效性，是跨域治理问题的典型代表（王佃利、史越，2013；沈满洪、谢慧明，2020）。因此，水污染问题不再局限于单一的行政区域，而是成为涉及多个行政区域的问题（Zeng et al.，2019）。

流域环境管理一直是各国政府环境治理的首要任务。发达国家为实施有效的流域环境治理进行了许多尝试，如美国联邦政府将部分环境权力下放给各州（Sigman，2005），而欧洲国家则集中流域环境监管权力（Helland and Whitford，2003）。现有文献研究表明，无论是分权管制还是集中管制都不能完全有效解决流域污染问题（Helland and Whitford，2003；Levinson，2003；List et al.，2002；Bernauer and Kuhn，2010；Lipscomb and Mobarak，2016）。特别是，水污染的跨域流动性让单一行政区划污染治理方式陷入了新的困境（陈晓红等，2020）。在等级制结构下，分割的行政区域和多个部门不可避免地导致水资源环境治理体系的碎片化，这不符合综合治理和公共治理的要求（任敏，2015）。因此，跨域水治理迫切需要设计和实施一套新的水污染管理制度，实现从责任重叠的层级管理体制向责任明确的协作模式转变。20 世纪 90 年代发展起来的综合水资源管理方法（Integrated Water Resources Management，IWRM），是国际流域管理中最常用的方法。但 IWRM 在中国的应用被证明是无效或效力不足的，其原因可能是定义不明确、操作困难、部门冲突、缺乏流域管理权威等（Wang and Chen，2020）。而在河湖跨域治理中，当地方政府不再是唯一的责任主体时，就容易产生政治道德风险。横向生态补偿有效解决了综合水资源管理方法中合作与谈判中的问题。流域生态补偿将环境保护转化为一种可交易的商品并为直接购买生态系统服务创造"新的独立市场"（Wegner，2016），借助市场平台进行权属成本转让或是体现超越权属边界范围的行为成本来内部化生态外部效益（蒋毓琪、陈珂，2016），被广泛视为解决流域生态环境问题的重要方式（Hausknost et al.，2017）。在流域生态补偿方案中，有效的经济激励政策是成功实现流域生态保护最重要的一个因素（Salzman et al.，2018）。

黄河哺育着中华民族，孕育了中华文明。2019 年，黄河流域 9 个省份的 GDP 为 24.74 万亿元，占全国 GDP 的 25.08%，经济社会发展和百姓生活发生了巨大的变化。但由于各种原因，黄河流域沿线地区经济社会发展仍然相对滞后，这引起了党和国家的高度重视，将黄河流域生态保护和高质量发展上升为重大国家战略。2020 年 4 月，财政部等四部委联合制定发布《支持引导黄河全流域建立横向生态补偿机制试点实施方案》，全面推动黄河流域共同抓好大保护、协同推进大治理，科学推进黄河全流域建立横向生态补偿工作已成为实务界和理论界关注的焦点。目前，黄河流域生态补偿在三江源水源涵养区、陕甘渭河跨省流域上下游、沿黄九省区重点生态功能区以及省内流域生态补偿等开展了系列实践，取得了良好的经济、社会和生态效果。由于黄河流域水污染地区有差异、省际协同保护机制不完善、补偿形式单一、市场化补偿机制推广应用受限等，现有的生态补偿方式难以有效解决黄河流域跨域的水资源保护问题，因此，科学优化黄河流域水系统治理中的生态补偿机制,为黄河流域生态保护和高质量发展献计献策,有利于探索形成推进国家治理体系和治理能力现代化的黄河实践。

在流域生态补偿中,有效协调流域多元利益相关者的利益与流域生态系统保护的行为,是流域生态补偿政策取得理想效果的关键所在。基于庇古原则的研究主张,将流域生态补偿方案中的外部收益内部化,在现有市场上对外部收益进行补贴,增加流域生态系统保护者的经济效益,进而激励各利益相关者采取保护流域生态系统的行为。由于我国流域生态产品价值实现机制尚未构建,水资源确权登记尚未完成,水资源生态价值核算体系尚未建立,诸如黄河、长江大江大河流域补偿机制的推广应用受到极大限制。本书以黄河流域生态补偿经济激励机制为切入点,运用博弈模型刻画黄河流域生态补偿中上、下游地方政府的博弈策略及其收入效应的长期稳态均衡;基于 2017 年黄河流域 83 个城市数据,运用二元无序 Logit 回归模型实证研究黄河流域横向生态补偿机制产生的区域收入效应及其影响因素,为构建黄河流域上、下游在发展权益与环境权益之间矛盾的协作机制,从源头上避免因地区利益冲突引发的对黄河流域整体生态环境带来的破坏现象,提供数据支撑和决策参考,进而形成人与自然和谐共进的、绿色发展的流域横向生态补偿长效机制。

8.1 博弈模型

本章以黄河流域的生态补偿机制为切入点,由于上、下游之间存在经济发展利益和生态资源保护等方面的矛盾,将河流生态补偿的主、客体界定为上游和下游。其中,上、下游采取生态补偿机制均能从自己或其他主体的行为中受惠,包括经济、产业、水质、水量等方面。上游采取流域生态环境保护措施,能够获得直接或间接的生态效益和经济效益(产业优化、环境改善的隐性收益和下游的经济补偿),而下游对上游进行生态补偿,同样能够获得稳定的生态效益和经济收益(可靠的水资源输入和更少的环境污染)。因此,上、下游均为生态补偿机制的理论执行者和受惠者。更进一步地,政府作为公共职能的主要执行者,在河流流域生态补偿中起到了至关重要的作用，因此本章将上游地方政府和下游地方政府作为该博弈模型中的具体研究对象。

8.1.1　基本假设

本章设定的初步博弈类型为完全信息下的静态博弈。该模型的基本假设如下。

在该博弈中，假定上、下游地方政府之间的信息是完全公共的（理想情况下），两者均对公共信息拥有享有权，对博弈的结构和环境具有相同的认知，且对对方的策略空间和受益函数完全了解，在制定决策时会基于自身利益作出有趋向性的选择。

在该博弈中，假定博弈双方即上、下游地方政府的决策顺序没有先后之分，且任何一方对另外一方作出的决策不知情，仅能根据自己掌握的信息推测对方的决策。

8.1.2　参数设定

在完全信息背景下的静态博弈中，上游地方政府可以做出的决策为保护流域生态环境与否，下游地方政府可以作出的决策为对上游进行资金补偿与否（由于生态补偿的自愿性）。基于此，本章对不同决策产生的收益与成本进行了如下设定。

上游地方政府不进行流域生态环境保护的收益为 R，即上游地方政府不进行任何环境保护而获得的直观收益；上游地方政府进行流域生态环境保护的总成本为 C，其中，包括因采取环境保护措施耗费的直接成本和因采取环境保护措施丧失的机会成本；上游地方政府进行流域生态环境保护的收益为 $R_内$，即内生性收益，其中，包括因采取环境保护措施得到的直接收益和因环境改善获得的间接收益；当上游不进行流域生态环境保护时，下游地方政府的收益为 r，即下游地方政府自身发展的收益；当上游进行流域生态环境保护时，下游地方政府得到的收益为 $r_外$，即外部性收益，为上游地方政府保护流域生态环境产生的外部溢出正向收益；下游地方政府对上游进行的生态补偿资金为 c。

8.1.3 博弈模型的量化

生态补偿本质是一种横向的地方政府间转移支付，根据前文对该完全信息下静态博弈的基本假设和参数设定，结合上、下游地方政府消耗成本和获得收益的基本逻辑，该博弈基本可以产生如下 4 种成本收益结果。

当上游地方政府选择不保护流域生态环境，下游地方政府选择不对上游进行生态补偿时，上游的收益函数即为 $F = R$，而下游的收益函数为 $F = r$。

当上游地方政府选择不保护流域生态环境，下游地方政府选择对上游进行生态补偿时，上游的收益函数即为 $F = R + c$，而下游的收益为 $F = r - c$。

当上游地方政府选择保护流域生态环境，下游地方政府选择不对上游进行生态补偿时，上游的收益函数即为 $F = R + R_{内} - C$，而下游的收益函数为 $F = r + r_{外}$。

当上游地方政府选择保护流域生态环境，下游地方政府选择对上游进行生态补偿时，上游的收益函数即为 $F = R + R_{内} + c - C$，而下游的收益函数为 $F = r + r_{外} - c$。

在上、下游之间建立生态补偿机制的目的主要是维持和保护区域的流域生态环境，使区域生态收益最大化，在该完全信息下的动态博弈中，根据前文对上、下游地方政府采取不同策略的博弈结果，本章建立了生态补偿制博弈模型，见表 8.1。其中，当上游地方政府选择保护流域生态环境且下游地方政府选择对上游进行补偿时，区域收益为 $(R + R_{内} + c - C, r + r_{外} - c)$；当上游地方政府选择保护流域生态环境且下游地方政府选择不对上游进行补偿时，区域收益为 $(R + R_{内} - C, r + r_{外})$；当上游地方政府选择不保护流域生态环境且下游地方政府选择对上游进行补偿时，区域收益为 $(R + c, r - c)$；当上游地方政府选择不保护流域生态环境且下游地方政府选择不对上游进行补偿时，区域收益为 (R, r)。

表 8.1　生态补偿机制博弈模型

决策		下游地方政府	
		补偿	不补偿
上游地方政府	保护	$(R + R_内 + c - C,\ r + r_外 - c)$	$(R + R_内 - C,\ r + r_外)$
	不保护	$(R + c,\ r - c)$	$(R,\ r)$

为适应本章计量模型的需求，本章将上、下游政府统一为共同主体，各地政府实行生态补偿机制的经济收益和成本均为经济发展水平的表现，即用于生态补偿机制的资金和生态补偿机制产生的经济乘数取决于基础经济发展状况；而各地政府实行生态补偿机制的生态收益和成本均为环境治理水平的表现，即推行生态补偿机制的政策效果取决于现有生态环境状况和环境改善力度，以此在实证中研究黄河流域城市在推行生态补偿机制时各项措施的有效性和贡献程度。

8.2　计量实证

8.2.1　模型设计

本章选择离散选择模型作为黄河流域生态补偿机制政策收益性的评价工具。离散选择模型在经济学、数量心理学、生物统计学和社会学等领域都具有十分广泛的作用，它主要应用于因变量为离散型变量的设计。在现实生活中，一些常见的计量指标如 GDP 等都是连续的，但充满着多种多样的选择或结果，当这些要素量化为变量时通常是有限的离散的，这时传统的线性回归模型就会具有一定的局限性，而离散选择模型能够在这些问题上提供有效的解决途径。与连续结果选择相比，离散选择通常显示出更少的有关选择过程的信息，因此离散选择的计量经济学通常更具挑战性。

一般而言，离散选择模型具有 4 个基本要素，分别为决策者、方案、方案属性、决策准则。结合博弈论来看，决策者即为做出决策的主体，作为博弈的双方甚至多方，通常包括个人、企业、政府等理性主体，在本章中指推行黄河流域生态补偿机制的地级市政府。方案即决策者可选择的各个方案，对应于博弈主体的选择，这些选择最终产生不同的结果，引申为各个纳什均衡解，在本章中指黄河流域生态补偿机制是否增加了区域收益，即是否获得了经济收益和生态收益。方案属性即方案结果拥有的各个属性，在本章中量化为自变量和相关控制变量，这些因素共同构成方案的属性。决策准则即决策者做出选择秉承的原则，在博弈论中可引申为博弈的假设，而在本章的计量中还可指模型设计的前提假设。举个例子，有两个人比赛谁到某地花费的时间更少，这两个人为离散选择模型中的决策者，他们选择的交通出行方式（如步行、单车、地铁、公车等），即为离散选择模型中的不同方案，这些交通出行方式对应的价格成本、舒适感、方便程度等即为离散选择模型中方案的属性，而这两个人选择方案时遵循的准则（比如，是否随意、是否综合各种信息资源、是否根据自己的习惯），即离散选择模型中的决策准则。

离散选择模型描述了决策者在方案中的选择，而这些选择的集合必须具备 3 个特征。首先，从决策者的角度来看，方案必须互斥，即具备相互排他性，决策者只能从选择集中选择一种，选择一个方案必然意味着不选择任何其他方案。其次，选择集必须详尽无遗，即包含有限各元素，具备穷举性，决策者必须在所有可能的方案中选择其中一种。最后，可以通过量化过程计算方案的相关问题，并最终完成计算。离散选择模型的划分有多种方法。根据方案集中方案的数量可以将离散选择模型分为两项选择模型（Binomial Choice Models）和多项选择模型（Multinomial Choice Models）。另外，按照备选方案的特征也可以将离散选择模型划分为无序离散选择模型（Unordered DCM）和有序离散选择模型（Ordered DCM）两大类。

Logit 是迄今为止使用最广泛的离散选择模型，它是在假设 ε_i 是极值的前提下得出的。Logit 模型假定每个选择都独立于其他选择，假设未观察到的因素与备选方案不相关，并且所有替代方案都具有相同的方差。这种假设虽然有限制，但为选择概率提供了一种非常方便的形式。

本章采用的模型为二元无序 Logit 回归模型。结合本章的量化构思和博弈论中的元素，设定 Logit 回归模型如下：

$$\text{Logit}\ (P_i)\ =\ \text{Ln}\ \frac{P_i}{1-P_i}\ =\ \beta_0 + \beta_1 x + \beta_2 control \qquad (8.1)$$

其中，Logit（P_i）作为离散型变量的因变量进行广义优势模型变换后的结果，对应下文的核心被解释变量，即实施黄河流域生态补偿机制的地级市是否获得收益。x 代表核心解释变量，即地级市的经济发展水平和环境治理水平。$control$ 代表相关控制变量，即地级市的科学技术水平、教育水平、社会福利水平、工资水平、工业化水平、产业结构水平。β_0、β_1、β_2 分别代表 Logit 回归的系数。具体的数据预处理和变量设定见下文。

8.2.2　数据预处理及变量设定

（1）数据预处理。

本章选择离散选择模型对黄河流域生态补偿机制在博弈过程中的纳什均衡解进行研究，假设黄河流经的地级市均实施了生态补偿政策并且产生了收益，研究黄河流域城市采取的各项措施如何影响黄河流域生态补偿机制产生的区域收益。本章采集了 2017 年黄河流域共 83 个地级市的地区生产总值（GDP）、人均地区生产总值（PGDP）、年末户籍人口（Household registration population at the end of the year）、工业废水排放量（Industrial wastewater discharge）、售水量（Water sales）、居民家庭用水量（Household water consumption）、财政支出（Fiscal expenditure）、科学技术支出（Science and Technology Expenditure）、教育支出（Education expenditure）、城镇职工基本养老保险参保人数（Number of Employees Joining Urban Basic Pension Insurance）、城镇职工基本医疗保险参保人数（Number of Employees Joining Urban Basic Medical Care System）、在岗职工平均工资（Average Wage of Employed Staff and Workers）、第二产业占 GDP 的比重（Secondary Industry as Percentage to GDP）、第三产业占 GDP 的比重（Tertiary Industry as Percentage to GDP）。以上数据均来自《中国城市统计年鉴》，部分缺失数据采用插值法进行补充。

本章在样本选取方面细化为地级市地区，其中，黄河流经的省份从西部至东部分为青海、四川、甘肃、宁夏、内蒙古、陕西、山西、河南、山东等，流经的地级市则有 43 个，统计在内的有 35 个，这 35 个地级市在因变量上与其他 48 个地级市得以区分，它们分别是：海东（青海），兰州、白银（甘肃），中卫、吴忠、银川、石嘴山（宁夏），乌海、巴彦淖尔、鄂尔多斯、包头、呼和浩特（内蒙古），榆林、延安、渭南（陕西），忻州、吕梁、临汾、运城（山西），三门峡、焦作、洛阳、郑州、新乡、开封、濮阳（河南），菏泽、济宁、聊城、泰安、德州、济南、淄博、滨州、东营（山东）。其中，有 8 个地级市由于数据空缺而不予统计在内，这 8 个地级市主要为民族自治州，包括玉树藏族自治州（青海）、果洛藏族自治州（青海）、甘南藏族自治州（甘肃）、阿坝藏族羌族自治州（四川）、黄南藏族自治州（青海）、海南藏族自治州（青海）、临夏回族自治州（甘肃）、阿拉善盟（内蒙古）。四川由于涉及城市少，故不在样本范围内。

（2）变量设定。

①本章选择离散型变量作为核心被解释变量，即实施黄河流域生态补偿机制的地级市是否具有收益性（获得经济、生态方面等的收益）。在博弈论中，核心被解释变量对应的模块是各个纳什均衡解。其中，由于博弈双方的单向选择（博弈双方未达成一致）不适于量化，因此本章将博弈的解简化为两个结果，表现为一个简单的示性函数，即实施黄河流域生态补偿机制的地级市是否从该政策中获得经济收益和生态收益，若获得收益，则虚拟变量计为 1；否则，虚拟变量计为零。结合 Logit 模型深化，其中，P_i 代表 "1" 事件在整个样本空间中发生的概率，在本章中数值为 35/83，$1 - P_i$ 代表 "0" 事件在整个样本空间中发生的概率，在本章中数值为 48/83，$odds$ 称作胜率，数值为 $P_i / (1 - P_i)$，$odds$ 的对数即 Logit，从而建立起代表核心被解释变量的广义优势模型：

$$\text{Logit}(P_i) = \text{Ln}\left(\frac{P_i}{1 - P_i}\right) \tag{8.2}$$

②本章选择城市的经济发展水平和环境治理水平作为核心解释变量。在博弈论中，城市经济发展水平作为衡量该城市用来运作黄河流域生态补偿机制资金规模的变量，城市生态治理则表示该城市为黄河流域生态补偿做的努力。其中，人均地区 GDP 作为城市经济发展水平的量化指标，数值为城市的地区 GDP 与年末户籍人口之比，单位为万元／人。废水处理率作为城市生态

环境治理的量化指标，数值为城市的工业废水排放量与全市售水量和居民家庭用水量之差的比值，计量制为百分比形式。

③本章选择城市的科学技术水平、教育水平、社会福利水平、工资水平、工业化水平、产业结构水平作为相关控制变量。其中，城市科学技术水平的量化指标为城市科学技术支出与财政总支出之比；教育水平的量化指标为城市教育支出与财政总支出之比；社会福利水平的量化指标有两个，分别为城镇职工基本养老保险参保人数与年末户籍人口之比、城镇职工基本医疗保险参保人数与年末户籍人口之比；工资水平的量化指标为城市在岗职工平均工资；工业化水平的量化指标为第二产业占 GDP 的比重；产业结构水平的量化指标为第三产业占 GDP 的比重。

以上有两项指标由于数值过大，分别为城市的人均地区 GDP 和工资水平。这对模型估计结果可能造成偏差，因此本章进行了标准化处理，具体处理方式如：$\dfrac{x - \mathrm{Min}x}{\mathrm{Max}x - \mathrm{Min}x}$，它们分别为城市的人均地区 GDP 和工资水平。至此，所有自变量和相关控制变量除废水处理率外均已控制在 0 至 1 的数值内。

基于此，设置各变量的描述性统计、名称及计算方法如表8.2、表8.3所示。

表8.2　各变量的描述性统计

Variable	Obs	Mean	Std. Dev.	Min	Max
Pgdp	83	0.2491792	0.1925971	0.0000000	1.0000000
Water	83	2.1613628	4.2106615	0.1502646	32.7560980
Tech	83	0.0114033	0.0091996	0.0022617	0.0433307
Edu	83	0.1782107	0.0320329	0.1054626	0.2541448
Welfare	83	0.1882610	0.1263424	0.0265746	0.5836619
Welfare2	83	0.1612776	0.1087889	0.0465573	0.5024386
Pay	83	0.3986837	0.2281121	0.0000000	1.0000000
Industry	83	0.4298598	0.1129568	0.13570000	0.71340000
Thirdindustry	83	0.5144268	0.1092073	0.2771000	0.7526000

表 8.3　各变量的名称及计算方法

变量类别	变量名称	指标名称或计算方法	计量单位
因变量	生态补偿机制	$\mathrm{Ln}\ [p/(1-p)]$	
核心解释变量	人均国内生产总值	$Pgdp$（城市地区生产总值/年末市区户籍人口）	万元/人
	废水排放率	$Water$（工业废水排放量/全市售水量 – 居民家庭用水量）	%
控制变量	科学技术水平	$Tech$（城市科学技术支出/财政总支出）	%
	教育水平	Edu（城市教育支出/财政总支出）	%
	社会福利水平	$Welfare$（城镇职工基本养老保险参保人数/年末户籍人口）	%
		$Welfare2$（城镇职工基本医疗保险参保人数/年末户籍人口）	%
	工资水平	Pay（城市在岗职工平均工资）	元
	工业化水平	$Industry$（第二产业占 GDP 的比重）	%
	产业结构水平	$Thirdindustry$（第三产业占 GDP 的比重）	%

8.2.3　Logit 回归实证

现对 Logit 模型予以变量设定和数据处理后，本章的实证思路如下：首先，基于 83 个城市样本的 Logit 模型的预测精度进行测量，所用分析方法分别为 Goodness – of – fit 拟合优度检验和 ROC 曲线（接受者操作特征曲线），若样本质量达到预期，则进行下一步；其次，在保证结果有效性的前提下进行 Logit 回归，解释其计量意义，并结合异质性检验将 Logit 回归结果排查勘误，将基本回归结论进一步深化；最后，通过 3 个稳健性检验，分别为增加控制变量法检验、剔除省会城市法检验、安慰剂检验，保证结论的可靠性。

（1）预测精度检验。

Goodness – of – fit 拟合优度检验可以通过将样本进行二重分类后得到正确预测的百分比，百分比越高，拟合优度越高，检验结果如表 8.4 所示。由表 8.4 可知，在现有样本的基础上，模型的正确预测百分比为 60.24%，属于中上的水平，可以进一步进行实证。

表 8.4　Goodness – of – fit 拟合优度检验结果

Classified	(1)	(2)	Total
(1)	11	9	20
(2)	24	39	63
Total	35	48	83
Percentage	60. 24%		

　　ROC 曲线检验又称为"接受者操作特征曲线"，主要是用于 X 对 Y 的预测准确率情况。ROC 曲线为敏感性与（1 – 特异性）的散点图，即预测值等于 1 的准确率与错误率的散点图。根据 ROC 曲线的位置，把整个图划分成了两部分，曲线下方部分的面积被称为 AUC（Area Under Curve），用来表示预测的准确性，AUC 值越高，即曲线下方面积越大，说明预测准确率越高。曲线越接近左上角（X 越小，Y 越大），预测准确率越高。由图 8.1 可知，本章的 ROC 曲线完全处于 45 度直线上面，所以准确率高于错误率，即准确率大于 0.5。图 8.1 曲线下方面积等于 0.6631，即预测的准确率是 0.6631。

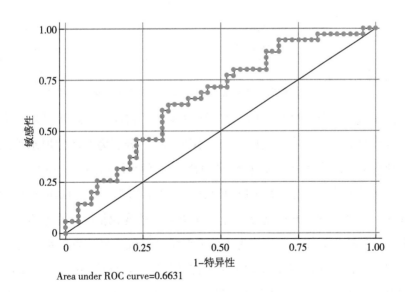

图 8.1　ROC 曲线

综合以上两种检验结果可以看出，预测精度均处于 60% 以上，属于中上水平，可以就其展开进一步的实证分析。

模型的预测精度通过检验后，对样本进行二元无序 Logit 回归分析。由于本章聚类抽样，观测值之间可能会出现依赖性，即组内个体存在组内自相关性，因此本章需要使用聚类稳健标准误，得到回归结果见表 8.5。

表 8.5　Logit 回归结果

Variable	(1)	(2)	(3)
Pgdp	2.28686 ***	2.364451 ***	
	0.3143877	0.3707196	
Water	0.0127719		0.0328808 ***
	0.0223399		0.0111649
Pay	0.2046689 **	0.1425999 ***	0.8346056 ***
	0.0848921	0.0045497	0.2353241
Welfare2	0.3338033 ***	0.2716233 ***	1.967921 ***
	0.0222034	0.0699693	0.2221848
Thirdindustry	2.29784 ***	2.232504 ***	2.023012 ***
	0.1628741	0.1213111	0.0217726
Cons	−2.226369	−2.15327	−2.064565
	1.767442	1.856368	1.910461
Obs	83	83	83

注：*、**、*** 分别代表该变量在 1%、5%、10% 的显著性水平上通过检验。

由表 8.5 可知，模型（1）为经济发展水平和环境治理水平双因素对核心被解释变量的影响，模型（2）、模型（3）分别为经济发展水平或环境治理水平单因素对核心被解释变量的影响。值得注意的是，在 Logit 模型中，变量系数的解释与常规 OLS 回归模型有所不同，对于 Logit 模型的回归系数，更多解读的方法是分析胜率（Odds）的变化情况。在本章中，核心解释变量和相关控制变量均为连续型变量，以代表经济发展水平的 Pgdp 的回归系数 β_1 为例，当其变化 1 个单位且其他变量保持不变时，Logit（胜率的对数）增加了 β_1。相应地，当 Pgdp 变化 1 个单位时，胜率（Odds）变成了原来的 e^{β_1} 倍。

基于此，从表 8.5 可以看出，在模型（1）中，在其他变量保持不变的情况下，城市的经济发展水平（$Pgdp$）每提升一个单位，黄河生态补偿机制产生收益的胜率就变为原来的 9.8440 倍，说明城市的基础经济状况越好，政策的实施效果就越好，这是因为投入资金的规模和力度扩大，政策的覆盖范围和执行强度也会相应上升；在其他变量保持不变的情况下，城市的工资水平每提升 1 个单位，黄河生态补偿机制产生收益的胜率就会变为原来的 1.2271 倍，说明城市公民的工资水平或可支配收入越高，公民对政策的拥护程度越高。当公民仍被困在温饱问题中时，生态补偿的意愿和支付能力自然很低；当收入提高时，公民对环境舒适性的需求也会提高，因此会促进生态补偿机制的推行。事实上，在城市内同样存在另一种形式的生态补偿机制，即公民缴纳一部分的佣金以购买生态服务；在其他变量保持不变的情况下，城镇的医疗保险覆盖率（$Welfare$）2 每提升 1 个单位，黄河生态补偿机制产生收益的胜率就变为原来的 1.3963 倍，该变量和城市居民工资水平均关注人的意愿，当城市的医疗保险覆盖率越高时，公民的安全感获得提升并转向对舒适度和满足感的需求；在其他变量保持不变的情况下，产业结构水平（$Thirdindustry$）每提升 1 个单位，黄河生态补偿机制产生收益的胜率就会变为原来的 9.9527 倍，说明产业结构水平的调整优化能够从很大程度上实现生态补偿机制的收益性，这是因为服务业规模的扩大和轻重工业的精简，本身在一定程度上就会促进环境的优化和经济的跃进，并且从长远的角度来看，对就业、内需等的扩充同样会间接推动个人和社会改善消费观念，追求更加环境友好型的生活。其中，（$Pgdp$）和（$Thirdindustry$）的回归系数远大于其他变量，说明经济发展水平和产业结构水平对黄河生态补偿机制的生效产生了巨大而深远的影响。

在模型（1）中，城市废水处理率（$Water$）对生态补偿机制收益性的影响在模型（1）中并不显著，因此本章将核心解释变量分别进行了单因素的 Logit 回归分析。在模型（2）中，城市经济发展水平（$Pgdp$）仍然显著，回归系数也相差不大。而在模型（3）中，城市废水处理率转为在 1% 的显著性水平上通过检验，其回归系数表示在其他变量保持不变的情况下，环境治理水平（$Water$）每提升 1 个单位，黄河生态补偿机制产生收益的胜率就会变为原来的 1.0334 倍，并且其他相关控制变量的显著性和经济意义符合事实，说明环境治理水平越高，黄河流域生态补偿机制的效益也越高。

综上所述，核心解释变量城市的经济发展水平（*Pgdp*）和环境治理水平（*Water*）均对黄河生态补偿机制的收益性具有显著的作用，但环境治理水平（*Water*）在双因素 Logit 回归中不显著的内因在排除多重共线性的情况下仍未可知，因此本章试作异质性分析以便能进一步进行分析。

（2）异质性分析。

由于环境治理水平（*Water*）在双因素 Logit 回归中不显著，为探究内因，将样本进行异质性分类后进一步进行分析。考虑到黄河流域的幅员辽阔，跨度极大，上、中、下游之间的城市存在极大的差异性，因此遵循我国东、中、西部地理分类，将样本划分为东、中、西部 3 个地区分别进行 Logit 回归分析。其中，东部地区包括济南、青岛、淄博、枣庄、东营、烟台、潍坊、济宁、泰安、威海、日照、莱芜、临沂、德州、聊城、滨州、菏泽共 17 个城（山东）；中部地区包括太原、大同、阳泉、长治、晋城、朔州、晋中、运城、忻州、临汾、吕梁（山西），呼和浩特、包头、乌海、赤峰、通辽、鄂尔多斯、呼伦贝尔、巴彦淖尔、乌兰察布（内蒙古），郑州、开封、洛阳、平顶山安阳、鹤壁、新乡、焦作、濮阳、许昌、漯河、三门峡、南阳、商丘、信阳、周口、驻马店（河南）共 37 个城；西部地区包括西安、铜川、宝鸡、咸阳、渭南、延安、汉中、榆林、安康、商洛（陕西），兰州、嘉峪关、金昌、白银、天水、武威、张掖、平凉、酒泉、庆阳、定西、陇南（甘肃），西宁、海东（青海），银川、石嘴山、吴忠、固原、中卫（宁夏）共 29 个城市。在分别对东、中、西 3 个地区的样本城市进行双因素 Logit 回归后，仅保留核心解释变量经济发展水平（*Pgdp*）和环境治理水平（*Water*），得到回归结果如表 8.6 所示。

表 8.6　异质性分析回归结果

Variable	东部地区	中部地区	西部地区
Pgdp	6. 319093 ***	3. 188277 ***	6. 626681 ***
	2. 402556	0. 0427848	1. 01151
Water	0. 922102 ***	0. 121725 ***	− 0. 0862702 ***
	0. 2046063	0. 0171222	0. 0253429
Obs	17	37	29

注：＊、＊＊、＊＊＊分别代表该变量在 1%、5%、10% 的显著性水平上通过检验。

由表 8.6 可知，在东、中、西部地区，核心解释变量经济发展水平
（*Pgdp*）和环境治理水平（*Water*）的回归系数均为显著。其中，在东部地
区和中部地区，经济发展水平（*Pgdp*）和环境治理水平（*Water*）的回归
系数均在 1% 的显著性水平上通过了检验并且为正数，说明两者对黄河流
域生态补偿机制收益性的影响均为正相关，即胜率的倍率大于 1，这符合
前文总结的双因素 Logit 回归结果。此外，本章还发现东部地区和西部地区
的经济发展水平（*Pgdp*）对比中部地区，作为一种具有乘数效应的变量发
挥了更加重要的作用。究其原因，东部地区的经济基础水平高，政策获得
的投资回报更高，而西部地区的经济基础水平相比中西部地区较为落后，
获得来自下游和中央的生态补偿资金能够激发更大的发展潜力。

进一步地，在西部地区经济发展水平（*Pgdp*）的回归系数显著且为正数，
而环境治理水平（*Water*）的回归系数虽显著但为负数，表示在其他变量保持不
变的情况下，环境治理水平（*Water*）每提升 1 个单位，黄河生态补偿机制产生收
益的胜率就会变为原来的 0. 9173 倍，说明西部地区的废水处理率对黄河流域生态
补偿机制的收益性产生了负面影响。针对该现象，本章作出以下 3 种分析。

第一，数据方面。本章结合数据后发现，西部地区有 8 座城市由于废
水处理率相关指标缺失严重在一定程度上影响整体的回归结果，这 8 座城
市为铜川、汉中、商洛（陕西），嘉峪关（甘肃），西宁、海东（青海），
石嘴山、中卫（宁夏）。第二，现实方面。本章发现在剔除这 8 座城市的
数据后，西部地区的废水处理率平均水平远高于中部地区和东部地区，这
符合上游保护生态环境、下游进行生态补偿的机制，但反映出西部地区的

废水处理率为负相关的原因可能是上游的补偿费用无法覆盖上游保护成本，从而导致上游城市（对应西部地区）的生态补偿机制在初期阶段对比下游城市获得的收益较低。第三，设定方面。本章针对黄河流域生态补偿机制选择相对贴近的废水处理率作为环境治理水平的量化指标，但这仅仅反映了环境保护的一方面，其他方面的措施并未纳入考虑范围，因此在回归分析中同样可能产生问题。至此，环境治理水平（*Water*）在总体双因素Logit回归中不显著的问题得到解决。

综上所述，核心解释变量城市的经济发展水平（*Pgdp*）作为一种具备乘数效应的变量在生态补偿机制收益性上始终发挥着巨大的正向作用，而环境治理水平（*Water*）对黄河生态补偿机制收益性的影响与现实举措更具有关联性，上游城市可能存在补偿费用无法覆盖保护成本的问题，但从长远上来看，环境质量对生态补偿机制收益性具有显著的正向作用。这些结论说明，在该博弈模型中，各地级市政府实行生态补偿机制的成本和收益会分别转换为环境治理费用、生态补偿费用、内生性收益和外部性收益，从而对区域总收益产生影响，即地级市政府以经济因素和生态因素为主的措施会不同程度地对生态补偿机制的收益性产生影响。

（3）稳健性检验。

Logit回归模型采用的是最大似然估计，对极端值和异常值难以兼顾，现对回归结果设计3个稳健性检验。稳健性检验侧重对回归结果的检验，目的是进一步证实结果的有效性。这3个稳健性检验分别为增加控制变量法、剔除省会城市法、安慰剂检验。

①增加控制变量法。为进一步验证Logit回归模型估计结果的稳健性，采用增加控制变量的方式进行稳健性检验。在模型中增加相关控制变量后，若回归结果仍显著，则通过该项检验。模型中增加了教育水平（*Edu*）作为新增的控制变量，其指标为城市教育支出与总财政支出的比值。教育水平（*Edu*）与工资水平和社会福利水平相似，专注于城市内的生态补偿机制，城市的教育水平越高，公民支付生态补偿费用的意愿越高，城市的区域收益就越高。经过软件计算得到回归结果如表8.7所示。

表 8.7　增加控制变量法检验

Variable	（1）	（2）	（3）
Pgdp	2.913347 ***	2.932669 ***	
	0.8042514	1.004917	
Water	0.0027189		0.029742 *
	0.0311165		0.017697
Obs	83	83	83

注：＊、＊＊、＊＊＊分别代表该变量在1%、5%、10%的显著性水平下通过检验。

由表 8.7 可知，在添加城市的教育水平（Edu）的控制变量后，经济发展水平（Pgdp）的回归系数和环境治理水平（Water）同样在单因素 Logit 回归中通过了显著性检验并且均为正数，说明经济发展水平（Pgdp）和环境治理水平（Water）对黄河流域生态补偿机制的收益性起到了显著的推动作用。综上所述，通过稳健性检验——增加控制变量法检验。

②剔除省会城市法。考虑到特殊城市（例如省会城市）在政策执行力度或经济发展水平或其他相关控制变量等的分布中存在非随机的问题，本章参考龙玉等（2017）和张梦婷等（2018）的做法，采用一般地级市（剔除省会城市）的样本重新进行 Logit 回归。由于太原（山西）、呼和浩特（内蒙古）、济南（山东）、郑州市（河南）、西安（陕西）、兰州（甘肃）、西宁（青海）、银川（宁夏）性质特殊，属于省会城市，政策执行力度大、基础经济状况平稳且发达，因此将这 8 个省会城市剔除并进行检验，若在 Logit 回归系数中仍为显著的同向符号，则通过检验。经过计算，结果如表 8.8 所示。

表 8.8　剔除省会城市法检验

Variable	（1）	（2）	（3）
Pgdp	2.551171 ***	2.590872 ***	
	0.0277512	0.1541263	
Water	0.0060203		0.0287311 **
	0.0257937		0.0121938
Obs	75	75	75

注：＊、＊＊、＊＊＊分别代表该变量在1%、5%、10%的显著性水平上通过检验。

由表 8.8 可知，在剔除 8 个省会城市后，经济发展水平（*Pgdp*）和环境治理水平（*Water*）对生态补偿机制收益性影响的结果与前文相似，经济发展水平（*Pgdp*）的回归系数在 1% 的显著性水平上通过了检验，且为比基准回归结果大的正数，说明了经济发展水平（*Pgdp*）在一般地级市中对因变量起到了更加显著的正向作用。此外，环境治理水平（*Water*）关于因变量的回归系数在 5% 的显著性水平上通过了检验且为比基准回归结果小的正数，说明环境治理水平（*Water*）在一般地级市中对因变量起到了稍小的正向作用。综上所述，通过稳健性检验——剔除省会城市法检验。

③安慰剂检验。在稳健性检验中，安慰剂检验通常通过替换因变量或核心解释变量取得的量化指标来实现。本章采用城市的地区生产总值增速（*Gdp Growth*）对代表经济发展水平的指标（*Pgdp*）进行了替换，进而进行了 Logit 回归。若回归结果与基准回归结果相近，则通过该稳健性检验。经过软件计算，结果如表 8.9 所示。

表 8.9　安慰剂检验

Variable	(1)	(2)	(3)
Gdpg	0. 0809805 *	0. 0786632 *	
	0. 0441087	0. 0471969	
Water	0. 0289437 ***		0. 0328808 ***
	0. 01114		0. 0111649
Obs	83	83	83

注：＊、＊＊、＊＊＊分别代表该变量在 1%、5%、10% 的显著性水平下通过检验。

由表 8.9 可知，不仅经济发展水平（*Gdpg*）和环境治理水平（*Water*）在单因素 Logit 回归中呈现显著正相关，而且在双因素 Logit 回归中同样均显著正相关，这进一步说明经济发展水平（*Gdpg*）和环境治理水平（*Water*）在对黄河流域生态补偿机制的收益性起到了显著的正向作用，并且城市的地区 GDP 增速在该模型中对原指标城市人均国内生产总值（*Pgdp*）具有良好的替代作用。综上所述，通过稳健性检验——安慰剂检验。

第9章 基于排污费、税与补贴制度的环境政策工具效应研究

9.1 能源环境政策调适评估的动态 CGE 模型构建

目前，CGE 模型已经成为一种规范的政策分析工具，其主要应用领域包括发展战略对经济增长、不同部门产出、收入分配等的影响，税收政策调整的福利影响，贸易政策的影响，劳动力市场政策分析，税收、公共财政政策分析，部门经济政策分析以及能源环境领域的能源政策、环境政策、温室气体减排政策的经济影响等。本章通过借鉴国外先进 CGE 建模理念和技术，构建一个符合我国基本经济形势的大规模复杂结构 CGE 模型：中国静态可计算一般均衡（CHINGEM）模型和中国动态可计算一般均衡（MCHUGE）模型仿真研究内生化能源 R&D 活动导致的能源技术进步对中国宏观经济、节能减排、产业发展、进出口贸易等多方面的影响。该模型的主要内容包括方程组体系、数据库和闭合条件，充分体现了中国经济的市场特征和数据结构，通过 GEMPACK 软件实现其计算机求解，模型构建及相关应用可参见 Yinhua Mai 等（2013、2011、2010、2009a、2009b、2009c、2009d、2008、2006a、2006b、2005）；Dixon P. B. 等（1992、2002、2008）；Harrison 等（1996）；Horridge（2003）；Wittwer（2014）；赖明勇和祝树金（2008）；胡宗义和刘亦文（2009）；王腊芳（2008）；肖皓（2009）；谢锐（2011）；陈雯（2012）；刘亦文（2013）。而该模型最大的亮点在于其动态跨期链接机制的处理。

由于 CHINGEM 模型与国内外大型静态 CGE 模型结构类似，且湖南大

学 CGE 项目团队对 CHINGEM 模型进行过详细表述，本章仅简要介绍 CH-INGEM 模型的生产、需求、流通、贸易、价格、地区、宏观闭合等七大模块。详情可参阅赖明勇和祝树金（2008），胡宗义和刘亦文（2009）；也可参阅湖南大学 CGE 项目团队成员王腊芳（2008）、肖皓（2009）；谢锐（2011）、陈雯（2012）、刘亦文（2013）等的博士学位论文。本章主要介绍 MCHUGE 模型的动态跨期链接机制。

9.2 静态模型的核心结构

在本书研究中，我们采用了由澳大利亚莫纳什大学和湖南大学共同开发的 CHINGE 模型和 MCHUGE（Monash – China Hunan University General E-quilibrium）模型的修改版本（Lakatos and Fukui，2013）。该模型代表一个可计算的一般均衡框架下的中国经济，下面我们将描述该模型的生产和需求结构，以及本书在原有基础上进行的修改。

9.2.1 生产技术

代表性企业将生产要素（人力资本和物质资本）设定为变量，并将价格因素作为成本减少的给定变量。对主要因素的需求计算采用的是两级嵌套的生产函数。

在第一层面，位于 r（$r=1$，$\cdots$，9）区域，并拥有 o（$o=1$，$\cdots$，9）区域的 j（$j=1$，$\cdots$，6）企业用 CES（替代弹性不变）工艺技术决定主要要素（劳动力和资本）的复合百分比变动 q_{jro}^{F}。

$$q_{jro}^{F} = q_{jro} - \sigma(p_{jro}^{F} - p_{jro}) \qquad (9.1)$$

其中，σ（$\sigma=0.1$）是主要要素的复合和中间投入之间的替代弹性。q_{jro} 表示（j，r，o）$-th$ 行业活动水平的百分比变动。q_{jr}^{F} 是主要要素复合物的价格。p_{jro} 表示企业产出品的价格。从式（9.1）中可以看出，该方程包括行业规模项（q_{jro}）和转换项（$p_{jro}^{F} - p_{jro}$）。因此，在相对价格没有变化的情况下，产出的改变将改变对主要要素复合的需求。同样地，在产出固定的情况下，相对价格的变化也会引起主要要素复合需求的改变。而且，这种变化会随着 σ 值的变大而加快。这些影响反映了企业的标准优化能力。

在第二层面，企业同样用 CES 工艺技术决定其对第 i（$i=2$）种生产要素的需求：

$$q_{ijro}^{F} = q_{jro} - \omega_j(q_{ijro}^{F} - q_{jro}) \tag{9.2}$$

其中，ω_j 表示要素替代弹性，对于所有的 j 行业都小于等于 0.5，p_{ijro}^{F} 表示第 i 种主要要素的价格。和式（9.1）一样，式（9.2）也包括规模项和转换项两部分。ω_j 的值是基于参数的选择，这在其他研究中也得到广泛应用。

企业能够改变它们在生产中使用的中间投入 k（$k=1$，…，6），该价格作为成本减少的给定变量。为了结合中间投入，所有企业都假设使用嵌套的生产函数。在第 1 级中，所有企业都采用 CES 生产技术决定其使用的中间投入复合 q_{kjro}^{I}：

$$q_{kjro}^{I} = q_{jro} - \sigma(p_{kjro}^{I} - p_{jro}) \tag{9.3}$$

其中，p_{kjro}^{I} 代表第 i 个中间投入复合的价格。式（9.3）说明企业中间投入复合的使用由包含规模和转换两项的函数决定。

在第 2 级中，企业同样采用 CES 生产技术决定国内（qd_{kjro}^{I}）及进口（qm_{kjro}^{I}）的中间投入复合的使用。

$$qd_{kjro}^{I} = q_{kjro}^{I} - \xi_k(pd_{kjro}^{I} - p_{kjro}^{I}) \tag{9.4}$$

$$qm_{kjro}^{I} = q_{kjro}^{I} - \xi_k(pm_{kjro}^{I} - p_{kjro}^{I}) \tag{9.5}$$

其中，pd_{kjro}^{I} 是第（pm_{kjro}^{I}）种国内（进口）中间投入复合的价格，ξ_k 指国产和进口商品之间的替代弹性。（CES）的值位于 2.3～3.3 表明是贸易品（农业、采矿和制造业），（CES）值位于 0.1～0.5 表明是非贸易品（服务）。

所有企业都假设为在完全竞争的市场中运作，强加零纯利润条件就相当于收入等于成本，此时收入为：

$$P_{jro}Q_{jro} = P_{jro}^{F}Q_{jro}^{F} + \sum_k P_{kjro}^{F}Q_{kjro}^{F} \tag{9.6}$$

9.2.2　市场出清和商品偏好

（j，r，o）-th 行业的供应价格（P_{jro}）通过公式 $PMKT_{jro} = P_{jro} \cdot (1 + T_{jro})$ 与市场价格 $PMKT_{jro}$ 进行连接。其中，T_{jro} 表示（j，r，o）-th 行业的

销项税。$PMKT_{jro}$ 由市场出清状态决定，其百分比变化形式为：

$$q_{jro} = SD_{jro}qd_{jro} + \sum S_s X_{jros} \cdot qx_{jros} \qquad (9.7)$$

其中，qd_{jro} 是 (j, r, o) $-th$ 商品的国内销量（销售给企业、居民和政府的总和），qx_{jros} 是 (j, r, o) $-th$ 商品出口到 s（$s=9$）区域的销量，S_s 指国内销量和出口销量在总产出中所占的份额。

生产第 j 种商品的企业的国内总销量由 CES 偏好决定：

$$qd_{jro} = qd_{jr} + \xi_j(pmkt_{jro} - pmkt_{jr}) \qquad (9.8)$$

其中，qd_{jr} 表示所有企业（所有业主）第 j 种商品的国内销量总额，$pmkt_{jr}$ 表示区域 r 中的所有企业生产商品 j 的市场平均价格。

s 区域第 (j, r, o) $-th$ 种商品的出口量由 CES 偏好决定：

$$qx_{jros} = qm_{jr} - \xi_j(px_{jros} - pm_{jr}) \qquad (9.9)$$

其中，qm_{jr} 是指 r 区域所有代理商（企业、居民和政府）对于第 j 种商品的进口销售。pm_{jr} 是指从所有源地区进口到区域 r 的商品 j 的平均到岸价格。

9.2.3 区域和特定部门的投资

在原始形式上，美国国际贸易委员会外商直接投资模型（USITC - FDI）假设所有的部门都有一个单一有效的投资商品。这个假设并不符合这个模型中的部门 -、地域 -、所有者 -特定（实物）资本。因此，我们通过分摊不同部门间的投资商品来修改单一投资商品的假设。这种分摊把资本存量分摊到每个区域，所以其中隐含着一个假设：一个区域中的投资资本比率在部门间是相等的。一旦区域投资的数据分摊给各部门，就有必要确定部门投资在模型中是怎样确定的。

由 j 产业在区域 r 的部门投资 I_{jr}，被认为是部门资本的固定比率 K_{jr}，经由转变项 FI_r 的调整，则有：

$$\frac{I_{jr}}{K_{jr}} = FI_r \qquad (9.10)$$

根据在式（9.10）中决定的 I_{jr}，k 投入投资的行业需求 I_{kjr} 由 CES（常替代弹性）生产技术决定。下面以百分比变化为代表：

$$i_{kjr} = i_{jr} - \sigma(pi_{kjr} - pi_{jr}) \qquad (9.11)$$

其中，pi_{kjr} 表示第 i 个投入投资的（百分比变化的）价格，pi_{jr} 是指投入投资的（百分比变化的）平均价格。一旦 I_{kjr} 被决定了，那么投入国内外资源之间的投资需求就由 CES 生产技术决定，CES 生产技术应用于原有模型，如式（9.4）、式（9.5）。

在投资 CES 生产技术的嵌套模型的第一层面上，区域投资 I_r 被确定为占 GDP 的比例，该比例经资本相对回报率调整，则有：

$$\frac{I_r}{GDP_r} = \left(\frac{ROR_r}{ROR}\right)^\delta \cdot FG_r \tag{9.12}$$

其中，ROR_r（ROR）表示第 r 区域（全球）资本的税后净（折旧）回报率。δ（$\delta = 0.5$）表示一个正参数，FG_r 是一个调节系数，确保初始状态下的式（9.12）是成立的。为了确保 I_r 和 I_{jr} 之间的一致性，我们加入了一个附加的约束条件：

$$I_r = \sum_j I_{jr} \tag{9.13}$$

为了确保式（9.13）和式（9.10）、式（9.12）之间的一致性，式（9.10）中的 FI_r 被设定为内生变量。

9.2.4　居民总消费、政府支出和储蓄

遵循 GTAP 模型（Hertel and Tsigas, 1997）通过分配净（折旧）国民收入给政府总消费、居民总消费和净（折旧）储蓄来最大化有可变的规模和份额参数的柯布－道格拉斯效用函数。因此，政府总消费、居民总消费和净（折旧）储蓄的名义值占名义净国民收入的份额几乎是固定的。这种对待居民消费的方式不符合消费和储蓄的生命周期理论，该理论预测，真正财富的变化对家庭总支出的影响超出当期收入或其他因素的任何变化对家庭总支出的影响。预计在这项工作中分析的政策问题将导致实际财富的显著变化，为了捕捉家庭消费变化带来的影响，我们采用消费和储蓄的生命周期理论。

继多恩布什和费舍尔（1978）认为，假设一个地区的家庭名义总支出（C）随着家庭名义可支配收入（HDY）和真正的财富（RW）变动，则有：

$$C = [APC \cdot HDY + a \cdot RW] \cdot FD \tag{9.14}$$

其中，APC 是 HDY 的平均消费倾向；a（$a=0.6$）是一个控制真正财富平均消费倾向的正参数；FD 是缩放因子，确保初始解时，式（9.14）两侧相等。

家庭消费的上述处理方式取代了原来在 USITCFDI 中的处理方式，这也影响对政府消费和储蓄的处理。政府消费（G）现在假定是 GDP 的一个固定份额，按名义价值计算。因此，储蓄（S）是一个差值，是国民生产总值或国民收入与居民消费和政府消费之间的差值。这意味着，储蓄率 S/GNP，具有内源性并且由式（9.14）确定，即 $1-（C+G）/GNP$。

9.2.5 财富积累

财富积累机制的推导及其说明见迪克森和里默（2002）的研究模型。在应用该模型的动态形式时，我们可以模拟两个点之间的区域和全球经济的变化，例如，2013 年至 2023 年。在这样的模拟中，只有一个单一的时间周期，但它的长度是 10 年。因此，在这 10 年期间积累的任何关系都需要模型变量在仿真期间如何演变的假设。根据迪克森和里默（2002）的研究，我们假设模型变量在此期间是平稳增长的。这就意味着，模型中 2013 年的存量和流量值被视为模型参数，而 2023 年的存量和流量值被视为变量。因此，我们假设在此期间每个地区的财富积累为：

$$W_{t+s+1} = W_{t+s} + NS_{t+s} \quad s = 0, 1, \cdots, 9 \tag{9.15}$$

其中，W_t 是在 t 年初的财富值，NS_t 是在 t 年期间的净（折旧）储蓄。式（9.15）表示，$t+s+1$ 年初的财富值等于上一年度的财富值加上 $t+s$ 年期间的净储蓄。因此，式（9.15）中的 $W_{t+\tau}$ 可以写成：

$$w_{T+\tau} + W_t + \sum_{s=0}^{\tau-1} NS_{t+s} \tag{9.16}$$

现在假设净储蓄在模拟时段平稳增长，即

$$NS_{t+s} = NS_t \cdot \left(\frac{NS_{t+\tau}}{NS_t}\right)^{s/\tau} \tag{9.17}$$

令 t 代表 2014 年和 $t+\tau$ 代表 2023，式（9.16）可以写为：

$$W_{t+\tau} = W_t + \sum_{s=0}^{\tau-1} NS_t \cdot \left(\frac{NS_{t+\tau}}{NS_t}\right)^{s/\tau} + FW \tag{9.18}$$

其中，FW 是代表偏爱财富积累的变量。注意，式（9.18）中 W_t 和 NS_t 是参数，并从 2013 年开始设置为数值。

9.2.6　不同资产类别的财富分配

我们定义每个地区投资者的财富由两类资产组成：实物资本和债券。实物资本（K）通过产业 j、位置 r 和所有者 o 定义了 K_{jro}。其中，位置和所有者维度参考模型中的地区。在实物资本和债券之间分配财富，选择由业主 o 拥有的资金总额决定：$K_o = \sum_j \sum_r K_{jro}$。

在这里，债券（B）代表所有形式的债务和股权融资，也就是说，代表所有的金融资产和负债。因此，债券在每个区域被校准，使它们代表除实物资本外所有资本的国外净收入。这是通过设定区域债券净收入实现的，可以使资本账户余额与观测值相匹配。通过这种方式，债券包括：① 允许资本账户被关闭；② 给投资一个两种类型资产的选择，其中可以投资它们的储蓄。比起 FDI，债券投资代表低风险的投资，但同时其回报率也较低，因而纳入债券代表投资者的选择。全球资本市场往往比其他情况更现实。由于债券代表所有金融资产的复合，所以将它们假定为每个区域的净股数。

在实物资本和债券之间分配财富，每一个区域投资者选择 K_o 和 B_o 从而使得 $[K_o \cdot RK_o - VD_o + B_o \cdot RB]$ 最大化，其中 K_o 和 B_o 受限于 $QW_o = CET[K_o, B_o]$。其中，$CET[\cdot]$ 是转换效用函数的不变弹性（鲍威尔、格伦，1968），RK_o 指投资者 o 收到的资本平均税后租赁价格，RB 指全球债券利率，QW_o 指投资者 o 拥有的实际财富。$VD_o = \sum_{jr} K_{jro} \cdot PI_{jr} \cdot D_{jr}$ 指投资者 o 的资本折旧值，其中，D_{jr} 指行业 j 在区域 r 的资本折旧率。

因此，投资者为了寻求最大化的财富回报，包括① 扣除折旧的税后资本回报率（$K_o \cdot RK_o - VD_o$），加上② 债券收益（$B_o \cdot RB$），基于给定的 RK_o，PI_{jr} 和 RB。注意，债券收益取决于 B 的初始值，其可正、可负，因此，$\sum_o B_o = 0$。还需要注意的是，只有一个单一的债券利率，因为我们假设债券利率市场是完美的国际套利机制。

投资者回报的最大化问题产生了以下百分比变化形式的行为方程：

$$k_o = qw_o - \gamma(ror_o - rorw_o) + fk_o \qquad (9.19)$$

$$qb_o = qw_o - \gamma(CD_o \cdot rb - rorw_o) + fb_o \tag{9.20}$$

其中，k_o（qb_o）指区域 o 拥有的资本（债券）数量，ror_o 指区域 o 的税后净（折旧）资本回报率，$rorw_o$ 指区域 o 对财富的平均收益率，γ（$\gamma = -1.5$）是一个负参数，控制资本和债券之间的转换程度。fk_o 和 fd_o 表示以资本和债券形式持有财富的偏好。

式（9.19）、式（9.20）包括规模项和变换项。比例项由区域 o 真正的财富决定（qw_o）：这是一个经过财富价格指数折算的名义财富值（w_o）。转换项是每个资产类别的相对回报率和转换参数的一个函数。注意，方程的系数 CD_o 决定债券的数量。$CD_o = 1$，$B_o > 0$ 和 $CD_o = -1$，$B_o < 0$；没有地区的债券数量会是零。如果一个国家是净债权国（债务人），则系数可通过（$rb - rorw_o$）使 qb_o 上升（下降），即它们会贷（借）多（少）。

9.2.7 跨越地区和行业的资金供给

虽然所有者的资金（K_o）已经在资产供给嵌套模型的第一层面中决定了，但是仍然需要将资金分配到 r 区域以及那些区域的 j 行业中：K_{jro}。这是很常见的，在分析 FDI 的模型时，基于 K_o 用 CET 效用函数来决定 K_{jro}，例如，Hanslow 等（1999）。但正如 Hanslow（2001）证明的，如果这（r，j）$-th$ 的资本存量的比例（K_{jro}/K_o）的初始值太小的话，那么这一比值将长时间是小的，以至于（r，j）$-th$ 的相对回报率近似为常数；这是真的，无论其他回报率怎么改变。因此，如果所有资本供应商在（r，j）$-th$ 市场上的相对回报率都是同样变化的话，大型供应商将保持大型，而小供应商将仍然很小。为了避免 CET 函数的这种性质，我们采用 Hanslow（2001）和 Horridge（2021）的方法，运用 CRETH 的改进形式（constant ratios of elaslicities of transformation，homothotic；变换弹性常数比，同位相似的）的效用函数（Vincent et al.，1980），以确定资本在各行业的双边分配。

因此，在跨地区和行业分配 K_o 中，每个实物资本的区域所有者都会选择 K_{jro} 使 $\sum_{jr}[K_{jro} \cdot RK_{jro} - VD_{jro}]$ 最大化，其中，$K_o = CRETH[K_{jro}]$。RK_{jro} 指投资者 o 收到的平均资本税后租赁价格。$VD_{jro} = K_{jro} \cdot PI_{jr} \cdot D_{jr}$ 是投资者 o

拥有的用于区域 r 行业 j 的资本折旧额。因此，给定 RK_{jro} 和 PI_{jr}，投资者可最大化他们自己的总实物资本回报率。

资本投资者回报的最大化问题产生了以下百分比变化形式的行为方程：

$$k_{jro} = k_o - \varphi_{ro}(ror_{jro} - ror_o^*) + fk_{jro} \qquad (9.21)$$

其中，ror_{jro} 指区域 o 拥有的用于 r 区域 j 产业的税后净资本（折旧）回报率，ror_o^* 指区域 o 拥有的用特殊股份计算出来（见下文）的税后平均净资本回报率，φ_{ro} 是一个负参数，用来控制不同行业之间的转换程度。fk_{jro} 代表持有不同行业和地区的资本的偏好。

在这里，ror_o^* 被定义为：

$$ROR_o^* = \frac{VPR_o^*}{VK_o^*} - \frac{VD_o^*}{VK_o^*} \qquad (9.22)$$

式（9.22）右边的第一项 $\dfrac{VPR_o^*}{VK_o^*}$ 是资本总回报率，也就是说，是税后租金与资本存量的比值；第二项 $\dfrac{VD_o^*}{VK_o^*}$ 是折旧率，也就是折旧额与资本存量的比率。式（9.22）等式右边中的所有变量均采用"改良"股计算。例如，

$VK_o^* = \sum_r \sum_j S_{ro}^* K_{jro} \cdot PI_{jr}$ 中的 $S_{ro}^* = \dfrac{\varphi_{ro} \cdot VK_{ro}}{\sum_r \varphi_{ro} \cdot VK_{ro}}$。

CRETH 允许转换弹性 φ_{ro} 在区域 o 投资的 r 地区是变化的。Hanslow（2001）校准 φ_{ro}，使其值与初始资本租金份额是负相关的。这避免了上述问题，在相对回报率是常数的情况下，使用 CET 函数会促使资本份额小的一直都小。因此，根据 Hanslow（2001）的研究，φ_{ro} 可以被校正为：

$$\varphi_{ro} = \eta_o \cdot S_{ro}^{-1/N} \qquad (9.23)$$

其中，

$$\eta_o = \frac{\mu \cdot (1 - \sum_r S_{ro}^2) \cdot \sum_r S_{ro}^{1-1/N}}{(\sum_r S_{ro}^{-1/N})^2 - \sum_r S_{ro}^{2-2/N}} \qquad (9.24)$$

$$S_{ro} = \frac{\sum_j K_{jro} \cdot RK_{jro}}{\sum_r \sum_j K_{jro} \cdot RK_{jro}} \qquad (9.25)$$

参数 μ 是所有 r 区域模型使用者期望的 K_{jro} 的平均转换弹性，这里设 $\mu = -1$。式（9.25）中的份额指每个投资者 o 在整个 r 区域的税后租金份额。通过式（9.23）～（9.25）可以得到与初始租金份额负相关的 CRETH 参数。给定一个均值 μ，N 可控制每个投资者各区域参数的标准差。N 值越高，标准差越小；反之亦然。

9.2.8 资本流动

在 K_{jro} 确定的基础上，我们定义所有资本所有者在 r 区域对 j 产业的资本供应量：$K_{jr} = \sum_o S_{jro} \cdot K_{jro}$。我们同样定义所有资本所有者在 r 区域对 j 产业的资本需求量：$Q_{jr}^K = \sum_o S_{jro} \cdot K_{jro}$，$i$（$i = capital$）。通过明确按行业和地区的市场出清条件（$K_{jr} = Q_{jr}^K$），我们定义了一个资本的租赁价格，该价格可以适用于第（j，r）行业所有资本所有者的资本 P_{jr}^K。因此，能够引起（j，r）行业任何资本提供者的资本价格下降的任何变化，将减缓（j，r）行业所有拥有资本者的资本价格下降速度。例如，如果一个供应商或一组供应商忽视某一给定的区域行业对资金的需求，增加了对给定区域行业的资金供给，那么该行业其他所有供应商的资本将经历价格的下跌。通过这种方式，一个资本供应商任何降低成本的技术变革都将被转移到同一区域行业的其他供应商身上。

与处理行业租金价格的方法一致，关于初始数据，我们设定所有资本供应商的净资本回报率等于一个区域行业的净资本回报率。由此可知，一个区域内的资本回报率仅随行业变化，而不随资本所有者的变化而变化。

9.2.9 劳动供给和劳动力市场出清

我们定义每个区域劳动供给函数是人口和税后实际工资的函数。我们使劳动力供给能够灵敏地体现实际工资，该实际工资与劳动力供给的非零工资弹性的国际证据相一致（Bargain et al.，2011）。因此，在每一个 r 区域，我们定义了劳动力供给的比例 LS_r 与人口 POP_r 的比为：

$$\frac{LS_r}{POP_r} = (PRW_r)^\beta \cdot A_r \tag{9.26}$$

其中，PRW_r 指在区域 r 劳工收到的税后实际工资，A_r 和 β 都是正参数。因此，劳动力供给是实际工资和人口的正函数。我们设置劳动力供给弹性 $\beta = 0.2$，使劳动力供给仅受到每个地区实际工资很小的影响。A_r 是缩放因子，为了保证式（9.26）在初始状态时左右两边相等。

原有模型假定每个地区的劳动力总需求 LD_r 是外生变量。根据式（9.26）中定义的 LS_r，这里我们定义 LD_r 是内生变量，并增加了劳动力市场出清条件。

$$LS_{lr} = LD_{lr} \tag{9.27}$$

式（9.27）通过平衡劳动力的需求和供应来决定 r 区域劳动力收到的税前工资。

9.2.10 地区收入

由于每个区域会赚取外汇收入，所以有必要重新定义区域的收入，以反映区域内经济活动——GDP 和该地区的收入，即 GNP 之间的差异。从供给方和需求方的位置，地区 r 的 GDP 被定义为：

$$GDP_r = LY_r + KY_r + IT_r = C_r + I_r + G_r + (X_r - M_r) \tag{9.28}$$

其中，劳动收入（LY_r）、资本收入（KY_r）和间接税收（IT_r）之和等于消费（C_r）、投资（I_r）、政府开支（G_r）和净出口（$X_r - M_r$）之和。注意，$KY_r = \sum_j \sum_o KY_{jro}$，$KY_r$ 包括所有投资者在所有行业赚取的资本收入。同样需要注意的是，当 $r = 0$ 时，$KY_{ro} = \sum_j KY_{jro}$，表示在区域 r 用内资资本赚取资本收入。当 $r \neq 0$ 时，$KY_{ro} = \sum_j KY_{jro}$ 表示在区域 r 基于外商独资（或 FDI）赚取的资本收入。

地区收入被定义为：

$$GNP_r = GDP_r + FKY_r - FKP_r + NINT_r \tag{9.29}$$

其中，GNP 是 GDP 加上 r 区域收到的 FDI 资本收入（FKY_r），减去在 r 区域支付的 FDI 资本收入（FKP_r），再加上 r 区域债券的净利息收入（$NINT_r$）。

9.3 动态跨期链接机制

MCHUGE 模型与其他比较静态 CGE 模型最大的不同在于，其动态跨期链接机制。MCHUGE 模型的动态机制主要体现在模型方程体系中增加了动态跨期链接的动态元素和对数据进行动态更新两个方面。MCHUGE 模型包括 3 种类型的动态跨期链接机制，即物质资本积累、金融资本/负债积累以及滞后调整过程。

9.3.1 物质资本积累

MCHUGE 模型动态机制的核心在于年度投资流量与资本存量之间的联系。其中，投资在经济支出方面占据了相当大的比例，资本租赁在经济收入方面占据了相当大的比例。根据大多数典型的 CGE 模型，资本在某个时期内的增长方式如下：

$$K_{j,t+1} = K_{j,t}(1 - D_{j,t}) + I_{j,t} \tag{9.30}$$

$$E_t \cdot ROR_{j,t} = -1 + \frac{E_t \cdot Q_{j,t+1}}{C_{j,t}} \times \frac{1}{1+r} + (1 - D_j) \times \frac{E_t \cdot C_{j,t+1}}{C_{j,t}} \times \frac{1}{1+r}$$

$$= \left\{ \frac{\dfrac{E_t \cdot Q_{j,t+1}}{1+r} + \dfrac{(1 - D_j) \times E_t \cdot C_{j,t+1}}{1+r} - C_{j,t}}{C_{j,t}} \right\} \tag{9.31}$$

$$E_t \cdot ROR_{j,t} = f_{i,t}\left(\frac{K_{j,t+1}}{K_{j,t}} - 1\right) \tag{9.32}$$

$$E_t \cdot Q_{j,t+1} = Q_{j,t+1} E_t \cdot C_{j,t+1} = C_{j,t+1} \tag{9.33}$$

其中，$K_{j,t}$ 是行业 j 在 t 年的可用资本数量；$I_{j,t}$ 是行业 j 在 t 年的新增资本数量；$D_{j,t}$ 是折旧率；E_t 是第 t 年期望值；$ROR_{j,t}$ 是产业 j 在第 t 年投资报酬率；$Q_{j,t+1}$ 是第 $t+1$ 年产业 j 资本利得；r 是利率；$C_{j,t}$ 是第 t 年产业 j 购置额外一单位资本的成本；$f_{j,t}$ 为非递减函数。行业 j 的期望收益率决定其在某一特定时期的投资水平。投资供给曲线表明了追加投资所需的回报率，这取决于行业 j 资本存量的增长率。

9.3.2 金融资本/负债积累

对于中国而言，经常项目资金流（如贸易平衡和外国支付给中国现有债务的净利息）与净外债之间的关系也很重要。该关系会影响可支配净收入和消费函数，消费函数即家庭支出与可支配收入之间的关系。

鉴于中国的净外债余额在 GDP 中占据很大份额，如果在不增加任何经济资本的情况下将上述模型从 t 年移动至 $t+1$ 年，那么会对行业 j 产生持

续的影响，这是因为国外在净外债上支出的净利息不断累积。这种影响被
Dixon 和 Rimmer（2002）简称为"动力"，如一个初始条件（比如大量的
外国债务），在 MCHUGE 模型动态机制中起到关键作用，但不是比较静态
分析的一部分。

9.3.3　滞后调整过程

滞后调整过程具体为逐期分段调整。根据 Dixon 和 Rimmer（2002）的
研究，MCHUGE 模型中的投资就涉及这样一个过程，通过逐期分段调整，
可以部分调整消除投资在投资规模和收益率以及投资行为理论中的不
一致。

MCHUGE 模型动态机制包括区域水平劳动力缓慢调整的理论（Wittwer
et al.，2005）。区域水平的劳动力市场调整机制如下：

$$\left(\frac{W_t^r}{Wf_t} - 1\right) = \left(\frac{W_{t-1}^r}{Wf_{t-1}} - 1\right) + \alpha\left(\frac{EMP_t^r}{EMPf_t}\right) - \left(\frac{LS_t^r}{LSf_t}\right) \tag{9.34}$$

式（9.34）表示，如果偏差冲击减弱了劳动力市场在地区 r 和周期 t 之间
的相关预测，实际工资 W_t^r 和相对应预测值 Wf_t 间的偏差将会逐渐缩小。另
外，劳动力市场需求 EMP_t^r 和供给 LS_t^r 相对应的预测水平 $EMPf_t$ 和 LSf_t 初
始差距将会扩大。在连续几年中，供求之间的差距会随着实际工资的降低
逐渐向预测值回归。劳动力市场的调整速度是由正参数 α 控制的。

区域劳动力供给方程为

$$\frac{LS_t^r}{LSf_t} = \frac{(W_t^r)^r}{\sum_q (W_t^q)^r S_t^q} \bigg/ \frac{(Wf_t)^r}{\sum_q (Wf_t^q)^r Sf_t^q} \tag{9.35}$$

区域劳动力供给与预测偏差取决于国家实际工资与预测值间的偏差，在
式（9.35）中，$\sum_q (W_t^q)^r S_t^q$ 是总结各地区劳动实际工资反应的测量值，其
中 r 是正参数，S_t^q 是地区 q 占国家就业的份额。假设一个特定地区实际工资
与预测值之间的偏差降低影响整个国家的实际工资与预测值之间的偏差，这
个等式指出，当特定区域劳动供给降低时，其他地区劳动供给将会上升。结
合式（9.34）和式（9.35），在给定区域内，劳动力市场的调节最初产生在
失业率增加和实际工资降低时，失业将最终回归到预测比率上来。相对于一

个地区基础水平，实际工资下降，劳动供给也会随之降低。从上述理论来看，长期劳动力市场调节发生于地区内部劳动力的转移和实际工资差异的改变等情况中。

9.4　能源环境模型拓展

作为一个反映中国经济状况的大型 CGE 模型，MCHUGE 模型在开发之初主要用于国际贸易及其产业预警评估等（赖明勇、祝树金，2008；何好俊等，2009；马传秀等，2010；祝树金等，2011），肖皓等（2009）、陈雯等（2012）根据研究需要，对 MCHUGE 模型进行了适当的拓展，使之应用于能源环境领域，用以评估燃油税、水污染税等能源环境税种的征收效果。本书通过对 MCHUGE 模型进行适当的拓展，嵌入能耗模块和环境模块，并对 CO_2 排放进行相应处理，用以测度能源技术进步等对中国经济增长、产业发展、进出口贸易、节能减排等多方面的影响效应。

在本书中，我们设计了能耗使用率［用 $EEU_{1i}(j)$ 来表示］和单位 GDP 能耗系数（用 EEU_2 来表示）两种能耗评估指标，前者用以反映含价格因素的能源使用情况，后者用以反映单位 GDP 能耗水平。

$$EEU_{1i}(j) = VEU_i(j)/VTOT_i \tag{9.36}$$

$$EEU_2 = \sum_{j_2}[XEU(j_2) \times CET(j_2)]/X_0GDP \tag{9.37}$$

在环境模块方面，我们同样设计了排污总量［用 $Pol_k(h)$ 来表示］和不同污染物排放类型的排放总量［用 $Tpol(h)$ 来表示］两种环境评估指标，同时对 CO_2 排放进行适当处理，将其转化为相应的能源产品，用以反映各含碳产品的最终消费使用情况。

$$Pol_k(h) = inp_k(h) \times activity_k \tag{9.38}$$

$$Tpol(h) = \sum_k Pol_k(h) \tag{9.39}$$

$$pV(j) \times Tp(j) = \frac{V(j)}{P(j)} \times C(j) \times EcCO_2(j) \times Tq \tag{9.40}$$

其中，i 为产品的用途，j 为能源产品（j_2 为一次能源产品），k 表示行业，t 表示时期，h 表示不同污染物排放类型，inp 为污染系数。$VEU_i(j)$ 为 j

类能源产品投入用途 i 的价值量，$VTOT_i$ 为用途 i 的总需求投入价值量。$XEU(j_2)$ 为一次能源产品实际投入总量，$CET(j_2)$ 为一次能源产品折合成标准煤的转换系数，$X_0 GDP$ 为价格平减后的实际 GDP。$activity$ 为工业总产出水平，$V(j)$ 指含碳能源产品的消费值，$Tp(j)$ 为能源的从价税，$P(j)$ 代表能源价格，$C(j)$ 指含碳能源产品转化为标准煤系数（见表9.1），Tq 代表从量税。含碳能源产品使用过程中 CO_2 排放系数见表9.2。

表9.1　各种含碳能源产品折标准煤系数

煤	石油	天然气	石化产品和焦炭	燃气与热力
0.7143	1.4286	1.1～1.33	1.4554	1.286
标准煤/千克	标准煤/千克	标准煤/立方米	标准煤/千克	标准煤/立方米

资料来源：数据来自《中国能源统计年鉴2009》，石化产品和焦炭的能源折标准煤参考系数是按照焦炭、汽油、煤油、柴油、燃料油的2008年国内消费情况进行加权平均得到的。

表9.2　含碳能源产品的 CO_2 排放系数　　　　　单位：吨/标准煤

煤	石油	天然气	石化产品和焦炭	燃气与热力
2.292	1.746	1.288	2.37	1.5

资料来源：排放系数参考肖皓的博士学位论文，其中石化产品和焦炭的 CO_2 排放系数是按照焦炭、汽油、煤油、柴油、燃料油的2008年国内消费情况进行加权平均得到的。

9.5　农业部门生产环节征收碳税的动态 CGE 研究

目前，国内外理论界和实务界对污染物排放的关注主要集中在工业化、城市化过程中，涉及工业、建筑业等领域，对农业活动中产生的温室气体排放关注甚少。作为与自然环境关系最密切的产业，农业活动释放了大量的 CO_2、CH_4、N_2O 等温室气体，农业活动成为除工业外温室气体排放的重要来源。IPCC（2007）的数据显示，农业生产活动排放的温室气体总量已成为全球温室气体的第二大重要来源。IFPRI（2008）的数据显示，农业排放占全球温室气体排放总量的13.5%，高于交通排放比重（13.1%），成为全球温室气体的第一大重要来源。Robert Goodland 和 Jeff Anhang（2009）的研究显示，全球畜牧业及其副产品的温室气体排放量已占人为温室气体排放总量的 51%。FAOSTAT（2014）的数据显示，2011年农业温室气体排放量已超过 100 亿吨 CO_2 当量，占全球温室气体排放总量的 14%。

中国是一个有着悠久历史的农业大国，农村人口众多，布局分散，各地区的自然条件和发展水平差异很大，为了促进广大农村地区经济发展和广大农民收入增加，一直以来不断增加对能源的需求，从而带来了生态和环境问题，尤其是农村地区的气候变化问题，这使农村的能源环境和生态问题远比城市复杂得多。改革开放以来，中国农村经济取得了快速发展，同时也在能源环境和生态方面面临着巨大挑战，农业源温室气体排放占全国总的温室气体排放的 17%，已经超过了中国交通的温室气体排放（董红敏等，2008）。谭秋成（2011）的研究显示，1980—2009 年中国农业部门排放温室气体以年均 1.46% 的速度增长。宫能泉（2013）的研究显示，1990—2010 年中国农业部门排放温室气体的增长速度达到了年均 1.6%。FAOSTAT（2014）的数据显示，2010 年中国农业总计排放温室气体达到 66430.278 万吨 CO_2 当量。在此背景下，探寻一种既能保持农村经济增长和农户增收，又能实现节能减排和保护环境的能源环境政策工具迫在眉睫。

由于温室气体的减排是当前国际社会普遍关注的热点环境问题，国际社会提出了多种政策工具和合作机制推进全球温室气体的减排。征收碳税被认为是减少碳排放最具市场效率的经济手段，对能源节约和环境保护具有积极的作用。作为一个向工业化发展，在相当一段时间内，农业仍将处于基础地位的大国，中国农村的减排政策一直是各界关注和研究的热点之一。同时，中国人口基数大，对农业生产的依赖性大，农产品生产随人口的增长速度加快，这就为农业温室气体减排带来了挑战。在农业部门开征碳税可以减缓农村温室气体排放，但是碳税的征收会增加农业成本和农户负担，对中国农村经济竞争力产生影响。

CGE 模型通过将国民经济各组成部分和经济循环的各个环节都纳入一个统一的框架下，模拟出政策变化对国民经济各部门产生的最终结构性影响，并据此分析外部冲击产生后，经济体各部分经过不断反馈和相互作用达到的最终状态。因此，应用 CGE 模型仿真研究农业部门生产环节征收碳税，可以有效得到碳税征收带来的国民经济各部门影响程度的动态变化方向及变化路径。

9.6　研究脉络与文献梳理

一直以来，国内外理论界基于不同的研究方法和计量模型对温室气体减排的经济社会影响展开了较为丰富的研究，取得了诸多有益的结论。Devarajan 和 Robinson（1998）最早分析了 Macroecono – Metric 模型和 CGE 模型之间的差异及其对决策者的影响，并且建议使用 CGE 模型，认为 CGE 模型在参数不完全估计的情况下能更好地捕获市场经济参与者的行为与其自身的联系，这使得 CGE 模型在政策分析中更具适用性。Wissema 和 Dellink（2007）基于静态 CGE 模型研究了碳税税率最优水平以及碳税对爱尔兰经济的影响。他们指出，基于 10～15 欧元/吨 CO_2 的税率，爱尔兰可以将 CO_2 排放量在 1998 年的水平上减少 25.8%，并且这个税率还可以提高而不会引起社会福利的损失。Govinda R. Timilsina、Stefan Csordás 和 Simon Mevel（2011）运用 CGE 模型模拟了碳税的政策效应，研究表示征收碳税会引起燃料总需求降低，从而对经济增长产生负面影响。Arshad Mahmood 和 Charles O. P. Marpaung（2014）采用了一个 20 部门 CGE 模型，分别探讨了碳税征收、碳税征收与能源效率提高协调实施两种情景对巴基斯坦经济的影响，仿真结果表明碳税征收对 GDP 的影响是负面的，但对削减污染物排放量效果较为明显。动态 CGE 模型在碳税的政策效应研究中被使用的次数相对较少，在 20 世纪 90 年代初学术界曾出现多个动态 CGE 模型，但石油价格的飞涨导致模型的结果很难解释，如 Burniaux、Nicoletti 和 Oliveira（1992）的 GREEN 模型。Drouet、Sceia Thalmann 和 Vielle（2006）通过动态 CGE 模型计算得出，如果将碳税税率控制在 90～580 瑞士法郎/吨 CO_2，到 2020 年就可以在 1990 年的基础上将瑞士的 CO_2 排放量减少 20%。Bert-Saveyn、LeonidasParoussos 和 Juan – Carlos Ciscar（2012）采用递归动态可计算一般均衡模型（GEM – E3）研究了 4 种不同的全球温室气体减排政策对 2010—2050 年亚洲主要经济体（中国、印度和日本）的经济影响，研究发现，随着时间的推移，推迟减少温室气体排放量可能不会再产生经济利益。

国内学者在温室气体减排对经济社会的影响方面的研究大都从碳税政策的经济社会效应出发展开。目前，国内学者在碳税的经济效应方面得出的结论并不一致，大致可分为 3 种。

第一种结论认为，征收碳税会对经济产生一定的负面影响，持此观点的学者较多。并且，从研究结论来看，学者对于碳税经济抑制效应的研究角度也各不相同。陈文颖等（2004）和王灿等（2005）分别利用 MARKAL – MACRO 模型和 CGE 模型模拟了各种减排情境下，GDP 损失率的变化。陈文颖等认为越早开始实施减排，GDP 损失率会越大，并且减排对于经济的抑制效应会从减排实施之前一直延续到减排实施以后若干年。王建民（2012）基于改进的 C – D 生产函数模型估算了碳减排约束对于经济增长的影响，得出的结论并不支持环境波特假说，而毕慧敏（2013）则认为虽然单位 GDP 碳排放的减少并不显著，但波特假说在一定程度上能够改善碳关税对经济产生的不利影响。与此相反，吕志华等（2012）利用芬兰等 12 个已经开征碳税的国家的跨国面板数据分析了环境税对于经济增长的冲击，认为不论是短期还是长期环境税都会给经济增长和社会福利带来显著的负向冲击。曾诗鸿和姜祖岩（2013）构建中国经济的 CGE 模型，实证模拟表明，碳税政策虽然能提高政府部门的收入和总储蓄，但是会引起家庭部门总收入与消费量的减少，并且在实施初期会对我国经济产生一定的负面影响，碳税税率越高影响越显著。魏涛远等（2002）、张景华（2010）和刘洁等（2011）认为征收碳税虽然短期内会使中国经济状况恶化，但是从长期来看，随着碳税体制的完善，这种消极影响会逐渐减弱。

第二种结论较为乐观，认为推进碳减排，征收碳税能使经济结构和发展方式更趋合理，对经济增长具有拉动作用。原毅军和刘柳（2013）从费用型环境规制和投资型环境规制角度研究了其对经济增长的影响，实证表明费用型环境规制对经济增长无显著影响，而投资型环境规制对经济增长有显著的促进作用，"绿色投资"能促进经济的"绿色增长"。王明哲（2010）认为，在宏观经济中增加一个强制性的"碳约束"能够加重高能耗和高污染企业的负担，抑制高能耗、高排放产业的发展，同时能够推动和激励技术创新，加快淘汰高能耗、高排放的落后工艺，实现经济的健康发展。张明文等（2009）通过实证检验得出征收碳税可以通过增加政府的财政收入，扩大政府的整体投资规模，拉动经济增长。

第三种结论认为，推动碳减排对于中国经济增长的影响存在地区差异和行业差异。薄夷帆等（2011）从技术创新与企业生产率、企业成本、行业产出和国际竞争力等方面对环境规制的经济效应进行了研究，认为对于不同规模的企业，环境规制对于生产率和技术效率的影响不同；对于经济发展水平不同的区域，环境对于企业创新竞争力的影响也不同，同时环境规制对于污染密集型产业技术创新的激励作用非常有限。李静和沈伟山（2012）认为，对于不同发展程度的地区，应当制定差别化的环境规制和激励手段，否则节能减排会制约中、西部地区经济的发展。朱传华（2012）、管治华（2012）、张志新（2011）等认为，征收碳税对于中、东部地区大部分经济发达省份的经济增长有促进作用，而对于中、西部地区一些省份的经济增长则具有抑制作用。这与我国各地区经济结构的差异有关，中、西部地区经济起步较晚，高能耗、高排放的产业较多，推进节能减排会直接增加当地企业的生产成本，降低私人投资的积极性，不利于经济的发展；而东部地区经济发展水平较高，从事产品深加工和高新技术产业的发展，所以推进节能减排，征收碳税对其经济影响不大甚至能够促进其经济的发展。同时，管治华还指出，征收碳税对于大多数行业的发展起到推动作用，却不利于少数依赖自然资源生产初级产品或高碳产品行业的发展。张明喜（2010）认为矿业采掘业受到的影响最大。

农业是国民经济发展的基础，研究农业温室气体的来源、控制温室气体排放的途径，以及控制温室气体对"三农"可能产生的影响，对农业自身的可持续发展具有重要作用，也能为低碳农业的发展作出相应贡献。姚延婷和陈万明（2010）认为，要实现农业可持续发展，发展低碳农业是一条必然道路。兰希平等（2010）将发展低碳农业的主要措施归纳为技术创新和制度创新。孙芳和林而达（2012）对农业温室气体减排交易项目进行了研究，认为应积极探索利用市场机制来控制农业温室气体排放。宫能泉

（2013）认为，中国农业温室气体减排路径有新技术的开发和应用、改进农业生产方式及其他相关手段等。从现有文献来看，大部分学者将研究精力放在了探索控制农业温室气体排放的减排路径上，鲜有学者分析这些减排政策工具对农村经济、农业部门和农户收入等方面的潜在影响。

受经济体制、数据等条件制约，CGE 模型在农业政策分析与决策支持系统中的应用并不多见。蔡松锋和黄德林（2011）基于扩充全球贸易分析模型——GTAP－E 模型，采取递归动态的方法模拟分析了 2001—2015 年农业技术减排对宏观经济和农业部门的影响，研究结果表明：农业源温室气体技术减排对宏观经济有促进作用，但对不同的农业部门影响不同。黄德林和蔡松锋（2011）通过农业温室气体减排 GTAP－E 模型及其数据库构建，设置了 3 个不同的中国温室气体减排方案，模拟了中国农村温室气体减排的政策效应，认为农业温室气体减排会提高我国农产品的价格，在一定程度上降低我国农产品的国际竞争力，从而影响农产品的出口。

不难发现，CGE 建模在农业系统中的开发与应用尚不能满足政策研究需要，且现有的大多数农业 CGE 模型属于比较静态研究，对具有动态特点的政策分析存在局限性，有待进一步深化研究。为了分析开展碳税对农村经济竞争力和温室气体减排的影响，本章根据我国的现实国情，借鉴国际上先进的 CGE 模型建模理论和技术，构建反映中国能源—经济—环境系统协调发展的大规模复杂结构动态 CGE 模型，系统模拟生产环节碳税征收对宏观经济和不同农业部门的全方位影响，为中国农村的碳税税率设置和征收路径提供科学依据。

9.7　情景设计

国际上，大多数征收碳税的国家实行固定税率，一般在开征初期采用较低税率，然后再逐步提高。例如，瑞典在 1991 年引入碳税之初，CO_2 的税率为 27 欧元/吨，到 2009 年已提高至 114 欧元/吨。碳税的征收环节主要有两个：生产环节（包括委托加工和进口）、消费环节。本章农业温室气体减排的基准方案是没有实施农业温室气体减排政策。政策方案是：本章拟在基准方案的基础上，假设中国自 2012 年起在生产环节征收 20 元/吨的碳税，以后逐年增加 10 元/吨，直至 2020 年达到 100 元/吨，在此条件下，分析农业温室气体减排对宏观经济和农业各个部门的影响。

9.8　仿真研究与结果分析

本章利用 MCHUGE 模型，以 2011 年为基年，对农业温室气体减排进行动态模拟，通过历史模拟、分解模拟、预测模拟及政策模拟实现情景展示，仿真估计了 2012—2020 年农业温室气体减排对宏观经济和农业各个部门的影响程度。由于在 MCHUGE 模型中，投入产出数据区分了 57 个产业部门，本章根据研究需要，选取了与农业活动密切相关的 30 个产业部门，其短期效应和长期效应如表 9.3、表 9.4 和表 9.5 所示。由于 MCHUGE 模型的方程和变量复杂，为了更好地理解和分析模型模拟结果，掌握实际的政策问题，本章借助 Back – Of – The – Envelope（BOTE）模型的计算和推导来解释一些关键结果（Dixon and Rimmer，2002）。

（1）碳税征收对总体经济的影响。

作为一项重要的节能减排政策，碳税政策的可行性不仅取决于其减排效果，还要综合考虑其经济代价，尤其是作为最大的发展中国家，中国在未来很长的一段时间内，经济发展是核心目标。因此，碳税征收对总体经济的影响是本章重点考察的部分。

模拟结果显示，随着碳税的逐年增加，碳税征收对主要宏观经济变量的影响不同，相对于基准方案，2012—2020 年主要宏观经济变量的百分比变动率均呈现反向偏离，且偏离的程度也在逐年增加。

从表 9.3 可以看出，碳税征收不利于总体经济的发展。碳税征收对总体经济的影响可以通过对实际 GDP 的变化轨迹加以分析，从支出法 $GDP = C + G + I + (X - M)$ 来看，长期实际 GDP 变化取决于居民消费（C）、政府支出（G）、投资（I）和净出口（$X - M$）的变动趋势。模型结果显示，2020 年，相对于基准方案，居民消费下降了 0.597%、政府支出下降了 0.596、投资下降了 1.569%、净出口增加了 0.311%，从而导致 GDP 下降了 0.828%。

碳税征收对不同生产要素价格的影响虽不同，但均呈负向偏离趋势，其中土地租赁价格偏离程度最大，其次是资本租赁价格，最后是劳动力市场价格。在MCHUGE模型中，土地是一种"反应不敏感"的生产要素，不容易在不同使用者间进行再分配（非完全流动的），因此，在土地存量不变的情况下，土地租赁价格存在一定的差异。劳动力和资本是完全流动的，这些要素价格在不同部门间是相同的，在征收碳税后，农业部门的一部分劳动力会从农业部门转移出来（具体见表9.6），由于农业部门非技术型劳动力所占的比重较大，社会非及时性劳动力的供给增加，从而导致了工资的下降。鉴于价格扩张效应，技术型劳动力和资本价格也有所下降。劳动力工资下降幅度大于消费物价指数下降幅度，因此，劳动力实际购买力下降。

从模拟结果来看，碳税征收对贸易条件的冲击呈现正向偏离。这可能是由于碳税征收会降低中国出口导向型贸易增长，具体表现为出口价格指数增加，导致了出口量减少，同时碳税征收也会导致进口商品价格指数上升，进口需求减弱，进口量相应减少。由于贸易条件 $TOT = P_X/P_M$，即贸易条件由商品的出口价格指数与进口价格指数之比决定，在商品的出口价格指数与进口价格指数同时上升的情况下，进口总额、出口总额均有不同程度的下降，且进口总额下降的幅度要大于出口总额下降的幅度，贸易条件呈现正向偏离态势。

从表9.3中，我们还可以看到，碳税的征收能起到良好的节能减排效果，单位GDP能耗和CO_2排放都呈现出负向偏离态势。这是因为，碳税的征收在一定程度上有助于企业加强技术革新和采用更有效的先进生产设备，提高能源利用效率，降低能源消耗总量，单位GDP能耗在不同情境下都呈现逐年下降趋势。随着碳税征收强度的逐渐增加，减排的幅度也在不断加大，这符合碳税征收的目的。但必须看到，这种趋势符合减排基本原理，即随着减排幅度的不断加大，减排难度也逐渐变大。因此，碳税征收的政策目标是最适碳税，最大减排效率，对经济的负面影响最小，这也给我们带来启示：征税应等于减排的边际成本，即碳税是在不同减排强度下减排的边际成本。

表 9.3　政策模拟的宏观效应（相对于基准方案的百分比变动率）

宏观变量	2012 年	2013 年	2014 年	2015 年	2016 年	2017 年	2018 年	2019 年	2020 年
宏观经济变量									
支出法 GDP	- 0. 215	- 0. 311	- 0. 395	- 0. 472	- 0. 546	- 0. 621	- 0. 689	- 0. 758	- 0. 828
居民福利（GNP）	- 0. 180	- 0. 254	- 0. 315	- 0. 370	- 0. 420	- 0. 469	- 0. 514	- 0. 558	- 0. 602
居民消费	- 0. 184	- 0. 259	- 0. 322	- 0. 378	- 0. 428	- 0. 475	- 0. 518	- 0. 558	- 0. 597
投资	- 0. 419	- 0. 562	- 0. 711	- 0. 854	- 0. 996	- 1. 132	- 1. 276	- 1. 422	- 1. 569
政府支出	- 0. 184	- 0. 259	- 0. 322	- 0. 377	- 0. 427	- 0. 475	- 0. 517	- 0. 557	- 0. 596
出口	- 0. 097	- 0. 171	- 0. 227	- 0. 279	- 0. 329	- 0. 385	- 0. 428	- 0. 472	- 0. 519
进口	- 0. 222	- 0. 309	- 0. 390	- 0. 466	- 0. 540	- 0. 615	- 0. 686	- 0. 757	- 0. 830
要素市场									
收入法 GDP	- 0. 215	- 0. 311	- 0. 395	- 0. 472	- 0. 546	- 0. 621	- 0. 689	- 0. 758	- 0. 828
资本租赁价格	- 0. 431	- 0. 539	- 0. 648	- 0. 748	- 0. 842	- 0. 938	- 1. 026	- 1. 114	- 1. 199
实际工资	- 0. 068	- 0. 159	- 0. 265	- 0. 385	- 0. 515	- 0. 654	- 0. 800	- 0. 951	- 1. 108
税后实际工资	- 0. 068	- 0. 159	- 0. 265	- 0. 385	- 0. 515	- 0. 654	- 0. 800	- 0. 951	- 1. 108
土地租赁价格	- 1. 410	- 2. 047	- 2. 623	- 3. 160	- 3. 666	- 4. 156	- 4. 603	- 5. 029	- 5. 439
就业	- 0. 347	- 0. 464	- 0. 554	- 0. 629	- 0. 691	- 0. 748	- 0. 793	- 0. 834	- 0. 871
资本存量	0. 001	- 0. 070	- 0. 151	- 0. 244	- 0. 346	- 0. 458	- 0. 575	- 0. 701	- 0. 835
土地存量	0. 000	0. 000	0. 000	0. 000	0. 000	0. 000	0. 000	0. 000	0. 000
价格指数									
GDP 平减指数	0. 005	0. 019	0. 025	0. 030	0. 032	0. 036	0. 033	0. 028	0. 023
投资品价格指数	- 0. 025	- 0. 031	- 0. 042	- 0. 055	- 0. 069	- 0. 081	- 0. 098	- 0. 115	- 0. 133
消费者物价指数	- 0. 022	- 0. 020	- 0. 023	- 0. 028	- 0. 035	- 0. 041	- 0. 053	- 0. 067	- 0. 081
实际贬值	- 0. 005	- 0. 019	- 0. 026	- 0. 030	- 0. 032	- 0. 037	- 0. 033	- 0. 028	- 0. 023
贸易条件	0. 043	0. 071	0. 095	0. 118	0. 140	0. 162	0. 182	0. 201	0. 221
节能减排									
单位 GDP 能耗	- 0. 058	- 0. 096	- 0. 135	- 0. 169	- 0. 200	- 0. 227	- 0. 251	- 0. 273	- 0. 293
CO_2 排放	- 0. 579	- 0. 860	- 1. 114	- 1. 355	- 1. 585	- 1. 809	- 2. 024	- 2. 236	- 2. 447

资料来源：MCHUGE 模拟结果。

（2）农业温室气体减排对农业各产业资本收益率的效应分析。

资本收益率的高低直接影响农户的投资生产意愿，具有很强的激励导向。本章选取了与农业活动密切相关的 30 个产业部门，全面考察农业温室气体开征碳税对农业各产业资本收益率的短期效应和长期效应。

从表9.4可以看出，较之未开征碳税的情形，在开征碳税的情形下，与农业活动密切相关的30个产业部门中除家畜肉类（猪肉除外）加工业之外，农业温室气体开征碳税对农业各产业资本收益率的影响均呈负向偏离，不利于农户增收和资本积累。其中，开采业（煤炭开采业、石油开采业、天然气开采业和其他矿业开采业）所受冲击最大。2012年，以煤炭开采业、石油开采业、天然气开采业和其他矿业开采业等为代表的能源密集型产业资本收益率相对于基准方案分别下降了9.397%、1.086%、12.750%和1.978%。林业和作物业（油料作物业、糖料作物业、麻类作物业和其他作物业）等行业的资本收益率也受到较大冲击。这是因为在全球温室气体排放中，林业排放占19%（IFPRI，2008），是名副其实的温室气体排放大户。随着时间的推移和碳税税负的增加，大部分产业资本收益率将面临更严峻的缩水。这可能是因为对农业温室气体开征碳税，会使排放温室气体的农业生产部门投入成本增加，从而导致农业收益减少，农民从农业生产中获得的收入相应减少。

表9.4 农业温室气体开征碳税对农业各产业资本收益率的影响
（相对于基准方案的百分比变动率）

产业	2012年	2013年	2014年	2015年	2016年	2017年	2018年	2019年	2020年
水稻种植业	-0.646	-0.922	-1.170	-1.410	-1.646	-1.891	-2.130	-2.376	-2.635
小麦种植业	-0.474	-0.661	-0.811	-0.944	-1.065	-1.186	-1.292	-1.395	-1.500
其他谷物种植业	-0.577	-0.805	-0.999	-1.176	-1.345	-1.519	-1.680	-1.843	-2.014
蔬菜水果种植业	-0.643	-0.854	-1.019	-1.162	-1.289	-1.413	-1.521	-1.628	-1.735
油料作物业	-0.532	-0.743	-0.913	-1.065	-1.205	-1.347	-1.473	-1.598	-1.729
糖料作物业	-0.899	-1.291	-1.633	-1.959	-2.276	-2.601	-2.905	-3.214	-3.534
麻类作物业	-0.329	-0.477	-0.534	-0.570	-0.589	-0.623	-0.616	-0.607	-0.603
其他作物业	-1.164	-1.681	-2.137	-2.566	-2.978	-3.401	-3.783	-4.162	-4.552
家畜（猪除外）饲养业	-0.638	-0.848	-1.008	-1.150	-1.284	-1.432	-1.563	-1.705	-1.862
猪、家禽业	-0.562	-0.694	-0.779	-0.837	-0.878	-0.913	-0.934	-0.951	-0.968
奶产品生产业	-0.800	-1.061	-1.274	-1.473	-1.665	-1.872	-2.068	-2.278	-2.506
皮革羊毛业	-0.231	-0.324	-0.327	-0.305	-0.266	-0.240	-0.168	-0.093	-0.021

续表

产业	2012 年	2013 年	2014 年	2015 年	2016 年	2017 年	2018 年	2019 年	2020 年
林业	− 1.252	− 1.671	− 2.023	− 2.340	− 2.636	− 2.922	− 3.186	− 3.448	− 3.713
渔业	− 0.857	− 1.112	− 1.304	− 1.465	− 1.604	− 1.738	− 1.850	− 1.959	− 2.070
煤炭开采业	− 9.397	− 12.110	− 14.290	− 16.199	− 17.918	− 19.555	− 21.010	− 22.392	− 23.723
石油开采业	− 1.086	− 1.452	− 1.758	− 2.031	− 2.282	− 2.521	− 2.732	− 2.937	− 3.140
天然气开采业	− 12.750	− 16.213	− 18.995	− 21.715	− 24.390	− 27.106	− 29.610	− 32.131	− 34.680
其他矿业开采业	− 1.978	− 2.581	− 3.051	− 3.479	− 3.888	− 4.303	− 4.694	− 5.100	− 5.530
家畜肉类（猪肉除外）加工业	0.106	0.091	0.115	0.142	0.168	0.172	0.203	0.225	0.235
猪肉加工业	− 0.248	− 0.372	− 0.487	− 0.599	− 0.708	− 0.822	− 0.932	− 1.044	− 1.160
动植物油加工业	− 0.526	− 0.766	− 0.970	− 1.163	− 1.349	− 1.536	− 1.712	− 1.892	− 2.079
乳品加工业	− 0.151	− 0.254	− 0.328	− 0.400	− 0.472	− 0.565	− 0.640	− 0.726	− 0.826
大米加工业	− 0.308	− 0.460	− 0.607	− 0.752	− 0.897	− 1.046	− 1.195	− 1.348	− 1.506
糖类制品加工业	− 0.580	− 0.790	− 0.959	− 1.109	− 1.248	− 1.388	− 1.511	− 1.639	− 1.773
其他食品加工业	− 0.451	− 0.616	− 0.751	− 0.874	− 0.990	− 1.107	− 1.219	− 1.335	− 1.458
饮料和烟草加工业	− 0.393	− 0.570	− 0.730	− 0.883	− 1.034	− 1.187	− 1.337	− 1.491	− 1.650
纺织业	− 0.148	− 0.246	− 0.323	− 0.399	− 0.472	− 0.552	− 0.623	− 0.696	− 0.774
服装业	− 0.059	− 0.098	− 0.119	− 0.136	− 0.150	− 0.172	− 0.182	− 0.194	− 0.210
皮革制品业	0.027	− 0.004	− 0.021	− 0.038	− 0.056	− 0.087	− 0.102	− 0.123	− 0.150
木制品业（除家具）	− 0.417	− 0.599	− 0.765	− 0.920	− 1.065	− 1.208	− 1.342	− 1.474	− 1.605

资料来源：MCHUGE 模拟结果。

（3）农业温室气体减排对农业部门产出水平的影响分析。

碳税征收的经济效应除了体现在宏观经济上，还反映在农业部门各产业产出水平上，尤其是相关行业的生产经营情况上。从表 9.5 可以看出，较之未开征碳税的情形，在开征碳税情形下，与农业活动密切相关的 30 个产业部门中除少数部门——家畜肉类（猪肉除外）加工业、服装业和皮革制品业产出水平呈正向偏离外，其他产业产出水平均呈现不同程度的负向偏离。从长期来看，除家畜肉类（猪肉除外）加工业、服装业和皮革制品业 3 个产业外，麻类作物业、皮革羊毛业、乳品加工业和纺织业会不同程度正向偏离。这可能是征税会导致排放温室气体的农业生产部门投入成本提高，使其农产品的产出价格上升，且随着碳税征收额度的逐年递增，中国农业部门负担的碳税成本也会进一步增加。农业部门为了降低碳税成本，一方面通过技术创新来改变生产方式，促使农业温室气体减排；另一方面农业部门会缩小生产规模，以降低生产量来降低温室气体排放。然而，在中国，农业部门更多的是劳动密集型产业，而不是技术密集型产业。这意味着，因为碳税征收，劳动密集型产业被迫缩小生产规模，从而导致农业各产业产出水平呈负向偏离。

表 9.5　农业温室气体开征碳税对农业各产业产出水平影响

（相对于基准方案的百分比变动率）

产业	2012 年	2013 年	2014 年	2015 年	2016 年	2017 年	2018 年	2019 年	2020 年
水稻种植业	−0.159	−0.231	−0.294	−0.353	−0.410	−0.468	−0.522	−0.578	−0.636
小麦种植业	−0.114	−0.155	−0.180	−0.197	−0.206	−0.211	−0.207	−0.199	−0.188
其他谷物种植业	−0.136	−0.191	−0.234	−0.270	−0.300	−0.329	−0.351	−0.371	−0.390
蔬菜水果种植业	−0.135	−0.185	−0.221	−0.250	−0.272	−0.291	−0.302	−0.311	−0.317
油料作物业	−0.127	−0.176	−0.210	−0.236	−0.255	−0.272	−0.279	−0.284	−0.286
糖料作物业	−0.200	−0.304	−0.399	−0.491	−0.582	−0.674	−0.760	−0.848	−0.938
麻类作物业	−0.049	−0.070	−0.071	−0.064	−0.051	−0.037	−0.012	0.016	0.046
其他作物业	−0.268	−0.412	−0.548	−0.680	−0.810	−0.943	−1.066	−1.189	−1.313
家畜（猪除外）饲养业	−0.128	−0.175	−0.210	−0.238	−0.262	−0.288	−0.307	−0.326	−0.347
猪、家禽业	−0.098	−0.123	−0.136	−0.140	−0.138	−0.131	−0.117	−0.101	−0.081
奶产品生产业	−0.159	−0.223	−0.275	−0.323	−0.368	−0.415	−0.457	−0.502	−0.548
皮革羊毛业	−0.026	−0.033	−0.020	0.001	0.029	0.058	0.097	0.140	0.185
林业	−0.287	−0.409	−0.516	−0.615	−0.706	−0.793	−0.871	−0.944	−1.015
渔业	−0.110	−0.151	−0.181	−0.205	−0.224	−0.240	−0.251	−0.259	−0.266
煤炭开采业	−0.701	−1.045	−1.366	−1.671	−1.962	−2.245	−2.512	−2.768	−3.017
石油开采业	−0.026	−0.044	−0.061	−0.077	−0.090	−0.102	−0.113	−0.121	−0.129
天然气开采业	−0.421	−0.662	−0.889	−1.118	−1.349	−1.584	−1.815	−2.052	−2.295
其他矿业开采业	−0.250	−0.374	−0.484	−0.588	−0.688	−0.786	−0.877	−0.967	−1.057

产业	2012 年	2013 年	2014 年	2015 年	2016 年	2017 年	2018 年	2019 年	2020 年
家畜肉类 （猪肉除外） 加工业	0.100	0.154	0.240	0.341	0.455	0.567	0.708	0.856	1.008
猪肉加工业	−0.122	−0.171	−0.206	−0.234	−0.256	−0.277	−0.291	−0.303	−0.315
动植物油加工业	−0.230	−0.355	−0.468	−0.578	−0.686	−0.797	−0.904	−1.012	−1.124
乳品加工业	−0.033	−0.052	−0.048	−0.036	−0.019	−0.009	0.017	0.043	0.064
大米加工业	−0.143	−0.207	−0.261	−0.311	−0.358	−0.407	−0.451	−0.495	−0.541
糖类制品加工业	−0.186	−0.282	−0.366	−0.445	−0.519	−0.593	−0.658	−0.722	−0.786
其他食品加工业	−0.159	−0.230	−0.289	−0.342	−0.390	−0.436	−0.476	−0.514	−0.551
饮料和烟草 加工业	−0.198	−0.289	−0.366	−0.438	−0.507	−0.577	−0.641	−0.706	−0.773
纺织业	−0.040	−0.058	−0.055	−0.044	−0.027	−0.011	0.018	0.050	0.082
服装业	0.030	0.072	0.148	0.241	0.349	0.460	0.596	0.740	0.890
皮革制品业	0.107	0.166	0.256	0.359	0.475	0.588	0.727	0.871	1.017
木制品业 （除家具）	−0.263	−0.379	−0.481	−0.575	−0.661	−0.745	−0.819	−0.889	−0.957

资料来源：MCHUGE 模拟结果。

（4）对农业部门就业的影响。

长期以来，中国政府把就业作为制定公共政策和制度规范的优先考虑对象，因此有效把握农业温室气体减排对农业部门各产业就业的短期效应和长期效应至关重要。从表 9.6 可以看出，受资本收益率和产业产出下降影响，在农业部门征收碳税情况下，只有皮革制品业、服装业和家畜肉类（猪肉除外）加工业等 3 个产业呈正向偏离，其他农业产业就业水平呈现同步下降趋势，以 2012 为例，以天然气开采业（−3.840%）、煤炭开采业（−2.797%）和其他矿业开采业（−0.554%）为代表的开采业受冲击最明显。长期而言，农业温室气体开征碳税，糖料作物业、其他作物业、林业、煤炭开采业、石油开采业、天然气开采业、其他矿业开采业、动植物油加工业、木制品业（除家具）和糖类制品加工业等产业仍然饱受较为强烈的负面冲击，而麻类作物业、皮革羊毛业、乳品加工业、纺织业逐渐摆脱负向冲击，转向正向偏离。

表 9.6 农业温室气体减排对农业各产业就业水平影响
（相对于基准方案的百分比变动率）

产业	2012 年	2013 年	2014 年	2015 年	2016 年	2017 年	2018 年	2019 年	2020 年
水稻种植业	−0.216	−0.310	−0.389	−0.463	−0.533	−0.604	−0.669	−0.735	−0.803
小麦种植业	−0.149	−0.198	−0.228	−0.245	−0.254	−0.257	−0.250	−0.237	−0.222
其他谷物种植业	−0.189	−0.260	−0.313	−0.356	−0.391	−0.424	−0.447	−0.467	−0.485
蔬菜水果种植业	−0.215	−0.290	−0.345	−0.387	−0.418	−0.445	−0.460	−0.470	−0.476
油料作物业	−0.171	−0.234	−0.276	−0.306	−0.327	−0.344	−0.350	−0.351	−0.350
糖料作物业	−0.316	−0.474	−0.618	−0.757	−0.892	−1.031	−1.160	−1.289	−1.421
麻类作物业	−0.092	−0.131	−0.132	−0.118	−0.092	−0.066	−0.018	0.036	0.094
其他作物业	−0.419	−0.637	−0.838	−1.032	−1.220	−1.413	−1.587	−1.757	−1.928
家畜（猪除外）饲养业	−0.213	−0.290	−0.345	−0.390	−0.429	−0.469	−0.498	−0.528	−0.561
猪、家禽业	−0.183	−0.230	−0.254	−0.261	−0.256	−0.244	−0.218	−0.186	−0.149
奶产品生产业	−0.276	−0.384	−0.473	−0.554	−0.631	−0.711	−0.784	−0.859	−0.939
皮革羊毛业	−0.053	−0.067	−0.040	0.005	0.064	0.125	0.212	0.307	0.406
林业	−0.339	−0.480	−0.602	−0.714	−0.817	−0.914	−1.000	−1.082	−1.159
渔业	−0.223	−0.305	−0.367	−0.417	−0.457	−0.492	−0.516	−0.535	−0.550
煤炭开采业	−2.797	−4.075	−5.253	−6.370	−7.430	−8.457	−9.409	−10.315	−11.180
石油开采业	−0.291	−0.425	−0.546	−0.657	−0.761	−0.858	−0.943	−1.022	−1.095
天然气开采业	−3.840	−5.547	−7.116	−8.698	−10.283	−11.890	−13.422	−14.950	−16.477
其他矿业开采业	−0.554	−0.807	−1.031	−1.245	−1.452	−1.659	−1.855	−2.050	−2.248
家畜肉类（猪肉除外）加工业	0.221	0.318	0.482	0.669	0.874	1.067	1.305	1.546	1.782
猪肉加工业	−0.173	−0.232	−0.267	−0.289	−0.301	−0.312	−0.312	−0.309	−0.307
动植物油加工业	−0.484	−0.692	−0.852	−0.995	−1.124	−1.250	−1.358	−1.466	−1.577
乳品加工业	−0.064	−0.090	−0.065	−0.024	0.027	0.064	0.131	0.193	0.245
大米加工业	−0.241	−0.330	−0.398	−0.454	−0.501	−0.548	−0.585	−0.622	−0.660
糖类制品加工业	−0.543	−0.723	−0.843	−0.935	−1.005	−1.067	−1.102	−1.133	−1.165
其他食品加工业	−0.400	−0.518	−0.590	−0.637	−0.666	−0.690	−0.696	−0.700	−0.704
饮料和烟草加工业	−0.335	−0.463	−0.558	−0.639	−0.710	−0.779	−0.836	−0.892	−0.952

产业	2012 年	2013 年	2014 年	2015 年	2016 年	2017 年	2018 年	2019 年	2020 年
纺织业	− 0.069	− 0.091	− 0.070	− 0.033	0.017	0.068	0.140	0.216	0.292
服装业	0.042	0.103	0.212	0.345	0.497	0.653	0.839	1.035	1.235
皮革制品业	0.150	0.231	0.355	0.498	0.656	0.810	0.997	1.190	1.382
木制品业（除家具）	− 0.406	− 0.562	− 0.686	− 0.791	− 0.878	− 0.959	− 1.020	− 1.074	− 1.124

资料来源：MCHUGE 模拟结果。

作为一个发展中的农业大国，中国农业温室气体排放已成为除工业外的第二大温室气体排放来源，同时农民生活、农业生产、农村发展又深受温室效应的严重影响。因此，中国农村减少农业温室气体排放即减排已成当务之急。如何在保证中国农村经济稳定的前提下，制定有效的政策机制来降低农业温室气体排放，是我们不得不认真思考的现实问题。本章利用一个大规模复杂结构动态 CGE 模型——MCHUGE 模型仿真分析了中国以2012 年为基期、税费采取逐年递增的方式对农业部门开征碳税后，2012—2020 年农业温室气体减排对宏观经济和农业各个产业部门资本收益率、产出水平及就业水平的影响程度，得到了一些有益的结论。

第一，碳税征收对降低单位 GDP 能耗，减少 CO_2 排放量能起到良好的节能减排作用，但无论是从短期效应还是长期效应来看，农业部门开征碳税对宏观经济和农业各个产业部门资本收益率、产出水平及就业水平都会产生较大冲击。这说明，碳税不失为一种减少温室气体排放最具市场效率的政策手段，但在温室气体减排效果明显的情况下，碳税的实施却损害了农业适应气候变化的能力。这表明，在农业发展现状下，碳税并不适用于农村温室气体减排领域。第二，从长期来看，中国农业适应气候变化的能力较差，不能很好地消化农业温室气体减排对农业各部门带来的冲击。从仿真结果来看，仅有麻类作物业、乳品加工业和纺织业等少数产业部门能有效地应对农业温室气体减排对农业各部门带来的冲击，并最终实现正向偏离。这表明，中国农业部门应对温室气体减排的能力仍需提高，如何提高农业适应气候变化的能力是值得人们重点思考的问题。

要实现农业温室气体减排，不能盲目地模仿国外的先进理念和成功实践，要结合我国各地区的具体情况，因地制宜、因时制宜，探索适合我国农业温室气体减排的路径和方法。第一，要发挥政府的主导和表率作用。我国是世界上最大的发展中国家，不但肩负着实现绿色低碳农业发展的重任，而且担负着为世界作出"绿色贡献"的国际职责。目前，对节能减排最直接、最有效的政府立法手段因其监督检查过程相对复杂，其执法力度仍需加大（高良谋、谭姝，2008）。作为节能减排的最重要推动力量，我国政府应发挥主导和表率作用，更好地履行公共职能。第二，要加大技术进步力度。解决农业温室气体减排问题必须依靠技术进步。技术进步能够改变生产要素的组合方式，进而不断突破"增长极限"，使节能减排真正落到实处。低碳农业的核心是技术创新，相关技术的发展水平决定了碳排放效率的高低。因此，建立和完善低碳技术体系成为解决农业温室气体减排问题的关键。第三，要加快能源结构调整，优化产业结构。降低煤炭消费在农村一次能源消费中所占的比重，通过大力研发新型能源与可再生能源逐步扭转目前我国农村的能源消费结构。第四，要增强全民节能意识。没有全社会的积极参与，节能减排的目标是难以实现的。百姓既是践行者，又是受惠者，每个人都应主动节约能源。必须提高全民环保意识，积极倡导农村居民形成低碳价值观，改变农村居民消费方式，形成低碳消费方式。

第10章 绿色金融发展的生态治理与经济高质量发展效应研究

10.1 绿色金融发展、可再生能源消费与碳减排

10.1.1 问题的提出与文献梳理

在当今生态环境每况愈下的背景下，对能源消费和碳排放等问题的研究已经成为学者关注的热点。如何在保持经济较高速度增长的同时维持能源的可持续使用，以及在经济增长过程中能源消费对金融发展、碳排放等方面有什么样的影响，都是值得深入研究的问题。目前，煤炭和石油等传统化石能源仍然是我国各行各业主要的能源消费来源，致使我国能源环境承载力不断逼近极限。联合国政府间气候委员会（IPCC）、国际能源署（IEA）等机构报告均指出，发展可再生能源是应对气候变化的重要措施。与此同时，IRENA（2017）指出，2015年全球可再生能源市场规模达创纪录的3480亿美元，但为达到全球气候目标，2016—2030年全球可再生能源市场规模每年需至少达到7770亿美元。金融作为现代经济的血液，是资金融通的重要渠道。发展可再生能源，实现碳减排目标，离不开金融的支持。党的十九大报告中，习近平总书记明确提出"发展绿色金融，壮大节能环保产业、清洁生产产业、清洁能源产业"。[①] 基于此，本章主要研究金融发展、可再生能源消费与碳排放三者之间的关系，为推动绿色发展，建

---

① 习近平．决胜全面建成小康社会 夺取新时代中国特色社会主义伟大胜利：在中国共产党第十九次全国代表大会上的报告[N]．人民日报，2017 – 10 – 28（1）。

设美丽中国，提供科学参考。

近年来，金融发展与能源消费的关系是学术界热议的话题，国内外学者从各个方面对其进行了研究与实证。Karanfil（2008）提出，在研究能源消费与经济增长关系时应加入金融发展变量，金融发展是影响能源消费的重要因素。紧接着，Fung（2009）的研究表明，有效的金融系统能够促进生产力的提高，生产更多的产品，从而增加能源消费量。至此，学者在研究能源消费时都会考虑金融发展的影响。Sadorsky（2011）认为，金融发展通过以下渠道影响能源消费：第一，金融发展水平的提高能够刺激消费者的购买欲望，增加商品消费，从而增加能源消费；第二，金融发展水平的提高能够促进证券市场繁荣，降低企业融资难度，促进企业生产规模扩大，需要更大的能源要素投入。研究金融发展与能源消费之间关系的实证方法大致分为动态面板模型（Shahbaz et al.，2016；王振红等，2013），自回归滞后模型（ARDL）（Bekhet et al.，2017；刘剑峰，2015），协整检验模型（Mahalik et al.，2017；陈其安、孙方方，2017）。由于采取的方法和研究的视角不同，已有文献关于金融发展与能源消费关系所得的结论不一致。Shahbaz 等（2013a）采用 ARDL 模型和中国 1971—2011 年的数据检验金融发展与能消费之间的关系，结果表明金融发展与能源消费之间不存在显著因果关系。Al – Mulai 和 Sab（2012）、Shahbaz 和 Lean（2012）等也得到相同的结论。而 Islam 等（2013）采用协整检验模型利用马来西亚 1971—2009 年的数据进行检验，结果表明金融发展与能源消费存在长期均衡关系，金融发展能够促进能源消费的增加。这与 Komal 和 Abbas（2015）、任力和黄崇杰（2011）等得到的结论一致。

金融发展在推进经济低碳化过程中发挥着重要作用。根据 Zhang（2011）的研究，金融发展能够减少 CO_2 排放量，主要作用路径为：其一，金融发展能够引进外商投资，通过技术溢出效应改善生产技术，从而减少 CO_2 排放量；其二，金融发展通过降低融资成本与风险，促进企业技术创新，使得企业 CO_2 排放减少；其三，发达的金融体系有利于开展碳交易。Jalli 和 Feridun（2011）检验了中国金融发展、经济增长和能源消费对 CO_2 排放的影响，结果表明金融发展变量系数显著为负。Ozturk 和 Acaravci

（2013）通过土耳其时间序列研究金融发展与人均碳排放之间的因果关系，结果表明金融发展与人均碳排放之间存在长期均衡关系。当然，金融发展也可能加剧 CO_2 排放。Sadorsky（2010）认为，金融发展使消费者容易获得贷款，从而更容易购买冰箱、洗衣机等大型家电，这些家电的使用促进了 CO_2 排放。陈碧琼和张梁梁（2014）采用空间系统 GMM 方法研究金融发展对中国碳排放量和碳排放强度的影响，结果表明金融规模壮大促进碳排放量增加，同时降低碳排放强度。综合以上研究，金融发展对 CO_2 排放的影响是不确定的。

　　长期以来，研究能源消费与碳排放之间的关系，通常将其统一到经济增长的分析框架中，其理论基础源于 EKC 假说（Schsndl et al.，2016）。Acaracvi 和 Ozturk（2010）利用欧洲 19 个国家数据，采用 ARDL 界限检验方法研究能源消费、经济增长与碳排放的关系，结果表明人均碳排放、人均能源消费和人均实际 GDP 存在长期均衡关系，能源消费对碳排放具有正向影响关系。由于各地区经济发展水平、资源禀赋等千差万别，利用各地区数据研究能源消费、经济增长与碳排之间关系所得的结论并不一致。Govindaraju 和 Tang（2012）对比分析了中国和印度在碳排放、经济增长与煤炭消费之间关系的区别，结果表明三者在中国存在协整关系，在印度不存在协整关系。近年来，随着可再生能源占能源消费的比重不断增加，且其市场前景广阔，有学者开始研究可再生能源消费对碳排放的影响。Hu 等（2018）利用 25 个发展中国家 1996—2012 年的面板数据研究可再生能源消费、商业服务贸易对碳排放的影响，结果表明经济增长、可再生能源消费、商业服务贸易和碳排放之间存在长期双向格兰杰因果关系，增加可再生能源消费比重有助于减少碳排放。

　　现有研究为本书研究奠定了良好的基础，但仍存在两个方面的不足。第一，现有研究集中讨论了金融发展与能源消费、金融发展与碳排放、能源消费与碳排放两两之间的关系，但缺乏将三者纳入统一框架的分析，容易产生遗漏变量问题。第二，鲜有研究关注可再生能源消费与碳排放的关系，而可再生能源是缓解全球气候问题的重要手段，探讨两者之间的关系具有重要的理论和现实意义。金融发展与可再生能源是影响碳排放的重要因素，但两者对碳排放的作用方式和程度是否相同，金融发展与可再生能源消费之间又存在怎样的联系？这些问题都值得深入探讨。本章将金融发展、可再生能源消费与碳排放纳入统一框架，采用 ARDL 模型研究 3 个变量间长期均衡和短期动态关系，同时采用 TY 方法进行格兰杰因果检验。

10.1.2 研究方法与数据说明

10.1.2.1 ARDL 边限协整检验

为避免时间序列不平稳造成伪回归，本章采用 ARDL 边限协整检验研究各变量之间的关系。相比于其他协整方法，ARDL 边限协整具有 4 个优势：（1）各变量不需严格满足同阶单整，其单整性不超过 1 即可；（2）在小样本情况下，结果是稳健的；（3）允许不同变量有不同的滞后阶数，有效解决变量间存在的内生性问题；（4）能够同时估计各变量之间短期动态和长期均衡的关系。本章使用的 ARDL 模型具体形式如下：

$$\Delta C_t = \alpha_0 + \alpha_1 T + \sum_{i=1}^{p_1} \alpha_{1i} \Delta C_{t-i} + \sum_{i=0}^{q_1} \alpha_{2i} \Delta FIN_{t-i} + \sum_{i=0}^{r_1} \alpha_{3i} \Delta REC_{t-i}$$
$$+ \lambda_1 C_{t-1} + \lambda_2 FIN_{t-1} + \lambda_3 REC_{t-1} + u_{1t} \qquad (10.1)$$

$$\Delta FIN_t = \beta_0 + \beta_1 T + \sum_{i=1}^{p_2} \beta_{1i} \Delta FIN_{t-i} + \sum_{i=0}^{q_2} \beta_{2i} \Delta C_{t-i} + \sum_{i=0}^{r_2} \beta_{3i} \Delta REC_{t-i}$$
$$+ \theta_1 C_{t-1} + \theta_2 FIN_{t-1} + \theta_3 REC_{t-1} + u_{2t} \qquad (10.2)$$

$$\Delta REC_t = \varphi_0 + \varphi_1 T + \sum_{i=1}^{p_3} \varphi_{1i} \Delta REC_{t-i} + \sum_{i=0}^{q_3} \varphi_{2i} \Delta FIN_{t-i} + \sum_{i=0}^{r_3} \varphi_{3i} \Delta C_{t-i}$$
$$+ \gamma_1 REC_{t-1} + \gamma_2 FIN_{t-1} + \gamma_3 C_{t-1} + u_{3t} \qquad (10.3)$$

式（10.1）～（10.3）分别以碳排放（C）、金融发展（FIN）和可再生能源消费（REC）为因变量进行协整检验。其中，u_{1t}、u_{2t}、u_{3t} 为白噪声扰动项；T 表示时间变量；Δ 表示一次差分操作；α_{ji}，β_{ji}，φ_{ji} 为短期动态系数，$j = 1$，2，3；p_k、q_k、r_k 表示各变量最大滞后阶数，按照 AIC 或 SBC 准则确定，$k = 1$，2，3；λ_k，θ_k，γ_k 表示长期均衡系数，$k = 1$，2，3。检验各变量间是否存在协整关系，可对滞后一阶变量系数的联合显著性进行 F 检验。以式（10.1）为例，原假设为各变量间不存在协整关系，即 H_0：$\lambda_1 = \lambda_2 = \lambda_3 = 0$；备择假设为各变量间存在协整关系，即 H_1：$\lambda_1 \neq 0$，$\lambda_2 \neq$

0，$\lambda_3 \neq 0$。

Pesaran 等（2001）和 Narayan 等（2005）通过数值模拟分别给出了不同样本和变量水平下的 F 统计量的临界值。本章选用 Narayan 等（2005）给出的针对小样本的临界值。如果 F 值大于上限值，则拒绝原假设；如果 F 值小于下限值，则接受原假设；如果 F 值介于两者之间，则无法判断。

确定变量间存在协整关系后，基于 ARDL 模型可估计变量间的长期均衡关系和短期动态关系。长期模型形式如下：

$$C_t = \bar{w}_0 + \bar{w}_1 T + \sum_{i=1}^{p_1+1} \bar{w}_{1i} C_{t-i} + \sum_{i=0}^{q_1+1} \bar{w}_{2i} FIN_{t-i} + \sum_{i=0}^{r_1+1} \bar{w}_{3i} REC_{t-i} + \varepsilon_{1t}$$

$$(10.4)$$

$$FIN_t = k_0 + k_1 T + \sum_{i=1}^{p_2+1} k_{1i} FIN_{t-i} + \sum_{i=0}^{q_2+1} k_{2i} C_{t-i} + \sum_{i=0}^{r_2+1} k_{3i} REC_{t-i} + \varepsilon_{2t}$$

$$(10.5)$$

$$REC_t = \rho_0 + \rho_1 T + \sum^{p_3+1} \rho_{1i} REC_{t-i} + \sum^{q_3+1} \rho_{2i} FIN_{t-i} + \sum^{r_3+1} \rho_{3i} C_{t-i} + \varepsilon_{3t}$$

$$(10.6)$$

其中，ε_{1t}，ε_{2t}，ε_{3t} 为白噪声扰动项。通过简单的运算，FIN、REC 对 C 的长期弹性系数分别为 $\xi_{11} = \sum_{i=0}^{q_1+1} \bar{w}_{2i}/1 - \sum_{i=1}^{p_1+1} \bar{w}_{1i}, \xi_{12} = \sum_{i=0}^{r_1+1} \bar{w}_{2i}/1 - \sum_{i=1}^{p_1+1} \bar{w}_{1i}$；$C$、$REC$ 对 FIN 的长期弹性系数分别为 $\xi_{21} = \sum_{i=0}^{q_2+1} k_{2i}/1 - \sum_{i=1}^{p_2+1} k_{1i}, \xi_{22} = \sum_{i=1}^{r_2+1} k_{3i}/1 - \sum_{i=1}^{p_2+1} K_{1i}$；$FIN$、$C$ 对 REC 的长期弹性系数分别为 $\xi_{31} = \sum_{i=0}^{q_3+1} \rho_{2i}/1 - \sum_{i=1}^{p_3+1} \rho_{1i}$，$\xi_{32} = \sum_{i=0}^{r_3+1} \rho_{3i}/1 - \sum_{i=1}^{p_3+1} \rho_{1i}$。

通过误差修正模型（ECM）对变量间的短期动态分析进行分析，ECM 模型形式如下：

$$\Delta C_t = \eta_0 + \eta_1 T + \sum_{i=1}^{p_1} \eta_{1i} \Delta C_{t-i} + \sum_{i=0}^{q_1} \eta_{2i} \Delta FIN_{t-i} + \sum_{i=0}^{r_1} \eta_{3i} \Delta REC_{t-i} +$$
$$\tau_1 ECM_{1t-1} + v_{1t}$$

$$(10.7)$$

$$\Delta FIN_t = \sigma_0 + \sigma_1 T + \sum_{i=1}^{p_1} \sigma_{1i} \Delta FIN_{t-i} + \sum_{i=0}^{q_1} \sigma_{2i} \Delta C_{t-i} + \sum_{i=0}^{r_1} \sigma_{3i} \Delta REC_{t-i} +$$
$$\tau_2 ECM_{2t-1} + v_{1t} \tag{10.8}$$

$$\Delta REC_t = \Psi_0 + \Psi_1 T + \sum_{i=1}^{p_1} \Psi_{1i} \Delta REC_{t-i} + \sum_{i=0}^{q_1} \Psi_{2i} \Delta FIN_{t-i} + \sum_{i=0}^{r_1} \Psi_{3i} \Delta C_{t-i} +$$
$$\tau_3 ECM_{3t-1} + v_{3t} \tag{10.9}$$

其中，v_{1t}、v_{2t}、v_{3t} 为白噪声扰动项；ECM_{1t-1}、ECM_{2t-1}、ECM_{3t-1} 为误差修正项，τ_1、τ_2、τ_3 为偏离长期均衡时的调整速度。

10.1.2.2 因果检验

为进一步确定变量间的因果关系，本章将采用 Toda 和 Yamamoto（1995）方法进行因果检验。TY 因果检验方法无须考虑变量是协整还是单整，通过对变量的水平值做标准的 VAR 过程，避免了序列经过差分或者预先白噪声处理后造成信息遗漏。TY 因果关系检验的具体方程如下：

$$C_t = \eta_0 + \sum^{k+d_{max}} \eta_{1i} C_{t-i} + \sum^{k} \rho_{1i} FIN_{t-i} + \sum^{k+d_{max}} \rho_{2i} FIN_{t-j} + \sum^{k+d_{max}} \xi_{1i} REC_{t-i} + \mu_{1t} \tag{10.10}$$

$$FIN_t = \pi_0 + \sum^{k+d_{max}} \pi_{1i} FIN_{t-i} + \sum^{k} \delta_{1i} C_{t-i} + \sum^{k+d_{max}} \delta_{2i} C_{t-j} + \sum^{k+d_{max}} \sigma_{1i} REC_{t-i} + \mu_{2t} \tag{10.11}$$

出于篇幅限制考虑，本章仅列出碳排放与金融发展因果关系检验方程，其他变量可依此类推。式（10.10）的原假设为，$H_0: \rho_{1i} = 0$，即金融发展不是碳排放的格兰杰原因。式（10.11）的原假设为，$H_0: \delta_{1i} = 0$，即碳排放不是金融发展的格兰杰原因。若 $\rho_{1i} \neq 0$ 且 $\delta_{1i} \neq 0$，则表明金融发展与碳排放不存在任何因果关系。

10.1.2.3 数据说明

本章主要关注金融发展、可再生能源消费与碳排放之间的长期均衡和短期动态关系。各变量的具体测度如下。

金融发展：由于现有统计资料并未给出金融发展的数据，学术界虽对此进行了诸多探索，但没有形成一致的观点。在成熟的市场经济体中，衡量金融发展的指标主要涵盖银行系统和证券市场（Beck and Levine，

2004）。由于中国证券市场发展于 20 世纪 90 年代，发展时间较短，且对经济增长的影响较弱，故本章暂不考虑证券市场。已有文献一般采用"金融机构存贷款总额/GDP"衡量金融发展。考虑到部分金融机构的存款可能并没有形成真实的信贷和固定资产投资，采用"金融机构存贷款总额/GDP"衡量金融发展有失偏颇。因此，本章采用"金融机构贷款总额/GDP"表示金融发展，数据来源于《中国统计年鉴》。

可再生能源消费：根据《中国统计年鉴》和《中国能源统计年鉴》的统计数据，可再生能源主要包括水能、风能、核能等，采用"人均可再生能源消费"进行衡量，单位为千克/人。

碳排放：采用人均碳排放量表示，单位为千克/人，数据来源于美国橡树岭国家实验室 CO_2 信息分析中心。

考虑到数据的可得性，本章选取中国 1960—2016 年年度数据作为样本。考虑到数据中可能存在的异方差，为不影响各变量间的协整关系，将各变量均进行取自然对数操作。

10.1.3　实证结果与分析

10.1.3.1　变量平稳性检验

由于 ARDL 模型要求序列为平稳或一阶单整，所以首先需要对变量进行平稳性检验。考虑到本章的样本量较少，在传统 ADF 检验和 PP 检验的基础上，又采用 DF - GLS 单位根检验进行对比和验证，结果如表 10.1 所示。

在 ADF 检验、PP 检验、DF - GLS 检验下，几乎所有变量在其水平值下都是处于非平稳状态。在不带时间趋势项的检验中，经过一阶差分，ADF 检验、PP 检验、DF - GLS 检验统计量均在 5% 显著性水平上显著，拒绝各变量趋势不平稳的原假设。在带时间趋势项的检验中，经过一阶差分，ADF 检验显示各变量在 5% 显著性水平上趋势不平稳；PP 检验显示各变量在 5% 显著性水平上都趋势平稳；DF - GLS 检验显示除 C 和 Y 外，其余变量都趋势平稳。本章采用不带时间趋势项的各项检验，认为所有变量均为 I（1），符合 ARDL 模型的应用条件。

表 10.1　单位根检验结果

变量	不带时间趋势项			带时间趋势项		
	ADF	PP	DF－GLS	ADF	PP	DF－GLS
C	－0.861	2.146**	1.556	－2.792	0.628	－1.880
FIN	－0.747	0.921	－0.516	－2.021	－0.292	－1.948
REC	0.165	1.750*	2.571**	－0.244	1.105	－1.087
ΔC	－2.598***	－4.644***	－3.106***	－2.609	－5.682***	－2.392
ΔFIN	－2.275**	－4.171***	－5.061***	－2.213	－4.190***	－5.302***
ΔREC	－2.427**	－7.377***	－3.922***	－1.315	－7.929***	－4.014***

注：＊＊＊表示在 1% 显著性水平上显著，＊＊表示在 5% 显著性水平上显著，＊表示在 10% 显著性水平上显著，Δ 表示一阶差分。

10.1.3.2　ARDL 边限协整检验

在变量平稳性检验的基础上，利用 ARDL 模型检验变量间协整关系。ARDL 模型滞后阶数的选择主要参考 AIC 信息准则（Akaike Information Creterion）和 SIC 信息准则（Shwar Bayes Critetia）。根据式（10.4）～（10.6）对变量进行回归，综合考虑 AIC 信息准则和 SIC 信息准则选择最佳滞后期，协整检验结果如表 10.2 所示。

表 10.2　协整检验 F 统计量

函数	F 统计值	滞后期	10%	5%	1%
F（$C \mid FIN$, REC）	9.364***	ARDL（2, 1, 1）	[2.63, 3.35]	[3.10, 3.87]	[4.13, 5.00]
F（$FIN \mid C$, REC）	7.337***	ARDL（2, 1, 1）	[2.63, 3.35]	[3.10, 3.87]	[4.13, 5.00]
F（$REC \mid C$, FIN）	4.651	ARDL（1, 0, 0）	[4.19, 5.06]	[4.87, 5.85]	[6.34, 7.52]

注：＊＊＊表示在 1% 显著性水平上显著，＊＊表示在 5% 显著性水平上显著，＊表示在 10% 显著性水平上显著。

表 10.2 结果显示，当以碳排放、金融发展为因变量时，其 F 统计值分别为 9.364 和 7.337，均通过 1% 显著性水平检验；而以可再生能源消费为因变量时，其 F 统计值为 4.651，无法通过 10% 显著性水平检验。这说明变量间存在长期协整关系，协整关系的数量为 2。

在此基础上，分别估计以碳排放和可再生能源消费为因变量的 ARDL 模型各项参数，定量研究各变量间的长期均衡关系和短期动态关系，具体结果如表 10.3 所示。

表 10.3　ARDL 模型诊断结果

变量	C	FIN
LM	1.702 (0.427)	1.446 (0.485)
Hetero	2.496 (0.114)	2.048 (0.153)
J – B Normality	4.651 (0.098)	0.921 (0.631)
RESET	0.611 (0.614)	2.701 (0.116)

注：LM 表示残差序列相关检验，Hetero 表示残差异方差检验，J – B Normality 表示残差正态性检验，RESET 表示模型误设检验。

由表 10.3ARDL 模型诊断结果可知，ARDL 模型设定是正确的，没有遗漏变量。对残差进行正态性检验、异方差检验以及序列相关性检验，结果表明残差是平稳、正态的，不存在自相关和异方差。

如表 10.4 所示，可再生能源消费对碳排放具有显著负向的长期影响，短期影响显著为负。意味着现阶段大力发展可再生能源消费会导致碳排放的增加。Chiu 和 Chang（2009）研究发现，可再生能源消费只有在能源总供给中所占比例超过 8.39% 时，才能发挥抑制碳排放的作用，据《中国统计年鉴 2012》数据可知，中国 2011 年左右才超过这一比例；"BP Statistical Review of World Energy" 数据显示，截至 2012 年这一比例才达 8.27%。此外，可再生能源开发技术目前尚不成熟，可再生能源存在间歇性的特点，在开发可再生能源的过程中消耗了大量的化石能源，致使碳排放有所增加。但是，从长期来看，发展可再生能源能够有效促进碳排放减少。金融发展对碳排放具有负向影响：从长期来看，影响不显著；从短期来看，影响显著。金融发展使企业更容易获得融资，从而在短期内购买先进设备，改进生产工业，降低能源消耗，从而减少碳排放。但是，从长期来看，企业在获得融资后往往更倾向于扩大生产规模，这使得碳排放量增加。现有结论表明，中国企业对生产工艺改进力度较小，普遍存在盲目扩张的现象。误差修正项系数在 1% 显著性水平上显著为负，符合负向反馈机制。

碳排放对金融发展的长、期影响系数为 -0.788，通过 5% 显著性水平检验，说明碳排放的增加会抑制金融发展，这是由于碳排放的增加，伴随而来的是环境污染以及公众健康问题，为缓解社会矛盾和维持经济可持续发展，政府会通过缩紧银根增加高污染、高耗能企业融资难度，这在一定程度上破坏了金融的有序发展。然而，短期内，碳排放对金融发展负向影响并不显著。可再生能源消费对金融发展的长、短期影响均显著为正，说明可再生能源消费的增加有利于金融发展。由于发展可再生能源需要先进技术的支持，而先进技术的开发又离不开资金的大量投入，因此，可再生能源消费的增加能够间接促进金融发展。误差修正项系数为 -0.225，在 1% 的显著性水平上显著为负，说明在偏离长期均衡状态下，可以每年 22.5% 的速度进行修正。

表 10.4　ARDL 模型系数估计结果

变量	C	FIN
长期系数估计		
$constant$	5.211 *** (0.000)	7.042 *** (0.002)
C		-0.788 ** (0.046)
REC	0.708 *** (0.000)	0.903 *** (0.005)
FIN	-0.032 (0.818)	
短期系数估计		
ΔC_t		-0.177 * (0.054)
ΔC_{t-1}	0.472 *** (0.000)	
ΔREC_t	0.062 *** (0.005)	0.015 ** (0.046)
ΔFIN_t	-0.311 ** (0.013)	

续表

变量	C	FIN
ΔFIN_{t-1}		0.405 *** (0.000)
ECM_{t-1}	− 0.420 *** (0.000)	− 0.225 *** (0.000)

注：＊＊＊、＊＊、＊分别表示在 1%、5% 和 10% 的水平上显著，括号中数值为 p 值，Δ 表示一阶差分。

10.1.3.3　模型稳健性检验

为验证由 ARDL 模型所得结论的可靠性，本章利用递归残差累计和（CUSUM）检验与递归残差平方累计和（CUSUMSQ）检验对模型结构的参数稳定性进行检验，检验结果如图 10.1、图 10.2 所示。

图 10.1 和图 10.2 中两条虚线表示的是显著性水平为 5% 时的上下临界值，中间的折线表示随时间变化的累积和值及累积平方和值。从图 10.1、图 10.2 可以看出，所有方程的回归参数都是稳定的，说明基于 ARDL 模型的结论是可靠的。

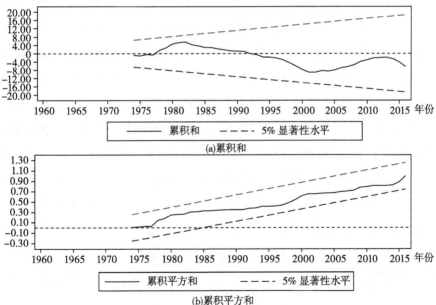

图 10.1　碳排放、可再生能源消费与金融发展方程稳健性检验结果
注：因变量为碳排放。

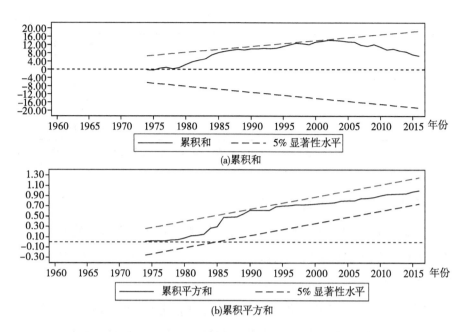

图10.2　金融发展、碳排放与可再生能源消费方程稳健性检验结果

注：因变量为金融发展。

10.1.3.4　因果关系检验

为进一步验证金融发展、可再生能源消费与碳排放之间的关系，本章采用 Toda 和 Yamamoto（1995）方法进行格兰杰因果检验。根据式（10.10）、式（10.11）的模型形式进行检验，需要先确定最优滞后阶数 k，如果选择的滞后阶数小于真实的滞后阶数抑或选择的滞后阶数过大，就会导致估计无效。基于此，本章综合运用 AIC 准则、SBC 准则和 HQIC 准则判断滞后阶数。不同选择标准下的 VAR 模型最优阶数结果见表10.5。由此可见，在研究变量碳排放、可再生能源消费与金融发展规模时，若滞后阶数为2，则除 SBC 略大于滞后阶数为1的 SBC 外，AIC 和 HQIC 均最小，因此 VAR 模型的滞后阶数定义为2。

表10.5　VAR 模型滞后阶数确定

滞后阶数	AIC	HQIC	SBC
0	−0.225	−0.181	−0.111
1	−7.537	−7.363	−7.082*

滞后阶数	*AIC*	*HQIC*	*SBC*
2	− 7. 800 *	− 7. 496 *	− 7. 005
3	− 7. 720	− 7. 286	− 6. 583
4	− 7. 498	− 6. 933	− 6. 020

注：＊表示在该准则下选择的滞后阶数。

由于 VAR 模型的最优阶数大于变量最大滞后期 1，可以利用阶数为 K + d_{max} = 3 的增广 VAR 模型进行检验，得到变量间的格兰杰因果关系如表 10. 6 所示。长期来看，可再生能源消费到碳排放存在单向因果关系，即现阶段发展可再生能源消费会增加碳排放量，但碳排放不是可再生能源消费的格兰杰原因。碳排放到金融发展存在单向因果关系，碳排放量的增加会引起诸多环境、社会问题，从而不利于金融发展。但是，金融发展不是碳排放的格兰杰原因。这要求我国尽快推进绿色金融发展，充分发挥金融在节能减排方面的作用。可再生能源消费与金融发展存在单向因果关系，即可再生能源消费能够促进金融发展，但金融发展不是可再生能源消费的格兰杰原因。

表 10. 6　变量间格兰杰因果检验结果

原假设	χ^2 统计量	p 值	结论
REC 不是 C 的格兰杰原因	16. 76	0. 000	拒绝原假设
C 不是 REC 的格兰杰原因	5. 12	0. 077	接受原假设
FIN 不是 C 的格兰杰原因	3. 57	0. 168	接受原假设
C 不是 FIN 的格兰杰原因	7. 19	0. 027	拒绝原假设
REC 不是 FIN 的格兰杰原因	7. 27	0. 026	拒绝原假设
FIN 不是 REC 的格兰杰原因	1. 97	0. 374	接受原假设

本章使用 ARDL 模型研究金融发展、可再生能源消费与碳排放三者长期均衡与短期动态关系，并采用 TY（1995）方法进行变量间格兰杰因果检验，选取中国 1960—2015 年数据进行实证分析，得到如下结论。

当分别以碳排放和金融发展为因变量时，三者存在长期协整关系。可再生能源消费对碳排放具有显著为负的长期影响，短期影响显著为正；金融发展对碳排放具有负向影响，但从长期来看统计检验不显著，从短期来看统计检验显著。可再生能源消费对金融发展的长短期影响显著为正；碳排放对金融发展的长期影响显著为负，短期影响不显著。此外，格兰杰因果检验发现，可再生能源消费与碳排放存在单向因果关系，碳排放与金融发展存在单向因果关系，可再生能源消费与金融发展存在单向因果关系。

降低碳排放是全球趋势，发展可再生能源和发挥金融对节能减排的调控作用是降低碳排放的两条途径。但是本章结论表明，金融发展对碳减排的长期效果不甚理想，且短期内可再生能源消费的增加会促使碳排放增加。基于此，本章提出如下建议：（1）推动金融支持可再生能源行业发展，充分发挥金融的资源配置功能，合理引导市场资金流向可再生能源行业，提高可再生能源消费在能源消费总量中的占比，人均可再生能源消费水平达到发达国家标准，尽快实现可再生能源行业跨越式发展，通过可再生能源替代化石能源达到碳减排的最终目的；（2）发展绿色金融，壮大节能环保行业、清洁能源行业，促进经济增长的同时，控制碳排放量，真正发挥金融发展的节能减排作用；（3）深化金融改革，提高金融资源配置效率，大力支持民营企业尤其是科技型民营企业发展，通过降低融资难度，加大融资力度等措施，为民营企业发展提供资金支撑，鼓励民营企业进行技术创新，推动新兴、清洁行业的发展。

10.2　中国绿色信贷、可再生能源与经济高质量发展研究

随着 2017 年中共十九大的召开，中国经济开始由高速增长阶段转向高质量发展阶段。所谓高质量发展，就是既要重视量的发展，又要解决质的问题，坚持质量第一、效益优先，在质的大幅度提升过程中实现量的有效增长。回顾我国经济发展的伟大历程，可以看到，自改革开放以来，中国作为全球人口最多的国家，从计划经济体制转向市场经济体制，取得了人类历史上最了不起的成就，改变了亿万中国人民的命运和世界经济格局，实现了经济总量从 1978 年的全球第十五位到 2019 年全球第二位的巨大转变，GDP 也在短短 40 多年增加到之前的 240 倍。但从唯物辩证法的角度来看，经济发展是个螺旋上升的过程，量达到一定程度必定会引起质的变化，这种规律也驱使着我国经济从增长阶段向高质量发展阶段转变。

　　在如今的新时代，我国产业结构、城镇化水平依旧处于不成熟的阶段，要想真正实现经济的高质量发展还需要很长一段时间，而充足的能源供给成为不可或缺的前提保障。经济的发展伴随着大量的能源资源被消耗，不论是从 1978 以来我国能源消费总量增加了 8 倍多这一数字，还是我国能源消费总量已占全球 23% 这一比例，都能看出我国在能源方面有大量的需求。然而，全球的不可再生能源资源总是有限的，能源资源的短缺问题对全球各国来说都十分棘手。与此同时，化石能源在使用过程中会产生大量的 SO_2、NO_x、悬浮颗粒物和温室气体 CO_2 等，对土壤、水质和大气造成严重的危害，严重破坏着人类的生存环境。统计结果显示，我国在环境治理方面的投资只增不减。越来越多的国家开始寻求更清洁的能源作为化石能源的替代，尤其是欧美国家，风能、水能和核能在整个能源消费中占比越来越大，这也为我国目前的能源问题提供了新的解决思路。所以，通过能源结构转型，将能源消费的重点放在更清洁的可再生能源上，不仅能为经济的可持续发展提供源源不断的能源支持，还能从根本上解决环境污染问题，减少污染治理成本。早在 1995 年，国家科委、计委和经贸委就共同制定了《中国新能源和可再生能源发展纲要（1996—2010）》以及"新能源可再生能源优先发展项目"，指导中国新能源和可再生能源产业发展。据统计，"十二五"期间，我国的水电、风电、太阳能发电规模分别增长了 1.4 倍、4 倍和 168 倍，我国可再生能源发展事业蒸蒸日上。"既要金山银山，也要绿水青山"，必须把握好经济发展和生态环境的动态平衡，推动经济高质量发展。

　　绿色金融的发展，尤其是绿色信贷，是一种在金融业中环境友好型的经营模式，通过对大型污染企业的贷款进行额度限制，提高环保节能等项目的投资比重，在降低治理污染成本的过程中，不断推动着国家宏观政策调控机制的进行，为我国经济发展和生态环境达到动态平衡作出重大贡献，以绿色金融推进经济高质量发展也逐渐成了金融业转型、降低风险和拓展金融服务市场的必要条件。

　　然而，我国的绿色信贷发展水平不算高的现实，使我国在可再生能源投资使用方面的能力依旧十分欠缺，而能源的转型又极度依赖于技术的进步,我国的能源处理技术并不成熟,所以可再生能源的使用消费还不能达到人们预期的标准,这就使得我国的经济高质量发展路途并不是一帆风顺。因此,站在绿色经济项目投资和更益于环境保护的可再生能源角度上去探索,深入研究绿色信贷、可再生能源与经济高质量发展三者之间的关系,挖掘出它们的内在联系,为我国经济的高质量发展提出相应的政策建议具有非常重要的意义。

10.2.1 研究脉络与文献梳理

随着可再生能源在整个能源消费体系中的占比越来越大,有不少学者探索了能源资源或可再生能源与经济发展之间的关系。韩智勇和魏一鸣(2004)利用1978—2000年我国能源消费和经济产出数据,通过协整性检验和因果关系检验得出我国的能源消费和经济总量之间不存在长期均衡关系,但互为格兰杰因果关系;汪朝晖和刘勇(2007)利用1978—2005年我国的能源消费和GDP数据,对其协整关系和因果关系进行了实证分析,得出我国的能源消费和经济增长之间存在长期均衡关系的结论。而蒋高振(2015)则在前人的基础上选取1994—2014年34个样本国家的经济数据,探索可再生能源消费和经济增长之间的影响关系,作者将可再生能源和非可再生能源加入生产函数,对面板数据进行平稳性检验和协整检验,发现可再生能源和经济增长具有正线性关系,可再生能源消费量每增加1%,GDP平均增加0.0450%。曾胜(2019)基于Copula函数模型,选取中国经济高质量发展和经济、结构、技术、人口与政策5个因素,分析能源消费总量与影响因素的相依关系,通过相依系数的大小,对能源消费总量与经济高质量发展进行协整检验,结果发现两者具有长期稳定均衡的关系,而且两者之间存在不同程度的相依关系。

大多数文章旨在利用面板数据探讨能源与经济增长之间的关系,并没有涉及经济质量发展方面。在中国可再生能源学会成立40周年的庆祝活动中,学会表示将致力于大力推动可再生能源进入高质量发展新时代。越来越多的学者开始着手探索影响经济高质量发展的因素。熊华文(2019)从能源消费弹性指数方向开始切入,发现2000年以来,我国能源消费增长速度与国民经济增长速度之比呈现出明显的阶段性下降态势，这说明了我国经济增长质量在不断提高。放眼未来，我国的经济将逐渐向高质量发展转变，能源消费弹性系数在比较长的时间内依旧维持比较低的水平。

随着我国经济进入高质量发展阶段，用来衡量经济高质量发展的指标开始出现，其中最常用的是绿色全要素生产率。李鹏升和陈艳莹（2019）通过国家"环境统计报表制度"中工业污染源，利用基于松弛方向性距离函数的 Luenberger 生产率指数方法测算了企业的绿色全要素生产率，探索了环境规制和企业议价能力对企业绿色全要素生产率的影响机制和异质性影响因素，得出了环境规制对绿色全要素生产率的影响是短期抑制、长期促进的结论。陈阳（2018）利用 2004—2015 年中国 285 个城市的面板数据，以及空间滞后模型和空间计量模型，分析城市异质性特征对于制造业集聚效应转化为提升绿色全要素生产率动能产生了影响，将制造业的集聚效应放在城市异质性的大环境下，去探索制造业集聚效应对城市绿色全要素生产率的影响，结果显示城市全要素生产率和绿色技术进步均有下降趋势。

绿色金融的出现以及发展，给我国经济带来了一定的冲击。严静（2019）在 21 家主要银行绿色信贷余额的基础上，建立了一元线性回归模型，研究出绿色金融在一定程度上促进了经济的发展；张璐（2019）基于灰色经济计量组合模型，从理论上分析了绿色金融对产业结构调整有显著的作用，进而推动我国产业结构向更合理化方向发展，对经济发展起促进作用。李乔君（2019）通过收集 2008—2016 年绿色金融改革试验区所在省份的数据，利用固定效应模型进行回归分析，实证研究绿色信贷对产业结构和经济增长的影响，结果得出绿色信贷的发展不仅能在一定程度上推动产业结构优化升级，还能推动经济增长。

在资源短缺和环境污染约束日益紧缩的背景下，我国经济高质量发展受到多种因素的影响。基于此，人们开始通过研究多个变量的动态关系，探索研究不同变量之间是否存在长期或短期影响以及影响的程度。其中，姜照华和马娇（2019）从绿色创新的环境效益出发，根据我国

1985—2015 年的绿色技术专利数量和工业废气排放数据，建立多变量 VAR 模型，利用格兰杰因果检验、广义脉冲函数和预测方差分析，得出我国的绿色创新在一定程度上可以改善环境污染和能源消耗问题；姚树洁和张帅（2019）选取 1990—2014 年 17 个国家和全球六大经济地理区域的数据，利用动态面板协整模型，从可再生能源这一新视角出发，验证 EKC 假说，研究发现，发展中国家与发达国家的 EKC 具有不同特征，发展中国家在远低于发达国家经济发展水平时就出现拐点，可再生能源使用率先于 EKC 线越过拐点。

10.2.2 变量选取及研究方法

10.2.2.1 变量选取

鉴于数据比较难获取，笔者选取 2008—2017 年的相应时间序列数据，对其进行分析。由于银监会只发布了 2013—2017 年绿色信贷余额情况，时间段太短，不能很好地研究绿色信贷的影响机制，在参考了大多数学者的做法之后，本章选取在绿色信贷余额里所占比重较大的节能环保项目贷款余额在全部贷款余额所占的比例 EPL（Energy – saving Environmental Protection Project Loan）来表示绿色信贷指标；可再生能源的消费在能源消费中的占比 REC（Renewable Energy Consumption）作为衡量可再生能源对经济高质量发展的影响的指标；衡量经济高质量发展的指标并不多，以往学者大多选择研究经济"总量"的增长，并没有表述出对"质"的看法，选取的变量也往往与 GDP 有关，这在本章是不可行的。根据最新研究，本章选取绿色全要素生产率（*GTFP*）表示经济的高质量，绿色全要素生产率的测度有多种方法，通常通过数据包络分析法得来，基于产出距离函数的 Malmquist 生产率指数、方向性距离函数的 Malmquist – Luenberger 生产率指数或基于松弛的方向性距离函数的 Luenberger 生产率指数进行测度。本章利用最后一种测算方法，基于松弛的方向性距离函数的 Luenberger 生产率指数来测算绿色全要素生产率指标。

10.2.2.2 研究方法

类似于本章，许多学者在研究绿色信贷、能源消费与经济发展这类多个变量之间的动态关系时，通常需验证变量间的协整关系和因果关系，对于时间序列而言，要想得到良好的结果，就必须要求各个变量序列都是平稳或者存在协整关系的一阶单整。若时间序列不是一阶单整，或者是不同阶协整，就不能对其长期关系进行检验。但对于一个时间序列而言，不论是利用单位根检验序列平稳性，还是协整检验判断是否一阶单整，都会使转换后的效果变得不尽如人意，检验后的结果可能会出现偏差。

为了避免上述情况，本章将采取边限协整检验方法，检验绿色信贷、可再生能源和经济高质量发展的关系。此方法是 Pesaran 和 Smith 等在 2001 年提出的，它可以在不能确定各变量是否为同阶单整时，直接检验变量之间的关系，所以不用像传统协整分析那样，预先检验变量的单整阶数。在不知道协整阶数的前提下，上述方法可直接判断变量之间是否存在长期协整关系。

（1）边限协整检验法。

检验包括无约束的误差修正模型，式（10.12）、式（10.13）和式（10.14）给出的是绿色信贷、可再生能源和经济高质量发展的关系。

$$\Delta \text{Ln} GTFP = c_1 + \sum_{i=1}^{m} \alpha_{1i} \Delta \text{Ln} GTFP_{t-i} + \sum_{i=1}^{n} \beta_{1i} \Delta \text{Ln} EPL_{t-i} + \sum_{i=1}^{k} \gamma_{1i} \Delta \text{Ln} REP_{t-i} +$$
$$\eta_{11} \text{Ln} GTFP_{t-1} + \eta_{12} \text{Ln} EPL_{t-1} + \eta_{13} \text{Ln} REP_{t-1} + \mu_{1t} \quad (10.12)$$

$$\Delta \text{Ln} EPL = c_2 + \sum_{i=1}^{m} \alpha_{2i} \Delta \text{Ln} GTFP_{t-i} + \sum_{i=1}^{n} \beta_{2i} \Delta \text{Ln} EPL_{t-i} + \sum_{i=1}^{k} \gamma_{2i} \Delta \text{Ln} REP_{t-i} +$$
$$\eta_{21} \text{Ln} GTFP_{t-1} + \eta_{22} \text{Ln} EPL_{t-1} + \eta_{23} \text{Ln} REP_{t-1} + \mu_{2t} \quad (10.13)$$

$$\Delta \text{Ln} REP = c_3 + \sum_{i=1}^{m} \alpha_{3i} \Delta \text{Ln} GTFP_{t-i} + \sum_{i=1}^{n} \beta_{3i} \Delta \text{Ln} EPL_{t-i} + \sum_{i=1}^{k} \gamma_{3i} \Delta \text{Ln} REP_{t-i} +$$
$$\eta_{31} \text{Ln} GTFP_{t-1} + \eta_{32} \text{Ln} EPL_{t-1} + \eta_{33} \text{Ln} REP_{t-1} + \mu_{3t} \quad (10.14)$$

其中，被解释变量是 $\Delta \text{Ln} GTFP$、$\Delta \text{Ln} EPL$、$\Delta \text{Ln} REP$，分别代表差分之后的绿色全要素生产率、节能环保余额占比、可再生能源占比；m，n，k 是滞后期数；c，α，β，γ，η 是待估计参数；μ_{it} 是模型中的残差项。

边限检验是通过对滞后变量 $\text{Ln} GTFP_{t-1}$、$\text{Ln} EPL_{t-1}$ 和 $\text{Ln} REP_{t-1}$ 系数的联合检验来实现的，采取的是 Wald 检验，通过 F 统计量的值来进行接下来的检验，原假设和备择假设分别是变量间不存在协整关系、存在协整关系，对于式（10.12）来说，原假设是 H_0：$\eta_{11} = \eta_{12} = \eta_{13}$；对应的备择假设是 H_1：η_1，η_2，η_3 不全为零。依此类推，式（10.13）和式（10.14）也是这样。协整检验方法给定了不同数量的自变量、有无截距项、时间趋势项和 1%、5%、10% 显著水平上的上限值与下限值。如果得出的 F 值大于上限值，则拒绝原假设，说明研究的变量之间是存在长期协整关系的；如果 F 值小于下限值，则接受原假设，认为变量之间不存在长期协整关系；如果 F 值介于两者之间，则不能直接判断两者的关系，可能存在协整关系，也可能不存在协整关系，需要进一步进行平稳性检验，看变量序列是否平稳或者一阶单整。在通过协整检验之后，若认为变量间存在长期协整关系，则进一步利用无限制条件的误差修正模型（UECM），根据 AIC 准则确定滞后阶数，结合其他模型对变量间的短期关系进行说明。

（2）模型估计方法。

在利用 ARDL 模型的时候，首先，对个差分变量进行确定；其次，根据 AIC 准则，确定滞后阶数，利用边限临界值进行检验，判断变量之间是否存在长期协整关系。如果存在，就将变量放入 UFCM 中，利用 ARDL 估计方法，估计出变量的长期协整关系和变量间短期的动态关系。

（3）格兰杰因果检验。

在确定了变量之间存在长期协整关系之后，就可以进一步检验变量之间是否存在短期或长期因果关系。格兰杰因果检验通过使用过去某些时点上所有信息的最佳最小二乘预测的方差这一实质，分析经济变量之间的因果关系。若有两个变量时间序列 X_t 和 Y_t，在包含两个变量过去信息的条件下，对变量 Y_t 的过去信息进行预测的效果，也就是变量 X_t 可以帮助解释变量 Y_t 未来的变化趋势，就可以认为变量 X_t 是引起变量 Y_t 的格兰杰原因；否则，不存在因果关系，其中原假设是从 X_t 到 Y_t 的因果关系不存在，备择假设是存在因果关系。为避免结果中出现虚假回归现象，在进行格兰杰因果检验之前需检验时间序列的平稳性。

10.2.3　实证分析

10.2.3.1　数据说明

本章采用绿色全要素生产率代表经济的高质量发展，用 *GTFP* 表示；用节能环保项目贷款余额在总贷款额所占的比例代表绿色信贷，用 *EPL* 表示；用可再生能源消费在总能源消费的占比代表可再生能源指标，具体用 *REC* 表示。由于 2007 年中国家推行绿色信贷，鉴于样本的可得性，样本期间为 2008—2017 年，数据来源于银保监会发布的国内 21 家主要银行绿色信贷数据。为了消除原始数据可能导致的异方差，对数据均取自然对数处理（见表 10.7）。

表 10.7　变量统计性描述

变量	Ln*EPL*	Ln*REC*	Ln*GTFP*
均值	9.9620	2.4900	0.0695
最大值	11.0900	2.8600	0.1213
最小值	8.2200	2.1900	0.0073
标准差	0.9622	0.2364	0.0456
中位数	10.1050	2.4450	0.0778
观测数	10	10	10

10.2.3.2　平稳性检验

本章利用 ARDL 边限协整检验探索绿色信贷、可再生能源和经济高质量发展间的长期协整关系，对于时间序列数据而言，只有在平稳或者一阶单整的情况下，才可以使用此方法，学者通常也是将 ARDL 边限协整检验的 *F* 统计量与临界值作比较，进而判断变量之间是否具有长期的协整关系。因此在利用此方法之前需对原始数据进行平稳性检验。本章选用 ADF 检验和 P - P 检验，共同判断序列的平稳性。

如表 10.8 所示，原始序列的 ADF 检验和 P - P 检验的 *p* 值都大于 0.1，这在原假设为序列不平稳的情况下，接受原假设，说明 4 个变量的原序列都是不平稳的。在对其进行一阶差分之后，结果中的 *p* 值均小于 0.05，差分后的序列是平稳的。因此，可以认为 Ln*EPL*、Ln*REC*、Ln*GTFP* 是一阶单整的，满足进行 *ARDL* 边限协整检验的条件，可进一步判断变量间的长期均衡关系。

表 10.8　变量单位根检验结果

变量	ADF 统计量	*p* 值	P - P 统计量	*p* 值结论	平稳性
Ln*EPL*	- 2.287	0.1761	- 2.625	0.0879	非平稳
Ln*REC*	0.075	0.9643	0.387	0.9810	非平稳
Ln*GTFP*	- 1.192	0.6768	- 1.052	0.7338	非平稳
ΔLn*EPL*	- 3.748 ***	0.0035	- 3.661 ***	0.0047	平稳
ΔLn*REC*	- 3.719 ***	0.0039	- 3.686 ***	0.0043	平稳
ΔLn*GTFP*	- 4.132 ***	0.0009	- 4.650 ***	0.0001	平稳

注：＊＊＊表示 1% 的显著性水平。

10.2.3.3　ARDL 边限协整检验

基于 ARDL 模型，利用更加稳健的边限协整检验来识别绿色信贷、可再生能源和经济高质量发展三者的长期关系，结果更加真实可靠。在利用 ARDL 模型时，首先按照式（10.12）、式（10.13）和式（10.14）对各个差分变量进行滞后，由于考虑到一阶差分后的时间序列滞后阶数会影响 ARDL 边限协整检验的 *F* 统计值，导致参数的估计结果不可靠，根据更加适合小样本的 AIC 准则，确定最优滞后阶数。因为，原始数据是年度数据，事先确定一阶差分序列最合适的滞后阶数为 1，通过 AIC 准则和 SBC 准则最终确定 3 个变量的滞后阶数均为 1。其次进行绿色信贷、可再生能源和经济高质量发展之间的协整关系检验，如果协整关系存在，就能够得到变量之间的长期系数和误差修正项。检验结果如表 10.9 所示。

表 10.9 中的 *F* 统计量表明，当 Ln*EPL* 作被解释变量时，*F* 统计值为 14.08886，远大于 1% 显著性水平的上限值，可以直接判断 Ln*REC* 和 Ln*GTFP* 对 Ln*EPL* 具有长期影响关系；当 Ln*REC* 作响应变量时，*F* 统计值为 15.72606，Ln*GTFP* 和 Ln*EPL* 对其也是有长期影响关系的；当 Ln*GTFP* 作被解释变量时，*F* 统计值是 48.30474，Ln*REC* 和 Ln*EPL* 对绿色全要素生产率的影响也是长期的。3 个估计模型的 *F* 统计值都远远高于 1% 置信水平的上限值，说明本章研究的 3 个变量均存在协整关系，我国的绿色信贷、

可再生能源和经济高质量发展之间存在长期协整关系。

表 10.9　边限检验法的 F 检验

估计模型	F 统计值	p 值
$LnEPL = f$（$LnREC$，$LnGTFP$）	14.08886 ***	0.000
$LnREC = f$（$LnEPL$，$LnGTFP$）	15.72606 ***	0.000
$LnGTFP = f$（$LnREC$，$LnEPL$）	48.30474 ***	0.000

注：＊＊＊表示在 1% 的置信水平上显著。

10.2.3.4　估计结果分析

不论是根据 AIC 准则，还是使用 SBC 准则，得到的最大滞后阶数均为 1，最终选择的模型也都为 $ARDL$（1，0，1），相关系数为 0.93486，S. E. of Regression 是 0.025294，F 值为 23.9177，对应的 p 值为 0.002，模型显著。

$ARDL$（1，0，1）长期均衡模型的估计结果见 10.10，$\Delta LnEPL_t$ 的系数为 0.04631，绿色信贷的发展对经济高质量发展存在正向效应，节能环保项目贷款余额比重每增加 1%，绿色全要素生产率平均增加 0.04631%。并且，T 统计量是 1.9776，高于置信水平为 5% 的临界值，p 值也小于 0.05，在置信水平为 5% 时，通过了显著性检验。绿色信贷对经济高质量发展的正向效应可以这样理解：一方面，由于绿色经济的兴起，国家针对产业的绿色转型出台了一系列鼓励扶持政策，给金融机构带来相关项目和企业，为了顺应政府的政策举措，金融机构对节能环保企业提高贷款额度上限，在企业盈利的过程中减少对环境的污染，提高资源的利用效率，大力推动了绿色经济的发展，使得经济发展不断向"质"靠拢；另一方面，绿色信贷的出现，提高了绿色供给，对于高污染、高耗能的企业进行贷款额度限制，加快我国产业结构向更低耗、更清洁的方向转型。产业结构的优化，正在以节能减排和环境保护为抓手对传统型产业进行改造，进而推动经济向"绿色"发展。

表 10.10 ARDL (1, 0, 1) 长期均衡结果

被解释变量 LnGTFP_t			
解释变量系数标准误		T 统计量 [p 值]	
$\Delta LnEPL_t$	0.04631	0.02935	1.9776 [0.496]
$\Delta LnREP_t$	0.02548	0.10300	2.4579 [0.039]
Constant	0.02799	0.10686	5.4518 [0.001]

由表 10.10 可知，可再生能源的发展对我国经济高质量发展的长期弹性为 0.02548，可再生能源消费比重每增加 1%，绿色全要素生产率平均上升 0.02548%，且通过了 1% 的显著性检验。可再生能源对经济高质量发展的作用也是正向效应，长期来看这种正向促进的效果很容易解释：第一，我国是煤炭能源消耗大国，比起使用不可再生的化石资源，可以反复循环利用的可再生能源不仅大大降低了生产成本，在产业链的根源处减少了资金支出，还能提高能源的利用率，提高企业生产效率，在有限的时间内提高企业的效益值；第二，可再生能源作为一种环境友好型的清洁能源，可以在生产过程中的各个阶段减少企业在污染防治方面的投入，提高在生产部分的资金比重，推动企业向更高效、更低耗、更清洁的方向发展；第三，我国推动能源结构的转型，提高可再生能源的占比，在能源供给方面，不仅增加了能源的可使用"量"，也大大提高了能源供给的"质"，随着可再生能源利用水平的提高，我国可再生能源消费的占比越来越大，充足的能源供给，给企业带来的是源源不断的发展动力。总的来说，在国家迫切需要能源结构转型的今天，环境友好型的可再生能源，在拉高能源供给量的同时，以一种更清洁的方式，减少了企业在污染防治方面的资金投入，推动经济朝"绿色"、高质量发展。

如表 10.11 所示，短时间内，绿色信贷和可再生能源的系数都为正值，对经济高质量发展的影响均为正向，并都通过了置信水平为 5% 的显著性检验。比起长期均衡模型的估计结果，短期的误差修正模型估计结果的效果较差。长期来看，绿色信贷每变动 1%，经济高质量发展平均增加 0.04631%；短期来看，经济高质量发展只变动了 0.02962%。这种情况也在情理之中，因为近些年来我国绿色金融发展趋势较为平缓，绿色信贷在信贷中的比重基本上在 8% 和 10% 之间波动，并且短时间内依旧会保持这种情况。同样地，可再生能源在短期内对经济高质量发展的影响为 0.01259%，比起长期模型估计结果里 0.02548 这一长期弹性系数，不及后者的一半，这也说明了可再生能源对经济"质"的发展的推动作用是一个长期的过程。

表 10.11　ARDL（1，0，1）短期 ECM 估计结果

被解释变量 $\Delta \text{Ln} GTFP_t$			
解释变量系数标准误	T 统计量［p 值］		
$\Delta \text{Ln} GTFP_{t-1}$	0.66842	0.02165	3.0909［0.027］
$\Delta \text{Ln} EPL_t$	0.02962	0.02935	1.7776［0.046］
$\Delta \text{Ln} REP_t$	0.01259	0.10300	2.4579［0.039］
$\Delta \text{Ln} EPL_{t-1}$	0.11816	0.06554	1.8027［0.146］
$\Delta \text{Ln} REP_{t-1}$	2.0178	0.16451	−1.2265［0.287］
ECM_{t-1}	−0.5326	0.03115	−4.9191［0.008］
Constant	0.60008	0.10686	5.6158［0.001］

作为长期协整关系的补充，误差修正模型很好地解释了变量序列的短期波动关系，在显著性水平为 1% 的情况下，误差修正项的系数为 −0.5326，显示了绿色信贷、可再生能源对我国的经济高质量发展具有长期影响，在偏离长期均衡的时候，以每年 53.26% 的速度进行修正。

10.2.3.5　格兰杰因果检验

在上文确定了绿色信贷、可再生能源与经济高质量发展之间存在长期和短期的正向影响关系之后，利用格兰杰因果检验判别变量间是否存在长期或短期的因果关系，具体检验结果如表 10.12 所示。

表 10.12　格兰杰因果检验结果

原假设	F 统计量	p 值
$\text{Ln} REP$ does not Granger Cause $\text{Ln} EPL$	0.22339	0.6532
$\text{Ln} EPL$ does not Granger Cause $\text{Ln} REP$	1.69825	0.2403
$\text{Ln} GTFP$ does not Granger Cause $\text{Ln} EPL$	0.04254	0.8434
$\text{Ln} EPL$ does not Granger Cause $\text{Ln} GTFP$	6.97769	0.0385

原假设	F 统计量	p 值
Ln*GTFP* does not Granger Cause Ln*REP*	0.55154	0.4857
Ln*REP* does not Granger Cause Ln*GTFP*	4.57484	0.0763

由检验结果可以看出，当显著性水平为 10% 时，可再生能源（Ln*REP*）是经济高质量发展的原因，但是经济高质量发展并不是可再生能源发展的原因，两者存在从可再生能源到经济高质量发展的单向因果关系；同样地，绿色信贷（Ln*EPL*）在 5% 显著性水平上是经济高质量发展的原因，反之经济高质量发展并不是绿色信贷的原因，因此，两者的因果关系也是单向的。可再生能源和绿色信贷的发展都可以使经济得以高质量发展，基于上文长期和短期三者关系的研究，可以通过提高可再生能源的比重和绿色金融发展水平的成熟度，有效推动我国经济的高质量发展。

本章选取 2008—2017 年我国可再生能源、绿色信贷和经济高质量发展的数据，基于 ARDL 模型的边限协整检验和基于误差修正模型的格兰杰因果检验方法，研究我国绿色信贷、可再生能源与经济高质量发展的影响程度以及三者的因果关系。

实证结果显示，从长期来看，绿色信贷的发展与经济高质量发展之间存在着正向关系，在 5% 的置信水平上，节能环保项目贷款余额比重每增加 1%，绿色全要素生产率平均增加 0.04631%；可再生能源对经济高质量发展的作用也是正向的，在显著性水平为 1% 的情况下，可再生能源的发展对我国经济高质量发展的长期弹性为 0.02548，可再生能源消费比重每增加 1%，绿色全要素生产率平均上升 0.02548%。从短期来看，绿色信贷和可再生能源的发展对经济高质量发展也起积极作用，在偏离长期均衡的时候，以每年 53.26% 的速度进行修正。格兰杰因果检验给出的结果表明，绿色信贷与可再生能源对我国经济高质量发展是单向因果关系。

通过研究绿色信贷、可再生能源与经济高质量发展之间的动态关系，把握住绿色信贷与可再生能源对经济高质量发展是否存在影响以及影响的程度，根据实证结果定量得出结论，并针对以上结论提出合理建议。

首先，对我国绿色金融的发展提出以下建议。

①加强绿色信贷保障建设，创新绿色金融产品服务。商业银行应在与政府建立良好金融战略合作关系，不断加强绿色信贷保障制度建设的同时，在资产结构的绿色转型、绿色金融产品的创新力度、深化绿色金融领域的研究和参与到全球治理 4 个方面继续努力。对于政府而言，应从实际出发，以金融创新推动经济转型升级为主线，以深化金融体制机制改革为保障，研究制定绿色金融改革发展规划。充分发挥市场配置资源的决定性作用，促进经济发展和投资结构绿色转型，探索以高质量发展为目标的绿色金融发展路径。

②构建合理绿色金融评价体系。第一，将绿色金融标准顶层设计与企业实践相结合，在实践中逐步完善绿色金融标准；第二，参考国际上大多数国家常用的标准，同时在对绿色金融建立专项方面做出努力。

其次，针对我国可再生能源的发展提出以下建议。

①重视可再生能源发展规律。要整体把控可再生能源发展规律，重视市场调节、技术创新等因素对可再生能源发展的影响机制。将可再生能源发展作为重要战略去实行，构建长期有效的可再生能源发展路径。

②完善利益分配，建立更有效的政策。由于如今可再生能源的边际社会效益在逐渐降低，社会激励政策的成本越来越高，可再生能源政策对经济社会发展取得的效益日益降低，因此根据这些现状，设计实施更为有效稳健的政策十分必要。

③用改革创新的办法解决可再生能源的消纳。制定可再生能源长期发展规划，对电力系统进行优化，保障可再生能源有限发电；推进电力市场化，加快各省份可再生能源电力交易，降低政策对不同地区实施效果的差异性，推动能源市场化建设，用市场配置资源这一优点促进可再生能源的消纳利用。

最后，大力提高绿色全要素生产率，推动经济的高质量发展。

①需要优化要素配置的生态环境。抛开绿色来讲全要素生产率，其作为衡量生产效率的指标，来源于效率的改善、技术进步和规模效应，而绿色全要素生产率的增长来源于生产要素创造的产出和治污排污能力的提高。因此，要想提高绿色全要素生产率，需要通过深化改革，优化要素配

置的生态环境，在加快要素资源创造更多价值的步伐同时，也要提高对环境污染防护和治理的能力。

②需要加大对实体经济的投资力度。由于我国实体经济处于新旧动能转换的关键时期，因此在实体经济方面要给予更多关注，防止出现实体领域的投资异常下降现象，提高实体部门的资金回报率。

③需要提高可再生能源的利用效率，进一步推动我国的节能减排事业发展。能源是一国经济的命脉，我国对能源高度依赖。近些年来，我国在节能减排方面做出许多努力，不仅建立了一系列制度，还加强法治建设，建立并实施了中央环境保护督察制度，这些顶层设计和制度建设使我国的生态环境得到很大的改善。如今，可再生能源不仅可以解决能源提供"量"的问题，还能对环境更加友好，为生态环境带来了"质"的改变。因此，提高可再生能源在能源提供中的优先位置，通过技术创新，提升可再生能源的利用效率，争取同时达到能源效率利用最大化和生产效益最大化。

④强化科技创新对绿色发展的促进作用。我国创新驱动发展战略已经实施，将技术创新更多地投入经济发展中，会大大提高生产过程中生产要素、能源使用等使用效率。要及时将新的科技成果投入实践，将技术创新纳入提升生产率的指标体系，从而提高经济整体发展质量和效益。

⑤适当提高对低耗型生产企业的贷款上限，限制高耗能、高污染企业的贷款额度。利用金融贷款手段，一方面，鼓励企业把目光聚焦在对生态环境友好的生产过程，通过提高技术效率、技术进步降低对环境的污染；另一方面，促使企业往更高效、更清洁的方向努力。

10.3 绿色信贷、产业结构优化和环境污染

改革开放以来，中国经济的高速发展取得了举世瞩目的成就，但这是在高消耗、高排放和高污染的模式下付出了高昂资源和环境代价取得的成果，环境保护问题亟待重视。党的十九大将"建设生态文明"提升为"中华民族永续发展的千年大计"，提出"要像对待生命一样对待生态环境，建设美丽中国"，并把"发展绿色金融"作为推进绿色发展的路径之一，

这也意味着党和国家将发展绿色金融上升到战略高度。

绿色信贷是为了遏制高消耗、高污染企业盲目扩张，由商业银行和其他金融机构针对不同企业的差别性贷款。2007 年，由国家环保总局、中国人民银行、银监会三部门联合发布的《关于落实环保政策法规防范信贷风险的意见》（以下简称《意见》），标志着绿色信贷成为减污减排的重要金融工具。发展绿色信贷可以控制或阻断"两高"企业的融资，促使其绿色转型，也可以支持节能环保企业和环保产业的发展，进而减少环境污染，实现经济的健康、绿色发展。

产业结构优化是实现经济和环境协调发展的重要路径。实现产业结构优化就必然伴随着产业结构逐渐以第二产业和第三产业为主导，经济增长方式由粗放型转变为集约型，实现技术的发展和革新，从而改善经济环境和环境质量。利用绿色信贷可以更进一步促使产业结构优化，进而完成经济和环境的协调发展。

10.3.1　文献回顾及作用机理

10.3.1.1　文献回顾

（1）产业结构优化与环境污染。

目前，有关产业结构优化与环境污染之间的研究主要集中于 EKC 的验证以及产业结构优化与环境污染之间的相互影响方面。Grossman 和 Krueger（1995）通过实证研究发现，亚洲国家的产业结构和环境污染之间存在倒"U"型关系。Brajer 等（2008）则认为产业结构调整与环境污染之间不一定存在倒"U"型关系。王青等（2012）认为，产业结构中第三产业的比重大小能够显著影响环境质量，且两者之间存在长期均衡关系。王瑞彭和王朋岗（2013）利用 VAR 模型分析产业结构调整与环境污染之间的关系，发现产业结构调整与环境污染存在长期均衡关系。李鹏（2016）发现，我国产业结构调整与环境污染之间存在倒"U"型关系，通过产业结构调整能够抑制环境污染，且进一步改善环境的质量。韩永辉等（2016）研究了产业结构优化升级对生态效率影响的驱动机理和作用效果，发现产业结构优化能够改善环境质量。

（2）绿色信贷与产业结构优化。

国内外有关绿色信贷的研究起步较晚，可供参考的相关文献较少，国内外普遍认为发展绿色信贷等金融工具，合理引导，能够实现产业结构优化。国外学者主要从可持续发展的角度出发，研究经济金融发展与产业结构优化之间的关系。Reed（1997）指出，经济的可持续发展与产业结构调整之间存在相互影响、相互促进的作用。Salazar（1998）认为，金融机构可以使用绿色金融工具引导货币市场的资金向环保产业流转，从而使产业结构得到优化和升级。Anderso（2016）指出，与传统的融资方式不同，环境金融通过创造绿色金融工具，引导替代能源的发展，控制环境污染项目的推进，从而实现产业结构优化升级。国内有关该方面的研究主要为理论分析。谭小波和符淼（2011）指出，推行绿色信贷能控制"两高"企业的融资度，进而加速产业结构优化、升级的速度。陈伟光和胡当（2011）研究了绿色信贷对产业结构升级的影响机理，提出了资金的形成与导向机制，认为绿色信贷通过资金的限制与投放引导产业绿色化、环保化。徐胜等（2018）发现，绿色信贷与产业结构升级之间存在关联关系，并且得出绿色信贷能够促进产业结构向以第三产业为主、以第二产业为辅的方向优化。

（3）绿色信贷与环境污染。

绿色信贷是绿色金融中一种强有力的金融工具，但目前相关研究大多集中于绿色金融与环境的相关理论以及金融发展与环境污染之间的关系上，而较少关注绿色信贷与环境污染之间的关系。绿色金融与环境的相关研究如下。Labatt 和 White（2002）认为，在市场化的基础上，绿色金融是一种改善环境质量、转移环境风险的金融工具。Jeucken（2006）提出大力发展绿色金融能够促进金融机构可持续发展。邓常春（2008）认为，在低碳经济背景下，绿色金融作为重要的金融创新对社会经济的可持续发展有正向作用。曾学文等（2014）通过构建我国绿色金融发展水平评价指标体系，发现绿色信贷对绿色经济支持不明显，对"两高一剩"企业限制效果明显。冯文芳等（2017）认为，发展绿色金融能够优化要素分配结构，从而改善产能过剩，促进经济转型升级。金融发展对环境污染的影响研究结论不一。Ernesto 和 Dabos（2012）认为，通过金融发展促进技术发展，从而改善环境质量。任力和朱东波（2017）得出我国金融发展是绿色的，主要通过结构效应以及技术效应来改善环境质量。Sadorsky（2010）基于 22 个国家 1990—2006 年的面板数据，研究发现金融市场的发展提升了人们对能源消费的需求，但并未起到改善环境的作用。熊灵和齐绍洲（2016）研究发现，我国金融发展致使碳排放水平提高，与节能减排负相关。

综合已有文献可以发现，现有研究主要集中于探究产业结构优化和绿色信贷各自对环境污染的关系上，且对绿色信贷与环境污染关系的研究大多为定性分析，缺乏定量分析。绿色信贷、产业结构优化对环境污染的影响如何，值得大家关注和探讨。考虑到污染物排放的地理因素和空间效应，本章将使用空间计量方法研究环境污染的空间分布特性以及绿色信贷和产业结构优化对环境污染的影响。

10.3.1.2　绿色信贷、产业结构优化和环境污染的机理

目前，普遍认为绿色信贷是指以商业银行为主的各金融机构根据国家颁布的环境保护政策，对高耗能、高污染企业的融资额度进行一定的控制或阻断，对节能环保行业和新兴环保产业提供贷款支持与利率优惠。绿色信贷主要是通过金融机构引导资金的流向，实现产业结构调整，进而影响环境质量。在 2007 年三部门联合提出《意见》之前，我国经济在粗放型的增长形式下高速发展，地方政府为了保护企业的竞争力维持经济增长而降低环境要求，"两高"企业在此背景下获得贷款更为简单，节能环保产业市场因竞争力不足而不被重视。绿色信贷要求商业银行等金融机构承担起改善环境的责任，金融机构在政策指引下引导社会资金的流向，资金大多流向绿色产业而促使"两高"企业进行绿色转型或退出市场，环境污染程度得到改善。同时，第二、第三产业比重逐渐增加，以往的劳动、资源密集型产业被资金、技术型产业替代，产业结构得到优化，高新技术产业得到发展，这使治理污染的技术得到了改进和发展，从而使环境得到一定的治理。在环境污染的压力下，一系列环保政策以及人们对环境质量要求的日益提高会倒逼绿色信贷发展以及产业结构优化。绿色信贷、产业结构优化和环境污染作用机理见图 10.3。

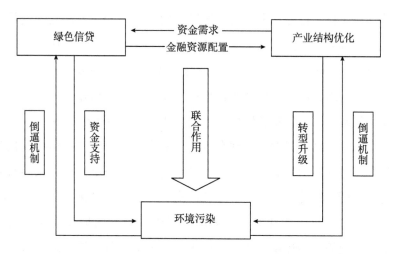

图 10.3　绿色信贷、产业结构优化和环境污染作用机理

10.3.2　模型设定、指标选取和数据来源

10.3.2.1　空间自相关检验

本章使用 Moran'I 指数来度量环境污染的空间自相关程度。Moran'I 指数的计算公式如下：

$$I = \frac{\sum\limits_{i=1}^{n}\sum\limits_{j=1}^{n}\omega_{ij}(Y_i - \overline{Y})(Y_j - \overline{Y})}{S^2 \sum\limits_{i=1}^{n}\sum\limits_{j=1}^{n}\omega_{ij}} \tag{10.15}$$

其中，$S^2 = \frac{1}{n}\sum\limits_{j=1}^{n}(Y_i - \overline{Y})$，$\overline{Y} = \frac{1}{n}\sum\limits_{i=1i=1}^{n}\sum\limits^{n}Y_i$，$Y_i$ 表示第 i 个省份的观测值，n 表示省份总的数量。$W = (wij)_{n \times n}$ 表示空间权重矩阵，一般有邻接矩阵、反距离矩阵、经济特征矩阵等。本章使用邻接矩阵。邻接矩阵 W 的设定规则为：若第 i 个省份与第 j 省份相邻，则矩阵中对应 ω_{ij} 的值为 1，否则为零。由式（10.15）计算出的 Moran'I 指数取值范围为 [-1，1]，该值的绝对值越大，空间相关性越强。

当需要进一步考察局部空间相关性即个体单位对整体的影响时，Moran 散点图能直观地给出分析结果。Moran 散点图的坐标为 (y，Wy），在图中反映出观测值 y 与滞后项 Wy 的线性关系。Moran 散点图分为 4 个象限，第一象限为"高值－高值"型，第二象限为"低值－高值"型，第三象限为"低值－低值"型，第四象限为"高值－低值"型，反映某一地区与相邻地区之间在空间上的关系。可知，第一、第三象限在空间上表现为正相关关系，第二、四象限在空间上表现为负相关关系。

10.3.2.2　计量经济模型

（1）构建普通线性回归（OLS）模型。

取环境污染 P_{it} 指标为被解释变量；GB_{it} 反映各地区的绿色信贷水平；IOS_{it} 表示各地区产业结构优化水平；X 是控制变量，包括对外开放度、城市化水平、人均 GDP 以及环保投资；ε_{it} 为随机误差项。其中，i 代表不同省份，$i = 1, 2, \cdots, 30$；t 表示时间，$t = 2007, 2008, \cdots, 2016$。而 OLS 模型，并没有将空间效应纳入模型，其结果一般为有偏的。

$$P_{it} = \alpha_0 + \alpha_1 GB_{it} + \alpha_2 ISO_{it} + X'_{it}\beta + \varepsilon_{it} \qquad (10.16)$$

（2）空间滞后模型（Spatial Lag Model，SLM）。

空间滞后模型即空间自回归模型，一般认为某一地区的环境污染状况不仅受到自身产业结构优化及绿色信贷的影响，相邻地区相关因素的溢出效应也可能存在影响。因此，在传统的模型中加入了空间滞后变量从而得到空间滞后模型，如下所示：

$$P_{it} = \rho WP_{it} + \alpha_0 + \alpha_1 GB_{it} + \alpha_2 ISO_{it} + X'_{it}\beta + \varepsilon_{it} \qquad (10.17)$$

式（10.17）中，$\varepsilon_{it} \sim N(0, \sigma_{it}^2)$，$W$ 为空间权重矩阵，本章使用 0－1 邻接矩阵。WP_{it} 为空间滞后变量，表示与地区 i 相邻地区相应污染变量的加权平均；ρ 为空间滞后变量的自回归系数，反映了相邻地区环境污染溢出效应的大小和方向。

（3）空间误差模型（Spatial Error Model，SEM）。

考虑到空间依赖性通过误差项传递，即误差项中可能包含未考虑到对 P_{it} 有影响的其他存在空间相关性的变量，因此建立空间误差模型：

$$P_{it} = \alpha_0 + \alpha_1 GB_{it} + \alpha_2 ISO_{it} + X'_{it}\beta + \varepsilon_{it}$$

$$\mu_{it} = \lambda W \mu_{it} + \varepsilon_{it} \qquad (10.18)$$

式（10.18）中，λ 为空间误差系数，度量残差之间空间相关性的程度和方向。

10.3.2.3 指标选取和数据来源

（1）指标选取。

①环境污染（P）。考虑到数据的可得性和准确性以及 SO_2 在污染物中的重要代表性，本章选用 SO_2 单位排放面积作为衡量省份污染程度的代理变量。

②绿色信贷（GC）。绿色信贷是指支持节能环保项目及新兴环保产业的贷款。现有研究一般用绿色信贷占比和高耗能产业利息支出占比这两个指标来衡量绿色信贷的水平（李晓茜，2014）。但考虑到2007年《意见》的颁布以及绿色信贷余额相关数据样本期间过短，本章选取（1－六大高耗能产业利息支出占工业产业利息总支出）来衡量绿色信贷的发展水平。

③产业结构优化（ISO）。产业结构优化是指产业结构逐步由第二、第三产业主导，以往的劳动、资源密集型产业被资金、技术型产业所替代。本章从产业结构高级化来衡量产业结构优化水平，借鉴朱远超（2014）的研究方法，用第二、第三产业之和与 GDP 的比重及第三产业增加值与第二产业增加值比值的乘积来衡量产业结构优化的水平。

④对外开放度（$OPEN$）。贸易开放推动了中国经济的快速增长，但也带来了日益增大的环境污染和能源消耗等方面的压力。本章使用各省份的境内目的地和货源地出口总额占 GDP 的比重来衡量各省份的对外开放程度。

⑤城市化水平（URB）。中国目前的城市化水平（60%左右）仍低于发达国家的城市化水平（80%左右），随着城市化的进行，城市人口比重持续增加，城市用地规模不断扩大，从而也加大了对水泥、钢铁等高耗能材料的需求，因此对能源的需求也有一定的影响。本章选取非农业人口与总人口的比重来衡量城市化水平。

⑥经济发展水平（$PGDB$）。经济发展水平与环境污染程度密切相关。借鉴以往的研究，本章选取人均 GDP 作为衡量经济发展水平的代理指标。为了保证可比性，以2007年为基期，通过 GDP 指数计算得到各省份2007年至2016年的人均实际 GDP。

⑦环保投资（$EINV$）。随着中国经济的快速发展，粗放型的经济增长

方式给各地区的环境带来越来越大的压力，各地区政府投入资金以期改善环境污染状况。本章使用工业污染源治理投资的对数值来衡量各省份对环境改善的投入。

（2）数据来源。

考虑到数据的可得性和准确性等，本章除去绿色信贷指标值缺失的西藏以及经济体制和内地有区别的台湾、香港和澳门 4 个地区，选取 2007—2016 年 30 个省份的数据进行分析，数据来源于历年《中国统计年鉴》《中国工业统计年鉴》和国家数据网。变量的描述性统计结果见表 10.13。

表 10.13　变量的描述性统计结果

变量	样本量	极小值	极大值	均值	标准差
P	300	0.1574	79.0187	5.9959	8.9620
GC	300	0.0939	0.7794	0.4458	0.1407
ISO	300	0.4237	4.1442	0.8906	0.5460
$OPEN$	300	0.0084	0.8934	0.1494	0.1798
URB	300	0.2824	0.8960	0.5353	0.1355
$PGDP$	300	8.9797	11.5789	10.2123	0.5115
$EINV$	300	0.3563	141.6464	21.1155	19.5868

10.3.3　实证结果与分析

10.3.3.1　空间相关性分析

根据我国 2007—2016 年 30 个省份的环境污染指标，通过构建 0-1 空间邻接矩阵，使用全局相关性和局部相关性两类指标度量环境污染的空间相关性。具体采用 Moran'I 指数以及 Moran 散点图来进行空间相关性分析。

如表 10.14 所示，我国 2007—2016 年环境污染程度 Moran'I 值均为正且都通过了显著性为 5% 的检验，表明其正向的空间效应十分显著，反映出地区环境污染程度相似的城市存在明显的空间聚集效应；同时，说明污染物在邻接地区之间会相互传播，研究我国当前的环境污染状况不能忽略区域间的地理因素和空间效应。此外，Moran'I 值在 2007—2016 年逐年上升，表明其空间相关性有日益增大的趋势，治理环境污染可能更需要区域间的合作。

表 10.14 2007—2016 年环境污染程度 Moran'I 值

年份	2007	2008	2009	2010	2011	2012	2013	2014	2015	2016
Moran'I	0.099	0.099	0.114	0.117	0.188	0.185	0.182	0.194	0.198	0.281
p 值	0.013	0.017	0.016	0.017	0.009	0.010	0.012	0.011	0.011	0.002

通过空间局部自相关性检验可以更进一步判断我国各省份之间环境污染程度的高低属性。因此，选取我国 2007 年和 2016 年的 SO_2 单位面积排放量的截面数据作代表绘制相对应的 Moran 散点图，该散点图分为"高值 – 高值""低值 – 高值""低值 – 低值""高值 – 低值"4 个象限，分别代表各指标的空间关联模式。

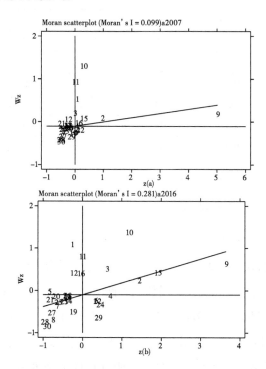

图 10.4 2007 和 2016 环境污染 Moran 指数散点图

从图 10.4 中可以看出，大部分省域的环境污染程度主要分布在第三象限"低值 – 低值"。相比于 2007 年，2016 年第一象限的省份少了 1 个，第二象限的省份多了 1 个，第三象限的省份多了 3 个，第四象限的省份多了 3 个。除第三象限外，第一、第二、第四象限中都有 5 个省份，其中呈现出正相关关系

（第一、第三象限）的省份个数占 30 个省份的 66.7%，略低于 2007 年。

从以上的分析结果来看，我国的环境污染程度表现出高度的空间相关性，并且在不同的区域表现出空间聚集性。因此，为了准确估计绿色信贷和产业结构优化对环境污染的影响，需要考虑空间因素，若忽略空间因素，则模型缺乏说服力。

10.3.3.2　回归结果分析

为了更好地考察环境污染、绿色信贷和产业结构优化之间的作用关系，在环境污染存在明显的空间相关性基础上，需要建立合适的空间计量模型来进行分析。一般情况下，当回归分析局限于某一些特定的个体时，固定效应模型是更好的选择。本章选择特定的 30 个省份为样本，选择方式非随机，所以使用固定效应更合适。

利用 Matlab 软件对式（10.16）、式（10.17）、式（10.18）进行回归分析，结果如表 10.15 所示。OLS 为普通线性回归模型，SLM、SEM 分别为空间滞后模型、空间误差模型，其中，SF 代表空间固定效应模型、TF 代表时间固定效应模型、STF 代表双固定效应模型。表 10.15 中 LM 检验的 4 个指标都通过了显著性检验，结果显示 LMERROR 检验较 LMLAG 检验显著并且 R - ERROR 检验较 R - LMLAG 检验显著。因此，根据模型判别准则，SEM 模型比 SLM 模型更有说服力。而对比 SEM 模型中各回归结果，可以看到 STF 的 R^2 最大，优于其他模型，因此后文的分析主要以 SEM（STF）的回归结果为准。

表 10.15　模型回归结果分析

变量	OLS	SLM			SEM		
		SF	TF	STF	SF	TF	STF
GC	-7.9472 ** (-2.34)	-8.9463 *** (-3.33)	-8.5070 ** (-2.25)	-10.1528 *** (-2.87)	-12.7873 *** (-3.64)	-11.7525 *** (-3.02)	-12.6795 *** (-3.43)
ISO	-2.8179 *** (-2.97)	-3.3320 *** (-4.17)	-1.9952 ** (-2.36)	-2.8526 *** (-3.29)	-3.6781 *** (-3.58)	-2.1864 ** (-2.25)	-3.3212 *** (-3.24)
OPEN	18.449 *** (6.61)	12.3410 *** (4.83)	22.7690 *** (7.89)	15.9724 *** (4.26)	19.8481 *** (5.04)	32.2653 *** (10.75)	21.8704 *** (5.15)

续表

变量	OLS	SLM			SEM		
		SF	TF	STF	SF	TF	STF
URB	80.591 *** (8.90)	63.4317 *** (7.88)	49.7405 *** (5.75)	57.1053 *** (6.65)	80.8473 *** (9.15)	66.1757 *** (7.25)	75.4353 *** (8.42)
PGDP	−145.6505 *** (−6.03)	−101.5039 *** (−4.57)	−105.9291 *** (−4.89)	−77.7867 *** (−3.11)	−106.1839 *** (−4.04)	−137.2151 *** (−6.29)	−102.0072 *** (−3.77)
EINV	1.6778 *** (3.23)	1.37759 *** (3.14)	0.6651 (1.35)	1.0665 ** (2.09)	1.5426 *** (3.34)	0.9342 ** (2.04)	1.3816 *** (2.91)
CONS	300.1634 *** (5.89)						
R − squared	0.4985	0.6872	0.6597	0.7096	0.5667	0.5712	0.6478
LMLAG	11.6213 (0.001)						
R − LMLAG	19.9965 (0.000)						
LMERROR	35.5064 (0.000)						
R − ERROR	43.8816 (0.000)						

　　表 10.15 中结果表明，绿色信贷的系数为负且在统计上显著，说明绿色信贷的比重上升对于我国环境污染有改善作用。以上原因可能在于：一方面，绿色信贷能支持节能环保项目及新兴环保产业的发展，从而支持我国产业结构进行转型升级，从而减少了环境污染；另一方面，现阶段我国提供给企业的绿色信贷业务以银行贷款为主，对于高污染、高耗能企业而言，银行大力发展绿色信贷能够有效控制对该类企业的贷款额度，从而促使该类企业进行绿色转型以降低对环境的污染。

　　产业结构优化的系数为负且显著，说明我国产业结构优化对环境有正向促进作用。近年来，我国对产业结构进行优化升级，以往的劳动、资源密集型产业逐步被资金、技术型产业所替代，第二产业高污染、高耗能的生产方式逐渐向绿色生产转型，第三产业的比重日益增大，并且国家大力支持发展节能环保产业，这些都使环境污染得到了一定程度的改善。

　　对外开放度的系数为正且显著，说明我国外资并没有改善国内环境而是加剧其污染。这一现象产生的原因可能是：我国对于外资在环境方面的要求还不够严格；在样本期间，外商的投资结构倾向于第二产业，而在技术性产业和第三产业上所占比重较小。

城市化水平的系数为正且显著，说明我国城市化的发展仍然给环境带来负面影响。一是由于城市化的发展需要占用大量的土地，造成耕地减少；二是在城市化进程中，城镇人口增多，城市交通工具激增，房地产高速发展，这些加大了对水泥、钢铁等高耗能材料的需求，增加了对能源的消费。

经济发展水平的系数为负且显著，说明我国环境状况受益于我国逐步增长的经济。这可能主要是我国在从粗放型经济增长方式向集约型经济增长方式转变的过程中，科技进步、资源利用率提高等成果取得的效果；同时，随着经济的发展，人们的生活水平不断提高也对环境状况提出越来越高的要求。

环保投资的系数为正且显著，说明政府在环境污染治理上的资金投入可能并未达到改善环境的目的。其原因可能有两个方面：一方面，企业更注重自身利益的获取，而较少将环保投资用于节能减排方面；另一方面，政府给予企业的环保投资存在短期的目的性，而并非要求长期改善环境，即当环境污染状况达到预定目标或有一定改善时，政府便减少环保投资导致环境污染反弹。

10.3.3.3　稳健性检验

为了检验空间计量回归结果的稳健性，利用空间反地理矩阵来替代本章中的空间邻接矩阵，表 10.16 列出了 SLM 和 SEM 的回归结果。由表 10.16 可知，主要的解释变量绿色信贷和产业结构优化影响程度与前文基于空间计量回归结果基本相似，显著性也基本没有发生变化，其他控制变量的显著性以及系数符号也未发生显著变化。由此可知，本章基于空间计量回归结果的稳健性比较好。

表 10.16　稳健性检验结果

变量	SLM			SEM		
	SF	TF	STF	SF	TF	STF
GC	− 11. 6635 ***	− 7. 9760 **	− 9. 5744 ***	− 9. 661 ***	− 8. 9685 **	− 9. 8687 ***
	(− 4. 25)	(− 2. 08)	(− 2. 70)	(− 2. 69)	(− 2. 31)	(− 2. 72)
ISO	− 3. 2517 ***	− 2. 2197 ***	− 3. 1695 ***	− 2. 9870 ***	− 1. 9886 **	− 2. 9360 ***
	(− 4. 02)	(− 2. 58)	(− 3. 63)	(− 3. 21)	(− 2. 21)	(− 3. 15)
OPEN	16. 4542 ***	24. 1809 ***	16. 3572 ***	19. 0432 ***	27. 6607 ***	19. 2016 ***
	(6. 41)	(8. 59)	(4. 41)	(4. 77)	(9. 36)	(4. 78)
URB	62. 8066 ***	54. 4891 ***	61. 8609 ***	69. 2746 ***	59. 6387 ***	68. 2441 ***
	(7. 98)	(6. 30)	(7. 29)	(7. 84)	(6. 61)	(7. 70)
PGDP	− 110. 4901 ***	− 113. 783 ***	− 83. 1398 ***	− 98. 9819 ***	− 124. 7638 ***	− 97. 1187 ***
	(− 4. 92)	(− 5. 21)	(− 3. 31)	(− 3. 76)	(− 5. 64)	(− 3. 66)
EINV	1. 5901 ***	0. 8150	1. 2281 **	1. 5644 ***	0. 8150 **	1. 5280 ***
	(3. 59)	(1. 63)	(2. 41)	(3. 05)	(2. 08)	(2. 95)
R − squared	0. 6777	0. 6482	0. 7063	0. 5794	0. 5825	0. 6547
LMLAG	17. 1075 (0. 000)					
R − LMLAG	29. 9187 (0. 000)					
LMERROR	72. 1731 (0. 000)					
R − ERROR	84. 9843 (0. 000)					

注：＊＊＊，＊＊分别表示在 0.01，0.05 水平上显著。

本章在环境污染、绿色信贷和产业结构优化三者之间关系的基础上，对绿色信贷和产业结构优化如何作用于环境污染的机理进行了分析。基于以上理论分析，运用空间计量方法对 2007—2016 年我国 30 个省份的环境污染的空间相关性进行检验，并通过构建 SLM 和 SEM 研究环境污染、绿色信贷和产业结构优化之间的关系。得出了以下结论和相应的政策建议。

①2007—2016 年全局 Moran' I 指数的结果表明，我国 30 个省份的环境污染程度存在显著的空间正相关性；Moran 散点图表明我国环境污染程度存在明显的空间聚集性。

②基于 2007—2016 年省际面板数据的空间回归分析发现，绿色信贷和产业结构优化有助于降低环境污染程度。除此之外，我国经济水平的提升有助于改善环境污染程度，而贸易开放度、城市化水平以及环保投资等因

素会加剧区域间的环境污染程度。

综上所述，绿色信贷和产业结构优化虽然能够改善我国环境污染状况，但是要在促进经济发展的同时改善环境质量，故本章提出以下建议。首先，政府多维度考核目标企业，出台绿色信贷发放标准，由金融机构对"两高"企业和节能环保企业实行差异化绿色信贷发放，指引企业发展方向，从而达到产业结构优化，进一步降低环境污染。其次，国家应结合绿色信贷大力对工业结构进行调整，提高第三产业在产业结构中的比重，将产业结构往资金、技术型方向发展。最后，在保持我国经济持续增长的基础上，要加大对外资企业的审批力度，积极引进国外先进绿色工业技术；在城市化的推进过程中，构建科学合理的城市化发展布局，城乡协同发展；政府在进行环保投资方面，要提高环保投资的比例，更要确定投资结构，保证有的放矢，不能带有投机性。

10.4　绿色信贷、产业结构优化与绿色全要素生产率

以往，各个国家在追求经济快速发展的同时，往往会以环境破坏、资源过度浪费为代价。中国在经历经济飞速发展之后，也面临了生态环境遭受严重破坏的困境，并且产业结构依然存在不合理现象，粗放型产业占比过大。而在资源短缺、环境污染日益严重的今天，如何解决环境问题成了可持续发展的战略性问题。党的十七大提出了要建设"环境友好型，资源节约型"社会；党的十八大提出了统筹推进"五位一体"总体布局，强调生态文明建设是基础；党的十九大明确指出我们要建设的现代化是人与自然和谐共生的现代化，要提供更多优质生态产品以满足人民日益增长的优美生态环境需要。部分发达国家用愈加严格的环境规制手段来减少环境污染，达到绿色发展的目的，但只有环境规制是不够的，尤其对于大部分企业来说，亟须政府的积极引导，步上节能减排、环境保护的正轨。企业盈利规模扩张都需要大量的资金支持，目前我国市场资源配置效率还不高，银行贷款依然是企业融资的主要方式。当前，中国经济正经历从高速发展转向高质量发展阶段，绿色发展肩负了工业经济的担当与使命，绿色信贷政策便应运而生。它通过奖励环保类项目以及惩罚高耗能、高污染项目来

引导企业实现绿色转型，以促进或完成节能减排。在绿色发展的前提下，全要素生产率扩展为绿色全要素生产率，成为转变经济增长的主要动力。经济的高质量发展需要以绿色发展为基础，其实质就是提高绿色全要素生产率。

已有文献的研究大多是从银行的角度出发分析绿色信贷的发展情况，宏观层面则是绿色信贷与绿色 GDP 增长的关系或者是绿色信贷对产业结构升级的影响。例如，Sonia（2002）在《环境金融》中指出，要尽可能地为所有与环保相关的产业项目提供资金，这样才是实现可持续发展的有效手段。Anderson（2016）提出，环境金融可以通过金融工具建立奖励或惩罚机制，一方面控制高污染产业的资金生成；另一方面对新能源类环保产业进行鼓励，这将有益于产业结构优化升级。黄伟（2010）指出，通过推出绿色信贷政策，以信贷限制、差别利率等活动来支持产业选择，推动产业结构优化调整。谭小波和符淼（2010）通过阐述推行绿色信贷的意义，进一步探讨了绿色信贷对产业结构优化升级的作用，并得出结论：绿色信贷这种支持"两低"产业与限制"两高"产业双管齐下的措施加快了产业结构优化升级。崔强等（2013）基于江苏省常州市 278 家企业数据，对绿色信贷与产业结构相关性进行了实证分析，结果表明绿色信贷政策确实会阻碍高污染企业发展。徐胜、赵欣欣等（2018）为分析绿色信贷如何作用于产业结构调整，选取 2004—2015 年我国 31 个省份的面板数据，运用灰色关联法证实两者确实存在关联关系。裴育等（2018）基于湖州市企业数据，引入 PVAR 模型发现绿色信贷不仅能促进绿色产业的发展，还能拉动区域经济增长。刘霞（2019）以中部六省 2004—2017 年的相关数据为样本并通过构建固定效应模型，研究发现绿色金融对经济增长有促进效应，并且其影响效应与产业结构息息相关，产业结构越高级的省份促进效应越大。刘锦华（2019）利用方向性距离函数和 ML（Malmquist-Luenberger）指数测算了 30 个省份的绿色经济增长，基于绿色信贷对经济增长的影响机制，用动态 GMM 模型对数据进行实证分析，结果表明绿色信贷能促进绿色经济的增长。

虽然多数研究者就绿色信贷、产业结构升级与绿色经济增长展开了许多探讨，但本章是基于绿色信贷对绿色全要素生产率提升是否是通过产业结构来进行实证分析发挥中介效应。本章测算出绿色全要素生产率，选取全国 30 个省份 2007—2016 年的面板数据，构建 GMM 动态模型进行实证检验。通过本章研究，对绿色信贷政策的完善提供有益建议。

10.4.1　影响机制

10.4.1.1　绿色信贷与产业结构优化

绿色信贷作为国家宏观调控的工具，通过资本形成、有差别的金融政策控制信贷导向、信号传递、反馈与信用催生机制来控制资金流向从而推动产业结构的优化升级。具体作用路径为：绿色信贷政策是国家的重点调控手段，银行为了响应国家号召，通过差别化的贷款政策限制"两高一剩"企业的贷款金额，相当于截断了高污染企业的资本形成路径，企业为了能扩大再生产，不得不进行产业转型升级，以减少对环境的污染。而那些环保节能类企业在享受到信贷政策优惠后，拥有更多的资金去扩大生产规模，推动产业绿色发展。绿色信贷政策不仅通过差异化的金融政策控制资金流动方向，也传达了一种发展绿色经济的信号，受到惩罚的"两高"企业能对那些未受到限制的企业起警示作用。提醒它们提前采取措施将企业发展规划转向节能环保类，摒弃之前的高能耗、高污染设备，对内部生产技术进行转型升级。享受到利率优惠红利的节能环保型企业也会吸引更多企业投资新能源、生态环保类项目。这将促进经济结构优化，形成新的经济增长点。

10.4.1.2　产业结构优化与绿色全要素生产率

大多数研究者认为，产业结构优化升级对绿色经济增长的作用体现在产业结构合理化和产业结构高级化两个方面。产业结构合理化要求在不同经济水平上采取适当的产业结构调整策略，以适应当前时期的发展，使资源得到合理有效的配置；产业结构合理化要求市场供给侧与需求相互适应；产业结构合理化还要求产业发展质量与产业结构实现动态平衡。产业高级化是指产业结构从以劳动密集型为主的低级结构向以知识、技术密集型为主的高级结构转变。产业高级化要限制污染严重、消耗严重产业的发展，逐步引导其往绿色产业方向发展；产业高级化还要支持节能环保、以高技术知识为基础形成高附加值成果的产业发展，比如对其实行信贷优惠政策，扶持这些行业的发展。现代经济增长以产业结构变动为核心，产业结构合理化有助于经济增长，促使经济往更高水平发展。尤其是在绿色信贷的影响下，产业结构合理化使得第三产业中绿色环保型产业占比更大。

10.4.1.3 绿色信贷与绿色全要素生产率

银行有关绿色信贷的产品一直在不停地完善，目前大致分为 3 类：一类是面向大众的项目融资和流动资金贷款；一类是针对企业的绿色信贷专属产品，如合同类的节能减排、环境服务、能源管理融资；一类是针对消费者，诸如绿色按揭、绿色消费贷、低碳信用卡等零售绿色信贷产品。

从资本形成方面来讲，企业发展项目需要资金的支持，尤其是一些环保节能的新兴企业在发展初期需要足够的资金来扩张自己的规模，绿色信贷政策对这些企业的项目开绿灯，提供贷款优惠，从而推动大量资金投入绿色产业，发挥企业生产的规模效应，拉动绿色经济增长。而对于那些经济效益不好的高污染企业，产业发展受资金紧张限制而不能继续扩大再生产，如果不能对自身进行技术优化升级，就会很快被市场淘汰，替代它们的则是那些经济效益良好的绿色产业。

绿色信贷对绿色全要素生产率的增长也可以从促进技术进步方面来探讨。企业为了追求利润最大化，在现有的技术水平上力求效率最大化，而传统的粗放型经济增长不利于资源的有效利用，容易造成资源浪费。为了减少这种情况，企业往往会从内部进行技术革新，提升生产效率，技术创新需要大量的资金支持，还需要具备一定的风险承担能力，但信贷政策往往对私有部门不友好，这就对企业技术效率提高产生了不利影响。绿色信贷政策为一些绿色环保型私企扩宽了融资渠道，分散其研发过程中可能遇到的技术风险、创新失败风险，促进资源再分配。通过绿色信贷，提高企业生产效率，实现生态效益与经济增长的协调发展，从而推动整个社会生产力的提高。

10.4.2　方法与数据

10.4.2.1　GTFP 的测度

将每一个省份当作一个决策单元构造生产前沿，假设每个决策单元使用 N 种投入 X_{ij}（$i=1,\cdots,N$）$\in R^+$，获得期望产出 yj，以及 P 种非期望产出 b_{pj}（$p=1,\cdots,p$）$\in R^+$。其中，j 表示为第 j 个省份。运用 DEA 可将包含非期望产出的生产边界表示为：

$$
p = \left\{
\begin{array}{l}
(y,b,x): \sum_{j=1}^{J} \sum_{t=1}^{T} \lambda_{jt} y_{jt} \geq y ; \sum_{j=1}^{J} \sum_{t=1}^{T} \lambda_{jt} b_{pjt} \geq b_p , \forall p ; \\
\sum_{j=1}^{J} \sum_{t=1}^{T} \lambda_{jit} x_{jit} \leq x_i , \forall i ; \lambda_{jt} \geq 0
\end{array}
\right\}
\tag{10.19}
$$

根据 Fukuyama（2009）的定义，考虑能源环境下的 SBM 方向性距离函数为：

$$
\vec{S}_v^t(x,y,b,g^x,g^y,g^b) = max \frac{1}{2}\left\{ \frac{1}{N} \sum_{i=1}^{N} \frac{S_i^x}{g_i^x} + \frac{1}{1+p}\left(\frac{s^y}{g^y} + \sum_{p=1}^{p} \frac{s_p^b}{g_p^b} \right) \right\}
$$

$$
S.t. \qquad \sum_{j=1}^{J} \lambda_{jt} x_{ijt} + s_i^x = x_{ijt} , \forall i ; \sum_{j=1}^{J} \lambda_{jt} b_{pjt} - s_p^b = b_{pjt} , \forall p ;
$$

$$
\sum_{j=1}^{J} \lambda_{jt} y_{jt} - s^y = y_{jt} ; \lambda_{jt} \geq 0
\tag{10.20}
$$

式中，$\vec{S}_v^t$ 表示规模报酬可变（VRS）下的方向距离函数；$(x_{jt},\ y_{jt},\ b_{jt})$、$(g^x,\ g^y,\ g^b)$ 和 $(s^x,\ s^y,\ s^b)$ 分别表示 j 省的投入产出向量、方向向量和松弛向量。$(s^x,\ s^y,\ s^b)>0$，表示实际投入和污染排放大于边界投入和污染排放，而实际产出小于边界产出，说明在经济生产过程中能源环境存在效率不高的问题。

根据 Shestalova（2003）t 期和 $t+1$ 期之间的 Malmquist 指数：

$$
GTFP_{t+1} = \left[\frac{\vec{S}_v^t(x_{t+1},y_{t+1},b_{t+1},g)}{\vec{S}_v^t(x_t,y_t,b_t,g)} \times \frac{\vec{S}_v^{t+1}(x_{t+1},y_{t+1},b_{t+1},g)}{\vec{S}_v^{t+1}(x_t,y_t,b_t,g)} \right]^{\frac{1}{2}}
\tag{10.21}
$$

进一步可将绿色全要素生产率变化分为技术效率变化（Technical Efficiency Change，TEC）和技术进步变化（Technival Progress，TP），分解如下：

$$GTFP_{t+1} = \underbrace{\frac{\vec{S}_v^{t+1}(x_{t+1},y_{t+1},b_{t+1},g)}{\vec{S}_v^t(x_t,y_t,b_t,g)}}_{TEC_{t+1}} \times \underbrace{\left[\frac{\vec{S}_v^t(x_{t+1},y_{t+1},b_{t+1},g)}{\vec{S}_v^{t+1}(x_{t+1},y_{t+1},b_{t+1},g)} \times \frac{\vec{S}_v^t(x_t,y_t,b_t,g)}{\vec{S}_v^{t+1}(x_t,y_t,b_t,g)}\right]^{\frac{1}{2}}}_{TP_{t+1}}$$

(10.22)

其中，等式右边第一项表示技术效率变化，表示决策单元从时期 t 到时期 $t+1$，经济生产是否处于更加靠近生产前沿面的状态。如果 $TEC>1$，那么说明决策单元正向生产前沿面靠近，相对技术效率提高；反之，亦反。等式右边第二项表示技术进步变化，表示从时期 t 到时期 $t+1$，生产前沿面的变动情况。如果 $TP>1$，那么说明生产技术进步；反之，亦反。

10.4.2.2 模型

本章通过构建计量模型检验绿色信贷对绿色全要素生产率影响的直接效应和间接效应。考虑到绿色信贷可能会对绿色全要素生产率产生滞后性问题，因此本章将被解释变量的一阶滞后项作为解释变量引入面板数据模型。

（1）直接效应模型。

$$GTFP_{it} = \alpha_{it} + \alpha_1 GTFP_{it-1} + \alpha_2 GCR_{it} + \alpha_3 control_{it} + \varepsilon_{it} \quad (10.23)$$

其中，i 代表省份，t 代表时期，ε_{it} 为随机干扰项，表示各时刻各区域受到的外部冲击。被解释变量 $GTFP$ 为根据上文测算方法得到的绿色全要素生产率，核心解释变量 GCR 为绿色信贷比率。其余的控制变量包括 HC（人力资本）、GOV（政府规制水平）、FDI（外商直接投资）、MAR（市场化水平）、URB（城镇化水平）以及 ER（环境规制水平）。

（2）中介效应模型。

$$Y = \alpha + cX + \delta Z + e_1 \quad (10.24)$$

$$M = \alpha + \alpha X + \varphi Z + e_2 \quad (10.25)$$

$$Y = \alpha + c'X + bM + \theta Z + e_3 \quad (10.26)$$

其中，Y 是因变量，X 是自变量，M 是中介变量，Z 是控制变量，e_1、e_2、e_3 是回归残差。中介效应的成立需要满足 3 个条件。（1）X 对 Y 影响显著，即系数 c 要显著；（2）X 对 M 影响显著，即系数 a 显著；（3）M 对 Y 显著，即 b 显著。若 c' 不显著，则存在完全中介效应；若 c' 显著，则存在部分中介效应。基于以上思想，我们构建新模型来检验产业结构优化在绿色信贷和绿色全要素生产率中的中介作用。产业结构优化升级具有滞后性，上一期的优化结果会对本期产生影响。因此，在构建中介效应模型时，我们选择引入产业结构优化升级的滞后一期变量。

$$IS_t = \alpha_{it} + \beta_1 IS_{it-1} + \lambda GCR_{it} + \gamma X_{it} + \varepsilon_{it} \qquad (10.27)$$

$$GTFP_t = \alpha_{it} + \pi GTFP_{it-1} + \beta_1 IS_{it} + \varphi GCR_{it} + \theta X_{it} + \varepsilon_{it} \qquad (10.28)$$

其中，IS 是中介变量产业结构优化率，GCR 是自变量绿色信贷比率，$GTFP$ 是因变量绿色全要素生产率，X_{it} 是一系列控制变量，ε_{it} 为随机干扰项。

本章构建的是动态面板数据模型，动态 GMM 方法是估计动态面板数据常用的方法，包括差分 GMM 与系统 GMM 两种估计方法。差分 GMM 虽然能够降低内生性对模型估计的影响，但在有限的样本条件下存在"弱工具变量"问题。因此，本章采用 Arellano、Blundell 等提出的"系统 GMM 方法"，它能够修正未观察到的个体异质性问题、遗漏变量偏差等对模型估计效果的影响，还能减少由于使用一阶差分 GMM 估计方法带来的不精确性。

10.4.2.3　指标选取与数据来源

（1）被解释变量：绿色全要素生产率。

（2）核心解释变量。

绿色信贷比率（GCR）。在以往的理论研究中，普遍采用绿色信贷比率来解释绿色信贷政策，而学术界对绿色信贷比率的衡量指标主要有 3 个：绿色信贷占比、节能环保项目贷款占比以及六大高耗能产业利息支出占工业产业利息总支出的比重。其中，绿色信贷占比和节能环保项目贷款占比只有全国层面的数据，且自 2012 年以后不再公布。鉴于数据的可得性与连续性，本章选取六大高能耗产业利息总支出占作为反向指标来衡量绿色信贷比率。

（3）中介变量。

产业结构优化率（ISR）。绿色信贷有助于产业结构优化调整，通过对信贷投放规模与方向的把控，限制"两高一剩"企业的借贷需求，将资金流向环保节能、技术创新力强的企业。推动产业从劳动密集型向技术创新型转变，促进绿色产业的发展，拉动绿色经济增长。产业结构优化包括产业结构合理化和产业结构高级化两个方面，单一的第二、第三产业占比不能很好地诠释产业结构优化。因此，本章采用综合指标，第二、第三产业占 GDP 比重和第三产业增加值与第二产业增加值之比的乘积来解释产业结构优化率。

（4）控制变量。

参考相关理论和文献研究，选择常见的可能影响绿色全要素生产率的因素。第一，政府规制水平（GOV），鉴于绿色全要素生产率是评价一个地区经济与环境的综合指标，所以本章选择政府规制水平作为控制变量之一，探究其对绿色经济增长实践的影响。度量方式为教育支出、科学技术支出、医疗卫生支出三者之和与政府一般预算支出的比值。第二，人力资本（HC），用每百万人中普通高校在校学生数表示。第三，市场化水平（MAR），市场化水平即市场在资源配置中起作用的程度。研究表明，市场化水平的提高在一定程度上可以促进绿色经济增长。我们采用私营企业和个体就业人数与就业总人数之比来衡量市场化程度。第四，外商直接投资（FDI），有不少学者认为外商直接投资能带来先进的生产技术，通过提高能源利用效率降低区域污染程度，从而实现经济的高质量发展。但是也有部分研究人员坚持发达国家会把环境污染密集型产业转移到发展中国家，加重转移目的区域的污染程度，进而降低区域绿色增长效率。所以，选取外商直接投资作为控制变量对研究绿色经济发展具有重大的实践性意义。第五，城镇化水平（URB），城市化进程的加快伴随着工业的发展，同时可能加大了钢筋、水泥等高耗能产品的使用，对能源需求增大。本章采用各省份的城市人口比重度量城镇化水平。第六，环境规制水平（ER），环境规制政策会在一定程度上促进企业技术创新，而技术创新是拉动绿色全要素生产率增长的主要动力，适当的环境规制强度能提升绿色全要素生产率。但李卫兵（2019）基于两控区政策估计环境规制对绿色全要素生产率的影响，发现环境规制会抑制绿色全要素生产率的提升。因此，我们用单一指标环境污染治理投资总额度量环境规制水平，以探究其对绿色全要素生产率的影响。

本章样本中包含了全国 30 个省份（西藏除外），样本期为 2007—2016 年。为了消除数据间的异方差性，减少数据波动，我们对人力资本和实际利用外商投资额采取了对数化处理。对于个别缺失值，本章用临近点的线性趋势方法进行弥补。数据来源及详细的计算方式如表 10.17 所示。

表 10.17　数据来源及变量计算方式

变量	计算方式	数据来源
绿色信贷比率（%）	六大高能耗产业利息支出/工业产业利息总支出	《中国工业经济统计年鉴》
产业结构优化率（%）	$\dfrac{第二、第三产业增加值}{GDP} \times \dfrac{第三产业增加值}{第二产业增加值}$	《中国统计年鉴》
政府规制水平（%）	教育、科技、医疗卫生支出之和/政府一般预算支出	《中国统计年鉴》
人力资本	每百万人中普通高校在校生数取对数	《中国统计年鉴》
市场化水平（%）	$\dfrac{私营企业和个体就业人数}{就业总人数}$	各省份统计年鉴
外商直接投资（万美元）	$\dfrac{实际利用外商直接投资额 \times 汇率}{GDP}$	《中国统计年鉴》
城镇化水平（%）	城市人口比重	《中国统计年鉴》
环境规制水平	环境污染治理投资总额取对数	《中国统计年鉴》

（5）变量的描述性统计。

相关变量的描述性统计结果见表 10.8。分析表 10.18 可以得出，绿色全要素生产率全国均值为 1.0668，最大值是最小值的近 2 倍，这说明绿色经济在全国范围内发展不均衡。结合绿色信贷比率来看，最大值为 0.9060，最小值是 0.2205，相差较大，说明绿色信贷政策在各省份的执行力度不一。对于偏远地区如甘肃、青海、宁夏、新疆，绿色信贷比率（由于篇幅限制，样本原始数据不再给出）几乎都在 0.7 以上；中部地区湖南、河南、湖北等地都在 0.5 左右；江苏、浙江、上海沿海经济发达带则在 0.3 左右，相对来说高污染企业更少，第三产业发达，产业结构更合理、更高级。市场化水平与外商直接投资沿海经济带与内陆相差巨大，最大值是最小值的十几倍。而政府规制水平均值在 0.2542，各省份之间差距不大，说明政府支持力度还是比较大的。目前，我国绿色信贷政策还处在初期阶段，各方面规划都在不断调整，绿色经济还有巨大的发展空间。

表 10.18　变量的描述性统计

变量名	样本数	均值	标准差	最小值	最大值
GTFP	300	1.0668	0.0693	0.7331	1.4226
GCR	300	0.5542	0.1422	0.2205	0.9060
IS	300	0.8767	0.5386	0.4292	4.1444
FDI	300	0.3506	0.2693	0.0058	1.2779
HC	300	5.4226	0.3512	4.5041	6.5259
GOV	300	0.2542	0.0351	0.1617	0.3328
MAR	300	0.2662	0.1456	0.0586	0.9794
URB	300	0.5254	0.1356	0.2924	0.8960
ER	300	5.0536	0.9199	2.3608	7.2557

10.4.3　实证分析

10.4.3.1　绿色信贷对绿色全要素生产率的直接影响效应检验

为了提高估计结果的稳健性，本章采用系统 GMM 法对直接效应模型进行估计，估计结果如表 10.19 所示。

表 10.19　直接效应检验

解释变量	被解释变量
	GTFP
L. GTFP	−0.404 *** (0.00940)
GCR	0.246 *** (0.0465)
FDI	0.198 *** (0.0317)
HC	−0.140 *** (0.0469)
GOV	1.341 *** (0.223)
MAR	−0.322 *** (0.0519)

解释变量	被解释变量
	GTFP
URB	0.441 *** (0.123)
ER	− 0.0541 *** (0.00521)
AR（1）	0.0465
AR（2）	0.5983
Sargan 检验	0.9628

注：＊＊＊表示在 0.01，水平上显著，括号内为 *Z* 统计量。

从模型的回归效果来看，表 10.19 的最后 3 行给出了模型估计有效性的检验结果，AR（1）对应的 *p* 值小于 0.05，说明不存在一阶自相关；AR（2）的伴随概率远远大于 0.05，即不存在二阶自相关，综合说明扰动项不存在自相关。系统 GMM 估计往往会用多个工具变量，可能会产生过度识别问题。Sargan 检验的 *p* 值为 0.9628，接近于 1，因此无法拒绝"所有工具变量都有效"的假设，可认为不存在工具变量过度识别问题，说明所构建的模型是合理的。

首先看回归结果和系数，在显著性水平为 0.01 的情况下，绿色全要素生产率滞后一期的系数为 − 0.404，对当期的绿色全要素生产率存在显著的抑制作用。其次看绿色信贷对绿色全要素生产率的直接影响系数为 0.246，且在 1% 的显著性下拒绝了原假设，表明绿色信贷对绿色全要素生产率有显著正向作用。在中国金融监管的把控下，绿色金融蓬勃发展，绿色信贷政策引导资金流向促进社会绿色发展、和谐发展的产业，从而激发绿色经济增长的内生动力，推动经济的高质量发展。

在引入 6 个控制变量之后，每个变量都对绿色全要素生产率具有显著性影响。首先是外商直接投资，作为经济增长的重要源泉，外商投资为我国发展带来先进的技术，通过提高能源利用效率降低区域污染程度，实现经济增长与环境保护工作的协同进行，显著提高绿色全要素增长率。人力资本、市场化水平以及环境规制水平这些在绿色经济发展中起重要作用的因素，并没有促进经济增长，反倒对绿色全要素增长起到显著的抑制作用，这可能是由于目前政府的环境规制力度不够，不仅没有起到正向作用，反而加重了环境污染程度。正所谓"上有政策，下有对策"，不少省份在督察期内六大高能耗产业利息支出大幅降低，督察过后不降反升，致使经济绿色发展遭受挫折。市场化水平在沿海地带比较高，而在内陆地区还是处于很低的水平，所以并不能在短期内实现绿色全要素生产率的提升。而人力资本由于教育投入的耗费较大，产生收益的周期比较长，在短时间内会抑制经济的高质量发展。政府规制对绿色全要素生产率的影响显著为正，系数为1.341，这表明随着地方政府在科技教育医疗等方面财政支出的加大，提高了政府社会服务水平，改善了居民生活环境；同时，使资源配置效率更加合理化，资源利用充分化，激发了地方创新活力，促进了经济的绿色增长。

10.4.3.2　产业结构优化对绿色信贷影响绿色全要素生产率的中介效应检验

如表10.20所示，模型（1）、模型（2）和模型（3）的AR（1）伴随概率都小于0.1，AR（2）对应的p值大于0.1，说明3个模型均存在一阶自相关，不存在二阶自相关，即可认为扰动项无自相关。另外，3个模型都通过了Sargan检验，不存在过度识别的问题，设定的模型均是合理有效的。

表 10.20　中介效应检验

解释变量	(1)	(2)	(3)
	IS	*GTFP*	*GTFP*
L. *GTFP*		− 0.399 ***	− 0.422 ***
		(0.00621)	(0.00766)
L. *IS*	0.926 ***		
	(0.0244)		
GCR	− 0.394 ***	0.299 ***	0.257 ***
	(0.0380)	(0.0545)	(0.0506)
IS		0.0696 ***	0.0100
		(0.0148)	(0.0109)

解释变量	(1)	(2)	(3)
	IS	*GTFP*	*GTFP*
FDI	− 0. 0440 **	0. 172 ***	0. 185 ***
	(0. 0216)	(0. 0169)	(0. 0163)
GOV	− 0. 211	0. 548 ***	1. 194 ***
	(0. 157)	(0. 109)	(0. 197)
MAR	0. 505 ***	− 0. 514 ***	− 0. 274 ***
	(0. 0481)	(0. 0329)	(0. 0326)
URB	0. 150 *		
	(0. 0881)		
ER	− 0. 0187 ***		− 0. 0503 ***
	(0. 00678)		(0. 00459)
AR (1)	0. 0006	0. 0446	0. 0500
AR (2)	0. 6574	0. 7873	0. 8577
Sargan 检验	0. 9610	0. 9433	0. 9584

注：＊＊＊、＊＊、＊分别表示在 0.01、0.05、0.1 水平上显著，括号内为 *Z* 统计量。

基于前文中介效应的中心思想解释回归结果，在上一节的直接效应模型中，绿色信贷对绿色全要素生产率的影响系数显著为正，且在 1% 的显著性水平上拒绝了原假设，即满足了条件一：自变量对因变量影响显著。模型（1）中，绿色信贷对中介变量产业结构优化作回归，结果显示影响系数为负，且在 1% 的水平上显著，即满既足条件二：自变量对中介变量影响显著。模型（2）将中介变量引入绿色信贷对绿色全要素生产率的影响，发现产业结构优化对绿色全要素生产率的系数为 0.0696，且在 1% 的显著性水平上拒绝了原假设。而绿色信贷的系数变成了 0.299，较直接检验系数反而上升了 0.0053，依然在 1% 的水平上显著。满足条件三：中介变量对因变量显著，且加入中介变量后的模型自变量依然对因变量显著，即存在部分中介效应。

从表 10.20 中模型（1）的参数估计结果来看，上期产业结构调整对本期产业结构有着十分显著的影响，系数高达 0.926，也就是上期产业结构优化率提高1%，下期就会提高0.926%，且在0.01的水平上显著。我国的产业结构优化升级一直处于一个动态的过程中，环环相扣，每一期的变动都将促进下期优化率的提升。绿色信贷的系数为 −0.394，也就是绿色信贷每增加1个单位，产业结构优化率将下降0.394%。我们用来刻画绿色信贷的指标是用六大高能耗产业利息支出比工业产业总的利息支出，若高能耗产业的利息支出减少了，就是绿色信贷起到了一定的作用，限制了"两高一剩"产业的贷款，使更环保节能、更有技术创新能力的企业得到更多的发展资金。从而使第三产业与第二产业比值增大，产业结构不断调整升级。因此，绿色信贷对我国产业结构优化升级起到了一定的正向影响。

模型（2）中 GCR 与 IS 的系数都显著为正，且均通过了1%的显著性检验。在引入产业结构优化率后，绿色信贷对绿色全要素生产率的影响增加，绿色信贷比率每提高1%，绿色全要素生产率就提升0.299%。这表明在我国，绿色信贷主要是控制"两高一剩"企业的融资需求，督促这些产业产生忧患意识，改进自身技术，加快优化升级的步伐，向"资源节约型、环境保护型"模式发展。对于那些无法实现自身转变、高污染、高能耗产业，通过绿色信贷的资金控制作用可以使其退出市场。此外，绿色信贷政策对有益于生态发展的高新制造业、环保创新企业则是放宽贷款要求，推动其蓬勃发展，促进供给侧结构性改革，促进产业优化升级，提升绿色全要素生产率，进而推动绿色经济高质量发展。

模型（3）中，在依次引入控制变量的过程中我们发现，即使在加入中介变量产业结构优化率后，外商直接投资、政府规制水平、市场化水平对绿色全要素生产率的影响依然是显著的，较之前文的直接效应检验，系数没有发生特别大的变化。但是，在引入环境规制后，产业结构优化变得不再显著。究其原因：首先，中国不合理的环境规制要求，不仅没有使环境得到有效改善，反而"纵容"了某些高污染企业肆无忌惮地毁坏大自然；其次，环境规制高成本给中国经济带来了巨大的财政压力，从而抑制了经济的增长。

绿色信贷能够推动产业结构绿色化升级，是绿色经济发展的重要推动力。许多研究强调绿色信贷对经济增长的影响，或是绿色信贷如何促进产业结构优化升级。而本章将两者结合起来，基于 2007—2016 年中国 30 个省份相关数据，测算了这些区域的绿色全要素生产率，并引用动态面板的系统 GMM 模型进行了实证分析，结果表明：①在绿色信贷与绿色全要素生产率的直接效应检验中，绿色信贷对绿色全要素生产率的提升有显著的促进作用。②在绿色信贷对绿色全要素生产率的影响里，确实部分存在产业结构优化的中介效应。也就是绿色信贷政策可以通过激励或惩罚措施，促进产业结构优化升级，降低生产中的化石能源消耗量，从而对绿色全要素生产率的提升产生正向影响。③在引入环境规制影响因素后，绿色信贷对绿色全要素生产率的增长作用减弱，说明由于严格的环境规制政策会消耗大量的人力、物力，短期内反倒阻碍经济的绿色发展。

据以上结论，本章提出以下建议。①发挥政府的引导作用，完善绿色信贷政策。政府在政策实施中起着不可忽视的重要作用，对企业、部门都要积极引导，政府要采取措施进一步加强对"两高一剩"行业信贷的约束以及鼓励绿色环保产业的扩大发展，增强绿色信贷对产业结构绿色化发展的正向影响。②完善绿色发展机制构建。一方面，政府要因地制宜采取措施，不能对"两高一剩"产业直接"一刀切"，这样容易激发社会矛盾；而是应该采取怀柔政策，通过限制其资金来源，迫使相关产业进行内部调整升级。另一方面，实行信息共享，建立统一的绿色信息评价指标。由于绿色发展涉及社会多个方面，极易出现信息不透明现象，缺乏正规管理影响绿色信贷政策的实施。因此，需要建立信息共享机制，通过媒体、网络平台进行披露，督促政府更好地履行职责。③加强人才培养力度，为绿色发展提供服务。产业的绿色化发展需要高科技、高素质人才，需要进行产业创新和产业替代，绿色信贷的执行不仅需要一定的金融知识，还需要有法律知识等丰富的知识储备，因此，要注重金融人才的培养。同时可以积极借鉴国外的成功经验，开发适合我国国情的绿色信贷产品，推动绿色经济发展。④加大企业参与力度。首先，企业培育绿色文化，以绿色环保为发展理念。其次，树立长远绿色发展的意识理念，培养员工的环保意识，提升绿色经营的能力。最后，在产品的设计、生产与上市流通环节，企业要尽量减少对生态环境的破坏，同时兼顾企业利益与环境利益，实现可持续发展。

10.5 绿色信贷发展对经济增长质量的影响研究

10.5.1 问题的提出与文献梳理

良性的生态环境是地球万物生灵赖以生存和发展的前提与基础，但第一次工业革命以来，伴随着机器的轰鸣声和经济的高速发展，西方资本主义国家在加速对自然资源攫取和生态环境破坏的基础上创造了前所未有的物质财富，由此造成了严峻的环境污染问题，地球生态系统原有的循环和平衡遭到了肆意破坏，人们因环境污染而失去了健康和生命，动植物因环境恶化而进入第六次生物大灭绝[①]。自1900年以来，主要陆生物种平均丰富度至少下降了20%，每年有140000个物种永久消失，生物多样性遭到无法逆转的严重破坏[②]，长此以往，"寂静的春天"的步伐将越来越近。生态环境问题已成为世界各国最敏感的政治问题和社会问题。西方资本主义发展模式引起了人们广泛而深刻的反思。中国政府坚持绝不走西方现代化的老路，坚定不移走生态优先、绿色发展之路，为推进世界可持续发展提供中国方案。习近平总书记曾明确指出："我们要建设的现代化是人与自然和谐共生的现代化，既要创造更多物质财富和精神财富以满足人民日益增长的美好生活需要，也要提供更多优质生态产品以满足人民日益增长的优美生态环境需要。"[③] 自1978年改革开放以来，中国经济以年均9.7%的增长速度迅速成长为世界上仅次于美国的第二大经济体，对世界经济增长贡献超过1/3[④]，创造了"人类经济史上从未有过的奇迹"（林毅夫等，2019）。

---

① KOLBERT E. The sixth extinction：an unnatural history[M]. New York：Henry Holt and Company，2014.

② HANSON A，李琳，高吉喜，等. 2020年后全球生物多样性保护2021年度报告[R]. 中国环境与发展国际合作委员会，2021.

③ 习近平. 决胜全面建成小康社会　夺取新时代中国特色社会主义伟大胜利[N]. 人民日报，2017 – 10 – 28(1).

④ OECD. OECD economic outlook，volume 2020 issue 2[R]. Paris：OECD Publishing，2020.

　　然而，在城市化和工业化持续快速发展的过程中，由于地方政府经济发展的需要和缺乏有效的环境监管，我国高耗能、高污染企业也在迅猛发展，规模驱动型经济发展导致了过度的能源消耗和严重的环境污染，我国环境污染问题日益突出（Kadoshin and Nishiyama，2000；Yuan et al.，2020）。生态文明和绿色发展已成为新时期我国经济高质量发展的重要指导思想。党的十九届四中全会提出，推进国家治理体系和治理能力现代化，推进生态文明建设。绿色信贷政策是国家环境治理体系的重要组成部分，是对传统行政强制环境治理的补充。绿色信贷作为一种金融政策，指银行等金融机构对不同企业发放的差异化信贷，为节能、环保企业提供金融支持（贷款利率较低）。这些机构还对高污染、高能耗、产能过剩的企业（惩罚性的高贷款利率）实施贷款限制。在微观层面，绿色信贷可以通过金融市场的资源配置功能，引导资金从污染企业流向环境友好型企业，促进企业减排。从宏观上看，绿色信贷利用低贷款利率推动清洁生产和产业结构优化，转变经济发展方式。因此，作为一种重要的市场化环境政策工具，绿色信贷通过引导资本资源流向环境友好型产业，支持企业进行绿色生产，提升经济增长质量，促进经济社会高质量发展，深受学术界、政策界、实务界的关注和推崇。

　　绿色信贷源于 1974 年联邦德国的"道德银行"。1992 年，UNEP 在里约地球峰会上宣布成立"金融倡议"（UNEP FI），督促金融机构可持续发展。此后，许多国家和地区相继采取各种措施推动绿色信贷发展。我国绿色信贷实践起步较晚。2007 年，我国正式提出"绿色信贷"概念并开始小规模试点；2012 年《绿色信贷指引》正式颁布，从根本上确立了我国绿色信贷政策。近年来，随着生态环境保护政策的不断加码，中国各级地方政府采取多种激励政策，将绿色信贷绩效纳入金融机构公共管理体系，将绿色信贷绩效评价结果纳入宏观审慎评价体系，有效提高银行业金融机构对绿色信贷项目的重要性和推动绿色信贷业务的积极性。目前，我国绿色信贷政策的设计和内容日益完善，绿色信贷政策已基本与国际绿色信贷标准接轨（钱立华等，2020）。各大商业银行已逐步加强绿色信贷的实施，强化信贷资金流向节能减排项目，以减少企业污染排放。2013 年至 2021 年第三季度末，中国21家主要银行绿色信贷余额从5.2万亿元增加到14.08万亿元。[①] 随着绿色信贷使用规模逐步扩大，我国环境质量不断改善。公开数据显示：2020年，全国337个地级及以上城市中，202个城市空气质量达标；主要污染物浓度降幅显著，O_3 浓度首次下降；森林覆盖率达到23.04%，草原综合植被盖度达到56.1%。[②] 我国生态环境质量持续改善与绿色信贷政策的持续推进营造了双赢的良好局面，也为我国经济增长质量改善开辟了新的实践路径。因此，深入探讨绿色信贷发展对经济增长质量提升的作用机制和影响程度，具有重要的理论价值和现实意义。

现有关于绿色信贷研究的文献主要集中在以下两个方面。一是从宏观角度对绿色信贷的运行机制和实施效果进行了评估，但研究结果仍存在争议。诸多研究对绿色信贷的运行机制进行了阐述，基本运行机理为：金融机构减少了对污染企业的贷款，"两高"企业不得不减少生产和投资，从而达到了污染物减排和环境质量改善的目的（Evangelinos and Nikolaou，2009；Zhang et al.，2011；Xu，2013；Chen et al.，2016；王遥等，2019）。学者从经济影响、产业结构影响和环境影响3个方面对绿色信贷实施效果进行了评价。有学者发现，发展绿色信贷有利于绿色经济增长（Hu et al.，2011；Yan et al.，2016）。但Ning和She（2014）却发现绿色信贷对经济发展有负面影响。Xu等（2018）、Hu等（2020）和李毓等（2020）指出，绿色信贷主要通过资金和融资渠道促进产业结构转型。然而，Liu等（2017）认为，就产业结构调整而言，绿色信贷政策的效果相对较差。此外，有学者认为，绿色信贷政策可以通过施加长期信贷约束来加强污染防治（Sun et al.，2019；Kang et al.，2020；Wang and Zhi，2016；Ren et al.，2020；苏冬蔚、连莉莉，2018）。然而，Lu（2011）认为，中国绿色信贷政策的实施难以带来环境保护和就业的双重红利。二是从企业和金融机构的微观视角研究绿色信贷政策的实施效果。一方面，受绿色信贷政策影响的企业绩效方面主要包括债务融资成本、资本投资和经

---

① 王恩博. 中国21家主要银行机构绿色信贷余额超14万亿元[EB/OL]. [2022 – 8 – 29]. http://finance. china. com. cn/money/bank/20211119/5693203. shtml.

② 金歆. 2020年全国生态环境质量持续改善[N]. 人民日报,2021 – 04 – 29(4).

营决策。有研究表明，自绿色信贷政策出台以来，污染严重的中国企业的债务融资规模大幅下降（Lian，2015；Liu et al.，2019；Xu and Li，2020）。同样，Wang 等（2020）指出，《绿色信贷指引》的颁布显著抑制了高耗能企业的资本投资。此外，绿色信贷会影响经营决策，但并不一定会提高企业的经营效率（Luo et al.，2017；Huang et al.，2017）。另一方面，商业银行在绿色信贷中的作用至关重要。商业银行是向企业发放清洁贷款以改善环境质量的重要中介（Aizawa and Yang，2010；Xing et al.，2020）。He 等（2018）、Song 等（2019）认为，绿色信贷决定了银行自身的竞争力和绩效。谢婷婷和刘锦华（2019）利用方向性距离函数和 ML（Malmquist – Luenberger）指数测算了 30 个省级的绿色经济增长，基于绿色信贷对经济增长的影响机制，用动态 GMM 模型对数据进行实证分析，结果表明绿色信贷能促进绿色经济的增长。综上所述，少有研究在统一的框架下分析绿色信贷政策对经济增长质量改善的影响。

经济增长是数量与质量的统一，经济增长的过程既包括数量的增加，也包括质量的提高（Kong et al.，2021）。当前，我国已开启全面建设社会主义现代化国家新征程，新发展阶段下的中国经济增长更加注重质量发展，坚持质量第一、效益第一的发展理念是中国经济增长的主要方向。近年来，党和国家大力推动经济增长高质量发展。高质量的经济体系需要高效的金融体系作为支撑，为经济发展提供优质高效的金融服务，推进绿色信贷发展对经济高质量发展具有重要的现实意义。目前，绿色信贷发展对经济增长数量影响的研究较多，但对经济增长质量的研究较少。对经济增长的关注更多的是数量和速度，而不是质量。在新发展阶段，如何提高经济增长质量是学术界和政策制定者关注的焦点。基于此，本节选取 2012—2017 年全国 31 个省份面板数据，设计一个经济高质量发展综合评价指标体系，构建固定效应回归方程和中介效应模型实证检验绿色信贷发展对经济增长质量的影响，以期为新发展阶段探寻高质量发展路径提供决策依据和数据支撑。

10.5.2 研究方法、模型构建与数据说明

10.5.2.1 变量的选取与模型设计

（1）经济高质量发展水平的测度。

本节参考马茹等（2019）对中国区域经济高质量发展水平的测度研究，构建了中国区域经济高质量发展评价指标体系。该体系包含高质量供给、高质量需求、发展效率、经济运行、对外开放以及生态环境在内的6个一级指标，创新能力、人才供给等16个二级指标以及33个变量，变量数据来源于 CSMAR 数据库。中国区域经济高质量发展评价指标体系如表10.21所示。

表 10.21　中国区域经济高质量发展评价指标体系

指标		变量	单位	属性
高质量供给	创新能力	R&D 投入强度	亿元	+
		万人发明专利授权量	个	+
	人才供给	R&D 人员占比	%	+
		大专及以上文化程度人口占比	%	+
	资金支持	教育支出/GDP	%	+
		科学技术支出/GDP	%	+
高质量需求	消费水平	农村居民消费水平	元	+
		城镇居民消费水平	元	+
	消费升级	居民人均交通通信消费支出	元/人	+
		居民人均教育文化娱乐消费支出	元/人	+
	消费保障	居民人均经济高质量发展和就业支出	元/人	+
		居民人均医疗卫生支出	元/人	+
发展效率	资本效率	总资产贡献率	%	+
		固定资产投资回报率	%	+
		人力资本回报率	%	+
	均衡发展	互联网宽带接入用户占比	%	+
		人均公共图书馆数量	个/人	+
		人均特殊学校数	个/人	+
经济运行	增长质量	人均地区 GDP	亿元	+
		地区 GDP 指数		+
	安全稳定	城镇登记失业率	%	−
		居民消费价格指数		+

指标		变量	单位	属性
经济运行	增长潜力	知识密集型服务业人数占行业总人数比重	%	+
		新产品投入	亿元	+
	风险防范	企业资产负债率	%	−
		一般预算支出/GDP	%	−
对外开放	对外贸易	货物进出口/GDP	%	+
	利用外资	外商投资总额/GDP	%	+
生态环境	空气质量	SO₂ 排放量	万吨	−
		NOₓ 排放量	万吨	−
		PM2.5 年均浓度（人口加权）	微克/立方米	−
		烟（粉）尘排放量	万吨	−
	水质保护	工业废水总排放量	亿吨	−

在按照表 10.21 对我国各省份经济高质量发展水平进行测度时，为消除各指标量纲不一致导致的差异，首先应对各指标依次进行标准化处理。标准化处理公式如下。

当指标为正向时

$$X_{ij} = \frac{x_{ij} - m_{ij}}{M_{ij} - m_{ij}} \qquad (10.29)$$

当指标为负向时

$$X_{ij} = 1 - \frac{x_{ij} - m_{ij}}{M_{ij} - m_{ij}} \qquad (10.30)$$

其中，X_{ij} 表示无量纲化处理后的指标值，x_{ij} 表示原始值，m_{ij} 表示第 i 个维度第 j 个指标中的最小值，M_{ij} 表示第 i 个维度第 j 个指标中的最大值。

其次利用变异系数法确定各项指标权重。处理公式为：

$$v_j = \frac{\sigma_j}{u_j}, \quad W_j = \frac{V_j}{\sum_{j=1}^{m} v_j} \qquad (10.31)$$

其中，V_j 为第 j 个指标的变异系数，σ_j、u_j、v_j 为第 j 个指标的标准差、平均值与权重。

最后，利用式（10.31）求得第 i 个维度的权重 W_i 后，根据 Sarma 和 Pais（2011）的观点，可测度得出我国区域经济高质量发展水平 HQED，公式为：

$$HQED_i = 1 - \frac{\sqrt{w_{i1}^2 \left(1 - x_{i1}\right)^2 + w_{i2}^2 \left(1 - x_{i2}\right)^2 + \cdots + w_{ij}^2 \left(1 - x_{ij}\right)^2}}{\sqrt{w_{i1}^2 + w_{i2}^2 + \cdots + w_{ij}^2}}$$

$$(10.32)$$

（2）模型的设计。

为研究绿色信贷对我国经济高质量发展的直接影响，本节固定效应回归模型设定为：

$$HQED_{it} = \beta_0 + \beta_1 greencredit_t + \beta_2 control_{it} + \lambda_1 + \eta_t + \varepsilon_{it} \qquad (10.33)$$

其中，$HQED_{it}$ 为 i 省份在第 t 年的经济高质量发展水平，$greencredit_t$ 代表第 t 年的绿色信贷比，$control_{it}$ 为控制变量组，λ_1 为个体固定效应，η_t 为时间固定效应，ε_{it} 为随机扰动项。

为进一步探索绿色信贷对我国经济高质量发展的作用机制，本节借鉴已有研究（王海成、吕铁，2016）设定中介效应检验模型为：

$$HQED_{it} = \alpha_0 + \alpha_1 greencredit_{it} + \alpha_2 control_{it} + \lambda_1 + \eta_i + \varepsilon_{it} \qquad (10.34)$$

$$Channel_{it} = b_0 + b_1 greencredit_{it} + b_2 control_{it} + \lambda_1 + \eta_i + \varepsilon_{it} \qquad (10.35)$$

$$HQED_{it} = c_0 + c_1 greencredit_{it} + c_2 channel_{it} + c_3 control_{it} + \lambda_i + \eta_t + \varepsilon_{it}$$

$$(10.36)$$

其中，式（10.34）表示用经济高质量发展水平对绿色信贷进行回归；式（10.35）表示用中介变量对绿色信贷进行回归；式（10.36）表示用经济高质量发展水平对绿色信贷以及中介变量同时进行回归。只有当 a_1、b_1、c_2 都显著时，才可认为该中介效应存在。在此基础上，若 c_1 不显著，则证明存在完全中介效应，代表绿色信贷本身并不会对经济高质量发展水平产生影响，而是完全通过影响产业结构来促进经济高质量发展水平的提升。若 c_1 显著且 $c_1 < a_1$，则表明存在中介效应 $b_1 * c_2$，而绿色信贷对经济高质量发展的直接效应为 c_1。

10.5.2.2 主要变量的描述性统计及数据来源

测得我国经济高质量发展水平后，本节主要变量的描述性统计及其含义如表 10.22 所示。绿色信贷变量以中国绿色信贷贷款余额占国内贷款总额的比重来衡量，其数据来源于中国银行业社会责任报告；科技投入等变量数据均来源于 CSMAR 数据库；工业废水排放量等环境数据来源于《中国能源环境统计年鉴》。

表 10.22　主要变量描述性统计及其含义

变量	变量含义	观测值	均值	标准差	最小值	最大值
HQED	经济高质量发展	186	0.307653	0.081442	0.229674	0.589362
greencredit	绿色信贷	186	0.648635	0.122676	0.490000	0.829566
technology	科技投入	186	1.050396	1.227042	0.041653	8.238935
population	常住人口	186	0.441105	0.277717	0.030762	1.1169
consumption	居民消费水平	186	1.86101	0.899102	0.533951	5.3617
income	居民平均收入	186	5.897061	1.776065	3.6386	13.17
asset	固定资产投资	186	1.671254	1.16669	0.067052	5.520272
industrial structure	第一产业/GDP	186	9.918371	5.025446	0.3616	24.92
	第二产业/GDP	186	44.41692	8.251839	19.014	57.69
	第三产业/GDP	186	45.66277	9.249297	30.94	80.5562

10.5.3　绿色信贷发展对经济增长质量影响的实证研究

10.5.3.1　绿色信贷对经济高质量发展的直接效应研究

绿色信贷对于经济高质量发展水平的直接影响结果如表 10.23 所示。列（1）～（3）表示 OLS 法下，绿色信贷对经济高质量发展的直接影响。列（2）在列（1）的基础上添加了科技投入等控制变量，列（3）进一步利用时间虚拟变量控制了时间效应（时间虚拟变量未在表中列出）。列（4）、列（5）、列（6）为固定效应模型估计结果。列（4）控制了个体效应，列（5）同样在列（4）基础上添加了控制变量组，列（6）控制了时间和个体的双重效应。本节的数据集为面板数据类型，经检验，不同省份的经济高质量发展水平与发展态势具有明显差异，因此，相较于混合回归，该数据集更适用于固定效应模型。列（5）、列（6）的估计结果更可靠。列（5）中，绿色信贷变量系数为 0.149，且显著为正，表明在考虑省份差异的情形下，绿色信贷对于经济高质量发展具有显著且稳定的促进效用。列（6）中，绿色信贷变量系数为 0.198，同样显著为正且高于列（5）所示系数，可见在控制个体与时间的双重差异时，绿色信贷仍然可以有力促进我国经济高质量发展。

表 10.23　绿色信贷对经济高质量发展的直接效应

变量	OLS 回归			固定效应模型		
	(1)	(2)	(3)	(4)	(5)	(6)
greencredit	−0.020	−0.217 ***	−0.217 ***	−0.020	0.149 ***	0.198 ***
	(−0.420)	(−6.418)	(−5.006)	(−1.048)	(5.316)	(5.615)
technology		0.024 ***	0.024 ***		−0.009 **	−0.009 ***
		(4.930)	(4.951)		(−2.704)	(−2.795)
population		0.017	0.016		−0.499	−0.655
		(0.418)	(0.390)		(−1.187)	(−1.437)
consumption		0.041 ***	0.040 ***		−0.041 ***	−0.044 ***
		(4.560)	(4.554)		(−4.813)	(−5.097)
income		0.011 **	0.011 **		−0.006 ***	−0.008 ***
		(2.432)	(2.466)		(−2.899)	(−4.060)
asset		−0.014 *	−0.014		0.007	0.008 *
		(−1.704)	(−1.636)		(1.546)	(1.985)
cons	0.321 ***	0.301 ***	0.302 ***	0.321 ***	0.542 ***	0.595 ***
	(9.642)	(11.453)	(9.289)	(25.582)	(3.084)	(3.137)
个体效应				控制	控制	控制
时间效应			控制			控制
N	186	186	186	186	186	186
r^2	0.001	0.711	0.714	0.030	0.504	0.637
r^2_a	−0.004	0.701	0.698	0.024	0.487	0.616
F	0.176	40.274	24.721	1.098	20.289	69.387

注：＊＊＊、＊＊、＊分别表示在 0.01、0.05、0.1 水平上显著。

　　另外，生态环境水平是经济高质量发展的重要组成部分，根据本节的理论分析，绿色信贷能够在一定程度上改善我国生态环境，进而促进我国的经济高质量发展。为印证这一影响路径，有必要分析绿色信贷对环境污染的影响成效。绿色信贷对于主要污染物排放的影响结果见表 10.24。绿色信贷对工业废水排放量、SO_2 排放量、烟粉尘排放量以及 PM2.5 的系数均显著为负，可知绿色信贷可以显著降低工业废水等主要工业污染物以及空气污染物的排放量，对保护生态环境大有裨益。

表 10.24　绿色信贷对污染物排放的影响

变量	工业废水	SO$_2$	烟粉尘	PM2.5
	排放量	排放量	排放量	年均浓度
绿色信贷	-20.318 ***	-138.002 ***	-60.306 ***	-51.479 ***
	(-4.651)	(-8.302)	(-3.821)	(-4.831)
科技支出	0.035	-2.488 ***	-2.121 ***	-0.245
	(0.411)	(-9.697)	(-7.365)	(-1.318)
环保支出	-0.077	1.430 ***	1.609 ***	0.765 ***
	(-0.698)	(3.720)	(3.062)	(2.904)
地区 GDP	9.935 ***	16.758 ***	11.028 ***	2.224 *
	(13.012)	(7.690)	(5.657)	(1.957)
coms	13.932 ***	112.709 ***	56.476 ***	66.866 ***
	(5.280)	(9.970)	(5.686)	(9.918)
N	186	186	186	186
r^2	0.902	0.519	0.334	0.201
r^2_a	0.900	0.508	0.319	0.184
F	99.857	48.489	20.215	9.937

注：＊＊＊、＊分别表示在 0.01，0.1 水平上显著。

10.5.3.2　中介效应检验

上述实证结果初步论证了绿色信贷对于经济高质量发展水平的直接效应，为了验证本节的中介传导机制，有必要进一步进行中介效应检验。本节认为，绿色信贷除了可以对经济高质量发展产生影响外，还可以通过影响产业结构，间接影响经济高质量发展。在 OLS 估计以及固定效应模型下的估计结果如表 10.25 所示，中介变量均为第二产业占 GDP 的比重增量。从固定效应模型下中介检验估计结果来看，绿色信贷对于第二产业占比有着显著的抑制作用，而第二产业占地区 GDP 比重的提高有助于我国经济高质量发展。因此，产业结构遮掩了绿色信贷对经济高质量发展的部分促进效用，具有遮掩效应而非中介效应。具体表现为，在列（6）中，结果显示，在加入第二产业占比变量后，绿色信贷变量系数仍然高度显著，且大于列（4）中的系数。在列（6）中，绿色信贷对于经济高质量发展的直接效应显著为正（0.156）；在列（4）中，以产业结构为中介变量的遮掩效应显著为负，总效应显著为正（0.149）。这表明绿色信贷将会抑制第二产业发展从而在较小程度上减缓其对经济高质量发展的促进作用。

表10.25　绿色信贷对经济高质量发展的中介效应

变量	OLS 估计法			固定效应模型		
	HQED	industrial	HQED	HQED	industrial	HQED
	(1)	(2)	(3)	(4)	(5)	(6)
industrial			0.001			0.001 *
			(0.473)			(1.912)
greencredit	− 0.217 ***	− 3.910 ***	− 0.214 ***	0.149 ***	− 5.486 *	0.156 ***
	(− 5.788)	(− 2.797)	(− 5.556)	(5.316)	(− 1.802)	(5.414)
technology	0.024 ***	0.191	0.024 ***	− 0.009 **	0.026	− 0.009 ***
	(4.876)	(1.034)	(4.814)	(− 2.704)	(0.081)	(− 2.832)
population	0.017	− 0.570	0.018	− 0.499	32.270	− 0.541
	(0.627)	(− 0.562)	(0.645)	(− 1.187)	(0.582)	(− 1.295)
consumption	0.041 ***	− 0.998 ***	0.042 ***	− 0.041 ***	1.243	− 0.042 ***
	(5.323)	(− 3.521)	(5.257)	(− 4.813)	(1.639)	(− 5.042)
income	0.011 **	0.542 ***	0.010 **	− 0.006 ***	0.172	− 0.006 ***
	(2.578)	(3.520)	(2.367)	(− 2.899)	(0.622)	(− 2.968)
asset	− 0.014 **	0.282	− 0.014 **	0.007	− 0.594	0.007 *
	(− 2.249)	(1.215)	(− 2.277)	(1.546)	(− 0.680)	(1.768)
cons	0.301 ***	− 0.641	0.301 ***	0.542 ***	− 14.458	0.561 ***
	(13.856)	(− 0.793)	(13.830)	(3.084)	(− 0.616)	(3.220)
N	186	186	186	186	186	186
r^2	0.711	0.092	0.711	0.504	0.047	0.520
r^2_a	0.701	0.062	0.700	0.487	0.015	0.501
F	73.439	3.023	62.706	20.289	1.596	17.351

注：＊＊＊、＊＊、＊分别表示在0.01，0.05，0.1水平上显著。

10.5.3.3　稳健性检验

（1）更换核心变量。

变量的选择具有一定主观性，而核心变量的选择将会对模型估计结果产生较大影响。为避免由此类主观性带来的偏差，表10.26对本节的核心解释变量与被解释变量进行了替换进行稳健性检验，具体为：选取绿色信贷投资总额变量作为绿色信贷的代理变量，同时使用绿色全要素生产率衡量地区的经济高质量发展水平。观察列（6）可知，绿色信贷对经济高质量发展的影响系数显著为正，证明绿色信贷对经济高质量发展具有稳定持续的促进效应的结论是稳健的。

表 10.26　更换核心变量后的回归结果

变量	OLS 回归			固定效应模型		
	（1）	（2）	（3）	（4）	（5）	（6）
greencredit	− 0.209	− 0.333	− 0.054	− 0.209 ***	− 0.297 **	0.557 ***
	（− 0.966）	（− 1.410）	（− 0.450）	（− 2.891）	（− 2.503）	（2.840）
technology		− 0.040	− 0.065 *		− 0.011	− 0.161 ***
		（− 0.607）	（− 1.729）		（− 0.093）	（− 3.237）
population		0.613	0.237		19.548	9.819
		（1.371）	（1.393）		（1.103）	（1.382）
consumption		0.072	0.031		0.020	− 0.004
		（0.629）	（0.574）		（0.069）	（− 0.026）
income		− 0.016	0.022		0.025	0.188 ***
		（− 0.252）	（0.747）		（0.358）	（3.858）
asset		− 0.146	− 0.007		− 0.495 **	0.052
		（− 1.601）	（− 0.169）		（− 2.448）	（0.863）
cons	3.008 *	3.887 **	2.501 **	3.008 ***	− 4.320	− 7.129 *
	（1.916）	（2.126）	（2.517）	（5.695）	（− 0.560）	（− 1.784）
个体效应				控制	控制	控制
时间效应			控制			控制
N	186	186	186	186	186	186
r^2	0.007	0.021	0.851	0.007	0.041	0.875
r^2_a	0.002	− 0.012	0.843	0.002	0.008	0.868
F	0.933	0.716	112.257	8.360	2.085	107.421

注：＊＊＊，＊＊，＊分别表示在 0.01，0.05，0.1 水平上显著。

（2）更换中介变量。

在原模型中，采用第二产业占 GDP 比重增量作为产业结构的代理变量，本节为验证中介模型回归的稳健性，以第一产业占 GDP 比重增量与第三产业占 GDP 比重增量作为代理，分别进行中介模型回归，结果如表 10.27、表 10.28

所示。表 10.27 为第一产业占 GDP 比重为中介变量的回归结果，从绿色信贷对第一产业的中介 - 固定效应回归结果来看，列（6）中的结果显示，在加入第一产业占比增量变量后，绿色信贷变量系数高度显著且系数小于列（4）的绿色信贷变量系数。与第二产业发展不同的是，第一产业发展对经济高质量发展的影响系数显著为负，表明扩大第一产业占比将不利于经济高质量发展。由于列（5）中绿色信贷对第一产业发展的影响系数与列（6）中第一产业发展对经济高质量发展的影响系数均为负数，可认为存在以第一产业发展为中介变量的中介效应。表 10.28 为第三产业占 GDP 比重增量为中介变量的回归结果，列（5）中绿色信贷对第三产业发展影响系数显著为正，表明绿色信贷可以促进第三产业发展。但列（6）中，第三产业发展对经济高质量发展水平无显著性影响。因此，以第三产业占 GDP 比重增量为中介变量的中介效应并不存在。综合表 10.25、表 10.27、表 10.28 的结果，可认为绿色信贷的确可以通过影响产业结构间接对经济高质量发展产生影响。其中，对产业结构的影响具体表现为：绿色信贷可以提升第三产业占 GDP 比重并降低第一、第二产业占 GDP 比重，有利于我国产业结构升级。

表 10.27　第一产业占 GDP 比重为中介变量的回归结果

变量	OLS 估计法			固定效应估计		
	HQED	*industrial*	*HQED*	*HQED*	*industrial*	*HQED*
	(1)	(2)	(3)	(4)	(5)	(6)
industrial			−0.011 **			−0.003 **
			（−2.222）			（−2.101）
greencredit	−0.217 ***	−1.230 **	−0.232 ***	0.149 ***	−3.183 ***	0.139 ***
	（−5.788）	（−2.291）	（−6.142）	（5.316）	（−3.032）	（4.603）
technology	0.024 ***	0.010	0.024 ***	−0.009 **	−0.015	−0.009 **
	（4.876）	（0.137）	（4.952）	（−2.704）	（−0.115）	（−2.695）
population	0.017	0.075	0.018	−0.499	4.132	−0.486
	（0.627）	（0.193）	（0.666）	（−1.187）	（0.209）	（−1.089）
consumption	0.041 ***	0.170	0.043 ***	−0.041 ***	0.040	−0.041 ***
	（5.323）	（1.562）	（5.603）	（−4.813）	（0.166）	（−4.697）
income	0.011 **	−0.039	0.010 **	−0.006 ***	0.226 ***	−0.006 **
	（2.578）	（−0.666）	（2.492）	（−2.899）	（2.818）	（−2.589）

变量	OLS 估计法			固定效应估计		
	HQED	industrial	HQED	HQED	industrial	HQED
	(1)	(2)	(3)	(4)	(5)	(6)
asset	-0.014 **	-0.112	-0.015 **	0.007	-0.054	0.006
	(-2.249)	(-1.260)	(-2.472)	(1.546)	(-0.316)	(1.485)
cons	0.298 ***	0.577 *	0.307 ***	0.542 ***	-1.340	0.538 ***
	(13.586)	(1.860)	(14.181)	(3.084)	(-0.161)	(2.887)
N	186	186	186	186	186	186
r^2	0.711	0.102	0.719	0.504	0.111	0.518
r^2_a	0.702	0.072	0.708	0.487	0.081	0.499
F	73.492	3.375	65.037	20.289	11.112	17.019

注：＊＊＊，＊＊分别表示在0.01，0.05水平上显著。

表 10.28 第三产业占 GDP 比重为中介变量的回归结果

变量	OLS 估计法			固定效应估计		
	HQED	industrial	HQED	HQED	industrial	HQED
	(1)	(2)	(3)	(4)	(5)	(6)
industrial			0.001			-0.001
			(0.441)			(-1.220)
greencredit	-0.217 ***	5.142 ***	-0.222 ***	0.149 ***	8.701 ***	0.158 ***
	(-5.788)	(4.102)	(-5.650)	(5.316)	(3.102)	(5.334)
technology	0.024 ***	-0.198	0.024 ***	-0.009 **	-0.013	-0.009 ***
	(4.876)	(-1.196)	(4.885)	(-2.704)	(-0.051)	(-2.806)
population	0.017	0.476	0.017	-0.499	-35.821	-0.536
	(0.627)	(0.524)	(0.608)	(-1.187)	(-0.765)	(-1.308)
consumption	0.041 ***	0.826 ***	0.040 ***	-0.041 ***	-1.309 *	-0.042 ***
	(5.323)	(3.250)	(5.057)	(-4.813)	(-1.730)	(-5.046)
income	0.011 **	-0.503 ***	0.011 **	-0.006 ***	-0.395	-0.007 ***
	(2.578)	(-3.646)	(2.598)	(-2.899)	(-1.553)	(-2.965)
asset	-0.014 **	-0.167	-0.014 **	0.007	0.646	0.007 *
	(-2.249)	(-0.804)	(-2.213)	(1.546)	(0.863)	(1.792)
cons	0.301 ***	0.074	0.301 ***	0.542 ***	15.560	0.558 ***
	(13.856)	(0.102)	(13.822)	(3.084)	(0.788)	(3.265)

变量	OLS 估计法			固定效应估计		
	HQED	*industrial*	*HQED*	*HQED*	*industrial*	*HQED*
	（1）	（2）	（3）	（4）	（5）	（6）
N	186	186	186	186	186	186
r^2	0.711	0.134	0.711	0.504	0.121	0.512
r^2_a	0.701	0.105	0.700	0.487	0.092	0.493
F	73.439	4.613	62.692	20.289	4.285	17.306

注：＊＊＊，＊＊，＊分别表示在 0.01，0.05，0.1 水平上显著。

10.5.3.4　进一步分析

为进一步研究绿色信贷对经济高质量发展的区域影响，本节按照国家统计局于 2015 年发布的划分标准，将我国经济区域分为东北部地区、东部地区、中部地区和西部地区四大区域进行区域性分析。分析结果如表 10.29 所示，东北部地区的绿色信贷变量系数并不显著，东部地区的绿色信贷变量系数显著为负，中部地区与西部地区的绿色信贷变量系数显著为正。由此可见，2012—2017 年，绿色信贷对我国经济高质量发展的促进作用主要集中于中部地区与西部地区。

表 10.29　四大综合经济区的区域检验结果

变量	东北部地区	东部地区	中部地区	西部地区
	（1）	（2）	（3）	（4）
greencredit	0.015	－0.280＊＊	0.148＊＊＊	0.207＊
	（0.129）	（－2.856）	（10.352）	（2.173）
technology	0.023	－0.013＊＊＊	－0.004＊＊	0.004
	（2.565）	（－3.461）	（－3.913）	（0.625）
population	1.596	－0.414	－0.139	－1.519＊＊＊
	（0.864）	（－0.737）	（－1.298）	（－3.370）
consumption	－0.002	－0.045＊＊＊	0.000	－0.024
	（－0.272）	（－3.734）	（0.024）	（－0.664）
income	0.006	0.028＊＊＊	－0.012＊＊＊	－0.010＊＊＊
	（0.338）	（3.836）	（－4.946）	（－6.295）
asset	－0.013＊	0.040＊＊＊	0.002＊＊	0.012
	（－3.879）	（6.033）	（3.629）	（1.477）

变量	东北部地区	东部地区	中部地区	西部地区
	(1)	(2)	(3)	(4)
cons	−0.334	0.663 **	0.308 ***	0.684 ***
	(−0.489)	(2.377)	(5.020)	(5.315)
N	18	60	36	72
r^2	0.965	0.905	0.982	0.621
r^2_a	0.915	0.886	0.975	0.559

注：＊＊＊，＊＊，＊分别表示在 0.01，0.05，0.1 水平上显著。

10.5.4　研究结论与政策启示

本节基于 2012—2017 年我国 30 个省份的样本数据，实证检验了绿色信贷对于我国经济高质量发展的影响，得出以下结论。首先，绿色信贷对我国经济高质量发展具有显著的促进作用，但其促进程度受到我国产业结构的影响与制约。绿色信贷在促进我国第三产业发展的同时抑制了第一、第二产业的发展。从产业结构角度来看，绿色信贷对于我国产业升级具有正向的积极影响；从经济高质量发展角度看来，相较于第三产业，第二产业的发展更有益于促进经济高质量水平的发展。因此，由第二产业转向第三产业的产业升级反而产生了一定程度的遮掩效应，掩盖了一部分绿色信贷对经济高质量发展的助益。其次，绿色信贷将有助于减少工业废水、废气、烟尘以及空气污染物的排放，有利于我国生态环境的保护与改善，从侧面体现了绿色信贷对经济质量的提升作用。最后，从我国四大经济区的区域发展而言，绿色信贷主要促进了中部、西部经济区的经济高质量发展，对东北部经济区并无显著作用且显著抑制了东部地区的经济高质量发展，证明绿色信贷在不同地区的投放实施效果具有较大差异，在全国层面上的促进作用也并不理想。

基于以上研究结论，本书特提出如下政策建议。一是在做大绿色信贷规模的同时，要强化绿色信贷投放的结构优化。当前，我国绿色信贷余额规模稳居世界第一，但贷款主要投向交通运输、仓储和邮政业，绿色信贷投放结构亟须优化，应加大流向环保、节能、清洁能源、绿色交通、绿色建筑等行业和产业绿色信贷资源流量。同时，要加强重点地区的绿色信贷支持,进一步提升绿色信贷政策赋能经济增长质量改善的金融资源配置效应。二是加强绿色金融产品创新与风险防控。随着生态文明理念日益深入人心,人民群众参与生态文明建设的积极性日渐高涨,特别是在"双碳"目标的驱动下,对于绿色金融产品和服务的需求与日俱增,绿色金融产品和服务在各类金融服务供应商、资产管理公司及保险公司之中开始普及,投资者热情高涨,极大推动了绿色金融产品的创新与发展。但必须看到,许多绿色金融产品和服务或者存在于开发/实施的初始阶段,或者存在于与其成功/失败相关的数据尚未产生或报告的阶段。由于缺少经验和数据,任何严格的测量或此等方案的等级都将带有推断性,而且一些方案存在误传的风险,因而需要警惕绿色金融产品创新的非理性冲动,进一步加大绿色金融产品风险防控力度。三是加强绿色信贷环境信息披露。建立健全金融机构、企业绿色信贷环境信息披露制度,提高金融机构、行业和企业的透明度与公信力,促使企业提高治理水平,打造"绿色标签"。

参考文献

[1]ACKERMAN B,STEWART R. Reforming environmental law[J]. Stanford law review,1985,5(37):1333 – 1365.

[2]ALESSANDRO A, VALERIA C, ELENA P. The sensitivity of climate – economy CGE models to energy – related elasticity parameters: Implications for climate policy design[J]. Economic modelling, 2015,51:38 – 52.

[3]ALIX – GARCIA J,DE JANVRY A,SADOULET E. The role of deforestation risk and calibrated compensation in designing payments for environmental services[J]. Environment and development economics,2012,13(3):375 –394.

[4]ANNA KROOK – RIEKKOLA,CHARLOTTE B,ERIK O, et al. Challenges in top – down and bottom – up soft – linking: Lessons from linking a Swedish energy system model with a CGE model[J]. Energy,2017,141.

[5]ARSHAD M, CHARLES O P M. Carbon pricing and energy efficiency improvement—why to miss the interaction for developing economies? an illustrative CGE based application to the Pakistan case [J]. Energy policy, 2014, 67: 87 – 103.

[6]ASQUITH N M, VARGAS M T, WUNDER S. Selling two environmental services:in – kind payments for bird habitat and watershed protection in los negros, bolivia[J]. Ecological economics,2008,65(4):675 – 684.

[7]ATKINSON S, LEWIS D. A cost – effectiveness analysis of alternative air quality control strategies[J]. Journal of environmental economics and management, 1974,1(3):237 –250.

[8]BECKMAN, JAYSON & HERETL, THOMAS & TYNER, WALLACE et al. . Validating energy – oriented CGE models[J]. Energy Economics, 2011, 33 (5):799 – 806.

[9]BOQIANG LIN,ZHIJIE JIA. What will China's carbon emission trading market affect with only electricity sector involvement? A CGE based study[J]. Energy Economics,2018.

[10]BORGES A M. Applied general equilibrium models : an assessment of their usefulness for policy analysis [J]. Oecd economic studies, 1986, 7 (7):7 – 43.

[11]BURNIAUX J – M, MARTIN J P, NICOLETTI G, et al. GREEN a multi – sector, multi – region general equilibrium model for quantifying the costs of curbing CO_2 emissions: a technical manual [R]. Organisation for Econmic Co – operation and Deveopment(OECD) Publishing, 1992.

[12]BURNIAUX J – M, NICOLETTI G, OLIVEIRA – MARTINS J. Green: A global model for quantifying the costs of policies to curb CO_2 emissions[J]. OECD economic studies, 1992: 49 – 49.

[13]BURNIAUX J – M and TRUONG T P. GTAP – E: An energy environmental version of the GTAP model[R]. GTAP Technical Paper n. 16,2002.

[14]CAI W, WANG C, LIU W. Sectoral analysis for international technology development and transfer: cases of coal – fired power generation, Cement and Aluminium in China[J]. Energy policy, 2009, 37: 2283 – 2291.

[15]CHEN, WENYING. The costs of mitigating carbon emissions in China: findings from China MARKAL – MACRO modeling[J]. Energy Policy ,2005,33 (7): 885 – 896.

[16]CHENG W, APPOLLONI A, D'AMATO A, et al. Green public procurement, missing concepts and future trends – A critical review[J]. Journal of cleaner production, 2018, 176: 770 – 784.

[17]CHOI J K, BAKSHI B R, HUBACEK K, et al. A sequential input – output framework to analyze the economic and environmental implications of energy

policies: Gas taxes and fuel subsidies[J]. Applied energy, 2016, 184: 830 – 839.

[18]CHRIS B,NOEL M. Energy efficiency and economic growth: A retrospective CGE analysis for Canada from 2002 to 2012[J]. Energy Economics,2017, 64:118 – 130.

[19]CLEMENTS T,JOHN A, NIELSEN K, et al. Payments for biodiversity conservation in the context of weak institutions:comparison of three programs from cambodia[J]. Ecological economics,2010,69(6):1283 – 1291.

[20]COASE R H. The problem of social cost[J]. The journal of law & economics, 1960(3):1 – 44.

[21]CONARD K,SCHRODER M. Choosing environmental policy instruments using general equilibrium models[J]. Journal of policy modeling,1993,15(5/6): 521 – 543.

[22]CRIQUI P. POLES – prospective outlook on long – term energy systems, information document, LEPII – EPE, Grenoble[DB/OL]. 2021. http://web. upmf – grenoble. fr/lepii – epe/textes/POLES8p_01. pdf.

[23]DEBONS A. Command and control: technology and social impact[J]. Advances in computers, 1971(11): 319 – 390.

[24]DELFIN S G,HANS L, FABIAN M R, et al. Estimating parameters and structural change in CGE models using a Bayesian cross – entropy estimation approach[J]. Economic modelling,2016,52:790 – 811.

[25]DIXON P B, RIMMER M T. Dynamic general equilibrium modeling for forecasting and policy. a practical guide and documentation of monash [M]. North – Holland:ElsevierScience,2002.

[26]DIXON P B, RIMMER M T,RIMME. Johansen's legacy to CGE modelling: Originator and guiding light for 50 years[J]. Journal of policy modeling, 2016,38:421 – 435.

[27]DIXON P B, JORGENSON D. Handbook of computable general equilibrium modelinghandbook of computable general equilibrium modeling[M]. Amsterdam, North – Holland,2013.

[28]DIXON P B, PARMENTER B R, ALAN A P,et al. . Notes and problems in applied general equilibrium economicsnotes and problems in applied general equilibrium economics[M]. Amsterdam, North – Holland,1992.

[29]DUFOURNAUD M C, HARRINGTON J, ROGERS P. Leontief's environmental repercussions and the economic structure revisited: a general equilibrium formulation[J]. Geographical analysis,1988,20(4):318 – 327.

[30]Energy Information Administration(EIA). Integrating module of the national energy modeling system: model documentation. Office of Integrated analysis and forecasting, energy information administration, U. S[R]. Department of Energy, DOE/EIA – M057(2007), Washington, DC. 2007.

[31]ENGEL S,PAGIOLA S,WUNDER S. Designing payments for environmental services in theory and practice: an overview of the issues[J]. Ecological Economics,2008,65(4):663 – 674.

[32]FANG WANG, JIAN LI, WEN TU. Voluntary agreements,flexible regulation and CER: analysis of games in developing countries and transition economies[J]. Procedia Engineering, 2017, 174:377 – 384.

[33]FARLEY J,COSTANZA R. Payments for ecosystem services:from local to global[J]. Ecological Economics,2010,69(11):2060 – 2068.

[34]FERRARO P J. Asymmetric information and contract design for payments for environmental services [J]. Ecological Economics, 2008, 65(4):810 – 821.

[35]FOWLIE M, HOLLAND S P, MANSUR E T. What do emissions markets deliver and to whom? Evidence from Southern California's NOx trading program[J]. The American Economic Review, 2012, 102(2): 965 – 993.

[36]GARCIAA – AMADO L R,PEREZ M R,INIESTA – ARANDIA I,et al. Building ties:social capital network analysis of a forest community in a biosphere reserve in chiapas,Mexico[J]. Ecology and Society,2010,17(3):23 – 38.

[37]GLYN W. Economic modeling of water: the australian CGE experience [M]. Springer,2014.

[38] GOLUSI M, IVANOVIC O M, FILIPOVIC S, et al. Environmental taxation in the european union – analysis, challenges and the future [J]. Journal of renewable and sustainable energy, 2013, 5 (4): 160 – 169.

[39] GONZALEZ – EGUINO M. The importance of the design of market – based instruments for CO_2 mitigation: An AGE analysis for Spain [J]. Ecological economics, 2011, 70(12): 2292 – 2302.

[40] GRANT A, NICK H, PETER M G, KIM S, et al. The impact of increased efficiency in the industrial use of energy: A computable general equilibrium analysis for the United Kingdom [J]. Energy Economics, 2007, 29 (4): 779 – 798.

[41] GREENSTONE M, HANNA R. Environmental regulations, air and water pollution, and infant mortality in India [R]. National bureau of economic research working papers, 2011.

[42] GROSSMAN G M, KRUEGER A B. Environmental impacts of a north American free trade agreement [R]. NBER Working Papers 3914, National Bureau of economic research, Inc, 1991.

[43] GROSSMAN G M, KRUEGER A B. Economic growth and the environment [J]. The quarterly journal of economics, 1995, 110(2): 353 – 377.

[44] GUAN X, LIU W, CHEN M. Study on the ecological compensation standard for river basin water environment based on total pollutants control [J]. Ecological indicators, 2016, 69: 446 – 452.

[45] HAHN R W. Economic prescriptions for environmental problems: how the patient followed the doctor's orders [J]. Journal of economic perspectives, 1989, 3(2): 95 – 114.

[46] HAHN R, STAVINS R. Incentive – Based environmental regulation: a new era from an old idea? [J]. Ecology law quarterly, 1991, 18 (1): 1 – 42.

[47] HAHN R W. The impact of economics on environmental policy [J]. Journal of environmental economics and management, 2000, 39(3): 375 – 399.

[48] HANCEVIC P I, TOL R S J, WEYANT J P. Environmental regula-

tion and productivity: The case of electricity generation under the CAAA – 1990 [J]. Energy Economics, 2016, 60:131 – 143.

[49]HANNA R, OLIVA P. The effect of pollution on labor supply: evidence from a natural experiment in Mexico City[R]. CID Working papers, 2011.

[50]HANS W, GOTTINGER. Global environmental economics [M]. Kluwer Academic Publishers,1998.

[51]HE G, FAN M, ZHOU M. The effect of air pollution on mortality in China: evidence from the 2008 Beijing Olympic Games[J]. Journal of Environmental Economics and Management, 2016, 79: 18 – 39.

[52]HEAPS C. An introduction to LEAP. Retrieved November 2008[DB/OL]. http://www. energycommunity. org/documents/LEAPIntro. pdf ,2008.

[53]HÉlÉNE OLLIVIER. North – South trade and heterogeneous damages from local and global pollution [J]. Environmental and resource economics, 2015, 65(2):337 –355.

[54]HILLE E, SHAHBAZ M. Sources of emission reductions: Market and policy – stringency effects[J]. Energy Economics, 2019, 78: 29 – 43.

[55]HOEL M, LARRY S K. Taxes Versus Quotas for a Stock Pollutant[J]. Resource and energy economics, 2002,24: 367 – 84.

[56]HOPE C. The marginal impact of CO_2 from PAGE2002: An integrated assessment model incorporating the IPCC's ve reasons for concern[J]. Integrated Assessment Journal, 2006, 6(1):566 – 577.

[57]HOPKINS F. Resource balance, limited information and public policy [J]. Socio – Economic Planning Sciences, 1973, 7(6):633 – 648.

[58]JAUME FREIRE – GONZÁLEZ. Environmental taxation and the double dividend hypothesis in CGE modelling literature: A critical review[J]. Journal of Policy Modeling,2018,40(1):194 – 223.

[59]JORDAN A, RUDIGER K, WURZEL W, et al. "New" Instruments of environmental governance: patterns and pathways of change[J]. Environmental Politics, 2003, 12(1):1 – 24.

[60] KARP L S, JIANGFENG ZHANG. Regulation of stock externalities with correlated abatement cost [J], Environmental and resource economics, 2005,32:273 –99.

[61]KEMKES R J,FARLEY J,KOLIBA C J. Determining when payments are an effective policy approach to ecosystem service provision[J]. Ecological Economics,2010,69(11):2069 –2074.

[62] KEMP R. Environmental policy and technical change [M]. UK: Edward Elgar, 1997.

[63]KEVIN L. Energy in Europe, European energy to 2020:a scenario approach [M]. Belgium:office for official publications of the european communities,1996.

[64] KNITTEL C R, MILLER D L, SANDERS N J. Caution, drivers! Children present: traffic, pollution, and infant health[R]. National bureau of economic research working papers, 2011.

[65] KOSOY N,CORNERA E. Payments for ecosystem services as commodity fetishism[J]. Ecological Economics,2010,69(6):1228 –1236.

[66] KULMALA M. China's choking cocktail [J]. Nature, 2015, 526 (7574):497 –499.

[67]KUZNETS S. Economic growth and income inequality[J]. The American Economic Review, 1955,45(1):1 –28.

[68]LANDELL – MILLS N,PORRAS I. Silver bullet or fools'gold? A global review of markets for forest environmental services and their impact on the poor [R]. London:international institute for environment and development,2002.

[69]LAWRENCE H G, ANDREW S. Carbon tax vs. cap – and – trade: a critical review[DB/OL]. 2013, http://www. nber. org/papers/w19338.

[70] LIANG Q M, FAN Y, WEI Y M. Carbon taxation policy in China: How to protect energy – and trade – intensive sectors? [J]. Journal of Policy Modeling, 2007,29(2): 311 –333.

[71]LIU J, XUE J, YANG L, et al. Enhancing green public procurement

practices in local governments: Chinese evidence based on a new research frame-work[J]. Journal of Cleaner Production, 2019, 211: 842 – 854.

[72]LOCATRLLI B,ROJAS V,SALINAS Z. Impacts of payments for envi-ronmental services on local development in northern costa rica: a fuzzy multi – criteria analysis[J]. Forest policy and economics,2008,10(5):275 – 285.

[73]LOULOU R, LABRIET M . ETSAP – TIAM: the TIMES integrated as-sessment model Part I: Model structure[J]. Computational management science, 2008,5(1):41 – 66.

[74]MAISONNAVE H, PYCROFT J, SAVEYN B, et al. . Does climate policy make the EU economy more resilient to oil price rises? a CGE analysis [J]. Energy Policy , 2012,47:172 – 179.

[75]MANNE A, MENDELSOHN R, RICHELS R. MERGE : A model for evaluating regional and global effects of GHG reduction policies[J]. Energy Poli-cy, 1995, 23(1):17 – 34.

[76]MANSOUR F , ALNOURI S Y , AL – HINDI M,et al. Screening and cost assessment strategies for end – of – Pipe Zero Liquid Discharge systems[J]. Journal of cleaner production, 2018, 179:460 – 477.

[77] MANTOVANI A, TAROLA O, VERGARI C. End – of – pipe or cleaner production? How to go green in presence of income inequality and pro – environmental behavior[J]. Journal of cleaner production, 2017, 160: 71 – 82.

[78]MEI H A N, HAOZHE Y U. Wetland dynamic and ecological com-pensation of the Yellow River Delta based on RS[J]. Energy Procedia, 2016, 104: 129 – 134.

[79] MESSNER S, STRUBEGGER M. User's Guide for MESSAGE III [R]. International institute for applied systems analysis, WP – 95 – 69 Laxen-burg, Austria, 1995.

[80]MIKEL GONZÁLEZ – EGUINO. The importance of the design of mar-ket – based instruments for CO_2 mitigation: An AGE analysis for Spain[J]. Eco-logical Economics,2011,70(12): 2292 – 2302.

[81] MIRANDA M, PORRAS I T, MORENO M L. The social impacts of payments for environmental services in costa rica. A quantitative field survey and analysis of the virilla watershed[R]. London: international institute for environment and development, 2003.

[82] MURADIAN R, CORNERA E, PASCUAL U, et al. Reconciling theory and practice: An alternative conceptual framework for understanding payments for environmental services[J]. Ecological Economics, 2010, 69(6): 1202 – 1208.

[83] NA LI, XIAOLING ZHANG, MINJUN SHI, et al.. Does China's air pollution abatement policy matter? An assessment of the Beijing – Tianjin – Hebei region based on a multi – regional CGE model[J]. Energy Policy, 2019, 127: 213 – 227.

[84] NESTA L, VONA F, NICOLLI F. Environmental policies, competition and innovation in renewable energy[J]. Journal of environmental economics and management, 2014, 67(3): 396 – 411.

[85] NEWELL R G, WILLIAM P. Regulating stock externalities under uncertainty[J]. Journal of environmental economics and management, 2003, 45: 416 – 32.

[86] NORDHAUS, WILLIAM D, ZILLI Y. A regional dynamic general – equilibrium model of alternative climate – change strategies[J]. American economic review, American economic association, 1996, 86(4): 741 – 65.

[87] NORDHAUS, WILLIAM D. Rolling the "DICE": an optimal transition path for controlling greenhouse gases[J]. Resource and energy economics, 1993, 15(1): 27 – 50.

[88] NORDHAUS, WILLIAM. Designing a friendly space for technological change to slow global warming[J]. Energy Economics, 2011, 33(4): 665 – 673.

[89] NORGAARD R B. Ecosystem services: from eye – opening metaphor to complexity blinder[J]. Ecological Economics, 2010, 69(6): 1219 – 1227.

[90] OECD. GREEN: the User Manual. mimeo[M]. Paris: Development Centre, 1994.

[91] Office of Integrated Analysis and Forecasting, Energy Information Administration, U. S. Department of Energy. Model documentation report: system for the analysis of global energy markets(SAGE). Volume 1 Model Documentation [M]. Washington:BiblioGov, 2003.

[92] ORLOV A, GRETHE H. Carbon taxation and market structure: a CGE analysis for. Russia[J]. Energy Policy , 2012,51:696 – 707.

[93] PAGIOLA S, ARCENAS A, PLATAIS G. Can payments for environmental services help reduce poverty? An exploration of the issues and the evidence to date from latin america[J]. World Development,2005,33(2):237 – 253.

[94] PAHL – WOSTL C. The role of governance modes and meta – governance in the transformation towards sustainable water governance[J]. Environmental Science & Policy, 2019, 91: 6 – 16.

[95] PALTSEV S, REILLY J, JACOBY H, et al. The MIT emissions prediction and policy analysis (EPPA) model: version 4, MIT joint program on the science and policy of global change[M]. Cambridge: Massachusetts,2005.

[96] PANAYOTOU T. Demystifying the environmental kuznets curve: turning alack box into a policy tool. Special issue on environmental kuznets curves [J]. Environment development economics,1997,2(4):465 – 484.

[97] PANAYOTOU T. Empirical tests and policy analysis of environmental degradation at dfferent stages of economic development,ILO[M]. Technology and employment programme,Geneva, 1993.

[98] PANIDA T,BUNDIT L, SHINICHIRO F,et al. Thailand's low – carbon scenario 2050: The AIM/CGE analyses of CO_2 mitigation measures[J]. Energy Policy, 2013, 62:561 – 572.

[99] PATRIQUIN M N, ALAVALAPATI J R R, WELLSTEAD A M, et al. Estimating impacts of resource management policies in the Foothills Model Forest [J]. Canadian Journal of Forest Research, 2003, 33(1):147 – 155.

[100] PAVITT K, WALKER W . Government policies towards industrial innovation: a review [J]. Research Policy,1976,5(1):11 – 97.

[101] PIGOU A C. The economics of welfare [M]. London: Macmillan, 1920.

[102] PERSSON U M, ALPOZAR F. Conditional cash transfers and payments for environmental services: a conceptual frameword for explaining and judging differences in outcomes[J]. World Development, 2013, 43(3): 124 – 137.

[103] PETER B D, MAUREEN T R, ROBERT G W. Evaluating the effects of local content measures in a CGE model: Eliminating the US Buy America(n) programs[J]. Economic Modelling, 2018, 68: 155 – 166.

[104] PFAFF A, ROBALINO J, SANCHEZ – AZOFEIFA G A. Payments for environmental services: empirical analysis for costa rica[R]. Duke University, 2008.

[105] PIZER W A. The optimal choice of climate change policy in the presence of uncertainty[J]. Resource and energy economics, 1999, 21, 255 – 287.

[106] PIZER W A. Combining price and quantily controls to mitigate global climate change[J]. Journal of Public Economics, 2002, 85, 409 – 433.

[107] QIANG WANG, XI CHEN. Energy policies for managing China's carbon emission[J]. Renewable and Sustainable Energy Reviews, 2015, 50: 470 – 479.

[108] RIAHI K, ROEHRL R A. Greenhouse gas emissions in a dynamics – as – usual scenario of economic and energy development[J]. Technological Forecasting & Social Change, 2000, 63: 175 – 205.

[109] ROGER R. Dynamic effects and structural change under environmental regulation in a CGE model with endogenous growth[R]. ETH, Swiss federal institute of technology, CER – ETH – Center of economic research at ETH Zurich, Working Paper 11/153, 2011.

[110] SHOVEN J B. Applying general equilibrium[M]. Cambridge: Cambridge university press, 1992.

[111] SIERRA R, RUSSMAN E. On the efficiency of environmental service payments: a forest conservation assessment in the osa peninsula, costa rica[J]. Ecological Economics, 2006, 59(1): 131 – 141.

［112］SILVIA R, PAOLO B. Voluntary agreements in the field of energy efficiency and emission reduction: Review and analysis of experiences in the European Union[J]. Energy Policy, 2011,39(11):7121 - 7129.

［113］SPRINGER K. The DART general equilibrium model: A technical description[R]. Kiel institute of world economics working paper,1998.

［114］STAVINS R. Harnessing Market forces to protect the environment [J]. Environment: science and policy for sustainble development, 1989,31 (1): 5 - 35.

［115］TACCONI L. Redefining payments for environmental services[J]. Ecological Economics,2012,73(15):29 - 36.

［116］TANG Y, MA Y, WONG C W Y, et al. Evolution of government policies on guiding corporate social responsibility in China[J]. Sustainability, 2018, 10(3): 741.

［117］TATIANA F. Market - based instruments for flood risk management: A review of theory, practice and perspectives for climate adaptation policy[J]. Environmental Science & Policy, 2014,37:227 - 242.

［118］TIETENBERG T. Environmental and natural resorce economics[M]. New York:HarperCollins Publishers, 1992.

［119］TIETENBERG T. Emissions trading, an exercise in reforming pollution policy[M]. Washington D C:Resources for the Future, 1985.

［120］TOL R S J. On the optimal control of carbon dioxide emissions: an application of FUND[J]. Environmental Modeling and Assessment, 1997(2): 151 - 163.

［121］VEZZARO L, SHARMA A K, LEDIN A, et al. Evaluation of stormwater micropollutant source control and end - of - pipe control strategies using an uncertainty - calibrated integrated dynamic simulation model[J]. Journal of environmental management, 2015, 151: 56 - 64.

［122］WANG Q, CHEN X. Energy policies for managing China's carbon emission[J]. Renewable and sustainable energy reviews,2015,50: 470 - 479.

[123] WEI LI, ZHIJIE JIA, HONGZHI ZHANG The impact of electric vehicles and CCS in the context of emission trading scheme in China: A CGE – based analysis[J]. Energy, 2017, 119:800 – 816.

[124] WEI LI, ZHIJIE JIA. The impact of emission trading scheme and the ratio of free quota: A dynamic recursive CGE model in China[J]. Applied Energy, 2016,174:1 – 14.

[125] WEITZMAN M L. Prices vs. Quantities [J]. Review of economic studies,1974, 41,477 – 491.

[126] WENLING LIU, ZHAOHUA WANG. The effects of climate policy on corporate technological upgrading in energy intensive industries: Evidence from China[J]. Journal of cleaner production,2017, 142(4):3748 – 3758.

[127] WILLIAM N. Impact on economic growth of differential population growth in an economy with high inequality[J]. South african journal of economics, economic society of south africa, 2008, 76(2): 314 – 315.

[128] WITHEY P, LANTZ V A, OCHUODHO T, et al. Economic impacts of conservation area strategies in Alberta, Canada: A CGE model analysis[J]. Journal of Forest Economics,2018,33: 33 – 40.

[129] World Bank. Five years after Rio: Innovations in environmental policy[R]. Washington,D. C.: World Bank,1997.

[130] WU J, DENG Y, HUANG J, et al. Incentives and outcomes: China's environmental policy[J]. Social science electronic publishing, 2013, 9(1):1 –41.

[131] XIANBING LIU, CAN WANG, WEISHI ZHANG, et al. Awareness and acceptability of Chinese companies on market – based instruments for energy saving: A survey analysis by sectors[J]. Energy for Sustainable Development, 2013,7(3): 228 – 239.

[132] XU J, JIN G, TANG H, et al. Assessing temporal variations of Ammonia Nitrogen concentrations and loads in the Huaihe River Basin in relation to policies on pollution source control [J]. Science of The Total Environment, 2018, 642: 1386 – 1395.

[133]YIN R , ZHAO M , YAO S . Designing and implementing payments for ecosystem services programs: what lessons can be learned from China's experience of restoring degraded cropland? [J]. Environmental science & technology, 2013, 35(1):66 – 72.

[134]ZHANG Z X. Macroeconomic effects of CO2 emission limits: a computable general equilibrium analysis for China[J]. Journal of Policy Modeling, 1998,20(2): 213 – 250.

[135]ZHANG Z X. Integrated economy – energy – environment policy analysis: a case study for the People's Republic of China[D]. Wageningen: Wageningen University,1996.

[136]安崇义,唐跃军.排放权交易机制下企业碳减排的决策模型研究[J].经济研究,2012(8):45 – 58.

[137]安祎玮,周立华,陈勇.基于倾向得分匹配法分析生态政策对农户收入的影响:宁夏盐池县"退牧还草"案例研究[J].中国沙漠,2016(3): 823 – 829.

[138]包群,邵敏,杨大利.环境管制抑制了污染排放吗?[J].经济研究, 2013 (12): 42 – 54.

[139]曹静.走低碳发展之路:中国碳税政策的设计及 CGE 模型分析[J].金融研究,2009(12):19 – 29.

[140]曹莉萍,周冯琦,吴蒙.基于城市群的流域生态补偿机制研究:以长江流域为例[J].生态学报,2019,39(1):85 – 96.

[141]曹洪军.中国环境经济学的现代理论与政策研究[M].北京:经济科学出版社,2018.

[142]柴麒敏.全球气候变化综合评估模型(IAMC)及不确定型决策研究[D].北京:清华大学, 2010.

[143]陈青文.环境保护市场化机制研究[J].浙江树人大学学报(人文社会科学版), 2008(6):71 – 75.

[144]陈荣,张希良,何建坤,等.基于 MESSAGE 模型的省级可再生能源规划方法[J]. 清华大学学报(自然科学版),2008,48(9):1525 – 1528.

[145]陈伟,余兴厚,熊兴.政府主导型流域生态补偿效率测度研究:以长江经济带主要沿岸城市为例[J].江淮论坛,2018(3):43－50.

[146]陈万青,郑荣寿,张思维,等.2012年中国恶性肿瘤发病和死亡分析[J].中国肿瘤,2016,25(1):1－8.

[147]崔先维.中国环境政策中的市场化工具问题研究[D].长春:吉林大学,2010.

[148]蔡志坚.流域生态系统恢复价值评估:CVM有效性与可靠性改进视角[M].北京:中国人民大学出版社,2017.

[149]戴觅,余淼杰.企业出口前研发投入,出口及生产率进步:来自中国制造业企业的证据[J].经济学(季刊),2011(1):211－230.

[150]邓常春.环境金融:低碳经济时代的金融创新[C]//2008中国可持续发展论坛论文集(1).2008:126－129.

[151]邓国营,徐舒,赵绍阳.环境治理的经济价值:基于CIC方法的测度[J].世界经济,2012(9):143－160.

[152]邓祥征,吴锋,林英志,等.基于动态环境CGE模型的乌梁素海流域氮磷分期调控策略[J].地理研究,2011(4):635－644.

[153]丁屹红,姚顺波.退耕还林工程对农户福祉影响比较分析:基于6个省951户农户调查为例[J].干旱区资源与环境,2017(5):45－50.

[154]董战峰,李红祥,璩爱玉,等.长江流域生态补偿机制建设:框架与重点[J].中国环境管理,2017,9(6):60－64.

[155]杜丽永,蔡志坚,杨加猛,等.运用Spike模型分析CVM中零响应对价值评估的影响:以南京市居民对长江流域生态补偿的支付意愿为例[J].自然资源学报,2013,28(6):1007－1018.

[156]范进,赵定涛,洪进.消费排放权交易对消费者选择行为的影响:源自实验经济学的证据[J].中国工业经济,2012(3):30－42.

[157]范庆泉,张同斌.中国经济增长路径上的环境规制政策与污染治理机制研究[J].世界经济,2018,41(8):171－192.

[158]范庆泉,周县华,张同斌.动态环境税外部性、污染累积路径与长期经济增长:兼论环境税的开征时点选择问题[J].经济研究,2016,51(8):

116 – 128.

[159]方颖,郭俊杰.中国环境信息披露政策是否有效:基于资本市场反应的研究[J].经济研究,2018,53(10):158 – 174.

[160]傅京燕,代玉婷.碳交易市场链接的成本与福利分析:基于 MAC 曲线的实证研究[J].中国工业经济,2015(9):84 – 98.

[161]葛察忠,段显明,董战峰,等.自愿协议:节能减排的制度创新[M].北京:中国环境科学出版社,2012.

[162]顾伟忠,娄峰.北京市养老保险政策模拟分析:基于区域可计算一般均衡(CGE)模型[J].数量经济研究,2017,8(2):100 – 115.

[163]高扬,何念鹏,汪亚峰.生态系统固碳特征及其研究进展[J].自然资源学报,2013,28(7):1264 – 1274.

[164]郭正权.基于 CGE 模型的我国低碳经济发展政策模拟分析[D].北京:中国矿业大学, 2011.

[165]韩凤芹.能源税开征的必要性及方案设想[J].财政研究,2006(4):53 – 55.

[166]韩智勇,魏一鸣,焦建玲,等.中国能源消费与经济增长的协整性与因果关系分析[J].系统工程,2004(12):17 – 21.

[167]何大义,陈小玲,许加强.限额交易减排政策对企业生产策略的影响[J].系统管理学报,2016(2):302 – 307.

[168]胡吉祥,童英,陈玉宇.国有企业上市对绩效的影响:一种处理效应方法[J].经济学(季刊),2011(3):965 – 988.

[169]胡秀莲,姜克隽.减排对策分析:AIM/能源排放模型[J].中国能源,1998(11):17 – 22.

[170]黄钾涵.关于搭建环境污染第三方治理市场化平台的建议[R]//中国环境科学学会.2015 年中国环境科学学会学术年会论文集:第 1 卷,2015(7):834 – 837.

[171]黄茂兴,林寿富.污染损害、环境管理与经济可持续增长:基于五部门内生经济增长模型的分析[J].经济研究,2013,48(12):30 – 41.

[172]蒋高振.可再生能源消费对经济增长影响的实证研究[D].山东:

山东大学,2017.

[173]金碚.关于"高质量发展"的经济学研究[J].中国工业经济,2018
(4):5-18.

[174]金刚,沈坤荣.以邻为壑还是以邻为伴:环境规制执行互动与城市
生产率增长[J].管理世界,2018,34(12):43-55.

[175]金佳宇,韩立岩.国际绿色债券的发展趋势与风险特征[J].国际
金融研究,2016(11):36-44.

[176]金帅,杜建国,盛昭瀚.区域环境保护行动的演化博弈分析[J].系
统工程理论与实践,2015,35(12):3107-3118.

[177]李钢,董敏杰,沈可挺.强化环境管制政策对中国经济的影响:基
于CGE模型的评估[J].中国工业经济,2012(12):5-17.

[178]李国平,王奕淇,张文彬.南水北调中线工程生态补偿标准研究
[J].资源科学,2015,37(10):1902-1911.

[179]李虹,熊振兴.生态占用、绿色发展与环境税改革[J].经济研究,
2017,52(7):124-138.

[180]李虹,邹庆.环境规制、资源禀赋与城市产业转型研究:基于资源型
城市与非资源型城市的对比分析[J].经济研究,2018,53(11):182-198.

[181]李江龙,徐斌."诅咒"还是"福音":资源丰裕程度如何影响中国
绿色经济增长?[J].经济研究,2018,53(9):151-167.

[182]罗丽艳.自然资源价值的理论思考:论劳动价值论中自然资源价
值的缺失[J].中国人口·资源与环境,2003(6):22-25.

[183]李猛.后危机时期政策或冲击对中国宏观经济影响的数量分析:
基于环境与金融层面相统合的多部门CGE模型[J].数量经济技术经济研
究,2011(12):3-20.

[184]李娜,石敏俊,王飞.区域差异和区域联系对中国区域政策效果的
作用:基于中国八区域CGE模型[J].系统工程理论与实践,2009,29(10):
35-44.

[185]李娜,石敏俊,袁永娜.低碳经济政策对区域发展格局演进的影
响:基于动态多区域CGE模型的模拟分析[J].地理学报,2010,65(12):

1569 – 1580.

[186]李宁. 长江中游城市群流域生态补偿机制研究[D].武汉:武汉大学,2018.

[187]李善同,翟凡,徐林.中国加入世界贸易组织对中国经济的影响:动态一般均衡分析[J].世界经济,2000(2):3 – 14.

[188]李树,陈刚.环境管制与生产率增长:以 APPCL2000 的修订为例[J].经济研究,2013(1):17 – 31.

[189]李晓西,夏光.中国绿色金融报告 2014[M].北京:中国金融出版社,2014.

[190]李子豪,毛军.地方政府税收竞争、产业结构调整与中国区域绿色发展[J].财贸经济,2018,39(12):142 – 157.

[191]梁龙妮,庞军,张永波,等.多收入阶层 CGE 模型在能源资源税改革效应分析中的应用研究[J].环境科学与管理,2016(8):56 – 59.

[192]刘海英,谢建政.排污权交易与清洁技术研发补贴能提高清洁技术创新水平吗:来自工业 SO_2 排放权交易试点省份的经验证据[J].上海财经大学学报,2016, 18(5):79 – 90.

[193]刘婧宇,夏炎,林师模,等.基于金融 CGE 模型的中国绿色信贷政策短中长期影响分析[J].中国管理科学,2015(4):46 – 52.

[194]刘强,彭晓春,周丽旋,等.城市饮用水水源地生态补偿标准测算与资金分配研究:以广东省东江流域为例[J].生态经济,2012(1):33 – 37.

[195]刘宇,温丹辉,王毅,等.天津碳交易试点的经济环境影响评估研究:基于中国多区域一般均衡模型 $TermCO_2$[J].气候变化研究进展,2016(6):561 – 570.

[196]刘宇,肖宏伟,吕郢康.多种税收返还模式下碳税对中国的经济影响:基于动态 CGE 模型[J].财经研究,2015(1):35 – 48.

[197]龙开胜,王雨蓉,赵亚莉,等.长三角地区生态补偿利益相关者及其行为响应[J].中国人口·资源与环境,2015,25(8):43 – 49.

[198]龙文滨,胡珺.节能减排规划、环保考核与边界污染[J].财贸经济,2018,39(12):126 – 141.

[199]娄峰.碳税征收对我国宏观经济及碳减排影响的模拟研究[J].数量经济技术经济研究,2014(10):84 - 96.

[200]卢新海,柯善淦.基于生态足迹模型的区域水资源生态补偿量化模型构建:以长江流域为例[J].长江流域资源与环境,2016,25(2):334 - 341.

[201]罗知,李浩然."大气十条"政策的实施对空气质量的影响[J].中国工业经济,2018(9):136 - 154.

[202]骆建华.环境污染第三方治理的发展及完善建议[J].环境保护,2014(20):16 - 19.

[203]吕铃钥,李洪远.京津冀地区 PM10 和 PM2.5 污染的健康经济学评价[J].南开大学学报(自然科学版),2016,49(1):69 - 77.

[204]牛玉静,陈文颖,吴宗鑫.全球多区域 CGE 模型的构建及碳泄漏问题模拟分析[J].数量经济技术经济研究,2012(11):34 - 50.

[205]潘华,周小凤.长江流域横向生态补偿准市场化路径研究:基于国土治理与产权视角[J].生态经济,2018,34(9):179 - 184.

[206]彭海珍,任荣明.环境政策工具与企业竞争优势[J].中国工业经济,2003(7):75 - 82.

[207]齐良书.经济、环境与人口健康的相互影响:基于我国省区面板数据的实证分析[J].中国人口·资源与环境,2008,18(6):169 - 173.

[208]齐绍洲.低碳经济转型下的中国碳排放权交易体系[M].北京:经济科学出版社,2016.

[209]冉光和,徐继龙,于法稳.政府主导型的长江流域生态补偿机制研究[J].生态经济(学术版),2009(2):372 - 374.

[210]饶清华,邱宇,王菲凤,等.闽江流域跨界生态补偿量化研究[J].中国环境科学,2013,33(10):1897 - 1903.

[211]饶清华,颜梦佳,林秀珠,等.基于帕累托改进的闽江流域生态补偿标准研究[J].中国环境科学,2016,36(4):1235 - 1241.

[212]任玉珑,黄守军,彭光金.基于 CO2 减排调度的电力市场激励规制策略研究[J].统计与决策,2011(2):40 - 43.

[213]沈洪涛,黄楠,刘浪.碳排放权交易的微观效果及机制研究[J].

厦门大学学报(哲学社会科学版),2017(1):13-22.

[214]沈坤荣,金刚.中国地方政府环境治理的政策效应:基于"河长制"演进的研究[J].中国社会科学,2018(5):92-115.

[215]石敏俊,袁永娜,周晟吕,等.碳减排政策:碳税、碳交易还是两者兼之?[J].管理科学学报,2013(9):9-19.

[216]时佳瑞,汤铃,余乐安,等. 基于 CGE 模型的煤炭资源税改革影响研究[J].系统工程理论与实践,2015(7):1698-1707.

[217]舒绍福.绿色发展的环境政策革新:国际镜鉴与启示[J].改革,2016(3):102-109.

[218]苏明,傅志华,许文,等.碳税的中国路径[J].环境经济,2009(9):10-22.

[219]谭秋成.关于生态补偿标准和机制[J].中国人口·资源与环境,2009,19(6):1-6.

[220]汤维祺,吴力波,钱浩祺.从"污染天堂"到绿色增长:区域间高耗能产业转移的调控机制研究[J].经济研究,2016(6):58-70.

[221]唐萍萍,张欣乐,胡仪元.水源地生态补偿绩效评价指标体系构建与应用:基于南水北调中线工程汉江水源地的实证分析[J].生态经济,2018,34(2):170-174.

[222]田海燕,李秀敏.财政科教支出、技术进步与区域经济协调发展:基于引致技术进步动态多区域 CGE 模型[J].财经研究,2018,44(12):85-99.

[223]王班班,齐绍洲.市场型和命令型政策工具的节能减排技术创新效应:基于中国工业行业专利数据的实证[J].中国工业经济,2016(6):91-108.

[224]王灿,陈吉宁,邹骥.可计算一般均衡模型理论及其在气候变化研究中的应用[J].上海环境科学,2003(3):206-212.

[225]王金南,严刚,姜克隽,等.应对气候变化的中国碳税政策研究[J].中国环境科学,2009(1):101-105.

[226]王克,王灿,吕学都,等.基于 LEAP 的中国钢铁行业 CO_2 减排潜力分析[J].清华大学学报(自然科学版),2006(12):1982-1986.

[227]王克强,邓光耀,刘红梅.基于多区域 CGE 模型的中国农业用水效率和水资源税政策模拟研究[J].财经研究,2015,41(3):40-52.

[228]王坤,何军,陈运帷,等.长江经济带上下游生态补偿方案设计[J].环境保护,2018,46(5):59-63.

[229]王林秀,邹艳芬,魏晓平.基于 CGE 和 EFA 的中国能源使用安全评估[J].中国工业经济,2009(4):85-93.

[230]王猛.构建现代生态环境治理体系[N].中国社会科学报,2015-07-22(7).

[231]王树华.长江经济带跨省域生态补偿机制的构建[J].改革,2014(6):32-34.

[232]王文军,谢鹏程,胡际莲,等.碳税和碳交易机制的行业减排成本比较优势研究[J].气候变化研究进展,2016(1):53-60.

[233]汪旭晖,刘勇.中国能源消费与经济增长:基于协整分析和 Granger 因果检验[J].资源科学,2007(5):57-62.

[234]王有志,宋阳.绿色发展背景下的减排市场机制选择与设计[J].学术交流,2016(8):140-145.

[235]王燕,高吉喜,王金生,等.生态系统服务价值评估方法述评[J].中国人口·资源与环境,2013,23(S2):337-339.

[236]魏娜,孟庆国.大气污染跨域协同治理的机制考察与制度逻辑:基于京津冀的协同实践[J].中国软科学,2018(10):79-92.

[237]魏巍贤.基于 CGE 模型的中国能源环境政策分析[J].统计研究,2009(7):3-13.

[238]吴建南,文婧,秦朝.环保约谈管用吗:来自中国城市大气污染治理的证据[J].中国软科学,2018(11):66-75.

[239]吴力波,钱浩祺,汤维祺.基于动态边际减排成本模拟的碳排放权交易与碳税选择机制[J].经济研究,2014(9):48-62.

[240]武亚军,宣晓伟.环境税经济理论及对中国的应用分析[M].北京:经济科学出版社,2002.

[241]肖建华,游高端.生态环境政策工具的发展与选择策略[J].理论

导刊,2011(7):37-39.

[242]辛璐,逯元堂,李扬飏,等.环境保护市场化推进实践与思考[J].环境保护科学,2015,41(1):26-30.

[243]熊磊,胡石其.长江经济带生态环境保护中政府与企业的演化博弈分析[J].科技管理研究,2018,38(17):252-257.

[244]熊兴,储勇.基于生态足迹的长江经济带生态补偿机制研究[J].重庆工商大学学报(自然科学版),2017,34(6):94-102.

[245]徐大伟,李斌.基于倾向值匹配法的区域生态补偿绩效评估研究[J].中国人口·资源与环境,2015,25(3):34-42.

[246]徐晓亮.清洁能源补贴改革对产业发展和环境污染影响研究:基于动态CGE模型分析[J].上海财经大学学报,2018,20(5):44-57.

[247]徐晓亮.资源税税负提高能缩小区域和增加环境福利吗:以煤炭资源税改革为例[J].管理评论,2014(7):29-36.

[248]许士春.市场型环境政策工具对碳减排的影响机理及其优化研究[D].北京:中国矿业大学,2012.

[249]杨海生,徐娟,吴相俊.经济增长与环境和社会健康成本[J].经济研究,2013,48(12):17-29.

[250]杨岚,毛显强,刘琴,等.基于CGE模型的能源税政策影响分析[J].中国人口.资源与环境,2009(2):24-29.

[251]杨继生,徐娟,吴相俊.经济增长与环境和社会健康成本[J].经济研究,2013,48(12):17-29.

[252]杨茜淋.京津冀产业转移政策模拟分析:基于多区域CGE模型[A].李平,殷先军.21世纪数量经济学:第17卷[M].北京:经济管理出版社,2017.

[253]杨欣,MICHAEL BURTON,张安录.基于潜在分类模型的农田生态补偿标准测算:一个离散选择实验模型的实证[J].中国人口·资源与环境,2016,26(7):27-36.

[254]杨欣,张晶晶,高欣,等.基于农户发展受限视角的江夏区基本农田生态补偿标准测算[J].资源科学,2017,39(6):1194-1201.

[255]杨友才,牛欢,孙亚男.我国节能服务业税收改革的政策效应分析:基于双重差分模型(DID)的研究[J].山东大学学报(哲学社会科学版),2016(6):98–107.

[256]游达明,邓亚玲,夏赛莲.基于竞争视角下央地政府环境规制行为策略研究[J].中国人口·资源与环境,2018,28(11):120–129.

[257]袁诚,陆挺.外商直接投资与管理知识溢出效应:来自中国民营企业家的证据[J].经济研究,2005(3):69–79.

[258]袁永科,叶超,杨琴.征收能源税对北京经济发展及金融投入的影响研究[J].管理现代化,2014(2):21–23.

[259]袁永娜,李娜,石敏俊.我国多区域CGE模型的构建及其在碳交易政策模拟中的应用[J].数学的实践与认识,2016,46(3):106–116.

[260]袁永娜,石敏俊,李娜,等.碳排放许可的强度分配标准与中国区域经济协调发展:基于30省区CGE模型的分析[J].气候变化研究进展,2012(1):60–67.

[261]曾贤刚,刘纪新,段存儒,等.基于生态系统服务的市场化生态补偿机制研究:以五马河流域为例[J].中国环境科学,2018,38(12):4755–4763.

[262]曾胜.中国经济高质量发展、能源消费影响因素与总量控制:基于Copula函数的实证研究[J].学术论坛,2019,42(2):11–19.

[263]晏智杰.自然资源价值刍议[J].北京大学学报(哲学社会科学版),2004(6):70–77.

[264]张明顺,张铁寒,冯利利,等.自愿协议式环境管理[M].北京:中国环境科学出版社,2013.

[265]张全.以第三方治理为方向加快推进环境治理机制改革[J].环境保护,2014(20):31–33.

[266]张为付,潘颖.能源税对国际贸易与环境污染影响的实证研究[J].南开经济研究,2007(3):32–46.

[267]张伟,刘宇,姜玲,等.基于多区域CGE模型的水污染间接经济损失评估:以长江三角洲流域为例[J].中国环境科学,2016,36(9):

2849 - 2856.

[268]张晓娣,刘学悦.征收碳税和发展可再生能源研究:基于 OLG - CGE 模型的增长及福利效应分析[J].中国工业经济,2015(3):18 - 30.

[269]张志强,徐中民,程国栋.生态系统服务与自然资本价值评估[J].生态学报,2001(11):1918 - 1926.

[270]赵建军,郝栋,董津.黄河三角洲高效生态区生态补偿制度研究[J].中国人口·资源与环境,2012,22(2):15 - 20.

[271]赵霄伟.地方政府间环境规制竞争策略及其地区增长效应:来自地级市以上城市面板的经验数据[J].财贸经济,2014(10):105 - 113.

[272]赵永,窦身堂,赖瑞勋.基于静态多区域 CGE 模型的黄河流域灌溉水价研究[J].自然资源学报,2015,30(3):433 - 445.

[273]郑玉歆,樊明太.中国 CGE 模型及政策分析[M].北京:社会科学文献出版社,1999.

[274]周晨,丁晓辉,李国平,等.南水北调中线工程水源区生态补偿标准研究:以生态系统服务价值为视角[J].资源科学,2015,37(4):792 - 804.

[275]周脉耕,王晓风,胡建平,等.2004 - 2005 年中国主要恶性肿瘤死亡的地理分布特点[J].中华预防医学杂志,2010(4):303 - 308.

[276]周晟吕.基于 CGE 模型的上海市碳排放交易的环境经济影响分析[J].气候变化研究进展,2015(2):144 - 152.

[277]朱九龙,王俊,陶晓燕,等.基于生态服务价值的南水北调中线水源区生态补偿资金分配研究[J].生态经济,2017,33(6):127 - 132.

[278]朱艳鑫,薛俊波,王铮.多区域 CGE 模型与区域转移支付政策模拟[J].管理学报,2010,7(6):909 - 915.

后　记

致敬伟大的时代！当前我国全面进入富强、民主、文明、和谐、美丽的社会主义现代化强国建设新征程，全力向第二个百年奋斗目标进军，中华民族迎来了从站起来、富起来到强起来的伟大飞跃，迎来了实现伟大复兴的光明前景。这是一个伟大的时代，是一个美好的时代，是一个理想和信念得以升华的时代！我很庆幸生活在这个时代！在这个伟大的时代，我践行着时代使命，实现自我价值。目前，我担任湖南工商大学资源环境学院副院长，国家自然科学基金国家基础科学中心"数字经济时代的资源环境管理理论与应用"方向带头人，"双碳"与绿色技术学科群"资源与环境智能优化决策"学科方向负责人，湖南省普通高等学校哲学社会科学重点研究基地"资源环境智慧管理研究中心"学术带头人，湖南工商大学习近平生态文明思想研究中心、碳中和研究院、数据决策与数字经济研究院、生态文明与绿色发展研究院研究员，湖南省高等学校青年骨干教师，湖南省数量经济学会常务理事和湖南省生态文明研究与促进会理事，麓山学者。感恩伟大的时代提供的发展平台！

本书是我 2017 年获得国家自然科学基金面上项目（71774053）后开始着手撰写的专著，写作时间横跨 2018—2020 年，2020 年本书初稿已成，即与中国经济出版社签订出版协议。本书系国家自然科学基金面上项目（71774053）重要阶段性成果。书中的数据引用和观点形成正是体现了笔者在 2017—2020 年期间对中国生态文明建设的思考。

本书的出版预示着我阶段性工作的完结。在此，我想对阶段性工作进行简单的回顾和总结。我于 2007 年 9 月至 2013 年 6 月就读于湖南大学金融与统计学院数量经济学专业，提前攻读博士学位，于 2009 年 6 月获经济学硕士学位，2013 年 6 月获经济学博士学位。硕博连读期间，在新世纪优秀人才支持计划"能源－经济－环境（3E）动态可计算一般均衡（CGE）模型及其应用"（NCET－09－0329）、国家社科基金重点项目"能源消费、碳排放与经济增长的一般均衡分析与政策优化研究"（项目编号：12AJL007）、国家社科基金项目"'两型社会'建设的可计算一般均衡（CGE）研究"（项目编号：09BJL014）、教育部人文社科研究规划项目"动态 CGE 模型在我国节能政策领域的应用研究"（项目编号：08JA790037）、高等学校博士学科点专项科研基金"能源－经济－环境（3E）动态 CGE 模型的开发及其应用"（项目编号：20100161110030）、湖南省社会科学规划项目"长株潭'两型社会'建设的 CGE 研究"（项目编号：08YBB315）、教育部博士研究生学术新人奖项目"能源消费、碳排放与经济增长的可计算一般均衡分析"、湖南省博士生科研创新项目"中国能源－经济－环境协调发展的一般均衡分析与政策优化"（项目编号：CX2011B155）等项目资助下，主要从事 3E 系统协调性评估与政策优化领域的研究工作，致力于寻求一条在资源可持续利用、环境保护和经济高质量发展三者之间协调发展的大国道路。在此期间，我与博士研究生指导老师胡宗义教授先后在《数量经济技术经济研究》《中国软科学》《统计研究》《科学学研究》《经济科学》等 EI、CSSCI 来源期刊上发表相关论文 20 余篇，出版相关专著 1 本；专著《CGE 模型在能源税收及汇率领域中的应用研究》荣获湖南省第十一届哲学社会科学优秀成果奖二等奖；博士学位论文《能源消费、碳排放与经济增长的可计算一般均衡分析》获湖南大学优秀博士学位论文并送评湖南省优秀博士学位论文，在其基础上出版的专著《能源消费、碳排放与经济发展的一般均衡分析与政策优化》经湖南省社会科学成果评审委员会办公室组织专家组评审鉴定，鉴定结论为省内先进水平。论文《后危机时代人民币升值的动态 CGE 研究》获 2010 年全国金融学博士生论坛二等奖。6 篇文章被人大复印资料全文转载，4 篇文章被《新华文摘》观点摘编，《能源要素价格改革对宏观经济影响的 CGE 分析》入选中国社会科学院工业经济研究所《能源经济学学科前沿研究报告》，部分研究成果已被湖南省有关政府部门采纳，并产生了良好的社会效益。

经过前期（2007—2013 年）研究，我意识到生态治理政策工具的选择、设计与应用是关系生态环境治理和绿色发展效果、政策执行成败的关键性因素，进而对研究方向进一步凝练优化，强化纵向深入、横向拓展，2013—2017 年博士后期间，我主攻我国能源环境政策变迁逻辑、价值取向与效果评估研究方向，其中，2013 年 9 月至 2016 年 10 月在湖南大学工商管理学院管理科学与工程博士后流动站从事博士后研究工作期间，在中国博士后科学基金面上资助项目"约束型低碳发展政策手段的动态 CGE 研究"（项目编号：2014M552128）、湖南省博士后科研资助专项计划"激励型低碳规制手段的可计算—般均衡分析与政策优化"（项目编号：2014RS4015）等项目资助下，主要从事约束型、激励型低碳发展政策研究；在此期间，我与合作者先后在《数量经济技术经济研究》《中国软科学》《统计研究》等期刊上发表相关论文 20 余篇，获批了教育部人文社会科学研究青年基金"生态文明体制改革中能源环境政策调适的动态 CGE 分析与政策优化研究"（项目编号：15YJC790062）等项目。

2016 年 4 月，我正式入职湖南工商大学，党的十八届三中、四中全会，《中共中央　国务院关于加快推进生态文明建设的意见》《关于创新重点领域投融资机制鼓励社会投资的指导意见》均将建立健全生态环境保护的市场化机制上升为国家治理体系和治理能力现代化战略层面并予以部署。研究环境治理与生态建设中的市场化机制与手段的设计与选配方兴未艾，我再次深化研究方向，将研究领域细化到基于市场导向的环境政策设计与效应评测研究。在此期间，我主持了国家自然科学基金面上项目"基于市场的政策工具对能源－经济－环境系统的影响机理及基于 MBIs－CGE 模型的政策评估研究"（项目编号：71774053）、湖南省哲学社会科学基金重点项目"基于市场化机制与手段的湖南省环境治理与生态建设研究"（项目编号：15ZDB030）、全国统计科学研究项目"基于市场的能源环境政策工具对中国环境治理与生态建设影响的动态 CGE 研究"（项目编号：2017LY19）、湖南省自然科学基金青年基金"中国绿色发展中市场化机制与手段政策效应的动态 CGE 评估研究"（项目编号：2017JJ3127）等项目，以中国绿色发展转型与生态文明建设作为切入点，聚焦习近平生态文明思想，通过"公共政策与市场机制协调共建生态文明制度"的理论路径与研究视角，一是围绕"为什么要建立市场化机制、建立什么样的市场化机制，以及如何建立市场化机制"三大现实问题，对基于市场的政策工具（MBIs）内涵与外延、演变历程、运行机制、对能源－经济－环境系统的影响程度与影响机理、政策选配与动态最优调适机制等问题展开系统研究，构建"既契合中国国情又符合国际趋势"的生态文明制度建设理论、方法与政策；二是借鉴国外先进的 CGE 建模理论和技术，对课题组现有中国动态 CGE 模型——MCHUGE 模型进行模型应用扩展、环境反馈、函数扩展和结构衍生，构建一个动态环境 CGE 模型。通过设置不同市场导向型环境政策情景，运用动态环境 CGE 模型事前仿真模拟研究这些政策应用对各经济主体的冲击以及这些反应相互间的作用程度。利用大数据技术展开问卷调查和访谈，以获得大量翔实数据和资料，对我国 MBIs 的执行情况及其影响因素进行事中实证监控，及时纠正政策实施过程中的偏差；基于实际历史数据，基于广义倾向得分匹配法（GSPM）、断点回归（RD）和双重差分（DID）、空间双重差分法（SDID）、交互效应面板 SVAR 模型等对 MBIs 政策效应进行事后评估反馈，检验政策的实际效果，为今后决策提供参考；三是中国环境政策最优动态调适的政策设计与推进路径，基于内生化视角构建全方位、全地域、全过程的中国环境政策体制机制，提出适用于中国具体情况的环境政策最优动态调适的政策方案与推进路径，为相关部门进一步修订和完善生态文明体制改革的政策体系提供科学的决策依据。

近年来，我积极响应党中央和国务院重大需求，特别是习近平总书记在十九大报告中提出"要坚决打好防范化解重大风险、精准脱贫、污染防治的攻坚战"，大气、水、土壤污染防治三大行动计划相继实施，而水污染防治是关乎人民生命健康、地方永续发展的大事，我结合前期研究，将基于市场政策工具中的生态补偿机制与流域水资源保护融合，找到了流域水资源保护横向生态补偿机制研究方向，并开展了卓有成效的研究，不仅获批了湖南省社会科学成果评审委员会课题"湘江流域市场化生态补偿机制和路径研究"（项目编号：XSP18YBC160）、湖南省自然科学基金面上基金"长江经济带水资源生态保护横向补偿机制设计及其效应评测研究"

（项目编号：2020JJ4015）、湖南省教育厅科学研究重点项目"基于市场导向的流域生态系统服务付费激励机制优化及其效应评测研究"（项目编号：20A135）等项目，参与了国家自然科学基金重大项目"环境服务型企业的智慧运营管理"（项目编号：71991465）、"新时代矿产资源开发与生态环境保护协调发展的理论与实证研究"（项目编号：71991483），科学技术部国家重点研发计划项目"生态环保类案件智能审判与态势预警技术研究"（项目编号：2020YFC0832700），中国工程院重点项目"黄河流域水系治理战略与措施研究"（项目编号：2020 – XZ – 053 – 06），中国工程院学部咨询项目"总体国家安全观下的生态、资源与经济协调发展战略与重点地区示范研究"（项目编号：2020 – XY – 36）等项目研究。

　　本书作为国家自然科学基金面上项目"基于市场的政策工具对能源 – 经济 – 环境系统的影响机理及基于 MBIs – CGE 模型的政策评估研究"（71774053）阶段性成果，以中国绿色发展转型作为切入点，通过"公共政策与市场机制协调共建生态文明制度"的理论路径与研究视角，围绕"为什么要建立市场化机制、建立什么样的市场化机制，以及如何建立市场化机制"三大现实问题，对 MBIs 内涵与外延、演变历程、运行机制、对能源 – 经济 – 环境系统的影响程度与影响机理、政策选配与动态最优调适机制等问题展开系统研究，构建"既契合中国国情又符合国际趋势"的生态文明制度建设理论、方法与政策。

　　本书得以顺利出版，要特别感谢我的导师胡宗义教授以及湖南工商大学资源环境学院同仁提供的无私帮助。感谢本书责任编辑、中国经济出版社孙晓霞女士的辛勤付出，她为本书的出版付出了大量辛勤的劳动，她的关爱和支持使我们信心倍增和深感荣幸。由衷感谢湖南工商大学国际商学院院长张漾滨教授、蔡宏宇教授，湖南省地方金融监督管理局党组书记、局长张世平给予的鼓励和提供的无私帮助，在此谨致以诚挚的谢意！

　　我一直感恩，感恩于我可以拥有一个如此温馨的家庭，让我所有的一切都可以在你们这里得到理解与支持，得到谅解和分担。我要特别感谢我的妻子戴钰博士给我创造了温馨的学习和生活环境。谨以此书献给刘懿宸、戴源一两位小朋友，你们承载着未来！

　　行文至此，脑海中回荡起中国工程院院士、湘江实验室主任、湖南工商大学党委书记陈晓红院士的殷切教导："如果能用一天的时间做两天的事，就是多活了一辈子。""必须让勤劳奋斗成为一种习惯，努力到无能为力，拼搏到感动自己！""越努力，越幸运！越奋斗，越精彩！"是为志，砥砺前行向未来。

刘亦文

2021 年 5 月